高职高专“十二五”规划教材

21世纪全国高职高专土建系列工学结合型规划教材

建筑结构与识图

主　编　相秉志

副主编　成瑞凤　尹　蒙

参　编　赵永刚　陈根宝　杨玉清

石　磊　章　驰　马翠红

李凯峰　葛俊峰　张香芹

阿拉坦巴根

北京大学出版社
PEKING UNIVERSITY PRESS

内容简介

本书是21世纪全国高职高专土建系列技能型规划教材之一，包括建筑结构和结构识图两部分。建筑结构部分介绍了建筑结构基础知识，并结合实例重点介绍了受弯构件和纵向受力构件。结构识图部分重点介绍了钢筋混凝土结构的基本组成以及整体平面识图方法。全书内容简明易懂，图文并重，每章都配有教学目标、教学要求、章节导读、本章小结、习题，以便于读者学习和应用。

本书注重将建筑结构与结构识图的知识融会贯通，把培养学生的专业及岗位能力作为重心，突出其综合性、应用性和技能型的特色。

本书可作为高职高专建筑工程技术、建筑工程监理、工程造价、建筑工程管理、建筑装饰、物业管理等土建类专业的教学用书，也可作为岗位培训教材或供土建工程技术人员学习参考。

图书在版编目(CIP)数据

建筑结构与识图/相秉志主编. —北京：北京大学出版社，2016.3

（21世纪全国高职高专土建系列工学结合型规划教材）

ISBN 978-7-301-26935-0

Ⅰ.①建… Ⅱ.①相… Ⅲ.①建筑结构—高等职业教育—教材②建筑结构—建筑制图—识别—高等职业教育—教材 Ⅳ.①TU3②TU204

中国版本图书馆CIP数据核字(2016)第029775号

书　　名 建筑结构与识图
JIANZHU JIEGOU YU SHITU
著作责任者 相秉志　主编
策划编辑 刘晓东
责任编辑 伍大维
标准书号 ISBN 978-7-301-26935-0
出版发行 北京大学出版社
地　　址 北京市海淀区成府路205号　100871
网　　址 http://www.pup.cn　新浪微博：@北京大学出版社
电子信箱 pup_6@163.com
电　　话 邮购部62752015　发行部62750672　编辑部62750667
印 刷 者 北京溢漾印刷有限公司
经 销 者 新华书店
787毫米×1092毫米　16开本　16印张　369千字
2016年3月第1版　2016年3月第1次印刷
定　　价 37.00元

前　　言

本书以现行的有关标准和规范及全国高职高专教育土建类专业指导委员会制定的建筑工程技术专业培养方案为依据，从高等职业教育的特点和培养高技能人才的实际出发，并结合高职高专土建类各专业建筑结构与识图课程的教学要求编写而成。

为突出学生识图能力的培养，依据知识结构顺序，本书以钢筋混凝土结构的识图与构造为引领，来整合相关知识与技能。为及时贯彻国家最新建筑相关标准和规范，满足行业发展的需要，本书应用最新标准和规范对识图基础知识、房屋建筑工程施工图概述、建筑结构施工图等内容进行了详细的介绍。

根据当前建筑业的发展和高职高专学生的认知能力，建筑结构与识图课程的教学目标确定为：了解建筑结构基本概念、掌握结构构件的构造知识，能正确进行结构基本构件的设计计算，并能熟练识读结构施工图。基于这一目标，本书在第1～5章的钢筋混凝土结构部分，着重介绍了受弯构件、梁板结构、纵向受力构件的计算和构造要求，并详细介绍了梁板结构的平法识图规则；在第6章的预应力结构部分，重点介绍了先张法预应力筋的控制应力、张拉程序和放张顺序的确定和注意事项；第7～10章为结构施工图识读部分，以钢筋混凝土结构平法施工图为主，详细介绍了混凝土梁、柱、剪力墙、楼梯、基础、楼（屋）面板平法施工图的图示内容和识读方法，以11G101系列图集为准，重点引导学生对施工图识读方法的理解和掌握。

本书由相秉志（乌海职业技术学院）担任主编，成瑞凤（乌海职业技术学院）、尹蒙（内蒙古长城建筑安装有限责任公司）担任副主编。其他参编人员有赵永刚（乌海职业技术学院）、陈根宝（乌海职业技术学院）、杨玉清（乌海职业技术学院）、石磊（乌海职业技术学院）、章驰（江西广播电视大学）、马翠红（江西工业贸易职业技术学院）、李凯峰（安阳职业技术学院）、葛俊峰（无锡商业职业技术学院）、张香芹（山东省成武县张楼乡初级中学）、阿拉坦巴根（乌海职业技术学院）。各章节的编写分工如下：第1章由成瑞凤编写，第2章由赵永刚编写，第3章由马翠红编写，第4、5章由相秉志和章驰共同编写，第6章由石磊和李凯峰共同编写，第7章由阿拉坦巴根和葛俊峰共同编写，第8章由陈根宝和尹蒙共同编写，第9章由杨玉清和张香芹共同编写，第10章由杨玉清编写。参考文献由张香芹整理。全书由相秉志编审、统稿并定稿。

本书在编写过程中由张香芹、李宝存、宋金杰、苑红红等进行录入和校稿，在此向他们表示感谢。

本书在编写过程中参阅了有关文献资料，在此向相关文献作者表示感谢。

由于编者水平有限，书中难免有不足之处，恳请读者批评指正。

编　者

2015年10月

目　　录

第 1 章　建筑结构与识图概述 ………… 1

1.1　建筑结构的分类及组成 ………… 3

1.1.1　建筑结构的分类 ………… 3

1.1.2　建筑结构的组成 ………… 7

1.2　建筑结构的设计准则 ………… 9

1.2.1　荷载分类 ………… 9

1.2.2　荷载代表值 ………… 10

1.2.3　荷载设计值 ………… 11

1.2.4　极限状态 ………… 11

1.2.5　极限状态设计方法 ………… 12

1.3　平法识图规则 ………… 12

1.3.1　平法制图规定 ………… 12

1.3.2　建筑工程识图要点 ………… 13

本章小结 ………… 17

习题 ………… 17

第 2 章　结构材料力学性能 ………… 18

2.1　混凝土选用及强度指标查用 ………… 19

2.1.1　混凝土强度 ………… 19

2.1.2　混凝土的变形 ………… 20

2.1.3　混凝土的选用 ………… 25

2.2　钢筋选用及强度指标查用 ………… 25

2.2.1　钢筋的种类 ………… 25

2.2.2　钢筋的力学性能 ………… 26

2.2.3　钢筋的强度标准值与设计值 ………… 28

2.2.4　钢筋的选用 ………… 29

2.3　钢材选用及强度指标查用 ………… 30

2.3.1　钢结构用材的要求 ………… 30

2.3.2　建筑钢材的力学性能 ………… 30

2.3.3　影响钢材性能的因素 ………… 31

2.3.4　建筑钢材的破坏形式 ………… 34

2.3.5　建筑钢材的种类和选用 ………… 34

2.3.6　钢结构的强度设计值 ………… 37

2.4　砌体材料的选用及强度指标的查用 ………… 40

2.4.1　砌体材料 ………… 40

2.4.2　砌体的力学特征 ………… 42

2.4.3　砌体的弹性模量、线膨胀系数和摩擦系数 ………… 47

本章小结 ………… 48

习题 ………… 48

第 3 章　钢筋混凝土受弯构件 ………… 50

3.1　受弯构件的一般构造要求 ………… 53

3.1.1　截面形状及尺寸 ………… 53

3.1.2　梁板的配筋 ………… 54

3.1.3　混凝土的保护层 ………… 58

3.1.4　钢筋的弯钩、锚固与连接 ………… 60

3.2　矩形截面受弯构件正截面承载力计算 ………… 63

3.2.1　单筋矩形截面受弯构件沿正截面的破坏特征 ………… 63

3.2.2　单筋矩形截面受弯构件正截面承载力计算 ………… 65

3.3　单筋矩形正截面设计与复核 ………… 68

3.3.1　截面设计 ………… 68

3.3.2　承载力复核 ………… 74

3.4　双筋矩形正截面设计与复核 ………… 75

3.4.1　采用双筋截面的条件 ………… 76

3.4.2　计算公式与适用条件 ………… 76

3.4.3　截面设计 ………… 77

3.4.4　截面复核 ………… 78

3.5　T 形正截面承载力设计与复核 ………… 80

3.5.1　概述 ………… 80

3.5.2　计算公式与适用条件 ………… 82

3.5.3 设计计算方法 …… 84
3.6 受弯构件斜截面配筋计算 …… 85
3.6.1 概述 …… 85
3.6.2 受弯构件斜截面承载力 …… 86
3.6.3 斜截面承载力计算 …… 88
3.6.4 斜截面配筋计算 …… 90
3.7 抵抗弯矩图的绘制 …… 91
3.7.1 抵抗弯矩图的概念 …… 91
3.7.2 抵抗弯矩图的绘制方法 …… 92
3.7.3 抵抗弯矩图的作用 …… 93
3.7.4 满足斜截面受弯承载力的纵筋弯起位置 …… 94
3.8 梁的挠度计算 …… 94
3.9 裂缝宽度验算 …… 94
本章小结 …… 95
习题 …… 96

第 4 章 钢筋混凝土梁板结构 …… 99

4.1 梁板结构理论 …… 101
4.1.1 现浇整体式 …… 101
4.1.2 装配式楼盖 …… 103
4.2 荷载不利布置 …… 104
4.2.1 均布活荷载的最不利位置 …… 104
4.2.2 集中活荷载的最不利位置 …… 104
4.2.3 弹性法和塑性法 …… 106
4.3 楼盖设计 …… 107
4.3.1 单向板楼盖设计 …… 107
4.3.2 双向板楼盖设计 …… 114
4.3.3 现浇板式楼梯设计和构造 …… 116
4.3.4 雨篷的设计和构造 …… 118
本章小结 …… 121
习题 …… 121

第 5 章 钢筋混凝土纵向受力构件 …… 122

5.1 纵向受力构件的构造要求 …… 123
5.1.1 混凝土强度等级、柱的计算长度、截面形式和尺寸 …… 124
5.1.2 纵向钢筋及箍筋 …… 125
5.1.3 上、下层柱的接头 …… 126
5.2 轴心受压构件设计 …… 127
5.2.1 普通箍筋柱 …… 127
5.2.2 螺旋箍筋柱 …… 130
5.3 偏心受压构件设计理论 …… 133
5.3.1 破坏类型 …… 133
5.3.2 两类偏心受压破坏的界限 …… 135
5.3.3 偏心受压构件的 $N-M$ 相关曲线 …… 135
5.3.4 附加偏心距和初始偏心距 …… 136
5.3.5 结构侧移和构件挠曲引起的附加内力 …… 136
5.4 偏心受压构件设计计算 …… 138
5.4.1 偏心受压构件计算公式 …… 138
5.4.2 偏心受压构件的配筋计算 …… 139
5.5 受拉构件设计计算 …… 146
5.5.1 轴心受拉构件设计 …… 146
5.5.2 偏心受拉构件设计 …… 147
5.6 偏心受力构件斜截面受剪承载力计算 …… 150
5.6.1 偏心受力构件斜截面受剪性能 …… 150
5.6.2 偏心受力构件斜截面受剪承载力计算公式 …… 151
本章小结 …… 153
习题 …… 154

第 6 章 预应力混凝土构件 …… 156

6.1 预应力混凝土基本知识 …… 158
6.1.1 预应力混凝土的概念 …… 158
6.1.2 预应力混凝土的分类 …… 159
6.1.3 预应力混凝土的材料要求 …… 160
6.1.4 施加预应力的方法与设备 …… 161

6.2 预应力混凝土的计算与构造 …… 168
6.2.1 预应力损失 …… 168
6.2.2 预应力损失值的组合 …… 172
6.2.3 预应力混凝土构件的设计计算 …… 173
6.2.4 预应力混凝土结构构件的构造要求 …… 177
本章小结 …… 180
习题 …… 181

第7章 剖面图与断面图 …… 183

7.1 剖面图 …… 184
7.1.1 剖面图的概念 …… 184
7.1.2 剖面图的画图步骤 …… 184
7.1.3 剖面图的分类 …… 188
7.2 断面图 …… 192
7.2.1 断面图的基本概念 …… 192
7.2.2 断面图的标注 …… 192
7.2.3 断面图与剖面图的区别与联系 …… 192
7.2.4 断面图的分类 …… 194
7.3 简化画法 …… 195
7.3.1 对称简化画法 …… 195
7.3.2 相同要素画法 …… 195
7.3.3 折断画法 …… 196
本章小结 …… 196
习题 …… 196

第8章 建筑工程图识读基础知识 …… 197

8.1 一般民用建筑的组成及作用 …… 198
8.2 建筑工程施工图的分类和编排顺序 …… 199
8.2.1 建筑工程施工图的概念 …… 199
8.2.2 施工图的分类和编排顺序 …… 199
8.3 施工图的图示特点及识读方法 …… 200
8.3.1 建筑工程施工图的图示特点 …… 200
8.3.2 整套图纸的识读方法 …… 200
8.4 建筑工程施工图中常用的符号 …… 201
8.4.1 标高 …… 201
8.4.2 定位轴线 …… 202
8.4.3 索引符号与详图符号 …… 203
8.4.4 引出线 …… 204
8.4.5 其他符号 …… 205
8.5 常用建筑名词和术语 …… 206
本章小结 …… 206
习题 …… 207

第9章 结构施工图识读 …… 208

9.1 结构施工图概述 …… 209
9.1.1 结构施工图简介 …… 209
9.1.2 结构施工图的用途 …… 209
9.1.3 结构施工图的组成 …… 209
9.1.4 常用结构构件代号 …… 210
9.1.5 结构施工图图线的选用 …… 211
9.1.6 结构施工图比例 …… 212
9.1.7 钢筋混凝土知识简介 …… 212
9.1.8 结构施工图的识读 …… 215
9.2 基础结构平面图 …… 216
9.2.1 基本知识 …… 216
9.2.2 基础结构平面图的组成 …… 216
9.2.3 基础平面图的形成和作用 …… 217
9.2.4 基础平面图的主要内容 …… 217
9.2.5 基础平面图的识读 …… 217
9.2.6 基础详图 …… 219
9.3 楼层、屋面结构平面图 …… 221
9.3.1 楼层结构平面图 …… 221
9.3.2 楼层结构平面图的识读 …… 223
9.3.3 钢筋混凝土构件详图 …… 224
9.3.4 梁平法施工图的表示方法 …… 226

9.3.5 平法制图与传统图示方法的区别 …… 228

本章小结 …… 228

习题 …… 228

第 10 章 钢筋混凝土梁板结构施工图识读实例 …… 230

10.1 钢筋混凝土楼(屋)盖结构施工图 …… 231

10.1.1 楼盖结构识图概述 …… 231

10.1.2 有梁楼盖平法施工图识读 …… 236

10.2 板式楼梯平法识图 …… 239

10.2.1 楼梯类型 …… 239

10.2.2 板式楼梯平面标注方式 …… 240

10.2.3 楼梯的剖面标注方式 …… 241

10.2.4 楼梯列表标注方式 …… 241

本章小结 …… 242

习题 …… 243

参考文献 …… 244

第1章

建筑结构与识图概述

教学目标

（1）了解各类结构的优缺点及应用范围。

（2）掌握作用的概念。

（3）理解建筑结构的定义、组成、分类以及钢筋与混凝土共同工作的原因。

（4）熟悉建筑结构的极限状态，掌握极限状态设计的计算方法。

教学要求

知识要点	能力要求	相关知识	权重
建筑结构的定义	理解建筑结构的定义	钢筋与混凝土共同工作的机理	20%
荷载作用	掌握作用的概念；掌握作用的分类和性质	建筑行业相关知识、建筑工业化、建筑制图	20%
建筑结构的构造组成	了解建筑结构的构造组成；了解建筑各构造组成部分的作用	建筑使用功能、建筑材料	20%
建筑结构的分类	了解各类结构的优缺点及应用范围	建筑结构使用功能、力学性能、抗震能力的差异	30%
建筑结构的设计原则	掌握建筑结构设计的原则	建筑方针和行业相关知识	10%

章节导读

目前世界最高建筑——哈利法塔，原名迪拜塔，又称迪拜大厦或比斯迪拜塔，是目前世界第一高楼与人工构造物(图 1.1)。

哈利法塔高 828m，楼层总数 162 层，造价 15 亿美元，大厦本身的修建耗资至少 10 亿美元，还不包括其内部大型购物中心、湖泊和稍矮的塔楼群的修筑费用。哈利法塔总共使用了 33 万 m^3 混凝土、6.2 万 t 强化钢筋，14.2 万 m^2 玻璃。为了修建哈利法塔，共调用了大约 4000 名工人和 100 台起重机，把混凝土垂直泵至高达 606m 的地方，创造了新的世界纪录。

哈利法塔 Y 形楼面的设计灵感源自沙漠之花蜘蛛兰，这种设计最大限度地提高了结构的整体性，并能让人们尽情欣赏阿拉伯海湾的迷人景观。大楼的中心有一个采用钢筋混凝土结构的六边形“扶壁核心”。楼层呈螺旋状排列，能够抵御肆虐的沙漠风暴。哈利法塔屡获殊荣的设计承袭了伊斯兰建筑特有的风格。

图 1.1　哈利法塔

阿德里安以当地的沙漠之花蜘蛛兰(Hymenocallis)的花瓣与花茎的结构为灵感，设计了哈利法塔的支翼与中心核心筒之间的组织原则。整座塔楼的混凝土结构在平面上被塑造成了 Y 形，大厦的三个支翼是由花瓣演化而成，每个支翼自身均拥有混凝土核心筒和环绕核心筒的支撑。大厦中央六边形的中央核心筒由花茎演化而来，这一设计使得三个支翼互相连接支撑——这四组结构体自立而又互相支持，拥有严谨、缜密的几何形态，增强了哈利法塔的抗扭性，大大减小了风力的影响，同时又保持了结构的简洁。

建筑是技术与艺术的结合。之所以有美丽的建筑，是因为有结构这个坚实的骨架在支撑着建筑美丽的外表。意大利现代著名建筑师奈维认为：“建筑是一个技术与艺术的综合体。”美国现代著名建筑师赖特认为：“建筑是用结构来表达思想的科学性的艺术。”总之，建筑具有技术和艺术的双重性。

如此之高的建筑耸立在我们城市之中，其结构的安全、稳定如何保证，通过学习建筑结构与识图课程，可以获得满意的解答。本课程主要从结构设计的角度来讲述怎样通过各种结构和构件的计算与验算来保证建筑物的安全、适用、经济、美观，实现建筑设计的效果。

1.1 建筑结构的分类及组成

建筑是供人们生产、生活和进行其他活动的房屋或场所。各类建筑都离不开梁、板、墙、柱、基础等构件，它们相互连接形成建筑的骨架。建筑中由若干构件连接而成的能承受作用的平面或空间体系称为建筑结构，也可简称为结构。这里所说的“作用”，是指能使结构或构件产生效应(内力、变形、裂缝等)的各种原因的总称。作用可分为直接作用和间接作用。直接作用即习惯上所说的荷载，是指施加在结构上的集中力或分布力系，如结构自重、家具及人群荷载、风荷载等。间接作用是指引起结构外加变形或约束变形的原因，如地震、基础沉降、温度变化等。

1.1.1 建筑结构的分类

1. 按结构体系进行分类

建筑结构按受力和构造特点的不同，可分为框架结构、剪力墙结构、框架-剪力墙结构、剪力墙结构、筒体结构、排架结构等。

2. 按建筑层数(高度)分类

建筑物高度超过100m或40层以上时，不论住宅或公共建筑均为超高层。民用建筑按高度与层数分类见表1-1。

表1-1 民用建筑按高度与层数分类

名称	低层	多层	中高层	高层	超高层
住宅建筑	1～3	4～6	7～9	≥10层	>100m或40层
公共建筑				>24m	>100m或40层

3. 按承重结构的材料分类

建筑的承重结构，即建筑的承重体系，是支撑建筑、维护建筑安全及建筑抗风、抗震的骨架。建筑承重结构部分所使用的材料，是建筑行业中使用最多、范围最广的木材、砖石、混凝土(或钢筋混凝土)、钢材等。根据这些材料的力学性能，砖石砌体和混凝土适合作为竖向承重构件，而木材、钢筋混凝土和钢材既可作为竖向承重构件，也可作为水平承重构件。由这些材料制作的建筑构件组成的承重结构可大致分为以下5类。

1) 木结构

木结构是指竖向和水平承重构件均以木材制作的房屋承重骨架，而建筑的围护构件可由砖、石、木材等多种材料组成(图1.2)。木结构建筑具有自重轻、构造简单、施工方便等优点。我国古代庙宇、宫殿、民居等建筑多采用木结构，现代由于木材资源的缺乏，加上木材有易腐蚀、耐久性差、易燃等缺陷，单纯的木结构已极少采用，仅在木材资源丰富的北美、北欧等地区使用较多。

图 1.2 木结构

2) 砖石(砌体)结构

砖石结构是指砖石块材与砂浆配合砌筑而成的建筑，这种结构便于就地取材，能节约钢材、水泥，降低造价，并具有良好的耐火、耐久性和保温、隔热、隔声性能，但抗震性能差，自重大(图 1.3)。受限于力学性能，砖石材料适合制作墙、柱等竖向承重构件，作为水平承重构件则受到较大的限制，因此真正意义上的砖石结构很少。目前，常见的砖石结构中的水平承重构件往往由钢筋混凝土等其他材料替代，称之为混合结构，但广义上都可统称为砌体结构。

近年来，为响应国家节约耕地的号召，逐步实现禁用黏土砖，在墙体改革中出现了许多新型材料，如各种混凝土砌块、烧结多孔砖、硅酸盐制品等。这些材料来源广泛，易于就地取材和废物利用。但砌筑工作繁重、块材与砂浆的黏结力较弱等缺陷，仍然是今后墙体改革研究的重点。

图 1.3 砖石结构

3) 钢筋混凝土结构

钢筋混凝土结构是指承重结构的构件均采用钢筋混凝土材料的建筑(图 1.4)，包括以梁和柱承重为主的框架结构、框架-剪力墙结构，以及以墙承重为主的剪力墙结构、筒体结构等。钢筋混凝土结构虽然工序多、周期长、造价高，但其具有坚固耐久、防火和可塑性强、抗震性能良好等突出优点，仍然是目前应用比较广泛的结构形式。

图 1.4 钢筋混凝土结构

4) 钢结构

钢结构是指以型钢等钢材作为建筑承重骨架的建筑(图 1.5)。钢结构具有强度高、自重轻、抗震性能好、布局灵活、便于制作和安装、施工速度快等特点，适宜超高层和大跨度建筑采用。随着我国高层、大跨度建筑的发展，采用钢结构的趋势正在增长，轻钢结构在多层建筑中的应用也日渐增多。

图 1.5 钢结构

5) 混合结构

混合结构是指采用两种或两种以上材料制作承重结构的建筑。根据上述常用的几类材料和结构形式，混合结构大体可分为三类。

(1) 砖木结构，分别由砖墙、木楼板和木屋盖构成承重结构(图 1.6)。

图 1.6　砖木结构

(2) 砖混结构，分别由砖墙、钢筋混凝土楼板和屋盖构成承重体系(图 1.7)。

图 1.7　砖混结构

(3) 钢混结构，分别由钢屋架和钢筋混凝土柱构成承重骨架，楼板一般由钢材和钢筋混凝土共同构成(图 1.8)。

其中，砖混结构在大量性民用建筑中应用最广泛，钢混结构多用于高层和大跨度建筑，砖木结构一般用于中小型民居。

图 1.8 钢混结构

4. 按结构的承重方式(类型)分类

根据建筑结构体系的承重形式，骨架主体受力的类型大体可分为以下三种。

1）墙承重

以砖、石、砌块等块材叠砌而成的墙体作为主要的竖向承重构件，这类承重方式统称为墙承重式。砖石结构、砖木结构、砖混结构都属于这一类承重方式。

2）骨架承重

以梁、柱构成骨架承重体系，承受建筑物的全部荷载，墙体不承受荷载，只起围护或分隔的作用，这种承重方式又称为框架结构。这种结构形式强度高、整体性好、刚度大、抗震性能好、布局灵活，适用于跨度、荷载、高度较大的建筑物。

骨架承重方式还有一种特例，即内部仍由梁、柱组成骨架承重体系，外围四周由墙体替代梁、柱承重时，称为内骨架承重方式。内骨架承重常用于首层需要较大通透空间的多层建筑，如底层为商业用房的多层住宅等。

3）空间结构

随着大型性建筑需求的变化，建筑技术、建筑材料和结构理论的进步促使大跨度建筑出现了各种新型的空间结构(图 1.9)，它们采用各种空间构架或体系作为支撑建筑物的骨架，如网架、悬索、薄壳、折板、索膜等结构形式，多用于大跨度的公共建筑。

观察与思考

骨架承重方式与砖混结构在本质上有什么区别?

1.1.2 建筑结构的组成

建筑结构由水平构件、竖向构件和基础组成。水平构件包括梁、板等，用以承受竖向荷载；竖向构件包括柱、墙等，其作用是支承水平构件或承受水平荷载；基础的作用是将建筑物承受的荷载传至地基。

建筑结构按受力和构造特点的不同可分为框架结构、剪力墙结构、框架-剪力墙结构、剪力墙结构、筒体结构、排架结构等。

1. 基础

基础是指建筑底部与地基接触的承重构件，它的作用是把建筑上部的荷载传给地基。

图 1.9　空间结构

因此，地基必须坚固、稳定而可靠。建筑结构地面以下的部分结构构件，用来将上部结构荷载传给地基，是建筑物的重要组成部分。

埋墙基为基，立柱墩为础；建筑结构常用的基础有条形基础、独立基础、筏形基础和箱形基础等。

2. 竖向构件

竖向构件是指建筑物的竖向承重构件，它的作用是支撑和传递建筑物荷载，最终传给基础。

引　例

中央电视台总部大楼(图 1.10)，位于北京市朝阳区东三环中路，紧临东三环，地处 CBD 核心区，占地 197000m^2。总建筑面积约 55 万 m^2，最高建筑 234m，工程建筑安装总投资约 50 亿元人民币。由荷兰人雷姆·库哈斯和德国人奥雷·舍人带领大都会建筑事务所(OMA)设计。中央电视台总部大楼建筑外形前卫，被美国《时代》周刊评选为 2007 年世界十大建筑奇迹，并列的还有北京当代万国城和国家体育场。

央视大楼的结构是由许多个不规则的菱形渔网状金属脚手架构成的。这些脚手架构成的菱形看似大小不一，没有规律，但实际上却经过精密计算。作为大楼主体架构，这些钢网格暴露在建筑最外面，而不是像大多数建筑那样深藏其中。奥雷·舍人说，这样压力基本都能沿着系统传递下去，并找到导入地面的最佳路径。从外观上看，大楼有一部分钢网结构(包括拐角等压力较大部位)比较密集，它们也是整体设计思想的一部分。

由于大楼的不规则设计造成楼体各部分的受力有很大差异，这些菱形块就成为调节受力的工具。受力大的部位，用较多的网纹构成很多小块菱形以分解受力；受力小的部位就刚好相反，用较少的网纹构成大块的菱形。

塔楼连接部分的结构借鉴了桥梁建筑技术，不同的是，如果把那部分看作“桥”，它将是一座大得出奇、非常笨重的桥。这个桥的某些部分有整整11层楼高，桥上还包括一段伸出75m的悬臂，前端没有任何支撑。

当时北京建筑行业对建造这个设计方案并无现成的规范可用，于是，北京市政府组织了13位结构专家成立了一个特别小组。在设计竞赛两年后，央视新总部大楼获准开工建设。接下来，专家组做了一个3层楼高的复制品用来研究。它被放在一个能模拟地震的液压平台上，上面安装了数百个传感器，用来监控“塔楼”上1万多条钢梁的位移，并测量在不同情况下哪个部位承受的压力最大。

图1.10　中央电视台总部大楼

观察与思考

哪种材料的建筑结构耐久性更好？

1.2　建筑结构的设计准则

1.2.1　荷载分类

结构上的荷载按其作用时间的长短和性质，可分为以下3类。

1. 永久荷载

永久荷载也称恒荷载，是指在结构使用期间，其值不随时间变化或者其变化与平均值相比可忽略不计的荷载，如结构自重、土压力、预应力等。

2. 可变荷载

可变荷载也称为活荷载，是指在结构使用期间，其值随时间变化，且其变化值与平均值相比是不可忽略的荷载，如楼面活荷载、屋面活荷载、吊车荷载、积灰荷载、风荷载、雪荷载等。

3. 偶然荷载

在结构使用期间不一定出现，而一旦出现，其值很大且持续时间很短的荷载称为偶然荷载，如地震、爆炸、撞击力等。

1.2.2 荷载代表值

结构设计时，对于不同的荷载和不同的设计情况，应赋予荷载不同的量值，该量值即荷载代表值。《建筑结构荷载规范》(GB 50009—2012)给出了4种荷载的代表值：标准值、组合值、频遇值、准永久值。

1. 荷载标准值

荷载标准值就是指结构在设计基准期内具有一定概率的最大荷载值，它是荷载的基本代表值。设计基准期是为确定可变荷载代表值而选定的时间参数，取50年。在使用期间内，最大荷载值是随机变量，可以采用荷载最大值的概率分布的某一分位值来确定(一般取95%保证率)，如办公楼的楼面活荷载标准值取2kN/m²。但是，有些荷载或因统计资料不充分，可以不采用分位值的方法，而采用经验确定。

对于永久荷载，如结构自重，粉刷、装修及固定设备的重量，一般可按结构构件的设计尺寸和材料或结构构件单位体积(或面积)的自重标准值确定。

对于可变荷载标准值，应按《建筑结构荷载规范》(GB 50009—2012)的规定确定。

2. 可变荷载组合值

两种或两种以上可变荷载同时作用于结构上时，除主导荷载(产生最大效应的荷载)仍可以其标准值为代表值外，其他伴随荷载均应以小于标准值的荷载值为代表值，此即可变荷载组合值。

3. 可变荷载频遇值

对于可变荷载，在设计基准期内被超越的总时间仅为设计基准期一小部分的荷载值，或 在设计基准期内其超越频率为某一给定频率的作用值，称为可变荷载频遇值。

4. 可变荷载准永久值

在验算结构构件变形和裂缝时，要考虑荷载长期作用的影响。对于永久荷载而言，其变异性小，取其标准值为长期作用的荷载。对于可变荷载而言，它的标准值中的一部分是经常作用在结构上的，与永久荷载相似。把在设计基准期内被超越的总时间为设计基准期一半(总的持续时间不低于25年)的作用值，称为可变荷载准永久值。

1.2.3 荷载设计值

荷载的标准值与荷载分项系数的乘积称为荷载设计值。

永久荷载和可变荷载具有不同的分项系数，永久荷载的分项系数和可变荷载的分项系数见表1-2。

表1-2 基本组合的荷载分项系数

项目	内容
永久荷载的分项系数	(1) 当荷载效应对结构不利时：对由可变荷载效应控制的组合，取1.2；对由永久荷载效应控制的组合，取1.35 (2) 当荷载效应对结构有利时：一般情况下取1.0；对结构的倾覆、滑移或漂浮验算，取0.9
可变荷载的分项系数	(1) 一般情况下取1.4 (2) 对标准值大于4kN/m^{2}的工业房屋楼面结构的活荷载取1.3

注：对于某些特殊情况，可按建筑结构有关设计规范的规定来确定。

1.2.4 极限状态

结构能够满足功能要求而且能够良好的工作，称为结构可靠或有效。反之，则称为结构不可靠或失效。区分结构工作状态可靠与失效的标志是极限状态。极限状态是结构或构件能够满足设计规定的某一功能要求的临界状态，且有明确的标志及限值。超过这一界限，结构或构件就不再满足设计规定的该项功能要求而进入失效状态。根据功能要求，结构的极限状态可分为以下两类。

1. 承载能力极限状态

结构或构件达到最大承载能力或达到不适于继续承载的变形的极限状态为承载能力极限状态。当结构或构件出现下列状态之一时，即认为超过了承载能力极限状态。

(1) 整个结构或其中的一部分作为刚体失去平衡。

(2) 结构构件或连接部位因材料强度被超过而遭破坏，包括承受多次重复荷载构件产生的疲劳或破坏。

(3) 结构构件或连接因产生过度的塑性变形而不适于继续承载。

(4) 构件转变为机动体系。

(5) 结构或构件丧失稳定。

(6) 地基丧失承载力而破坏。

2. 正常使用极限状态

结构或构件达到正常使用或耐久性的某项规定限值的极限状态为正常使用极限状态。当结构或构件出现下列状态之一时，应认为超过了正常使用极限状态。

(1) 影响正常使用或外观变形。

(2) 影响正常使用或耐久性的局部损坏。

(3) 影响正常使用的振动。

(4) 影响正常使用的其他特定状态。

1.2.5 极限状态设计方法

在进行建筑构件设计时，应对两类极限状态，根据结构的特点和使用要求给出具体的标志和限值，以作为结构设计的依据。这种以应对于结构的各种功能要求的极限状态作为结构设计依据的设计方法，称为极限状态设计法。

在极限状态设计方法中，结构构件的承载能力计算应采用下列表达式：

$$\gamma_0 S \leqslant R \tag{1-1}$$

$$R = R(f_c,\ f_s,\ a_k \cdots) \tag{1-2}$$

式中 γ_0——重要性系数，见表1-3；

S——承载能力极限状态的荷载效应组合设计值；

R——结构构件的承载能力设计值，在抗震设计时，应除以承载能力抗震系数；

$R(\cdots)$——结构构件的承载力函数；

f_c、f_s——分别为混凝土、钢筋的强度设计值。

表1-3 构件设计使用年限及重要性系数 γ_0

设计使用年限或安全等级	示例	γ_0
5年及以下或安全等级为三级	临时性结构	不小于0.9
50年或安全等级为二级	普通房屋或构筑物	不小于1.0
100年及以上或安全等级为一级	纪念性建筑和特别重要的建筑结构	不小于1.1

注：对于设计使用年限为25年的结构构件，各种材料结构设计规范可根据各自情况确定结构重要性系数 γ_0 的取值。

1.3 平法识图规则

建筑结构平法的总称是建筑结构施工图平面整体设计方法。平法对我国传统混凝土结构施工图的设计表示方法做了重大改革，既简化了施工图，又统一了表示方法，确保设计与施工质量。建筑结构的平法识图规则依据国家建筑标准设计图集《混凝土结构施工图平面整体表示方法制图规则和构造详图》。

1.3.1 平法制图规定

1. 平法制图的构成

按平法设计绘制的施工图，一般是由各类结构构件的平法施工图和标准构造详图两大部分构成。但对于复杂的房屋建筑，尚需要增加模板、开洞和预埋等平面图。只有在特殊情况下，才需要增加剖面配筋图。

2. 构件详图

按平法设计绘制结构施工图时，必须根据具体工程设计，按照各类构件的平法制图规则，在按结构层绘制的平面布置图上直接表示各构件的尺寸、配筋和所选用的标准构造详图。

3. 平法标注方式

在平法施工图上表示各构件尺寸和配筋的方式，分为平面注写方式、列表注写方式和截面注写方式三种。

4. 编号

在平法施工图上，应将所有构件进行编号，编号中含有类型代号和序号等。其中，类型代号应与标准构造详图上所注类型代号一致，使两者结合构成完整的结构设计图。

5. 标高、层高、层号

在平法施工图上，应注明各结构层楼地面标高、结构层高及相应的结构层号等。

6. 图集号和版本

为了确保施工人员准确无误地按平法施工图进行施工，在具体工程的结构设计总说明中，必须注明所选用平法标准图的图集号，以免图集升版后在施工中用错版本。

1.3.2 建筑工程识图要点

建筑工程开工之前，需识图、审图，再进行图纸会审工作。如果有识图、审图经验，掌握一些要点，则事半功倍。识图、审图的程序是：熟悉拟建工程的功能；熟悉、审查工程平面尺寸；熟悉、审查工程立面尺寸；检查施工图中容易出错的部位有无出错；审查原施工图有无改进的地方。

1. 熟悉拟建工程的功能

图纸到手后，首先了解本工程的功能是什么，是车间还是办公楼？是商场还是宿舍？了解功能之后，再联想一些基本尺寸和装修，例如，厕所地面一般会贴地砖、做块料墙裙；厕所、阳台楼地面标高一般会低几厘米；车间的尺寸一定满足生产的需要，特别是满足设备安装的需要等。最后识读建筑说明，熟悉工程装修情况。

2. 熟悉、审查工程平面尺寸

建筑工程施工平面图一般有三道尺寸：第一道尺寸是细部尺寸，第二道尺寸是轴线间尺寸，第三道尺寸是总尺寸。检查第一道尺寸相加之和是否等于第二道尺寸、第二道尺寸相加之和是否等于第三道尺寸，并留意边轴线是否是墙中心线(广东省制图习惯是边轴线为外墙外边线)。识读工程平面图尺寸，先识读建筑施工图(简称建施图)，再识读本层结构施工平面图(简称结施图)，最后识读水电空调安装、设备工艺、第二次装修施工图，检查它们是否一致。熟悉本层平面尺寸后，审查是否满足使用要求，例如检查房间平面布置是否方便使用、采光通风是否良好等。识读下一层平面图尺寸时，检查与上一层有无不一致的地方。

3. 熟悉、审查工程立面尺寸

建筑工程建施图一般有正立面图、剖立面图、楼梯剖面图，这些图有工程立面尺寸信息；建施平面图、结施平面图上，一般也标有本层标高；梁表中，一般有梁表面标高；基础大样图、其他细部大样图，一般也有标高注明。通过这些施工图，可掌握工程的立面尺寸。正立面图一般有三道尺寸：第一道是窗台、门窗的高度等细部尺寸；第二道是层高尺寸，并标注有标高；第三道是总高度。审查方法与审查平面各道尺寸一样，第一道尺寸相加之和是否等于第二道尺寸，第二道尺寸相加之和是否等于第三道尺寸。检查立面图各楼层的标高是否与建施平面图相同，再检查建施图的标高是否与结施图标高相符。建施图各楼层标高与结施图相应楼层的标高应不完全相同，因为建施图的楼地面标高是工程完工后的标高，而结施图中楼地面标高仅是结构面标高，不包括装修面的高度，同一楼层建施图的标高应比结施图的标高高几厘米。这一点需特别注意，因为有些施工图把建施图标高标在了相应的结施图上，如果不留意，施工中会出错。熟悉立面图后，主要检查门窗顶标高是否与其上一层的梁底标高相一致；检查楼梯踏步的水平尺寸和标高是否有错，检查梯梁下竖向净空尺寸是否大于 2.1m，是否出现碰头现象；当中间层出现露台时，检查露台标高是否比室内低；检查厕所、浴室楼地面是否低几厘米，若不是，检查有无防溢水措施；最后与水电空调安装、设备工艺、第二次装修施工图相结合，检查建筑高度是否满足功能需要。

4. 检查施工图中容易出错的地方有无出错

熟悉建筑工程尺寸后，再检查施工图中容易出错的地方有无出错，主要检查内容如下。

(1) 检查女儿墙混凝土压顶的坡向是否朝内。

(2) 检查砖墙下是否有梁。

(3) 结构平面中的梁，在梁表中是否全标出了配筋情况。

(4) 检查主梁的高度有无低于次梁高度的情况。

(5) 梁、板、柱在跨度相同、相近时，有无配筋相差较大的地方，若有，需验算。

(6) 当梁与剪力墙同一直线布置时，检查有无梁的宽度超过墙的厚度。

(7) 当梁分别支承在剪力墙和柱边时，检查梁中心线是否与轴线平行或重合，检查梁宽有无突出墙或柱外，若有，应提交设计处理。

(8) 检查梁的受力钢筋最小间距是否满足施工验收规范要求，当工程上采用带肋的螺纹钢筋时，由于工人在钢筋加工中，用无肋面进行弯曲，所以钢筋直径取值应为原钢筋直径加上约 21mm 肋厚。

(9) 检查设计要求与施工验收规范有无不同。例如柱表中常说明：柱筋每侧少于 4 根可在同一截面搭接。但施工验收规范要求，同一截面钢筋搭接面积不得超过 50%。

(10) 检查结构说明与结构平面、大样、梁柱表中内容以及与建施说明有无存在相互矛盾之处。

(11) 单独基础系双向受力，沿短边方向的受力钢筋一般置于长边受力钢筋的上面，检查施工图的基础大样图中钢筋是否画错。

5. 审查原施工图有无可改进的地方

主要从有利于该工程的施工、有利于保证建筑质量、有利于工程美观三个方面对原施工图提出改进意见。

(1) 从有利于工程施工的角度提出改进施工图的意见。

① 结构平面上会出现连续框架梁相邻跨度较大的情况，当中间支座负弯矩筋分开锚固时，会造成梁、柱接头处钢筋太密，浇捣混凝土困难，可向设计人员建议：负筋能连通

的尽量连通。

② 当支座负筋为通长时，就造成了跨度小、梁宽较小的梁面钢筋太密，无法浇捣混凝土，可建议在保证梁负筋的前提下，尽量保持各跨梁宽一致，只对梁高进行调整，以便于面筋连通和浇捣混凝土。

③ 当结构造型复杂，某一部位结构施工难以一次完成时，向设计提出：混凝土施工缝如何留置。

④ 露台面标高降低后，若露台中间有梁，且此梁与室内相通时，梁受力筋在降低处是弯折还是分开锚固，请设计处理。

(2) 从有利于建筑工程质量方面，提出修改施工图的意见。

① 当设计天花抹灰与墙面抹灰相同为 1∶1∶6 混合砂浆时，可建议将天花抹灰改为 1∶1∶4 混合砂浆，以增加黏结力。

② 当施工图上对电梯井坑、卫生间沉池、消防水池未注明防水施工要求时，可建议在坑外壁、沉池、水池内壁增加水泥砂浆防水层，以提高防水质量。

(3) 从有利于建筑美观方面提出改善施工图的意见。

① 若出现露台的女儿墙与外窗相接时，检查女儿墙的高度是否高过窗台，若是，则相接处不美观，建议设计处理。

② 检查外墙饰面分色线是否连通，若不连通，建议到阴角处收口；当外墙与内墙无明显分界线时，询问设计，墙装饰延伸到内墙何处收口最为美观，外墙突出部位的顶面和底面是否同外墙一样装饰。

③ 当柱截面尺寸随楼层的升高而逐步减小时，若柱突出外墙成为立面装饰线条时，为使该线条上下宽窄一致，建议对突出部位的柱截面不缩小。

④ 当柱布置在建筑平面砖墙的转角位，而砖墙转角小于 90°，若结构设计仍采用方形柱，可建议根据建筑平面将方形柱改为多边形柱，以免柱角突出墙外，影响使用和美观。

⑤ 当电梯大堂(前室)左边有一框架柱突出墙面 10～20cm 时，检查右边柱是否突出相同尺寸，若不是，建议修改成左右对称。

知识拓展

平法识图口诀

规范更新图集变，施工人员要紧跟，新图集中有提醒，图集施工看版本。平法图集玄妙多，且听我们仔细说，整体表示有规则，青来教授他首创。平、截、列表有三种，各种标法要分清。原位集中分得清，集中标注指贯通，集中含在原位里，一排二排有比例。英文字头汉拼音，一看便知其原意。结构理论为基础，有些东西无须记，弄懂以下八个字，就是一个好监理，“符号”和“锚固”，“连接”和“加密”。符号一定要弄清，“B”是底，“T”是顶，“&”是 and(安得)，汉语原意是并和与。锚固基本分两种，“La”和“LaE”，尤其注意非框梁(L)，底筋锚固 12D。连接方法有三种，绑扎、机械和焊接，加密也要牢牢记，查表、计算看图集。

知识拓展

地震及抗震知识

目前衡量地震规模的标准主要有震级和烈度两种。

1. 地震震级

地震震级是根据地震时释放的能量的大小而定的。一次地震释放的能量越多，地震级别就越大。我国目前使用的震级标准，是国际上通用的里氏分级表，共分 9 个等级。目前人类有记录的震级最大的地震是 1960 年 5 月 22 日智利发生的 9.5 级地震。小于里氏规模 2.5 的地震，人们一般不易感觉到，称为小震或者是微震；里氏规模 2.5～5.0 的地震，震中附近的人会有不同程度的感觉，称为有感地震，全世界每年大约发生十几万次；大于里氏规模 5.0 的地震，会造成建筑物不同程度的损坏，称为破坏性地震。

2. 地震烈度

同样大小的地震，造成的破坏不一定是相同的；同一次地震，在不同的地方造成的破坏也不一样。为了衡量地震的破坏程度，科学家又“制作”了另一把“尺子”——地震烈度。在中国地震烈度表上，对人的感觉、一般房屋震害程度和其他现象作了描述，可以作为确定烈度的基本依据。影响烈度的因素有震级、震源深度、距震源的远近、地面状况和地层构造等。

仅就烈度和震源、震级间的关系来说，震级越大、震源越浅，烈度也越大。一般来讲，一次地震发生后，震中区的破坏最重，烈度最高；这个烈度称为震中烈度。从震中向四周扩展，地震烈度逐渐减小。所以，一次地震只有一个震级，但它所造成的破坏，在不同的地区是不同的。也就是说，一次地震，可以划分出好几个烈度不同的地区。这与一颗炸弹爆炸后，近处与远处破坏程度不同的道理一样。炸弹的炸药量，好比是震级；炸弹对不同地点的破坏程度，好比是烈度。

在世界各国使用的有几种不同的烈度表。我国按 12 个烈度等级划分烈度表(表 1－4)。

表 1－4　地震烈度表

烈　度	程　度
1 度	无感——仅仪器能记录到
2 度	微有感——一个特别敏感的人在完全静止中有感
3 度	少有感——室内少数人在静止中有感，悬挂物轻微摆动
4 度	多有感——室内大多数人，室外少数人有感，悬挂物摆动，不稳器皿作响
5 度	惊醒——室外大多数人有感，家畜不宁，门窗作响，墙壁表面出现裂纹
6 度	惊慌——人站立不稳，家畜外逃，器皿翻落，简陋棚舍损坏，陡坎滑坡
7 度	房屋损坏——房屋轻微损坏，牌坊、烟囱损坏，地表出现裂缝及喷沙冒水
8 度	建筑物破坏——房屋多有损坏，少数破坏路基塌方，地下管道破裂
9 度	建筑物普遍破坏——房屋大多数破坏，少数倾倒，牌坊、烟囱等崩塌，铁轨弯曲
10 度	建筑物普遍摧毁——房屋倾倒，道路毁坏，山石大量崩塌，水面大浪扑岸
11 度	毁灭——房屋大量倒塌，路基堤岸大段崩毁，地表产生很大的变化
12 度	山川易景——一切建筑物普遍毁坏，地形剧烈变化，动植物遭毁灭

震级与震中烈度的关系见表 1－5。

表 1－5　震级与震中烈度的关系

震级/级	1～3	4	5	6	7	8	＞8
震中烈度/度	1～3	4～5	6～7	7～8	9～10	11	12

例如，1976 年唐山地震，震级为 7.8 级，震中烈度为 11 度；受唐山地震的影响，天津市地震烈度为 8 度，北京市地震烈度为 6 度，再远到石家庄、太原等就只有 4～5 度了。

2008 年 5 月 12 日四川汶川发生了 8 级的大地震，震中烈度为 11 度，这次地震所释放的能量大约相当于 90 万 t 炸药量的氢弹。

3. 抗震设防烈度

地震烈度是衡量地震时地面的建筑或其他有关物体反应的一个量，常用人的震感、建筑物的反应来衡量。各地区地震基本烈度是具有一定发生概率的烈度值，表明这个地区发生这个地震烈度的可能性比较大。抗震设防烈度是对建筑物的抗震性能的要求，就是校核计算中必须考虑的地震烈度。它不仅和当地的地震基本烈度有关，还和建筑物本身的要求有关。不同级别的建筑，其设防烈度是不同的(可参考《建筑抗震设计规范》中的详细指标)。

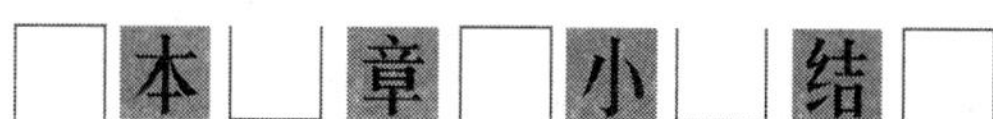

(1) 建筑结构就是指承重的骨架，即建筑物中用来承受并传递荷载，并起骨架作用的部分，简称结构。

(2) 建筑结构按承重结构所用的材料不同，可分为木结构、砌体结构、钢筋混凝土结构和钢结构。砌体结构、混凝土结构和钢结构均有一定的优缺点。

(3) 随着建筑科学技术的发展，砌体结构、混凝土结构和钢结构的一些缺点已经或正在逐步地加以改善，因此它们应用更加广泛。

(4) 必须注重计算机技术在建筑工程上的应用。

(5) 建筑结构与识图课程是土建类专业“师徒制”教学改革进行职业能力培养的一门职业核心课程，注重“教、学、做”一体化。

(6) 注重和现行的规范和图集配合学习。

简答题

(1) 建筑结构按照材料如何分类？各有什么优缺点？

(2) 建筑结构按承载方式如何进行分类？

(3) 建筑结构荷载如何分类？建筑结构的设计方法是什么？

(4) 什么是平法？实行平法的意义何在？

(5) 平法识图有什么技巧？

第2章

结构材料力学性能

教学目标

(1) 会查找混凝土强度标准值、设计值和弹性模量；能熟练查找钢筋强度标准值、设计值和弹性模量；能熟练查找钢材力学指标；能熟练查找砌体材料力学指标。

(2) 掌握立方体抗压强度、轴心抗压强度、轴心抗拉强度理论来源；掌握混凝土一次短期加荷时的变形性能和弹性模量；掌握有明显屈服点和无明显屈服点钢筋应力-应变曲线特点及设计强度的取值标准；了解钢材种类及其力学性能；了解砌体结构中使用的各种材料及其力学性能；掌握砌体结构强度及其强度的调整。

(3) 培养按照规范要求进行查表计算的态度。

教学要求

知识要点	能力要求	相关知识	权重
混凝土的选用及强度指标的查用	读懂混凝土结构规范中混凝土的应力-应变曲线图；会查找混凝土强度标准值、设计值和弹性模量	混凝土立方体抗压强度、轴心抗压强度、轴心抗拉强度；混凝土一次短期加荷时的变形性能和弹性模量	30%
钢筋的选用及强度指标的查用	读懂混凝土结构规范中钢筋的应力-应变曲线图；会查找钢筋强度标准值、设计值和弹性模量	钢筋的种类、级别、形式和混凝土结构对钢筋性能的影响；有明显屈服点和无明显屈服点钢筋应力-应变曲线特点及设计强度的取值标准	30%
钢材的选用及强度指标的查用	会查找钢材力学指标	钢材的力学性能	20%
砌体材料的选用及强度指标的查用	会查找砌体材料力学指标	砌体的分类；各类砌体的受力特征及破坏特征；各种砌体强度查表方法	20%

章节导读

某学院办公楼结构施工图的结构设计总说明中，列出了该工程所采用的材料，具体如下。

（1）混凝土：基础及一层柱为 C30，基础垫层为 C15，其余为 C25。

（2）钢筋：采用热轧 HPB300 级钢筋(用Φ表示)和 HRB335(用Φ表示)。

（3）填充墙采用加气混凝土砌块，M5 混合砂浆砌筑。

上述结构设计说明中给出了混凝土、钢筋、混合砂浆等材料及其强度指标，本章针对混凝土的强度指标及如何选用，钢筋的强度指标及如何选用，砌体材料的强度指标及如何选用等问题进行了详细的讲解。

2.1 混凝土选用及强度指标查用

2.1.1 混凝土强度

1. 混凝土的抗压强度

1）混凝土立方体抗压强度

混凝土立方体抗压强度是衡量混凝土强度大小的基本指标，用符号 f_{cu}表示。立方体抗压强度标准值是按照标准方法制作的边长为 150mm 的立方体试件，在标准养护条件下(温度为 20℃±3℃，相对湿度不小于 90%)养护 28d 龄期，用标准试验方法测得的具有 95%保证率的抗压强度，用符号 $f_{cu,k}$表示。立方体抗压强度标准值 $f_{cu,k}$是混凝土各种力学指标的基本代表值。混凝土强度等级由立方体抗压强度标准值确定，混凝土强度等级共 14 个，分别为 C15、C20、C25、C30、C35、C40、C45、C50、C55、C60、C65、C70、C75、C80。“C”为混凝土强度符号，后面的数值为混凝土立方体抗压强度标准值，单位为 MPa。

2）混凝土轴心抗压强度

用标准棱柱体试件(150mm×150mm×300mm)测定的混凝土抗压强度，称为混凝的轴心抗压强度或棱柱体抗压强度，用符号 f_c表示，其标准值用符号 f_{ck}表示。混凝土轴心抗压强度标准值，由立方体抗压强度标准值 $f_{cu,k}$经计算确定，数值见表 2-1。混凝土轴心抗压强度设计值由立方体抗压强度标准值除以混凝土材料分项系数(γ_c)确定，混凝土材料分项系数取为 1.4，则 $f_c=f_{ck}/\gamma_c$，数值见表 2-2。

2. 混凝土的轴心抗拉强度

混凝土的抗拉强度远小于其抗压强度，一般只有抗压强度的 1/18～1/9。混凝土轴心抗拉强度用符号 f_t表示，其标准值用符号 f_{tk}表示。混凝土轴心抗拉强度标准值，由立方体抗压强度标准值 $f_{cu,k}$经计算确定，数值见表 2-1。混凝土轴心抗拉强度设计值由抗拉强度标准值除以混凝土材料分项系数(γ_c)确定，混凝土材料分项系数取为 1.4，则 $f_t=f_{tk}/\gamma_c$，数值见表 2-2。

表 2-1 混凝土强度标准值(MPa)

强度种类	混凝土强度等级													
	C15	C20	C25	C30	C35	C40	C45	C50	C55	C60	C65	C70	C75	C80
f_{ck}	10.0	13.4	16.7	20.1	23.4	26.8	29.6	32.4	35.5	38.5	41.5	44.5	47.4	50.2
f_{tk}	1.27	1.54	1.78	2.01	2.20	2.39	2.51	2.64	2.74	2.85	2.93	2.99	3.05	3.11

表 2-2 混凝土强度设计值和弹性模量 (MPa)

强度种类	混凝土强度等级													
	C15	C20	C25	C30	C35	C40	C45	C50	C55	C60	C65	C70	C75	C80
f_c	7.2	9.6	11.9	14.3	16.7	19.1	21.1	23.1	25.3	27.5	29.7	31.8	33.8	35.9
f_t	0.91	1.10	1.27	1.43	1.57	1.71	1.80	1.89	1.96	2.04	2.09	2.14	2.18	2.22
弹性模量 $E_c/(\times 10^4)$	2.20	2.25	2.80	3.00	3.15	3.25	3.35	3.45	3.55	3.60	3.65	3.70	3.75	3.80

3. 混凝土在复合应力作用下的强度

混凝土双向受压时，两个方向的抗压强度都有所提高，最大可达单向受压时的 1.2 倍；一向受压、一向受拉时，混凝土强度均低于单向受力的强度；双向受拉强度接近于单向受拉强度；混凝土三向受压时，各个方向上的抗压强度都有很大的提高。圆柱体三向受压试验(图 2.1)得到的圆柱体纵向抗压强度 f'_{cc} 按式(2-1)计算：

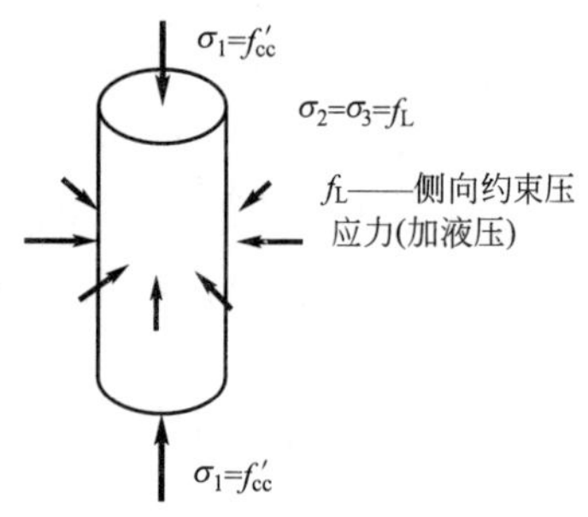

图 2.1 混凝土三向受压

$$f'_{cc}=f_c+4.1f_L \qquad (2-1)$$

混凝土三向受压时强度提高的原因：侧向压应力约束了混凝土的横向变形，从而延迟和限制了混凝土内部裂缝的发生和发展，提高了混凝土在受压方向上的抗压强度。混凝土在正应力 σ 和剪应力 τ 共同作用下，混凝土的抗剪强度随正应力的增大而减小；当压应力小于(0.5～ 0.7) f_c时，抗剪强度随压应力的增大而增大；当压应力大于(0.5～0.7) f_c时，由于混凝土内部裂缝的明显发展，抗剪强度反而随压应力的增大而减小。由于剪应力的存在，其抗压强度和抗拉强度均低于相应的单向强度。

2.1.2 混凝土的变形

混凝土的变形分为两类：一类是荷载作用下的受力变形，包括一次短期加载的变形、荷载长期作用下的变形和多次重复荷载作用下的变形；另一类是体积变形，包括收缩、膨胀和温度变形。

1. 一次短期加载下混凝土的变形性能

1) 混凝土的应力-应变曲线

混凝土的应力-应变曲线通常用一次短期加载棱柱体试件进行测定，图 2.2 所示为轴心受压混凝土应力-应变曲线。这条曲线包括上升段和下降段两个部分。图 2.3 所示为混凝土内部微裂缝的发展过程。

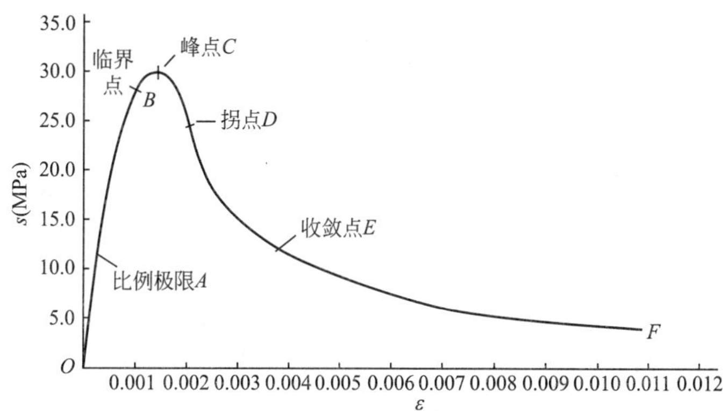

图 2.2 轴心受压混凝土的应力-应变曲线

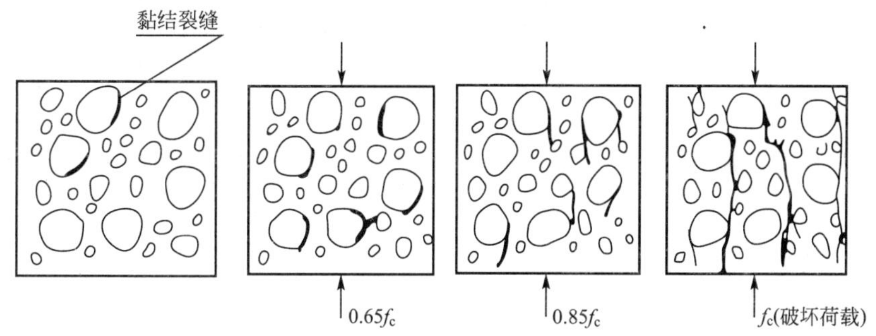

图 2.3 混凝土内部微裂缝的发展过程

上升段 OC 分为三段。

OA 段，应力较小，$\sigma \leqslant 0.3f_c$，混凝土表现出理想的弹性性质，应力-应变关系呈直线变化，变形主要为弹性变形，内部初始微裂缝没有发展。

AB 段，$\sigma=(0.3\sim0.8)f_c$，混凝土开始表现出明显的非弹性性质，应力-应变关系偏离直线，变形为弹塑性变形，内部微裂缝有所发展，但处于稳定。临界点 B 的应力可作为长期抗压强度的依据。

BC 段，$\sigma=(0.8\sim1.0)f_c$，应力-应变曲线斜率急剧减小，应变增长进一步加快，内部微裂缝发展的不稳定状态直至峰点 C。峰值应力 σ_{max} 作为混凝土棱柱体的抗压强度 f_c。下降段 CE，C 点以后，试件的平均应力强度下降，应力-应变曲线向下弯曲，直到凹向发生改变，曲线出现“拐点 D”。过拐点 D 曲线凸向应变轴，这一段中曲率最大的一点 E 称为“收敛点”。从收敛点 E 开始以后的曲线称为收敛段，此时贯通的主裂缝很宽，对无侧向约束的混凝土，收敛段 EF 已失去结构意义。

下降段反映了混凝土内部沿裂缝面的剪切滑移及骨料颗粒处裂缝的不断延伸扩展，此时的承载力主要依靠滑移面上的摩擦咬合力。

影响混凝土应力-应变曲线形状的因素有很多，如混凝土强度、组成材料的性质及配合比、试验方法及约束情况等。

不同强度的混凝土对应的应力-应变曲线如图 2.4 所示，混凝土强度对上升段影响不

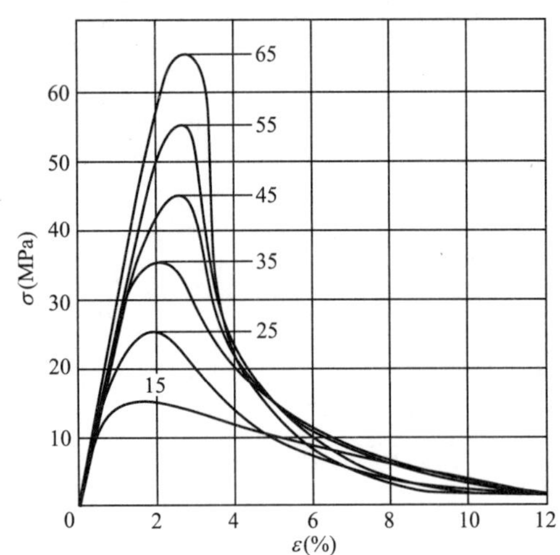

图 2.4　不同强度混凝土的应力-应变曲线

大。在下降段区别较明显，混凝土强度越高，曲线下降段越陡，应力下降越快，即延性越差。强度等级低的混凝土，曲线的下降段平缓，应力下降慢，即低强度混凝土的延性比高强度混凝土的延性好。

加载速度对混凝土应力-应变曲线也有影响。加载慢，最大应力值减小，相应于最大应力值时的应变增加，曲线下降缓；加载快，最大应力值增大，相应于最大应力值时的应变减小，曲线下降陡。

横向约束对混凝土应力-应变曲线也有影响。混凝土试件横向受到约束时，应力-应变曲线的峰值提高，应变也增大，且曲线下降段减缓明显，说明混凝土抗压强度提高，延性也提高。工程上通过设置密排螺旋钢筋或箍筋来约束混凝土，改善钢筋混凝土结构的受力性能。

根据混凝土的应力-应变曲线，混凝土结构设计时采用理想化的应力-应变关系图，如图 2.5 所示。

2）混凝土的弹性模量与变形模量

在材料力学中，衡量弹性材料应力与应变之间的关系，可用弹性模量表示为 $E=\sigma/\varepsilon$。混凝土结构工程应用中，为了计算结构的变形、混凝土及钢筋的应力分布和预应力损失等，也必须要有一个材料常数——弹性模量，但混凝土的应力-应变关系图是一条曲线，只有在应力很小时，才接近直线，因此它的应力与应变之比是一个常数，即弹性模量，而在应力较大时，应力与应变之比是一个变数，称为变形模量。混凝土的受压变形模量有如图 2.6 所示的几种表达方式。

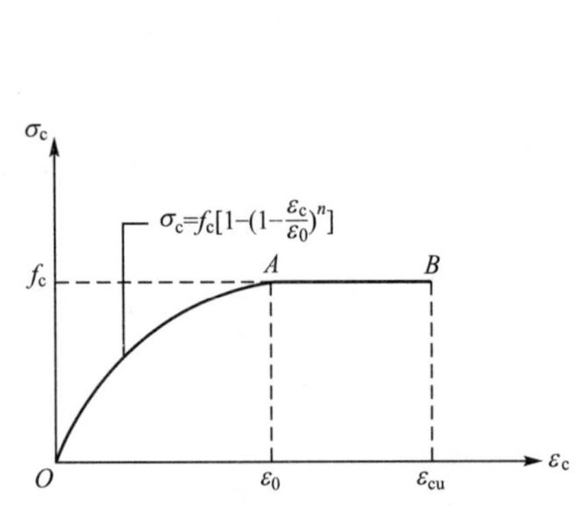

图 2.5　混凝土应力-应变关系

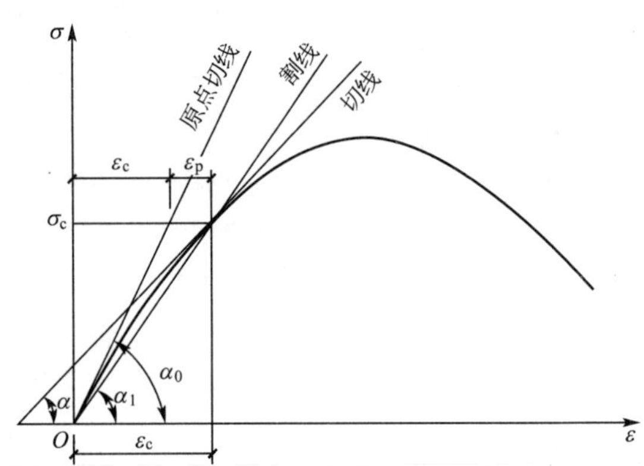

图 2.6　混凝土受压变形模量的表示方法

(1) 原点弹性模量，也称原始或初始弹性模量，简称弹性模量 E_c。过应力-应变曲线原点作曲线的切线，该切线的斜率即为原点弹性模量，以 E_c表示，从图 2.6 中可得 $E_c=\tan\alpha_0$。由于混凝土的弹性模量 E_c要作出通过曲线原点的切线得出 α_0角度，是较难测定且不容易作准确的。我国《混凝土结构设计规范》(以下简称《规范》)给出了由立方体抗压强度标准值确定弹性模量数值计算公式，计算结果见表2-2。

$$E_c=\frac{10^5}{2.2+\frac{34.7}{f_{cu,k}}}(\mathrm{N/mm^2}) \quad (2-2)$$

(2) 变形模量，也称割线模量 E'_c。作原点 O 与曲线任一点$(\sigma_c、\varepsilon_c)$的连线，其所形成的割线的正切值，即为混凝土的变形模量，可表达为 $E'_c=\upsilon E_c$，υ 为弹性特征系数。一般，当$\sigma\leqslant f_c/3$时，$\upsilon=1.0$；当$\sigma=0.8f_c$时，$\upsilon=0.4\sim0.8$。

(3) 泊松比，混凝土试件在单调短期加压时，纵向受到压缩，横向产生膨胀，横向应变与纵向应变之比称为横向变形系数(υ_c)，也称泊松比。《规范》中混凝土的泊松比取 υ_c。

(4) 剪切变形模量，我国《规范》规定混凝土的剪变模量为 $G_c=0.4E_c$。

《规范》规定：受拉时的弹性模量与受压时的弹性模量基本相同，可取相同的数值，当混凝土受拉达到极限应变时，取弹性特征系数 $\upsilon=0.5$。

2. 荷载长期作用下混凝土的变形性能(徐变)

混凝土在长期荷载作用下，应力不变，应变随时间继续增长的现象称为徐变。混凝土的徐变特性主要与时间参数有关。图2.7所示为一施加的初始压力为$\sigma=0.5f_c$时的徐变与时间的关系。

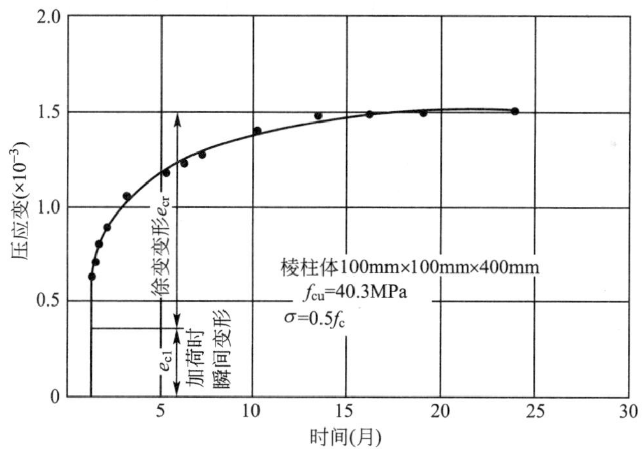

图2.7 混凝土徐变-时间曲线

混凝土的徐变对混凝土结构构件的受力性能有重要的影响：它将使结构构件的变形增加；产生轴心受压构件中钢筋的应力增加而混凝土的压应力减小的应力重分布现象；在预应力混凝土结构构件中引起预应力损失等。

产生徐变的主要原因有：水泥胶凝体在外力作用下产生黏性流动；混凝土内部微裂缝在长期荷载作用下不断发展和增加，从而引起徐变增加。

影响混凝土徐变的主要因素有内在因素、环境影响、应力条件。

混凝土的组成配比是影响徐变的内在因素。骨料的弹性模量越大、骨料的体积比越大，徐变就越小。水灰比越小，水泥用量少，徐变也越小。

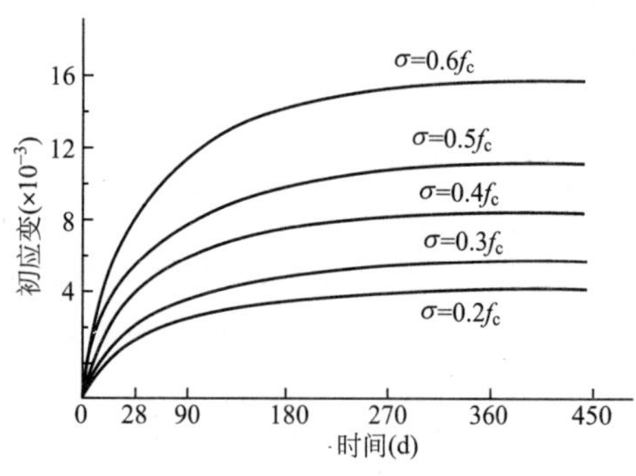

图 2.8 初应力与徐变的关系

养护及使用条件下的温湿度是影响徐变的环境因素。受荷前养护的温湿度越高，水泥水化作用越充分，徐变就越小，蒸汽养护可使徐变减少 20%～25%。试件受荷后所处使用环境的温度越高、湿度越低，徐变就越大。因此，高温干燥环境将使徐变显著增大。

加荷时混凝土的龄期和施加初应力的水平(σ 与 f_c的比值)是影响徐变的重要因素。加荷时试件的龄期越长，徐变越小。当加荷龄期相同时，初应力越大，徐变也越大(图 2.8)。

3. 混凝土在荷载重复作用下的变形（疲劳变形）

混凝土的疲劳是在荷载重复作用下产生的。混凝土在荷载重复作用下引起的破坏称为疲劳破坏。疲劳现象大量存在于工程结构中，钢筋混凝土吊车梁受到重复荷载的作用，钢筋混凝土道桥受到车辆振动的影响，以及港口海岸的混凝土结构受到波浪冲击而损伤等都属于疲劳破坏现象。疲劳破坏的特征是裂缝小而变形大。

4. 混凝土的收缩、膨胀和温度变形

混凝土在空气中结硬时体积缩小的现象称为收缩。混凝土在水中结硬时体积会膨胀。收缩和膨胀是混凝土在不受力的情况下体积变化产生的变形。混凝土的热胀冷缩变形称为混凝土的温度变形。

混凝土的收缩与膨胀相比，前者数值大，对结构有明显的不利影响，必须予以注意；后者数值很小，且对结构有利，一般可不考虑。温度变形对大体积混凝土结构极为不利，应采取用低热水泥、表层保温等措施，必要时还须采用内部降温措施；对钢筋混凝土无盖房屋，屋顶与其下部结构的温度变形相差较大，为防止温度裂缝，房屋每隔一定长度宜设置伸缩缝。

影响混凝土收缩的因素如下。

(1) 水泥用量越多，水灰比越大，收缩越大。

(2) 骨料级配好，骨料的弹性模量大，收缩小。

(3) 构件养护时的温度高、湿度高，收缩小。蒸汽养护混凝土的收缩值小于常温养护下的收缩值(图 2.9)。

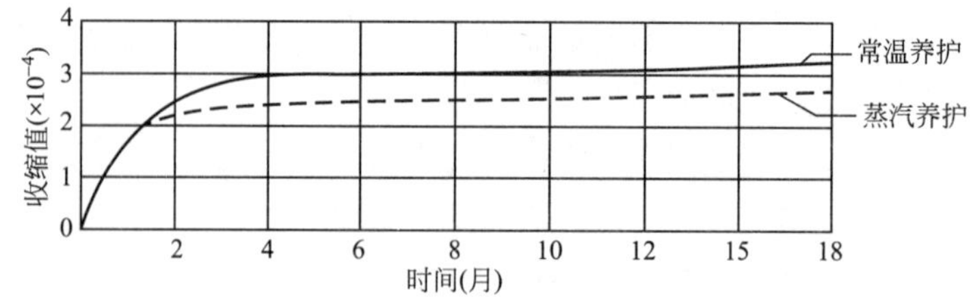

图 2.9 混凝土的收缩

(4) 构件使用环境的温度低、相对湿度大，收缩小。

2.1.3 混凝土的选用

素混凝土结构的混凝土强度等级不应低于C15；钢筋混凝土结构的混凝土强度等级不应低于C20；采用强度等级400MPa及以上的钢筋时，混凝土强度等级不应低于C25。预应力混凝土结构的混凝土强度等级不宜低于C40，且不应低于C30。承受重复荷载的钢筋混凝土构件，混凝土强度不应低于C30。

2.2 钢筋选用及强度指标查用

2.2.1 钢筋的种类

《规范》根据“四节一环保”的要求，提倡应用高强、高性能钢筋，主要有热轧钢筋、余热处理钢筋、细晶粒带肋钢筋、预应力钢丝和钢绞线及预应力螺纹钢筋等。钢筋按外形的不同分为光圆钢筋、带肋钢筋(人字纹、螺旋纹、月牙纹)、刻痕钢丝和钢绞线，如图 2.10所示。

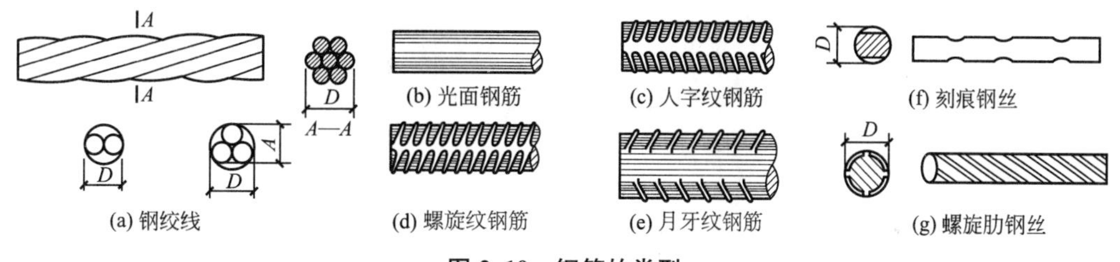

图 2.10 钢筋的类型

钢筋按使用前是否施加预应力，分为普通钢筋和预应力钢筋。普通钢筋是用于混凝土结构构件中的各种非预应力筋的总称；预应力筋指用于混凝土结构构件中施加预应力的钢丝、钢绞线和预应力螺纹钢筋等的总称。

1. 热轧钢筋

热轧钢筋是经热轧成型并自然冷却的成品钢筋。热轧钢筋按强度可分为四级：HPB300级、HRB335级、HRB400级和HRB500级，强度随级别依次升高，塑性下降。热轧光面钢筋HPB300属于低强度钢筋，它塑性好、伸长率高、便于弯折成型、容易焊接，常用作中小型钢筋混凝土构件中的受力钢筋和箍筋。热轧带肋钢筋HRB335、HRB400、HRB500强度较高，常用作钢筋混凝土结构的受力钢筋，其中HRB400、HRB500为纵向受力的主导钢筋。《规范》推广具有较好的延性、可焊性、机械连接性能及施工适应性的HRB系列普通热轧带肋钢筋，限制并准备逐步淘汰HRB335级热轧带肋钢筋，用HPB300级光面钢筋取代HPB235级光面钢筋。在规范的过渡期及对既有结构进行设计时，HPB235级光面钢筋的设计值仍按《混凝土结构设计规范》(GB 50010—2002)取值。

2. 余热处理钢筋

RRB系列余热处理钢筋是由轧制钢筋经高温淬火，余热处理后提高强度的钢筋。其延性、可焊性、机械连接性能及施工适应性降低，一般可用于对变形性能及加工性能要求不高的构件中，如基础、大体积混凝土、楼板、墙体以及次要的中小型结构构件中。《规范》列入了RRB400级钢筋。

3. 细晶粒带肋钢筋

《规范》列入了采用控温轧制工艺生产的HRBF系列细晶粒带肋钢筋，有HRBF335级、HRBF400级和HRBF500级。

4. 预应力螺纹钢筋

预应力螺纹钢筋(也称精轧螺纹钢筋)是在整根钢筋上轧有外螺纹的大直径、高强度、高尺寸精度的直条钢筋。它具有连接锚固简便、黏着力强、施工方便等优点。《规范》列入了大直径预应力螺纹钢筋用作预应力筋。

5. 钢丝与钢绞线

直径小于6mm的钢筋称为钢丝。《规范》列入了中强度预应力钢丝(光面、螺旋肋)、消除应力钢丝(光面、螺旋肋)用作预应力筋。钢绞线是由多根高强钢丝(一般有2根、3根和7根)绞织在一起而形成的，《规范》列入了1×3(3股)、1×7(7股)不同公称直径的钢绞线，多用于后张法大型构件。

2.2.2 钢筋的力学性能

用于混凝土结构中的钢筋可分为两类：一类是有明显屈服点的钢筋，如热轧钢筋；另一类是没有明显屈服点的钢筋，如钢丝、钢绞线和预应力螺纹钢筋等。

1. 有明显屈服点的钢筋

有明显屈服点钢筋的力学性能基本指标有屈服强度、抗拉强度、伸长率和冷弯性能。这也是有明显屈服点钢筋进行质量检验的四项主要指标。

有明显屈服点钢筋典型的拉伸应力-应变曲线如图2.11所示。

从图2.11可见，在应力值达到a点之前，应力与应变成正比例地增长，应力与应变之比为常数，称为弹性模量，即$E_s=\sigma/\varepsilon$。a点对应的应力为比例极限。

过a点后，应力-应变曲线略有弯曲，应变增长速度比应力增长速度稍快，钢筋表现出塑性性质。

应力到达b点后，钢筋开始屈服，即应力基本保持不变，应变继续增长，直到c点。b点为屈服上限，它与加载速度、断面形式、试件表面光洁度等因素有关，是不稳定的；故一般以屈服下限c点作为钢筋的屈服点，所对应的应力为屈服强度(σ_s)。

c点以后，应力-应变关系接近水平直线，此时应力不增加，应变急剧增加，直到d点，cd段称为屈服台阶或流幅。

d点以后，应力-应变曲线继续上升，直到e点，应力达到最大值，称为钢筋的极限抗拉强度(σ_b)，de段称为强化阶段。

e点以后，在试件的薄弱处发生颈缩现象，变形迅速增加，应力随之下降，断面缩小，到达 f 点时试件被拉断。

屈服强度是钢筋强度的设计依据，一般取屈服下限作为屈服强度。这是因为钢筋应力达到屈服强度后将产生很大的塑性变形，且卸载后塑性变形不可恢复，这会使钢筋混凝土构件产生很大的变形和不可闭合的裂缝，影响结构的正常使用。热轧钢筋属于有明显屈服点的钢筋，取屈服强度作为强度设计指标。《规范》采用的图 2.12 所示的钢筋应力-应变设计曲线，弹性模量 E 取斜线段的斜率。

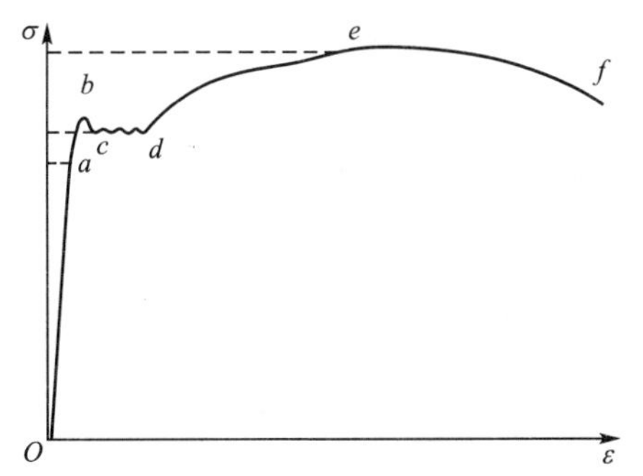

图 2.11　有明显屈服点钢筋的应力-应变曲线

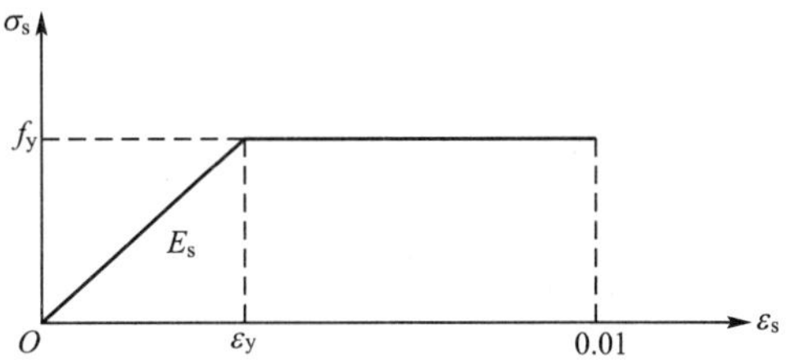

图 2.12　钢筋应力-应变设计曲线

强屈比为钢筋极限抗拉强度与屈服强度的比值，反映了钢筋的强度储备。《规范》规定，按一、二、三级抗震等级设计的框架和斜撑构件，当采用普通钢筋配筋时，要求按纵向受力钢筋检验所得的强度实测值确定的强屈比不应小于 1.25。

钢筋拉断时的应变称为伸长率，是反映钢筋塑性性能的指标。伸长率大的钢筋，在拉断前有足够的预兆，延性较好。伸长率按下式确定：

$$\delta_{5或10}=\frac{l-l_0}{l_0} \tag{2-3}$$

式中　l_0——试件拉伸前量测标距的长度(一般取 $5d$ 或 $10d$，d 为钢筋直径)；

　　l——拉断时测标距的长度。

冷弯性能是检验钢筋塑性性能的另一项指标。为使钢筋在加工和使用时不开裂、弯断或脆断，需对钢筋试件进行冷弯试验(图 2.13)，要求钢筋弯绕一辊轴弯心而不产生裂缝、鳞落或断裂现象。弯转角度越大、弯心直径 d 越小，钢筋的塑性就越好。冷弯试验较受力均匀的拉伸试验能更有效地揭示材质的缺陷，冷弯性能是衡量钢筋力学性能的一项综合指标。

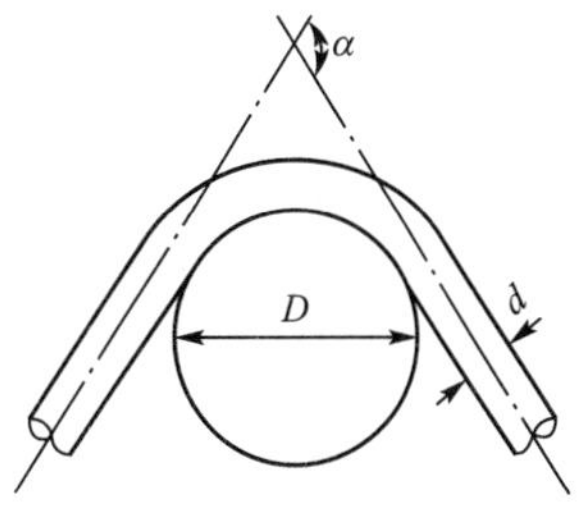

图 2.13　钢筋的冷弯性能

2. 无明显屈服点的钢筋

无明显屈服点钢筋的力学性能基本指标有抗拉强度、伸长率和冷弯性能。这也是有明显屈服点钢筋进行质量检验的三项主要指标。

无明显屈服点钢筋拉伸时的典型应力-应变曲线如图 2.14 所示。

从图 2.14 中可见，这类钢筋没有明显的屈服点，延伸率小，塑性差，破坏时呈脆性。a 点为比例极限；a 点以后，应力-应变曲线呈非线性，有一定的塑性；达到极限抗拉强度

σ_b后很快被拉断。

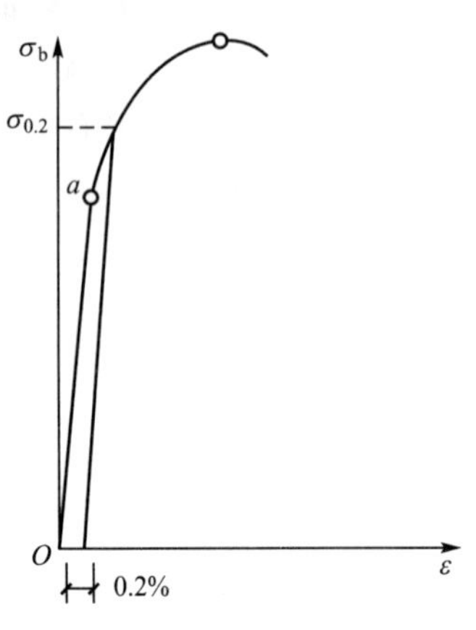

图 2.14　无明显屈服点钢筋的应力-应变曲线

对这类钢筋，通常取残余应变为 0.2%时对应的应力作为强度设计指标，称为条件屈服强度，用$\sigma_{0.2}$表示。预应力筋均为此类钢筋，对传统的预应力钢丝、钢绞线，《规范》规定取 0.85σ_b作为条件屈服强度；对新增的中强度预应力钢丝和螺纹钢筋，按上述原则计算，并考虑工程经验而作适当调整。

2.2.3　钢筋的强度标准值与设计值

钢筋的强度设计值为其强度标准值除以材料分项系数 γ_s的数值。对于延性较好的热轧钢筋，γ_s取 1.10；对高强度 500MPa 级钢筋，适当提高安全储备，取为 1.15；对预应力筋，取条件屈服强度标准值除以材料分项系数 γ_s，由于延性稍差，预应力筋 γ_s一般取不小于 1.20。

按性能确定钢筋的牌号和强度级别，钢筋的强度标准值应具有不小于 95%的保证率。普通钢筋的屈服强度标准值 f_{yk}、极限强度标准值 f_{stk}、抗拉强度设计值 f_y、抗压强度设计值 f'_y和弹性模量 E，应按表 2－3 采用。当构件中配有不同种类的钢筋时，每种钢筋应采用各自的强度设计值。横向钢筋的抗拉强度设计值 f_{yv}应按表中 f_y的数值采用；当用作受剪、受扭、受冲切承载力计算时，其数值大于 360N/mm^{2}时，应取 360N/mm^2。

表 2－3　普通钢筋强度标准值、设计值和弹性模量(MPa)

牌号	符号	公称直径 d/mm	弹性模量 E_s/(×10^5)	强度标准值		强度设计值	
				屈服 f_{yk}	极限 f_{stk}	抗拉 f_y	抗压 f'_y
HPB235	Φ	6～20	2.10	235		210	210
HPB300	Φ	6～22	2.10	300	420	270	270
HRB335 HRBF335	Φ Φ^F	6～50	2.00	335	455	300	300
HRB400 HRBF400 RRB400	Φ Φ^F Φ^R	6～50	2.00	400	540	360	360
HRB500 HRBF500	Φ Φ^F	6～50	2.00	500	630	435	410

预应力筋的屈服强度标准值 f_{pyk}、极限强度标准值 f_{ptk}、抗拉强度设计值 f_{py}、抗压强度设计值 f'_{py}和弹性模量 E 应按表 2－4 采用。

表 2-4 预应力筋强度标准值、设计值和弹性模量(MPa)

种类		符号	公称直径 d/mm	弹性模量 E_s/($\times 10^5$)	强度标准值		强度设计值	
					屈服 f_{pyk}	极限 f_{ptk}	抗拉 f_{py}	抗压 f'_{py}
中强度预应力钢丝	光面 螺纹肋	ϕPM ϕHM	5、7、9	2.05	620	800	510	410
					780	970	650	
					980	1270	810	
预应力螺纹筋	螺纹	ϕT	18、25、32、40、50	2.00	785	980	650	410
					930	1080	770	
					1080	1230	900	
消除应力钢丝	光面 螺旋肋	ϕP ϕH	5	2.05	—	1570	1110	410
					—	1860	1320	
	光面 螺旋肋	ϕP ϕH	7	2.05	—	1570	1110	410
			9		—	1470	1040	
					—	1570	1110	
钢绞线	1×3 (3股)	ϕS	8.6、10.8、12.9	1.95	—	1570	1110	390
					—	1860	1320	
					—	1960	1390	
	1×7 (7股)		9.5、12.7、15.2、17.8		—	1720	1220	
					—	1860	1320	
					—	1860	1390	
			21.6		—	1860	1320	

注：1. 当极限强度标准值为1960MPa的钢绞线作后张预应力配筋时，应有可靠的工程经验。

2. 当预应力筋的强度标准值不符合表2-4的规定时，其强度设计值应进行相应的比例换算。

2.2.4 钢筋的选用

《规范》根据混凝土构件对受力的性能要求，规定了各种牌号钢筋的选用原则。要求混凝土结构的钢筋应按下列规定选用。

(1) 纵向受力普通钢筋宜采用HRB400、HRB500、HRBF400、HRBF500钢筋，也可采用HPB300、HRB335、HRBF335、RRB400钢筋。

(2) 梁、柱纵向竖立普通钢筋应采用HRB400、HRB500、HRBF400、HRBF500钢筋。

(3) 箍筋宜采用HRB400、HRBF500、HPB300、HRB500、HRBF500钢筋，也可采用HRB335、HRBF335钢筋。

(4) 预应力钢筋宜采用预应力钢丝、钢绞线和预应力螺纹钢筋。

2.3　钢材选用及强度指标查用

2.3.1　钢结构用材的要求

用作钢结构的钢材须具有以下性能。

(1) 较高的强度，即抗拉强度 f_t和屈服点 f_y都比较高。

(2) 足够的变形性能，即塑性性能好。

(3) 较好的韧性，即韧性性能好。

(4) 良好的加工性能，即适合冷、热加工，还有良好的可焊性。

(5) 耐久性好，能适应低温、有害介质侵蚀(包括大气锈蚀)以及重复荷载作用等性能。

为了使所设计的钢结构满足承载力和正常使用的要求，钢材须满足包括 5 个力学指标和碳、硫、磷的含量要求。这 5 个力学指标是抗拉强度、屈服强度、伸长率、冷弯性能和冲击韧性。

2.3.2　建筑钢材的力学性能

建筑钢材的 5 个力学指标——抗拉强度、屈服强度、伸长率、冷弯性能和冲击韧性，前 4 个已在 2.2 节中进行了讲解，本部分只讲解冲击韧性。

冲击韧性是指钢材抵抗冲击荷载的能力。它是用试验机摆锤冲击带有 V 形缺口的标准试件的背面，将其折断后试件单位截面积上所消耗的功，作为钢材的冲击韧性指标，以 a_k表示(J/cm^2)。a_k值越大，表明钢材的冲击韧性越好，如图 2.15 所示。

影响钢材冲击韧性的因素很多，例如，钢的化学成分、组织状态，以及冶炼、轧制质量，都会影响冲击韧性。

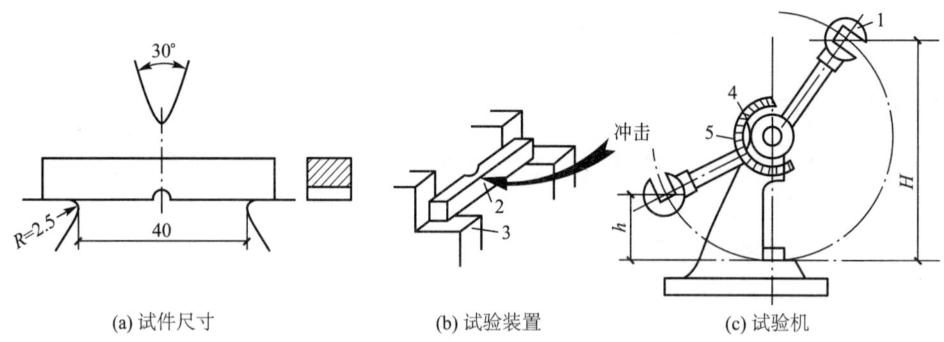

图 2.15　冲击韧性试验图

1—摆锤；2—试件；3—试验台；4—刻度盘；5—指针

在不同的温度下，钢材的冲击韧性不同，在钢材的机械性能指标中，针对不同温度提出了冲击韧性的要求，分别是常温、0℃、－20℃、－40℃，并由此分为 A、B、C、D 共 4 个等级，表示其质量由低到高。

2.3.3 影响钢材性能的因素

1. 化学成分的影响

普通碳素钢中含有多种化学成分，其中，铁占99%左右，碳(C)、硅(Si)、锰(Mn)、硫(S)、磷(P)、氮(N)、氧(O)等共占1%左右。在低合金钢中还有合金元素，如锰、硅、钒(V)、铌(Nb)、钛(Ti)等，它们含量低于5%。合金元素通过冶炼工艺以一定的结晶形式存在于钢中，可以改善钢材的性能。影响钢材主要性能的元素有C、Si、Mn、S、P、O、N。

1) 碳(C)

碳是形成钢材强度的主要成分，如图2.16所示。随着含碳量的增加，钢的强度和硬度提高，塑性和韧性下降。但当含碳量大于1.0%时，由于钢材变脆，强度反而下降。因此，结构用钢的含碳量不宜太高，一般不应超过0.22%，焊接结构中应限制在0.2%以下。

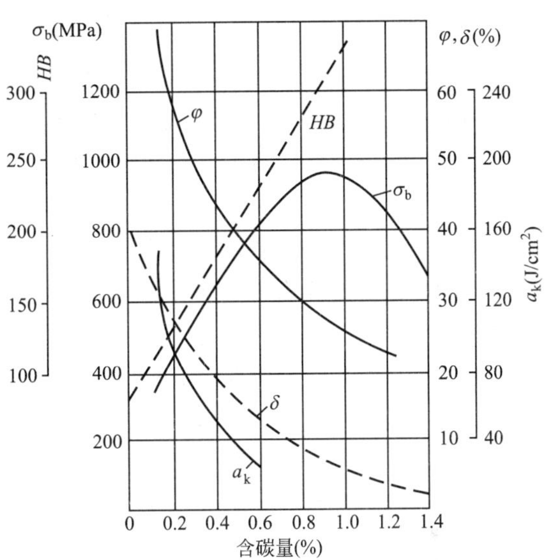

图2.16 含碳量对热轧碳素钢性质的影响

σ_b—抗拉强度；a_k—冲击韧性；

HB—硬度；δ—伸长率；φ—面积缩减率

2) 锰(Mn)、硅(Si)

锰和硅是钢中的有益元素，起到脱氧降硫的作用。适量的锰可提高强度而不明显影响塑性，同时可消除热脆和改善冷脆倾向，是低合金钢中的主要合金元素成分。硅是脱氧剂，适量(含量不超过0.2%时)可提高钢材强度，而对塑性、韧性和可焊性无明显不良的影响。

3) 钒(V)、铌(Nb)、钛(Ti)

它们是钢的强脱氧剂和合金元素，能改善钢的组织、细化晶粒、改善韧性，并显著提高强度。

4) 硫(S)、磷(P)

硫、磷是冶炼过程中留在钢中的杂质，是有害元素。硫不溶于铁而以FeS的形式存在，FeS和Fe形成低熔点的共晶体。当钢材温度升至1000℃以上进行热加工时，共晶体熔化，晶粒分离，使钢材沿晶界破裂，这种现象叫做热脆性。磷能使钢的强度、硬度提高，但显著降低钢材的塑性和韧性，特别是低温状态的冲击韧性下降更为明显，使钢材容易脆裂，这种现象叫做冷脆性。因此，应严格控制硫、磷的含量。硫的含量一般控制在0.045%～0.05%，磷的含量不得超过0.045%。

5) 氧(O)、氮(N)

氧和氮是钢中的有害杂质。未除尽的氧、氮大部分以化合物的形式存在。这些非金属化合物、夹杂物降低了钢材的强度、冷弯性能和焊接性能。氧还使钢的热脆性增加，氮使冷脆性及时效敏感性增加。因此，对它们的含量也应严加控制。钢在浇筑成钢锭时，根据需要进行不同程度的脱氧处理。

2. 成材过程的影响

根据炼钢设备所用炉种不同，炼钢方法主要可分为平炉炼钢、氧气转炉炼钢、电炉炼钢 3 种。冶炼后的钢水中含有以 FeO 形式存在的氧，FeO 与碳作用生成 CO 气泡，并使某些元素产生偏析(分布不均匀)，影响钢的质量，所以钢必须进行脱氧处理。其方法是在钢水中加入锰铁、硅铁或铝等脱氧剂。

根据脱氧程度的不同，钢可分为沸腾钢、镇静钢和半镇静钢 3 种：沸腾钢是脱氧不完全的钢；镇静钢是脱氧充分的钢；半镇静钢的脱氧程度和质量介于上述两者之间。

3. 热处理的影响

钢材经过适当的热处理程序，可显著提高强度，并有良好的塑性与韧性。钢铁整体热处理大致有退火、正火、淬火和回火 4 种基本工艺。

(1) 退火是将工件加热到适当温度，根据材料和工件尺寸采用不同的保温时间，然后进行缓慢冷却，目的是使金属内部组织达到或接近平衡状态，获得良好的工艺性能和使用性能，或者为进一步淬火做组织准备。

(2) 正火是将工件加热到适宜的温度后在空气中冷却，正火的效果同退火相似，只是得到的组织更细。

(3) 淬火是将工件加热保温后，在水、油或其他无机盐、有机水溶液等淬冷介质中快速冷却。淬火后钢件变硬，但同时变脆。

(4) 回火是为了降低钢件的脆性，将淬火后的钢件在高于室温而低于 650℃的某一适当温度进行长时间的保温，再进行冷却。回火虽然使钢的硬度略为降低，但可增加钢的韧性而降低其脆性。

4. 温度的影响

钢材对温度很敏感，温度升高与降低都使钢材性能发生变化。相比之下，钢材的低温性能更重要。

在正温范围内，即正常温度以上，钢材的性能是随着温度升高而强度降低，变形增大的。在 200℃以内，钢材的性能没有很大变化；430～540℃之间，强度(屈服强度 f_y和抗拉强度 f_t)急剧下降；600℃时，强度很低已不能承担荷载。此外，250℃附近有蓝脆现象，260～320℃时有徐变现象。在负温范围内，即当温度从常温下降，钢材的屈服强度 f_y 和抗拉强度 f_u 都有所提高，但是塑性变形能力减小。

特 别 提 示

(1) 蓝脆现象：温度达 250℃左右时，钢材抗拉强度提高，塑性、韧性下降，表面氧化膜呈蓝色，即发生蓝脆现象。

(2) 徐变现象：是指在应力持续不变的情况下钢材变形缓慢增长的现象。

5. 冷加工硬化的影响

钢材在常温下加工叫冷加工。钢材经冷加工产生一定塑性变形后，其屈服强度、硬度提高，而塑性、韧性及弹性模量降低，这种现象称为冷加工硬化。

钢筋的冷加工方式有冷拉、冷拔、冷轧、冷轧扭等，如图 2.17 所示为钢筋经冷拉时效后应力-应变曲线的变化。钢筋冷拉后屈服强度可提高 15%～20%。

冷拔是将外形为光圆的盘条钢筋从硬质合金拔丝模孔中强行拉拔(图 2.18)，由于模孔直径小于钢筋直径，钢筋在拔制过程中既受拉力又受挤压力，使其强度大幅度提高但塑性显著降低。冷拔后屈服强度可提高 40%～60%。

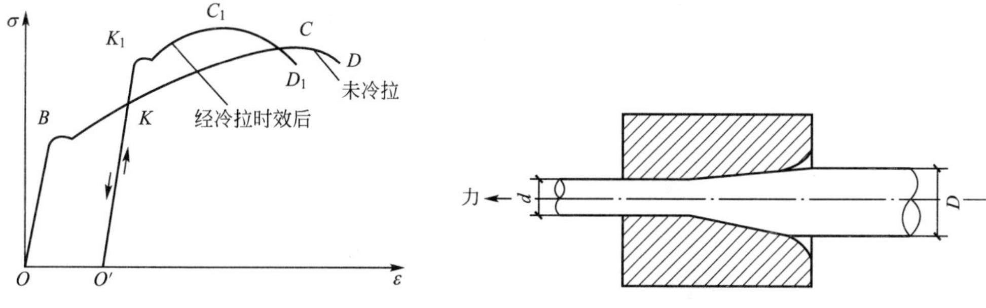

图 2.17　钢筋经冷拉时效后应力-应变曲线的变化

图 2.18　冷拔模孔

冷作硬化，是指钢材在常温或再结晶温度以下的加工，能显著提高强度和硬度，降低塑性和冲击韧性。时效硬化，是指钢材中的 C 和 N 的化合物以固溶体的形式存在于纯铁的结晶体中，随着时间的增长逐渐析出，进入结晶群之间，对纯铁体的塑性变形起着遏制作用，使 f_y、f_t提高，∂_{kv}、δ 降低。图 2.19 所示为钢筋经冷作硬化和时效硬化后应力-应变曲线的变化。时效硬化的过程一般较长，若将经过冷加工后(10%左右的塑性变形)的材料加热，可使时效硬化迅速发展的这种方法，称为人工时效。

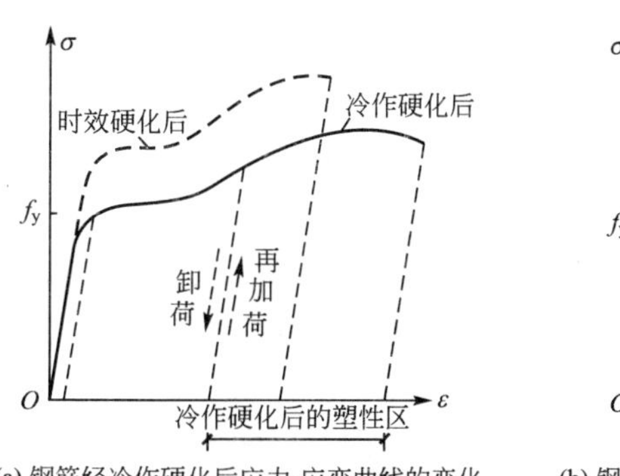

(a) 钢筋经冷作硬化后应力-应变曲线的变化

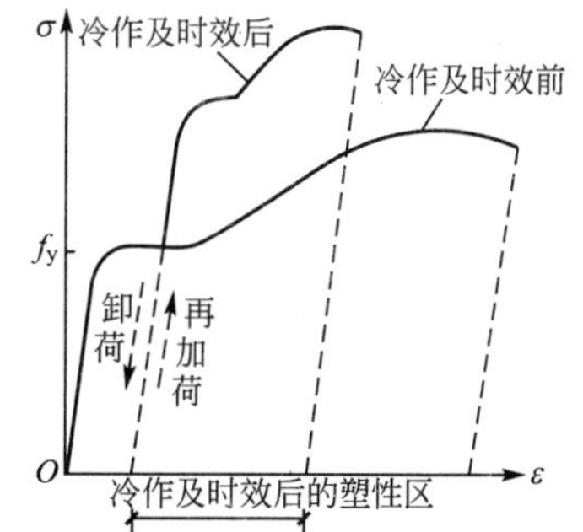

(b) 钢筋经时效硬化后应力-应变曲线的变化

图 2.19　钢筋经冷作硬化和时效硬化后应力-应变曲线的变化

6. 应力集中的影响

钢结构构件中存在的孔洞、槽口、凹角、裂缝、厚度变化、形状变化、内部缺陷等使一些区域产生局部高峰应力，在另外一些区域则应力降低，即所谓应力集中现象，如

图 2.20所示。高峰区的最大应力与净截面的平均应力之比称为应力集中系数。

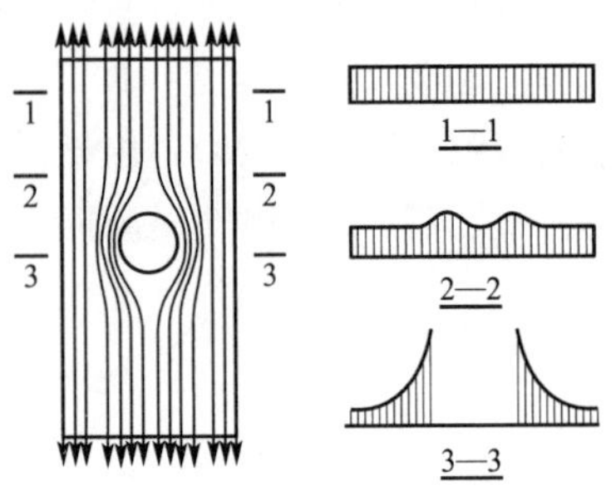

图 2.20 圆形孔洞处的应力集中

(1) 应力集中系数 $K=\sigma_{max}/\sigma_0$。其中，σ_{max}为高峰区的最大应力，σ_0为净截面的平均应力。

(2) $\sigma_0=N/A_n$，A_n为净截面面积。

应力集中系数越大，变脆的倾向越严重。在负温下或动力荷载作用下工作的结构，应力集中的不利影响尤其突出。因此，在进行钢结构设计时，应尽量使构件和连接节点的形状和构造合理，防止截面的突然改变。在进行钢结构的焊接构造设计和施工时，应尽量减少焊接残余应力。

2.3.4 建筑钢材的破坏形式

有屈服现象的钢材或者虽然没有明显屈服现象而能发生较大塑性变形的钢材，一般属于塑性材料。没有屈服现象或塑性变形能力很小的钢材，则属于脆性材料。

塑性破坏是指材料在破坏之前有显著的变形，延续较长时间，且吸收较多的能量，使破坏有明显的预兆。

脆性破坏是指材料在破坏之前没有显著的变形，吸收能量较少，破坏突然发生。

严格地说，不宜把钢材分为塑性材料和脆性材料，而应该区分材料可能发生的塑性破坏与脆性破坏。

2.3.5 建筑钢材的种类和选用

建筑工程中所用的建筑钢材基本上是碳素结构钢和低合金高强度结构钢。

1. 建筑钢材的类别

1) 碳素结构钢

碳素结构钢按含碳量的多少，可分为低碳钢、中碳钢和高碳钢。通常把含碳量在0.03%～0.25%范围内的钢材称为低碳钢，含碳量在 0.26%～0.60%的钢材称为中碳钢，含碳量在 0.60%～2.0%的钢材称为高碳钢。建筑钢结构主要使用低碳钢。

碳素结构钢的牌号由字母 Q、屈服点数值、质量等级代号、脱氧方法代号 4 个部分组成。Q 是代表钢材屈服点的字母；屈服点数值有 195、215、235、255 和 275，以 N/mm^2 为单位；质量等级代号有 A、B、C、D，按冲击韧性试验要求的不同，表示质量由低到高；脱氧方法代号有 F、b、Z、TZ，分别表示沸腾钢、半镇静钢、镇静钢、特殊镇静钢，其中代号 Z、TZ 可以省略不写。钢结构采用的 Q235 钢，分为 A、B、C、D 四级，A、B 两级的脱氧方法可以是 Z、b 或 F，C 级只能为 Z，D 级只能为 TZ。如 Q235A・F 表示屈服强度为 $235N/mm^2$，A 级，沸腾钢。

2) 低合金高强度结构钢

低合金高强度结构钢是指在冶炼过程中添加一些合金元素，其总量不超过 5%的钢材。加入合金元素后，钢材强度明显提高，钢结构构件的强度、刚度、稳定三个主要控制指标能充分发挥，尤其在大跨度或重负载结构中优点更为突出。

低合金高强度结构钢的牌号由代表屈服点的字母 Q、屈服点数值、质量等级符号 3 个部分按顺序排列表示。钢的牌号有Q295、Q345、Q390、Q420、Q460共5种，质量等级有A、B、C、D、E共5个等级。A级无冲击功要求，B、C、D、E级均有冲击功要求。不同质量等级对碳、硫、磷、铝等含量的要求也有所区别。低合金高强度结构钢的A、B级属于镇静钢，C、D、E级属于特殊镇静钢。

2. 型钢的规格

型钢有热轧成型的钢板、型钢及冷弯(或冷压)成型的薄壁型材。

1) 热轧钢板

热轧钢板分为厚板和薄板两种，厚板的厚度为4.5～60mm，薄板厚度为0.35～4mm。在图纸中钢板用“—宽×厚×长”或“—宽×厚”表示，单位为mm，如—800×12×2100、—800×12。

2) 热轧型钢

热轧型钢有角钢、工字钢、槽钢、H型钢、剖分T型钢、钢管(图2.21)。

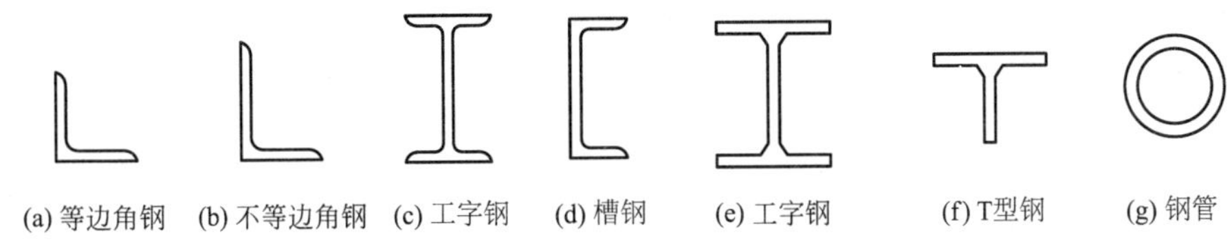

图2.21　热轧型钢截面

角钢有等边角钢和不等边角钢两大类。等边角钢也称等肢角钢，以符号“∟”加“边宽×厚度”表示，单位为mm。如∟100×10表示肢宽为100mm、厚10mm的等边角钢。不等边角钢也叫不等肢角钢，以符号“∟”加“长边宽×短边宽×厚度”表示，单位为mm。如∟100×80×8表示长肢宽为100mm、短肢宽为80mm、厚8mm的不等边角钢。

工字钢是一种工字形截面型材，分为普通工字钢和轻型工字钢两种，其型号用符号“I”加“截面高度”来表示，单位为cm，如I16。20号以上普通工字钢根据腹板厚度和翼缘宽度的不同，同一号工字钢又有a、b、c 3种区别，其中a类腹板最薄、翼缘最窄，b类较厚较宽，c类最厚最宽，如I30b。轻型工字钢以符号“QI”加“截面高度”来表示，单位为cm，如QI25。

槽钢是槽形截面[的型材，有热轧普通槽钢和热轧轻型槽钢。普通槽钢以符号“[”加“截面高度”表示，单位为cm，并以a、b、c区分同一截面高度中的不同腹板厚度。如[30a表示槽钢外廓高度为30cm且腹板厚度为最薄的一种。轻型槽钢以符号“Q[”加“截面高度”表示，单位为cm，如Q[25。

同样高度的轻型工字钢的翼缘比普通工字钢的翼缘宽而薄，腹板也薄，截面回转半径略大，故质量较轻，节约钢材。

H型钢翼缘端部为直角，便于与其他构件连接。热轧H型钢分为宽翼缘H型钢(代号HW)、中翼缘H型钢(代号HM)和窄翼缘H型钢(代号HN)三类。此外，还有桩类H型钢，代号为HP。H型钢的规格以代号加“高度H×宽度B×腹板厚度t_1×翼缘厚度t_2”表示，单位为mm，如HN300×150×6.5×9。

H型钢与工字钢的区别如下。

(1) H 型钢翼缘内表面无斜度，上下表面平行。

(2) 从材料分布形式上看，工字钢截面中材料主要集中在腹板左右，越向两侧延伸，钢材越少；轧制 H 型钢中，材料分布侧重在翼缘部分。

剖分 T 型钢分三类：宽翼缘剖分 T 型钢(TW)、中翼缘剖分 T 型钢(TM)、窄翼缘剖分 T 型钢(TN)。剖分 T 型钢的规格以“代号”加“高度 h×宽度 B×腹板厚度 t_1×翼缘厚度 t_2”表示，单位为 mm，如 TM147×200×8×12。

钢管分为无缝钢管和焊接钢管，以符号“ϕ ”加“外径×厚度”表示，单位为 mm，如 ϕ426×10。公称直径采用符号 DN 表示。

3) 冷弯薄壁型钢

冷弯薄壁型钢由厚度为 1.5～6mm 的钢板或带钢，经冷加工(冷弯、冷压或冷拔)成型，同一截面部分的厚度都相同，截面各角顶处呈圆弧形，如图 2.22(a)～(i)所示。在工业与民用和农业建筑中，可用冷弯薄壁型钢制作各种屋架、刚架、网架、檩条、墙梁、墙柱等结构和构件。

压型钢板是冷弯薄壁型材的另一种形式［图 2.22(j)］，常用 0.4～2mm 厚的镀锌钢板和彩色涂塑镀锌钢板冷加工成型，可广泛用作屋面板、墙面板和隔墙。

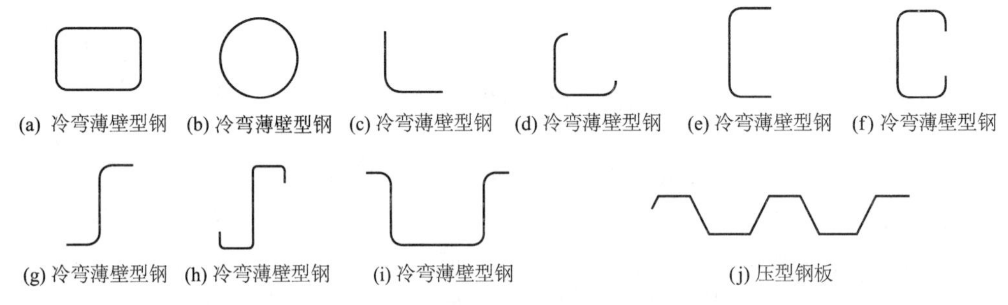

图 2.22 冷弯薄壁型材的截面形式

3. 钢材的选择

根据建筑结构的设计要求，对于承重结构，《钢结构设计规范》推荐使用 5 种牌号钢：Q235、Q345、Q390、Q420、Q460。钢结构选材应遵循技术可靠、经济合理的原则，综合考虑结构的重要性、荷载特征、结构形式、应力状态、连接方法、钢材厚度、价格和工作环境等因素，选用合适的钢材牌号和材性。《钢结构设计规范》规定：承重结构采用的钢材应具有屈服强度、伸长率、抗拉强度、冲击韧性和硫、磷含量的合格保证，对焊接结构尚应具有碳含量(或碳当量)的合格保证。焊接承重结构以及重要的非焊接承重结构采用的钢材还应具有冷弯试验的合格保证。当选用 Q235 钢时，其脱氧方法应选用镇静钢。

钢材的质量等级，应按下列规定选用。

(1) 对不需要验算疲劳的焊接结构，应符合下列规定。

① 不应采用 Q235A(镇静钢)。

② 当结构工作温度大于 20℃时，可采用 Q235B、Q345A、Q390A、Q420A、Q460 钢。

③ 当结构工作温度不高于 20℃但高于 0℃时，应采用 B 级钢。

④ 当结构工作温度不高于 0℃但高于－20℃时，应采用 C 级钢。

⑤ 当结构工作温度不高于－20℃时，应采用 D 级钢。

(2) 对不需要验算疲劳的非焊接结构，应符合下列规定。

① 当结构工作温度高于 20℃时，可采用 A 级钢。

② 当结构工作温度不高于 20℃但高于 0℃时，宜采用 B 级钢。

③ 当结构工作温度不高于 0℃但高于－20℃时，应采用 C 级钢。

④ 当结构工作温度不高于－20℃时，对 Q235 钢和 Q345 钢，应采用 C 级钢；对 Q390 钢、Q420 钢和 Q460 钢，应采用 D 级钢。

(3) 对于需要验算疲劳的非焊接结构，应符合下列规定。

① 钢材至少应采用 B 级钢。

② 当结构工作温度不高于 0℃但高于－20℃时，应采用 C 级钢。

③ 当结构工作温度不高于－20℃时，对 Q235 钢和 Q345 钢，应采用 C 级钢；对 Q390 钢、Q420 钢和 Q460 钢应采用 D 级钢。

(4) 对于需要验算疲劳的焊接结构，应符合下列规定。

① 钢材至少应采用 B 级钢。

② 当结构工作温度不高于 0℃但高于－20℃时，对 Q235 钢和 Q345 钢，应采用 C 级钢；对 Q390 钢、Q420 钢和 Q460 钢，应采用 D 级钢。

③ 当结构工作温度不高于－20℃时，对 Q235 钢和 Q345 钢，应采用 D 级钢；对 Q390 钢、Q420 钢和 Q460 钢，应采用 E 级钢。

(5) 承重结构在低于－30℃环境下工作时，其选材还应符合下列规定。

① 不宜采用过厚的钢板。

② 严格控制钢材的硫、磷、氮含量。

③ 重要承重结构的受拉板件，当板厚大于等于 40mm 时，宜选用细化晶粒的 GJ 钢板。

2.3.6 钢结构的强度设计值

1. 钢材的强度设计值

钢材的强度设计值(钢材强度的标准值除以材料分项系数)，应根据钢材牌号、厚度或直径按表 2－5 采用。

表 2－5 钢材的强度设计值(N/mm²)

牌号	厚度或直径/mm	抗拉、抗压、抗弯 f	抗剪 f_v	端面承压(刨平顶梁) f_{ce}	钢材名义屈服强度 f_y	极限抗拉强度最小值 f_u
Q235	≤16	215	125	325	235	370
	16～40	205	120		225	370
	40～60	200	115		215	370
	60～100	200	115		205	370

续表

牌号	厚度或直径/mm	抗拉、抗压、抗弯 f	抗剪 f_v	端面承压（刨平顶梁）f_{ce}	钢材名义屈服强度 f_y	极限抗拉强度最小值 f_u
Q345	≤16	300	175	400	345	470
	16～40	295	170		335	470
	40～63	290	165		325	470
	63～80	280	160		315	470
	80～100	270	155		305	470
Q390	≤16	345	200	415	390	490
	16～40	330	190		370	490
	40～63	310	180		350	490
	63～80	295	170		330	490
	80～100	295	170		330	490
Q420	≤16	375	215	325	420	520
	16～40	335	205		400	520
	40～63	320	185		380	520
	63～80	305	175		360	520
	80～100	305	175		360	520
Q460	≤16	410	175	400	460	550
	16～40	390	170		440	550
	40～63	355	165		420	550
	63～80	340	160		400	550
	80～100	340	155		400	550
Q345GJ	≤16	310	180	415	345	490
	16～50	290	170		335	490
	50～100	285	165		325	490

注：1. GJ 钢的名义屈服强度取上屈服强度，其他均取下屈服强度。

2. 表中厚度系指计算点的钢材厚度，对轴心受拉和轴心受压构件系指截面中较厚板件的厚度。

2. 焊缝的强度设计值

焊缝的强度设计值应按表 2－6 采用。

3. 螺栓连接的强度设计值

螺栓连接的强度设计值应按表 2－7 采用。

表 2-6 焊缝的强度设计值(N/mm^2)

焊接方法和焊条型号	钢筋牌号规格和标号		对接焊缝				角焊缝
	牌号	厚度或直径/mm	抗压 f_c^w	焊缝质量为下列等级时，抗拉 f_t^w		抗剪 f_v^w	抗拉、抗压和抗剪 f_f^w
				一、二级	三级		
自动焊、半自动焊和 E43 型焊条手工焊	Q235	≤16	215	215	185	125	160
		16～40	205	205	175	120	
		40～60	200	200	170	115	
		60～100	200	200	170	115	
自动焊、半自动焊和 E50、E55 型焊条手工焊	Q345	≤16	305	305	260	175	200
		16～40	295	295	250	170	
		40～63	290	290	245	165	
		63～80	280	280	240	160	
		80～100	270	270	230	155	
	Q390	≤16	345	345	295	200	200(E50) 220(E55)
		16～40	330	330	280	190	
		40～63	310	310	265	180	
		63～80	295	295	250	170	
		80～100	295	295	250	170	
	Q420	≤16	375	375	320	215	220(E55) 240(E60)
		16～40	355	355	300	205	
		40～63	320	320	270	185	
		63～80	305	305	260	175	
		80～100	305	305	260	175	
	Q460	≤16	410	410	350	235	220(E55) 240(E60)
		16～40	390	390	330	225	
		40～63	355	355	300	205	
		63～80	340	340	290	195	
		80～100	340	340	290	195	
	Q345GJ	16～35	310	310	265	180	200
		35～50	290	290	245	170	
		50～100	285	285	240	165	

注：1. 手工焊用焊条、自动焊和半自动焊所采用的焊丝和焊剂，应保证其熔敷金属的力学性能不低于母材的性能。
2. 焊缝质量等级应符合现行国家标准《钢结构焊接规范》(GB 50661—2011)的规定，其检验方法应符合现行国家标准《钢结构工程施工质量验收规范》(GB 50205—2001)的规定。其中厚度小于 8mm 钢材的对接焊缝，不应采用超声波探伤确定焊缝质量等级。
3. 对接焊缝在受压区的抗弯强度设计值取 f_c^w，在受拉区的抗弯强度设计值取 f_t^w。
4. 表中厚度系指计算点的钢材厚度，对轴心受拉和轴心受压构件系指截面中较厚板件的厚度。
5. 进行无垫板的单面施焊对接焊缝的连接计算时，上表规定的强度设计值应乘以折减系数 0.85。

表 2-7 螺栓连接的强度设计值(N/mm^2)

螺栓的性能等级、锚栓和构件钢材的牌号		普通螺栓					锚栓	承压型或网架用高强度螺栓			
		C 级螺栓		A 级、B 级螺栓							
		抗拉 f_t^b	抗剪 f_v^b	承压 f_c^b	抗拉 f_t^b	抗剪 f_v^b	承压 f_c^b	抗拉 f_t^b	抗拉 f_t^b	抗剪 f_v^b	承压 f_c^b
普通螺栓	4.6 级、4.8 级	170	140	—	—	—	—	—	—	—	—
	5.6 级	—	—	—	210	190	—	—	—	—	—
	8.8 级	—	—	—	400	320	—	—	—	—	—
锚栓	Q235	—	—	—	—	—	—	140	—	—	—
	Q345	—	—	—	—	—	—	180	—	—	—
	Q390	—	—	—	—	—	—	185	—	—	—
承压型连接高强度螺栓	8.8 级	—	—	—	—	—	—	—	400	250	—
	10.9 级	—	—	—	—	—	—	—	500	310	—
螺栓球网架用高强度螺栓	9.8 级	—	—	—	—	—	—	—	385	—	—
	10.9 级	—	—	—	—	—	—	—	340	—	—
构件	Q235	—	—	305	—	—	405	—	—	—	470
	Q345	—	—	385	—	—	510	—	—	—	590
	Q390	—	—	400	—	—	530	—	—	—	615
	Q420	—	—	425	—	—	560	—	—	—	655
	Q460	—	—	450	—	—	595	—	—	—	695
	Q345GJ	—	—	400	—	—	530	—	—	—	615

注：1. A 级螺栓用于 $d \leqslant 24mm$ 和 $L \leqslant 10d$ 或 $L \leqslant 150mm$(按较小值)的螺栓；B 级螺栓用于 $d > 24mm$ 和 $L > 10d$ 或 $L > 150mm$(按较小值)的螺栓；d 为公称直径，L 为螺栓公称长度。

2. A、B 级螺栓孔的精度和孔壁表面粗糙度，C 级螺栓孔的允许偏差和孔壁表面粗糙度，均应符合现行国家标准《钢结构工程施工质量验收规范》(GB 50205—2001)的要求。

3. 用于螺栓球节点网架的高强度螺栓，M12～M36 为 10.9 级，M39～M64 为 9.8 级。

2.4 砌体材料的选用及强度指标的查用

2.4.1 砌体材料

1. 砌体的块材

1) 砖

砌体结构中用于承重结构的砖主要有烧结普通砖、烧结多孔砖、蒸压灰砂普通砖、蒸压粉煤灰普通砖、混凝土普通砖和混凝土多孔砖六种。燃烧结普通砖、烧结多孔砖的强度等级为MU30、MU25、MU20、MU15和MU10。蒸压灰砂普通砖、蒸压粉煤灰普通砖的强度等级为MU25、MU20和MU15。混凝土普通砖、混凝土多孔砖的强度等级为MU30、MU25、MU20和MU15。

砌体结构中用于自承重结构的砖主要是空心砖，空心砖的强度等级为MU10、MU7.5、MU5、MU3.5。其中，MU表示块体的强度等级，数字表示块体的强度大小，单位为MPa。

对用于承重的多孔砖及蒸压硅酸盐砖的折压比限值和用于承重的非烧结材料多孔砖的孔洞率、壁及肋尺寸限值及碳化、软化性能要求，应符合现行国家标准《墙体材料应用统一技术规范》(GB 50574—2010)的有关规定。

2）砌块

砌块一般指单排孔混凝土砌块、轻骨料混凝土砌块、双排孔或多排孔轻骨料混凝土砌块。用于承重结构的混凝土砌块、轻骨料混凝土砌块的强度等级为MU20、MU15、MU10、MU7.5和MU5。用于自承重结构的轻骨料混凝土砌块的强度等级为MU10、MU7.5、MU5和MU3.5。

3）石材

天然石材根据其外形和加工程度分为毛石与料石两种。料石又分为细料石、半细料石、粗料石和毛料石。石材的强度等级为MU100、MU80、MU60、MU50、MU40、MU30、MU20。

2. 砌体的砂浆

砌体砂浆的作用是把块材黏结成一个整体共同工作。对砂浆的基本要求是强度、流动性和保水性。

按组成材料的不同，砂浆可分为水泥砂浆、石灰砂浆和混合砂浆。

(1) 水泥砂浆具有强度高、硬化快、耐久性好等特点，但和易性差，适用于砌筑受力较大或潮湿环境中的砌体。

(2) 石灰砂浆具有饱水性、流动性好等特点，但强度低、耐久性差，只适用于低层建筑和不受潮的地上砌体。

(3) 混合砂浆的保水性和流动性比水泥砂浆好，强度高于石灰砂浆，适用于砌筑一般墙、柱砌体。

按用途不同，砂浆可分为普通砂浆、混凝土块体专用砌筑砂浆、蒸压灰砂普通砖和蒸压粉煤灰普通砖专用砌筑砂浆。普通砂浆的强度等级用符号“M”表示，单位为MPa(N/mm^2)；混凝土块体专用砌筑砂浆的强度等级用符号“Mb”表示；蒸压灰砂普通砖和蒸压粉煤灰普通砖专用砌筑砂浆的强度等级用符号“Ms”表示。

3. 砌体的类型

根据块体的类别和砌筑形式的不同，砌体主要分为以下几类。

1）砖砌体

砖砌体是由砖和砂浆砌筑而成的砌体，是采用最普遍的一种砌体，主要有烧结普通砖、烧结多孔砖、蒸压灰砂普通砖、蒸压粉煤灰普通砖、混凝土普通砖和混凝土多孔砖的无筋和配筋砌体。

2）石砌体

石砌体由石材和砂浆(或混凝土)砌筑而成。按石材加工后的外形规则程度，可分为料石砌体、毛石砌体。

3）砌块砌体

由砌块和砂浆砌成的砌体称为砌块砌体，包括混凝土砌块、轻骨料混凝土砌块的无筋和配筋砌体。

4）配筋砌体

为了提高砌体的承载力，减小构件的截面，可在砌体内配置适当的钢筋形成配筋砌体。配筋砌体可分为网状配筋砌体、组合砖砌体和配筋混凝土砌块砌体。配筋砌体加强了砌体的各种强度和抗震性能，扩大了砌体结构的使用范围。

知识链接

《规范》规定，砂浆的强度等级应按下列规定采用：烧结普通砖、烧结多孔砖、蒸压灰砂普通砖、蒸压粉煤灰普通砖砌体采用的普通砂浆强度等级为 M15、M10、M7.5、M5 和 M2.5；蒸压灰砂普通砖和蒸压粉煤灰普通砖砌体采用的专用砌筑砂浆强度等级为 Ms15、Ms10、Ms7.5、Ms5.0；混凝土普通砖、混凝土多孔砖、单排孔混凝土砌块和煤矸石混凝土砌块砌体采用的砂浆强度等级为 Mb20、Mb15、Mb10、Mb7.5 和 Mb5；双排孔或多排孔轻骨料混凝土砌块砌体采用的砂浆强度等级为 Mb10、Mb7.5 和 Mb5；毛料石、毛石砌体采用的砂浆强度等级为 M7.5、Mb5 和 Mb2.5。

2.4.2 砌体的力学特征

1. 砌体的抗压强度

1）砌体受压破坏机理

根据试验表明，砖砌体的破坏大致经历以下 3 个阶段：第一阶段，从开始加荷到个别砖出现第一条(或第一批)裂缝，如图 2.23(a)所示。此阶段的细小裂缝是因为砖本身形状不规整或砖间砂浆层不均匀，使单块砖处于拉、弯、剪复合作用，如不再增加荷载，裂缝不扩展。第二阶段，随着荷载的增加，单块砖内个别裂缝不断开展并扩大，并沿竖向穿过若干层砖形成连续裂缝，如图 2.23(b)所示。此时若不再增加荷载，裂缝仍会继续发展，砌体已接近破坏。第三阶段，砌体完全破坏的瞬间为第三阶段。继续增加荷载，裂缝将迅速开展，砌体被几条贯通的裂缝分割成互不相连的若干小柱，如图 2.23(c)所示，小柱失稳朝侧向突出，其中某些小柱可能被压碎，以致最终丧失承载力而破坏。

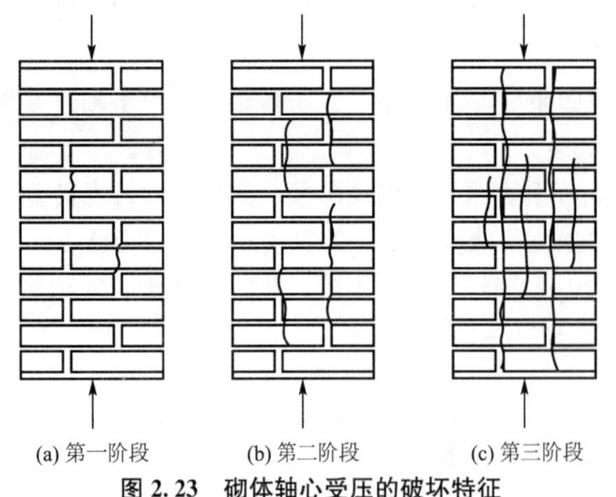

图 2.23 砌体轴心受压的破坏特征

砌体的破坏并不是因为砖本身抗压强度不足，而是因为小柱失稳破坏。除单砖较早开裂外，另一个原因是砖与砂浆的受压变形性能不一致。砌体在受压产生压缩变形的同时还产生横向变形，而砖的横向变形小于砂浆的横向变形（因为砖的弹性模量一般高于砂浆的弹性模量），又因为两者之间存在黏结力和摩擦力，因此砂浆受到横向压力，砖阻止砂浆的横向变形；反过来砂浆将横向拉力作用于砖，增大砖的横向变形。砖内产生的横向拉应力将加快裂缝的出现和发展，加上竖向灰缝的不饱满、不密实将造成砌体竖向灰缝处的应力集中，加快了砖的开裂，从而也使砌体的强度降低。

2）影响砌体抗压强度的因素

根据试验分析，影响砌体抗压强度的主要因素有如下几个。

（1）砌体的强度主要取决于块体和砂浆的强度。

（2）块体的尺寸、几何形状和表面的平整度对砌体的抗压强度也有较大的影响。砌体强度随块体厚度的增大而增大，随块体长度的增大而降低。因为增加块体的厚度，其抗弯、抗剪能力也会增加，同样会提高砌体的抗压强度。块体的表面越平整，灰缝的厚度将越均匀，从而减少块体的受弯、受剪作用，砌体的抗压强度就会提高。

（3）和易性好的砂浆具有很好的流动性和保水性。在砌筑时易于铺成均匀、密实的灰缝，减少了单个块体在砌体中的弯、剪应力，因而提高了砌体的抗压强度。

（4）砌筑质量对砌体抗压强度的影响，主要表现在水平灰缝砂浆的饱满程度。灰缝的厚度也将影响砌体强度。水平灰缝厚些，容易铺得均匀，但增加了砖的横向拉应力；灰缝过薄，使砂浆难以均匀铺砌。实践证明，水平灰缝厚度宜为 8～12mm。

知识链接

《砌体结构工程施工质量验收规范》(GB 50203—2011)规定：砌体施工质量等级应分为三级：A 级、B 级、C 级。主要根据现场质量管理，砂浆、混凝土强度，砂浆拌和方式，砌筑工人 4 个方面的情况分为三级：A 级质量最好，强度最高；B 级次之；C 级最差。为此，《砌体结构工程施工质量验收规范》(GB 50203—2011)对应提出了不同的强度设计值。

3）砌体的抗压强度设计值

龄期为 28d 的以毛截面计算的各类砌体抗压强度设计值，当施工质量控制等级为 B 级时，应根据块体和砂浆的强度等级分别按规定采用。烧结普通砖和烧结多孔砖砌体的抗压强度设计值按表 2－8 采用。

表 2－8　烧结普通砖和烧结多孔砖砌体的抗压强度设计值 f（MPa）

砖强度等级	砂浆强度等级					砂浆强度
	M15	M10	M7.5	M5	M2.5	0
MU30	3.94	3.27	2.93	2.59	2.26	1.15
MU25	3.60	2.98	2.68	2.37	2.06	1.05

续表

砖强度等级	砂浆强度等级					砂浆强度
	M15	M10	M7.5	M5	M2.5	0
MU20	3.22	2.67	2.39	2.12	1.84	0.94
MU15	2.79	2.31	2.07	1.83	1.60	0.82
MU10	—	1.89	1.69	1.50	1.30	0.67

注：当烧结多孔砖的孔洞率大于30%时，表中数值应乘以0.9。

混凝土普通砖和混凝土多孔砖砌体的抗压强度设计值按表2－9采用。

表2－9　混凝土普通砖和混凝土多孔砖砌体的抗压强度设计值 f(MPa)

砖强度等级	砂浆强度等级					砂浆强度
	Mb20	Mb15	Mb10	Mb7.5	Mb5	0
MU30	4.61	3.94	3.27	2.93	2.59	1.15
MU25	4.21	3.60	2.98	2.68	2.37	1.05
MU20	3.77	3.22	2.67	2.39	2.12	0.94
MU15	—	2.79	2.31	2.07	1.83	0.82

蒸压灰砂普通砖和蒸压粉煤灰普通砖砌体的抗压强度设计值按表2－10采用。

表2－10　蒸压灰砂普通砖和蒸压粉煤灰普通砖砌体的抗压强度设计值 f(MPa)

砖强度等级	砂浆强度等级				砂浆强度
	M15	M10	M7.5	M5	0
MU25	3.60	2.98	2.68	2.37	1.05
MU20	3.22	2.67	2.39	2.12	0.94
MU15	2.79	2.31	2.07	1.83	0.82

注：当采用专用砂浆砌筑时，其抗压强度设计值按表中数值采用。

单排孔混凝土砌块和轻骨料混凝土砌块对孔砌筑砌体的抗压强度设计值按表2－11采用。

表2－11　单排孔混凝土砌块和轻骨料混凝土砌块对孔砌筑砌体的抗压强度设计值 f(MPa)

砌块强度等级	砂浆强度等级					砂浆强度
	Mb20	Mb15	Mb10	Mb7.5	Mb5	0
MU20	6.30	5.68	4.95	4.44	3.94	2.33
MU15	—	4.61	4.02	3.61	3.20	1.89
MU10	—	—	2.79	2.50	2.22	1.31
MU7.5	—	—	—	1.93	1.71	1.01
MU5	—	—	—	—	1.19	0.70

注：1. 对独立柱或厚度为双排组砌的砌块砌体，应按表中数值乘以0.7。
2. 对T形截面墙体、柱，应按表中数值乘以0.85。

双排孔或多排孔轻骨料混凝土砌块砌体的抗压强度设计值按表2-12采用。

表2-12 双排孔或多排孔轻骨料混凝土砌块砌体的抗压强度设计值 f(MPa)

砌块强度等级	砂浆强度等级			砂浆强度
	Mb10	**Mb7.5**	**Mb5**	**0**
MU10	3.08	2.76	2.45	1.44
MU7.5	—	2.13	1.88	1.12
MU5	—	—	1.31	0.78
MU3.5	—	—	0.95	0.56

注：1. 表中的砌块为火山渣、浮石和陶粒轻骨料混凝土砌块。

2. 对厚度方向为双排组砌的轻骨料混凝土砌块砌体的抗压强度设计值，应按表中数值乘以0.8。

2. *砌体的抗拉、抗弯与抗剪强度*

砌体的抗压性能远高于其抗弯、抗拉、抗剪性能，因此砌体多用于受压构件。但实际工程中，圆形水池的池壁由于水的压力而产生环向水平拉力，使砌体垂直截面处于轴心受拉状态(图2.24)。由图2.24可见，砌体的轴心受拉破坏有两种基本形式：①当块体强度等级较高，砂浆强度等级较低时，砌体将沿齿缝破坏[图2.24(a)中的Ⅰ—Ⅰ、Ⅰ′—Ⅰ′均为齿缝破坏]；②当块体强度等级较低，砂浆强度等级较高时，砌体的破坏可能沿竖直灰缝和块体截面连成的直缝破坏[图2.24(a)中的Ⅱ—Ⅱ]。

带支墩的挡土墙和风荷载作用下的围墙均承受弯矩作用(图2.25)。由图2.25可见，砌体的弯曲受拉破坏有三种基本形式：①当块体强度等级较高时，砌体沿齿缝破坏[图2.25(a)中的Ⅰ—Ⅰ]；②当块体强度等级较低，而砂浆强度等级较高时，砌体可能沿竖直灰缝和块体截面连成的直缝破坏[图2.25(a)中的Ⅱ—Ⅱ]；③当弯矩较大时，砌体将沿弯矩最大截面的水平灰缝产生沿通缝的弯曲破坏[图2.25(b)中的Ⅲ—Ⅲ]。

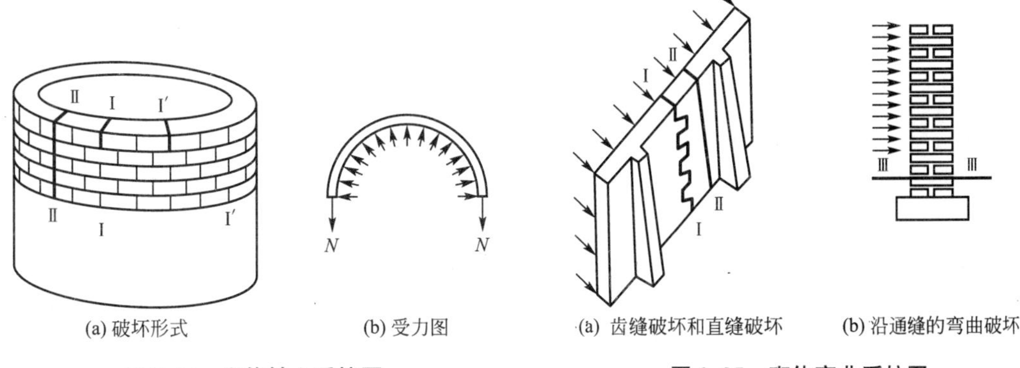

(a) 破坏形式　(b) 受力图

图2.24 砌体轴心受拉图

(a) 齿缝破坏和直缝破坏　(b) 沿通缝的弯曲破坏

图2.25 砌体弯曲受拉图

如图2.26所示为拱支座受到剪切作用。它们可能沿阶梯形截面受剪破坏[图2.26(a)]，也可能沿通缝截面受剪破坏[图2.26(b)]。

龄期为28d的以毛截面计算的各类砌体的轴心抗拉强度设计值、弯曲抗拉强度设计值和抗剪强度设计值，当施工质量控制等级为B级时，可由表2-13查得。

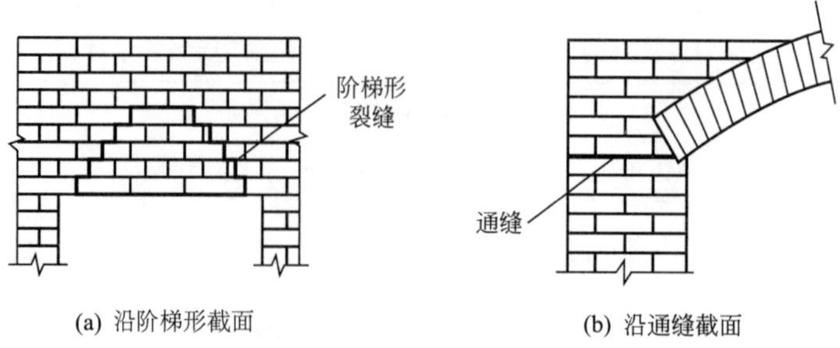

(a) 沿阶梯形截面　　(b) 沿通缝截面

图 2.26　砌体的受剪破坏

表 2－13　沿砌体灰缝截面破坏时砌体的轴心抗拉强度设计值 f_t、弯曲抗拉强度设计值 f_{tm} 和抗剪强度设计值 f_v（MPa）

强度类别	破坏特征及砌体种类		砂浆强度等级			
			≥M10	M7.5	M5	M2.5
轴心抗拉	沿齿缝	烧结普通砖、烧结多孔砖	0.19	0.16	0.13	0.09
		混凝土普通砖、混凝土多孔砖	0.19	0.16	0.13	—
		蒸压灰砂普通砖、蒸压粉煤灰普通砖	0.12	0.10	0.08	—
		混凝土和轻骨料混凝土砌块	0.09	0.08	0.07	—
		毛石	—	0.07	0.06	0.04
弯曲抗拉	沿齿缝	烧结普通砖、烧结多孔砖	0.33	0.29	0.23	0.17
		混凝土普通砖、混凝土多孔砖	0.33	0.29	0.23	—
		蒸压灰砂普通砖、蒸压粉煤灰普通砖	0.24	0.20	0.16	—
		混凝土和轻骨料混凝土砌块	0.11	0.09	0.08	—
		毛石	—	0.11	0.09	0.07
	沿通缝	烧结普通砖、烧结多孔砖	0.17	0.14	0.11	0.08
		混凝土普通砖、混凝土多孔砖	0.17	0.14	0.11	—
		蒸压灰砂普通砖、蒸压粉煤灰普通砖	0.12	0.10	0.08	—
		混凝土和轻骨料混凝土砌块	0.08	0.06	0.05	—
抗剪	烧结普通砖、烧结多孔砖		0.17	0.14	0.11	0.08
	混凝土普通砖、混凝土多孔砖		0.17	0.14	0.11	—
	蒸压灰砂普通砖、蒸压粉煤灰普通砖		0.12	0.10	0.08	—
	混凝土和轻骨料混凝土砌块		0.09	0.08	0.06	—
	毛石		—	0.19	0.16	0.11

注：1. 对于用形状规则的块体砌筑的砌体，当搭接长度与块体高度的比值小于 1 时，其轴心抗拉强度设计值 f_t 和弯曲抗拉强度设计值 f_{tm} 应按表中数值乘以搭接长度与块体高度比值后采用。

2. 表中数值是依据普通砂浆砌筑的砌体确定，采用经研究性试验且通过技术鉴定的专用砂浆砌筑的蒸压灰砂普通砖、蒸压粉煤灰普通砖砌体，其抗剪强度设计值按相应普通砂浆强度等级砌筑的烧结普通砖砌体采用。

3. 对混凝土普通砖、混凝土多孔砖、混凝土和轻骨料混凝土砌块砌体，表中的砂浆强度等级分别为≥Mb10、Mb7.5 及 Mb5。

3. 砌体强度的调整

下列情况的各类砌体，其砌体强度设计值应乘以调整系数 γ_a。

(1) 对无筋砌体构件，其截面面积小于 0.3m^2 时，γ_a为其截面面积加 0.7；对配筋砌体构件，当其中砌体截面面积小于 0.2m^2时，γ_a为其截面面积加 0.8；构件截面面积以"m^2"计。

(2) 当砌体用强度等级小于 M5.0 的水泥砂浆砌筑时，对表 2-8～表 2-12 中的数值，γ_a为 0.9；对表 2-13 中的数值，γ_a为 0.8。

(3) 当验算施工中房屋的构件时，γ_a为 1.1。

2.4.3 砌体的弹性模量、线膨胀系数和摩擦系数

砌体的弹性模量、线膨胀系数和摩擦系数分别按表 2-14～表 2-16 采用。砌体的剪变模量 G 按砌体弹性模量 E 的 0.4 倍采用，即 $G=0.4E$。烧结普通砖砌体的泊松比可取 0.15。

表 2-14 砌体的弹性模量 (MPa)

砌体种类	砂浆强度等级			
	≥M10	M7.5	M5	M2.5
烧结普通砖、烧结多孔砖砌体	1600f	1600f	1600f	1390f
混凝土普通砖、混凝土多孔砖砌体	1600f	1600f	1600f	—
蒸压灰砂普通砖、蒸压粉煤灰普通砖砌体	1060f	1060f	1060f	—
非灌孔混凝土砌块砌体	1700f	1600f	1500f	—
粗料石、毛料石、毛石砌体	—	5650	4000	2250
细料石砌体	—	17000	12000	6750

注：1. 轻骨料混凝土砌块砌体的弹性模量，可按表中混凝土砌块砌体的弹性模量采用。
2. 表中砌体抗压强度设计值不按 2.4.2 节的第 4 条"砌体强度的调整"进行调整。
3. 表中砂浆为普通砂浆，采用专用砂浆砌筑的砌体的弹性模量也按此表取值。
4. 对混凝土普通砖、混凝土多孔砖、混凝土和轻骨料混凝土砌块砌体，表中的砂浆强度等级分别为≥Mb10、Mb7.5 及 Mb5。
5. 对蒸压灰砂普通砖和蒸压粉煤灰普通砖砌体，当采用专用砂浆砌筑时，其强度设计值按表中数值采用。

表 2-15 砌体的线膨胀系数和收缩率

砌体类别	线膨胀系数/(10^{-6}/℃)	收缩率/(mm/m)
烧结普通砖、烧结多孔砖砌体	5	−0.1
蒸压灰砂普通砖、蒸压粉煤灰普通砖砌体	8	−0.2
混凝土普通砖、混凝土多孔砖、混凝土砌块砌体	10	−0.2
轻骨料混凝土砌块砌体	10	−0.3
料石和毛石砌体	8	—

注：表中的收缩率系由达到收缩允许标准的块体砌筑 28d 的砌体收缩系数，当地方有可靠的砌体收缩试验数据时，也可采用当地的试验数据。

表 2－16　砌体的摩擦系数

材料类别	摩擦面情况	
	干燥	潮湿
砌体沿砌体或混凝土滑动	0.70	0.60
砌体沿木材滑动	0.60	0.50
砌体沿钢滑动	0.45	0.35
砌体沿砂或卵石滑动	0.60	0.50
砌体沿粉土滑动	0.55	0.40
砌体沿黏性土滑动	0.50	0.30

本章小结

(1) 混凝土强度的基本指标是立方体抗压强度，轴心抗压强度和轴心抗拉强度依据立方体抗压强度计算取得。混凝土的变形分为荷载作用下的受力变形和体积变形。

(2)《混凝土结构设计规范》(GB 50010—2010)规定：混凝土结构中采用的钢筋有热轧钢筋、余热处理钢筋、细晶粒带肋钢筋、预应力螺纹钢筋、钢丝、钢铰丝，当采用其他钢筋时应符合专门规范的规定。钢筋的基本力学性能指标为拉抗强度、屈服强度和伸长率、冷弯性能。

(3) 用作钢结构的钢材须具有以下性能：较高的强度、足够的变形性能、良好的加工性能、良好的可焊性、能适应低温、有害介质侵蚀(包括大气锈蚀)以及重复荷载作用等。建筑工程中所用的建筑钢材基本上是碳素结构钢和低合金结构钢。钢结构选材应遵循技术可靠、经济合理的原则，综合考虑结构的重要性、荷载特征、结构形式、应力状态、连接方法、钢材厚度、价格和工作环境等因素，选用合适的钢材牌号和材料性能。

(4) 砌体结构类型有砖砌体、砌块砌体、石砌体和配筋砌体。所采用的材料有砖、砌块、石材、砂浆。影响砌体抗压强度的主要因素有砌体的强度，块体的尺寸、几何形状、表面的平整度，砂浆的和易性和砌筑质量等。砌体的抗压强度高，在设计和使用时主要利用这个优点。

(5) 通过本章的学习，在了解各种结构材料性能的基础上，要学会在设计和施工中选择好所需要的材料，学会查找所需要材料的强度和变形指标。

习题

简答题

(1) 什么是混凝土立方体抗压强度、轴心抗压强度和轴心抗拉强度？

(2) 混凝土三向受压时的强度为什么会提高？

(3) 混凝土的变形分哪两类？各包括哪些变形？

(4) 什么是混凝土的徐变现象？影响混凝土徐变的因素有哪些？如何影响？

(5) 影响混凝土收缩的因素有哪些？如何影响？有明显屈服点的钢筋的拉伸试验过程可分为哪4个阶段？试作出其应力-应变曲线，并标出各阶段的特征应力值。

(6) 结构设计计算中，有明显屈服点的钢筋和无明显屈服点的钢筋在设计强度取值上有什么不同？

(7) 钢材有哪几项主要力学性能指标？各项指标可用来衡量钢材哪些方面的性能？

(8) 碳、锰、硅、硫、磷对碳素结构钢的机械性能分别有哪些影响？

(9) 什么是应力集中？

(10) 常用的砂浆有哪几种？

(11) 为什么砌体的抗压强度远低于砖的抗压强度？

(12) 影响砌体抗压强度的主要因素有哪些？

(13) 在什么情况下，砌体强度设计值需乘以调整系数 γ_a？

第3章

钢筋混凝土受弯构件

教学目标

(1) 弄懂梁、板的配筋构造；学会单筋矩形截面受弯构件正截面承载力计算公式的推导过程，并能利用该公式进行截面设计和校核；能够利用双筋矩形正截面承载力计算公式进行截面的设计与复核；能够利用T形截面梁正截面承载力计算理论进行T形截面梁受弯构件正截面设计与校核；能够理解受弯构件斜截面配筋计算理论，并能够进行斜截面的配筋计算；能够读懂抵抗弯矩图，并能够绘制抵抗弯矩图；能够掌握挠度计算和裂缝验算的计算方法。

(2) 通过学习掌握钢筋混凝土受弯构件正截面和斜截面的配筋计算和截面的承载力校核，以及挠度与裂缝宽度的验算，熟悉建筑结构设计规范，具备从事工作必备的钢筋混凝土专业知识。

(3) 培养严密的逻辑思维能力和严谨的工作作风，为以后的工作奠定良好的基础。

教学要求

知识要点	能力要求	相关知识	权重
受弯构件的一般构造要求	能进行梁、板的配筋构造	纵向受力钢筋的配置；架立钢筋的配置；弯起钢筋的配置；箍筋、纵向构造钢筋及拉筋的配置；分布钢筋的配置	10%
单筋矩形截面承载力计算公式及适用范围	能进行单筋矩形截面承载力计算	$\sum X=0 \quad a_1 f_c bx=f_y A_s$ $\sum M=0 \quad M\leqslant M_u=a_1 f_c bx\left(h_0-\frac{x}{2}\right)$ $\xi\leqslant\xi_b$ 或 $x\leqslant\xi_b h_0$，防止超筋破坏；$\rho\geqslant\rho_{min}$ 或 $A_s\geqslant A_{s,min}$，防止少筋破坏	20%

续表

知识要点	能力要求	相关知识	权重
双筋矩形截面承载力计算公式及适用范围	能进行双筋矩形截面承载力计算	$M \leqslant M_u = \alpha_1 f_c bx\left(h_a - \frac{x}{2}\right) + f_y' A_s'(h_u - a_s')$ $= \alpha_1 f_c b h_0^2 \xi(1-0.5\xi) + f_y' A_s'(h_0 - a_s')$ $\xi \leqslant \xi_b$，防止超筋破坏；$x \geqslant 2a_s'$，保证受压钢筋达到抗压强度设计值 $M = M_{2G} + M_{2Q}$	20%
T形截面承载力计算公式	能进行T形截面承载力计算	第一类T形截面： $f_y A_s = \alpha_1 f_c b_f' x \qquad V_1 = V_{1G} + V_{1Q}$ 第二类T形截面： $V = V_{1G} + V_{2G} + V_{2Q}$ $M \leqslant M_a = \alpha_1 f_c bx\left(h_0 - \frac{x}{2}\right) +$ $\alpha_1 f_c (b_f' - b) h_f' \left(h_0 - \frac{h_f'}{2}\right)$	20%
影响斜截面抗剪强度的主要因素	能把握影响抗剪强度的主要因素	剪跨比(集中荷载)或高跨比(均布荷载)；混凝土强度；纵筋配筋率；配箍率 ρ_{sv}；截面形式	10%
斜截面的计算公式及限制条件	能进行斜截面承载力计算	仅配箍筋的受弯构件的情况；同时配置箍筋和弯起钢筋的情况；截面的限制条件；抗剪箍筋的最小配箍率条件	20%

章节导读

钢筋混凝土梁是建筑物中的主要受力构件，钢筋混凝土梁是否安全，是建筑物能否正常工作的关键。图 3.1 所示为汶川地震某建筑物底层楼梯平台梁受到破坏时的现场图片，请大家结合这幅图片，掌握钢筋混凝土梁正截面破坏的 3 种形态，了解裂缝的相关知识。

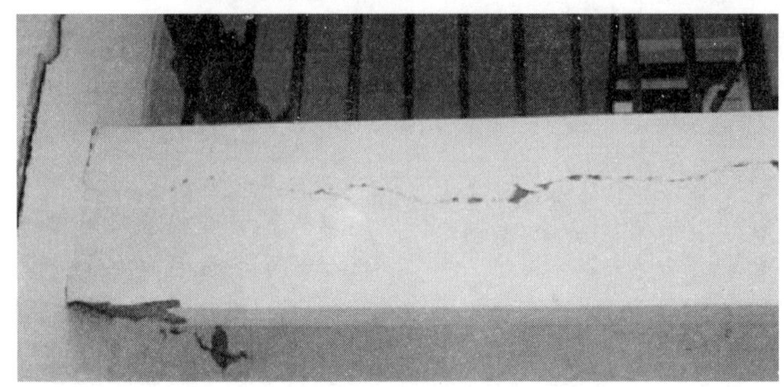

图 3.1　汶川地震某建筑物底层楼梯平台梁受到破坏时的现场图片

图 3.2 所示为某施工现场梁的受剪破坏图，请大家结合图片，掌握受弯构件斜截面配筋，并了解梁斜截面破坏的 3 种形态。

图 3.2　某施工现场梁的受剪破坏图

受弯构件是指轴力(N)可以忽略不计的构件，它是土木工程中数量较多、使用较为广泛的一类构件。工程结构中的梁和板就是典型的受弯构件。受弯构件在荷载作用下可能发生两种破坏：当受弯构件沿弯矩最大的截面发生破坏时，破坏截面与构件的纵轴线垂直，称为正截面破坏，如图 3.3(a)所示；当受弯构件沿剪力最大或弯矩和剪力都较大的截面发生破坏时，破坏截面与构件的纵轴线斜交，称为斜截面破坏，如图 3.3(b)所示。

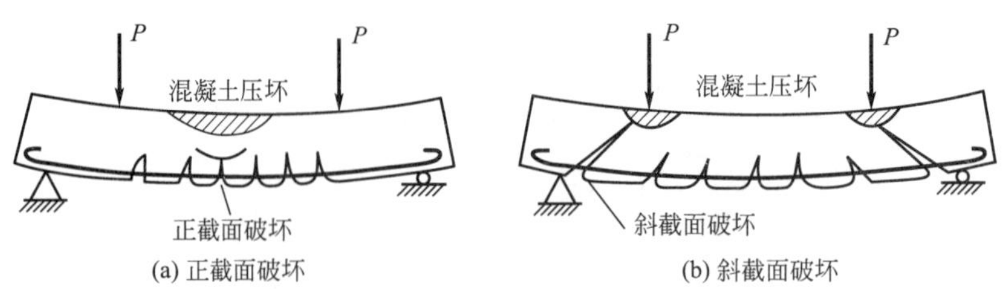

图 3.3　受弯构件的破坏形式

本章将从受弯构件的一般构造到梁的裂缝宽度验算逐一进行讲述。

3.1 受弯构件的一般构造要求

3.1.1 截面形状及尺寸

1. 截面形状

工程结构中的梁和板的区别在于：梁的截面高度一般大于自身的宽度，而板的截面高度则远小于自身的宽度。

梁的截面形状常见的有矩形、T形、I形、箱形、倒L形等；板的截面形状常见的有矩形、槽形及空心形等，如图3.4所示。

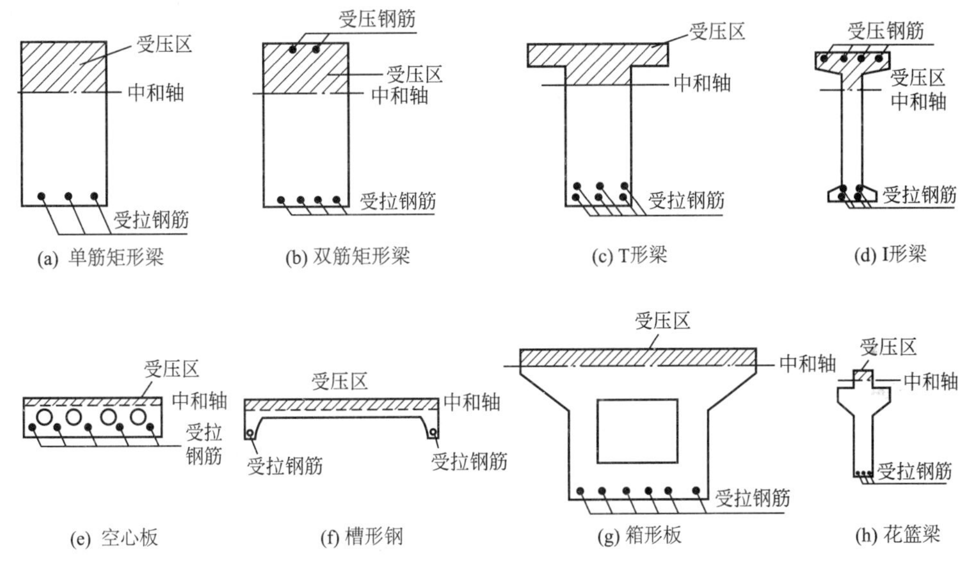

图3.4 受弯构件常用截面形状

2. 截面尺寸

受弯构件的截面尺寸的确定，既要满足承载能力的要求，也要满足正常使用的要求，同时还要满足施工方便的要求。也就是说，梁、板的截面高度 h 与荷载的大小、梁的计算跨度(l_0)有关。一般根据刚度条件由设计经验确定。工程结构中梁的截面高度可参照表3-1选用。同时，考虑便于施工和利于模板的定型化，构件截面尺寸宜统一规格，可按下述要求采用。

矩形截面梁和T形梁高度一般为250mm、300mm、350mm…750mm、800mm、900mm…。800mm以下每级级差为50mm，800mm以上每级级差为100mm。

板的宽度一般比较大，设计计算时可取单位宽度(b=1000mm)进行计算。其厚度应满足(如已满足，则可不进行变形验算)：①单跨简支板的最小厚度不小于 $l_0/35$ ；②多跨连续板的最小厚度不小于 $l_0/40$；③悬臂板的最小厚度(指的是悬臂板的根部厚度)不小于

$l_0/12$。同时，应满足表 3－2 的规定。

表 3－1　不需要做变形验算的梁的截面最小高度

构件种类		简支	两端连续	悬臂
整体肋形梁	主梁	$l_0/12$	$l_0/15$	$l_0/6$
	次梁	$l_0/15$	$l_0/20$	$l_0/8$
独立梁		$l_0/12$	$l_0/15$	$l_0/6$

注：l_0为梁的计算跨度；当 $l_0>9$m 时，表中数值应乘以 1.2 的系数；悬臂梁的高度指其根部的高度。矩形截面梁的高宽比 h/b 一般取 2.0～3.5；T 形截面梁的 h/b 一般取 2.5～4.0。矩形截面的宽度或 T 形截面的梁肋宽 b(mm)一般取为 100、120、150(180)、200(220)、250、300、350…。300mm 以上每级级差为 50mm。括号中的数值仅用于木模板。

表 3－2　现浇钢筋混凝土板的最小厚度

板的类别		厚度/mm
单向板	屋面板	60
	民用建筑楼板	60
	工业建筑楼板	70
	行车道下的楼板	80
双向板		80
密肋楼盖	面板	50
	肋高	250
悬臂板(根部)	悬臂长度不大于 500mm	60
	板的悬臂长度 1200mm	100
无梁楼板		150
现浇空心楼盖		200

3.1.2　梁板的配筋

1. 梁的配筋

梁中通常配置纵向受力钢筋、架立钢筋、弯起钢筋、箍筋等，构成钢筋骨架，如图 3.5所示，有时还配置纵筋。

1）纵向受力钢筋

根据纵向受力钢筋配置的不同，受弯构件分为单筋截面和双筋截面两种。前者指只在受拉区配置纵向受力钢筋的受弯构件，如图 3.4(a)所示；后者指同时在梁的受拉区和受压区配置纵向受力钢筋的受弯构件，如图 3.4(b)所示。配置在受拉区的纵向受力钢筋主要用来承受由弯矩在梁内产生的拉力，配置在受压区的纵向受力钢筋则是用来补充混凝土受压能力的不足。由于双筋截面利用钢筋来协助混凝土承受压力，一般不经济。因此，实际工程中双筋截面梁一般只在有特殊需要时采用。梁纵向受力钢筋的

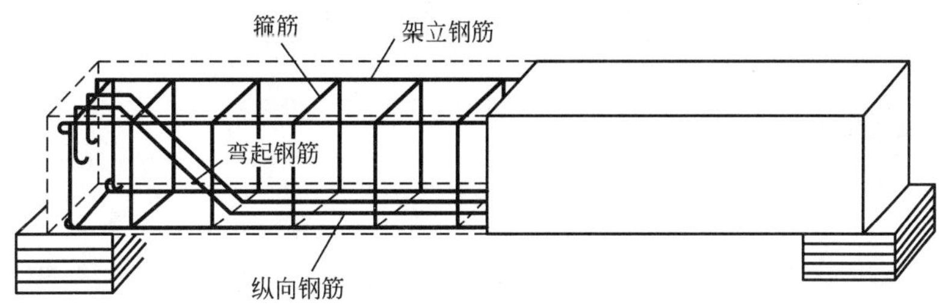

图 3.5　梁的配筋图

直径应当适中，太粗不便于加工，与混凝土的黏结力也差；太细则根数增加，在截面内不好布置，甚至降低受弯承载力。梁纵向受力钢筋的常用直径 $d=12\sim32$mm。当 $h<300$mm 时，$d\geqslant8$mm；当 $h\geqslant300$mm 时，$d\geqslant10$mm。一根梁中同一种受力钢筋最好为同一种直径；当有两种直径时，其直径相差不应小于 2mm，以便施工时辨别。梁中受拉钢筋的根数不应少于 2 根，最好不少于 3～4 根。纵向受力钢筋应尽量布置成一层。当一层排不下时，可布置成两层，但应尽量避免出现两层以上的受力钢筋，以免过多地影响截面受弯承载力。为了保证钢筋周围的混凝土浇筑密实，避免钢筋锈蚀而影响结构的耐久性，梁的纵向受力钢筋间必须留有足够的净间距。在梁的配筋密集区域，如受力钢筋单根布置导致混凝土浇筑密实困难时，为方便施工，可采用 2 根或 3 根钢筋并在一起配置，称为并筋(钢筋束)，如图 3.6 所示。当采用并筋(钢筋束)的形式配筋时，并筋的数量不应超过 3 根。并筋可视为一根等效钢筋，其等效直径 d_e 可按截面面积相等的原则换算确定，等直径两并筋公称直径为 $d=1.41d_e$，三并筋公称直径为 $d=1.73d_e$，d_e 为单根钢筋的直径。等效钢筋公称直径的概念可用于钢筋间距、保护层厚度、裂缝宽度验算、钢筋锚固长度、搭接接头面积百分率及搭接长度等的计算中。

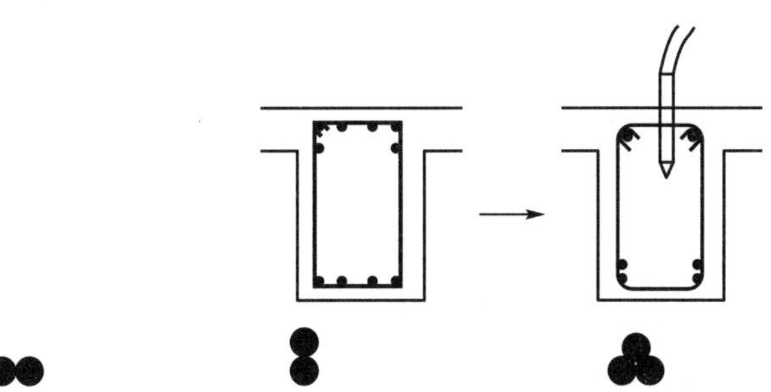

图 3.6　梁内纵向受力钢筋的并筋配置方式图

2) 架立钢筋

架立钢筋设置在受压区外缘两侧，并平行于纵向受力钢筋。其作用，一是固定箍筋位置以形成梁的钢筋骨架；二是承受因温度变化和混凝土收缩而产生的拉应力，防止发生裂缝。受压区配置的纵向受压钢筋可兼作架立钢筋。

架立钢筋的直径与梁的跨度有关，其最小直径不宜小于表 3-3 所列的数值。

表 3-3　架立钢筋的最小直径

梁跨/m	<4	4～6	>6
架立钢筋最小直径/mm	8	10	12

3）弯起钢筋

弯起钢筋在跨中是纵向受力钢筋的一部分，在靠近支座的弯起段弯矩较小处，则用来承受弯矩和剪力共同产生的主拉应力，即作为受剪钢筋的一部分。

钢筋的弯起角度一般为 45°，梁高 $h>800$mm 时，可采用 60°。当按计算需设弯起钢筋时，前一排(对支座而言)弯起钢筋的弯起点至后一排的弯起点至最后一排的弯终点的距离不应大于表 3-4 中 $V>0.7f_tbh_0$栏的规定。第一排钢筋的弯终点至支座边缘的距离不宜小于 50mm，也不应大于表 3-4 中 $V>0.7f_tbh_0$栏的规定。实际工程中，第一排弯起钢筋的弯终点距支座边缘的距离通常取为 50mm，弯起钢筋的弯终点外应留有锚固长度，其长度在受拉区不应小于 $20d$，在受压区不应小于 $10d$，如图 3.7 所示，d 为弯起钢筋的直径。对光面钢筋在末端尚应设置弯钩，位于梁底层两侧的钢筋不应弯起。

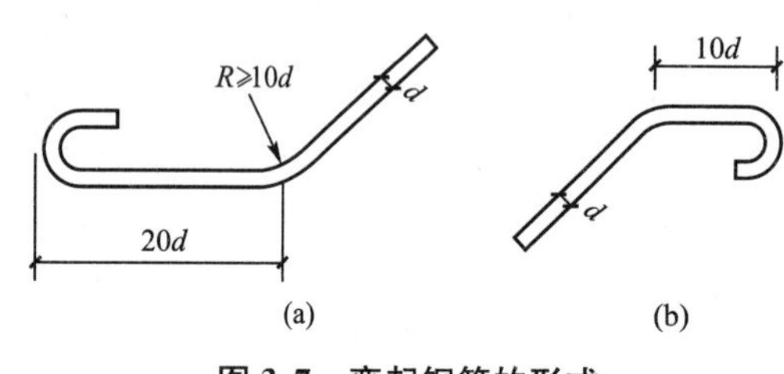

图 3.7　弯起钢筋的形式

表 3-4　梁中箍筋和弯起钢筋的最大间距 S_{max}(mm)

梁高 h/mm	$V>0.7f_tbh_0$	$V\leqslant0.7f_tbh_0$
$150<h\leqslant300$	150	200
$300<h\leqslant500$	200	300
$500<h\leqslant800$	250	350
$h>800$	300	400

4）箍筋

箍筋主要用来承受由剪力和弯矩在梁内引起的主拉应力，并通过绑扎或焊接把其他钢筋联系在一起，形成空间骨架。箍筋应根据计算确定。按计算不需要箍筋的梁，当梁的截面高度 $h>300$mm 时，应沿梁全长按构造配置箍筋；当 $h=150\sim300$mm 时，可仅在梁的端部各 1/4 跨度范围内设置箍筋，但当梁的中部 1/2 跨度范围内有集中荷载作用时，仍应沿梁的全长设置箍筋；若 $h<150$mm，可不设箍筋。梁内箍筋宜采用 HPB300、HRB335、HRB400 级钢筋。箍筋直径：当梁截面高度 $h\leqslant800$mm 时，不宜小于 6mm；当 $h>800$mm 时，不宜小于 8mm。当梁中配有计算需要的纵向受压钢筋时，箍筋直径还不应小于纵向受压钢筋最大直径的 1/4。为了便于加工，箍筋直径一般不宜大于 12mm。箍筋的常用直径为 6mm、8mm、10mm。箍筋的最大间距应符合表 3-4 的规定。当梁中配有计算需要的纵向受压钢筋时，箍筋的间距不应大于 $15d$(d 为纵向受压钢筋的最小直径)，同时不应大于 400mm；当一层内的纵向受压钢筋多于 5 根且直径大于 18mm 时，箍筋间距不应大于 $10d$。

箍筋的形式可分为开口式和封闭式两种(图 3.8)。除无振动荷载且计算不需要配置纵向受压钢筋的现浇 T 形梁的跨中部分可用开口箍筋外，均应采用封闭式箍筋。箍筋的肢数，当梁的宽度 $b\leqslant150$mm 时，可采用单肢；当 $b\leqslant400$mm，且一层内的纵向受压钢筋不多于 4 根时，应设置复合箍筋。梁中一层内的纵向受拉钢筋多于 5 根时，宜采用复合箍筋。

梁支座处的箍筋一般从梁边(或墙边)50mm 处开始设置。支承在砌体结构上的独立梁，在纵向受力钢筋的锚固长度 l_{as} 范围内应配置两道箍筋，其直径不宜小于纵向受力钢筋最大直径的 0.25 倍，间距不宜大于纵向受力钢筋最小直径的 10 倍。当梁与钢筋混凝土梁或柱整体连接时，支座内可不设置箍筋(图 3.9)。

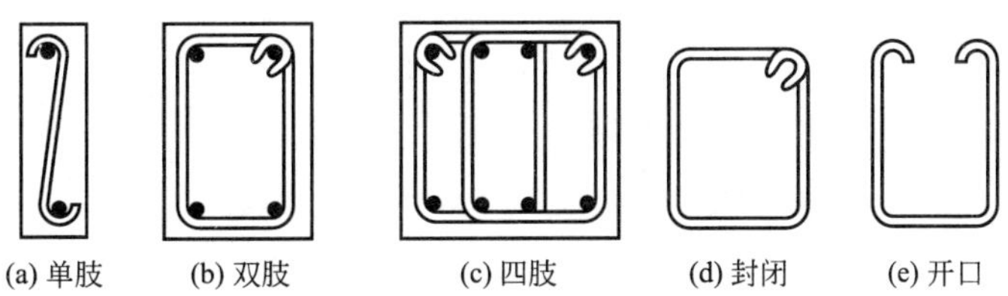

图 3.8　箍筋的肢数与形式

应当注意，箍筋是受拉钢筋，必须有良好的锚固。其端部应采用 135°弯钩，弯钩端头直段长度不小于 50mm，且不小于 $5d$。

5）纵向构造钢筋及拉筋

当梁的截面高度较大时，为了防止在梁的侧面产生垂直于梁轴线的收缩裂缝，同时也为了增强钢筋骨架的刚度，增强梁的抗扭作用，当梁的腹板高度 $h_w\geqslant450$mm 时，应在梁的两个侧面沿高度配置纵向构造钢筋(也称腰筋)，并用拉筋固定(图 3.10)。每侧纵向构造钢筋(不包括梁的受力钢筋和架立钢筋)的截面面积不应小于腹板截面面积 bh_w 的 0.1%，且其间距不宜大于 200mm。此处 h_w 的取值为：矩形截面取截面有效高度，T 形截面取有效高度减去翼缘高度，I 形截面取腹板净高。纵向构造钢筋一般不必做弯钩。拉筋直径一般与箍筋相同，间距常取为箍筋间距的两倍。

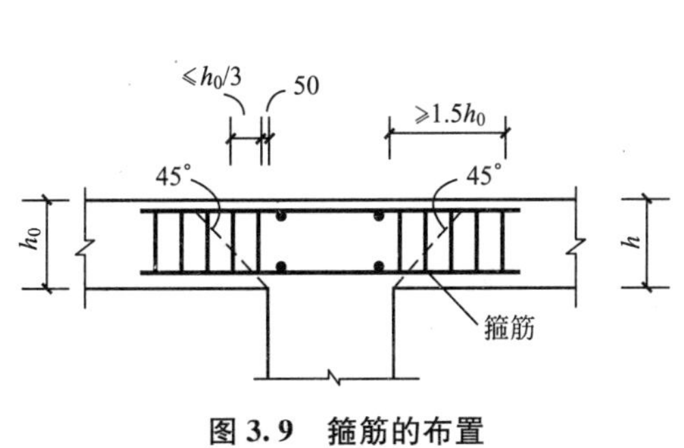

图 3.9　箍筋的布置

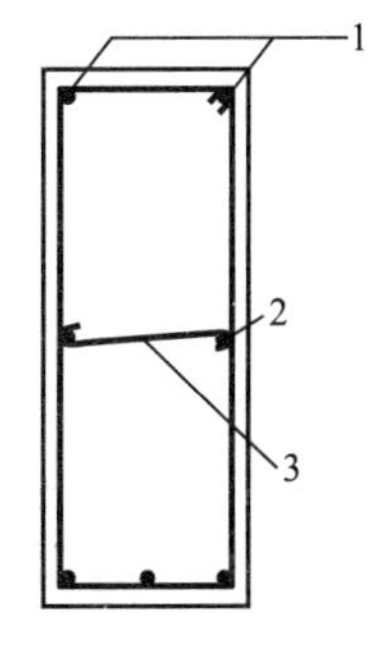

图 3.10　腰筋及拉筋

1—架立筋；2—腰筋；3—拉筋

2. 板的配筋

板通常只配置纵向受力钢筋和分布钢筋(图 3.11)。

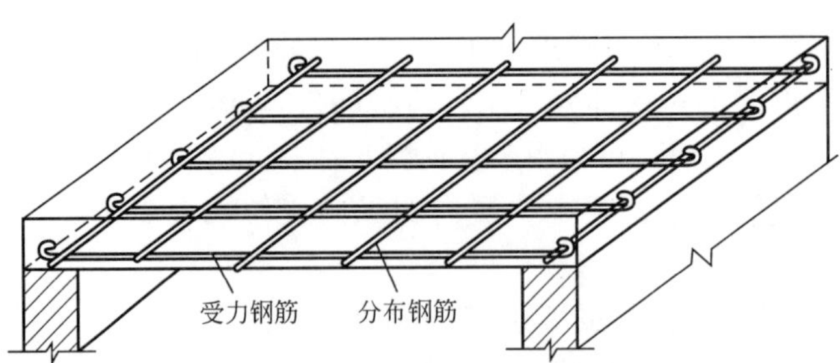

图 3.11　纵向受力钢筋和分布钢筋

1）受力钢筋

梁式板的受力钢筋沿板的短跨方向布置在截面受拉一侧，用来承受弯矩产生的拉力。板的纵向受力钢筋的常用直径为 6mm、8mm、10mm、12mm。

为了正常地分担内力，板中受力钢筋的间距不宜过稀，但为了绑扎方便和保证浇捣质量，板的受力钢筋间距也不宜过密。当 $h \leqslant 150$mm 时，不宜大于 200mm；当 $h > 150$mm 时，不宜大于 $1.5h$，且不宜大于 300mm。板的受力钢筋间距通常不宜小于 70mm。

2）分布钢筋

分布钢筋垂直于板的受力钢筋方向，在受力钢筋内侧按构造要求配置。分布钢筋的作用：一是固定受力钢筋的位置，形成钢筋网；二是将板上荷载有效地传到受力钢筋上去；三是防止温度或混凝土收缩等原因沿跨度方向的裂缝。

分布钢筋宜采用 HPB300、HRB335 级钢筋，常用直径为 6mm、8mm。梁式板中单位长度上分布钢筋的截面面积不宜小于单位宽度上受力钢筋截面面积的 15%，且不宜小于该方向板截面面积的 0.15%。分布钢筋的直径不宜小于 6mm，间距不宜大于 250mm；当集中荷载较大时，分布钢筋截面面积应适当增加，间距不宜大于 200mm。分布钢筋应沿受力钢筋直线段均匀布置，并且受力钢筋所有转折处的内侧也应配置。

3.1.3　混凝土的保护层

结构构件中钢筋外边缘至构件表面范围用于保护钢筋的混凝土称为钢筋的混凝土保护层，简称保护层，其厚度用 c 表示，如图 3.12 所示。其主要作用是：一是保护钢筋不致锈蚀，保证结构的耐久性；二是保证钢筋与混凝土间的黏结；三是在火灾等情况下，避免钢筋过早软化。

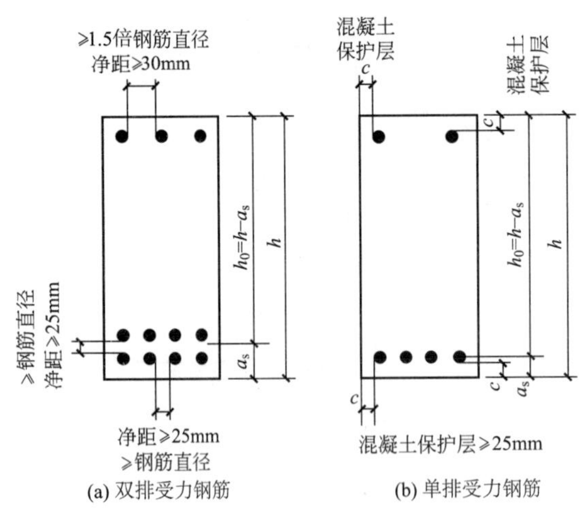

图 3.12　钢筋净距、保护层及有效高度

《规范》规定：①构件中受力钢筋的混凝土保护层不应小于钢筋的公称直径；②设计使用年限为 50 年的混凝土结构，最外层钢筋的保护层厚度应符合表 3-5 的规定；设计使用年限为 100 年的混凝土结构，最外层钢筋的保护层厚度不应小于表 3-5 中数值的 1.4 倍。

表 3-5 混凝土保护层的最小厚度 c(mm)

环境等级	板墙壳	梁、柱
一	15	20
二 a	20	25
二 b	25	35
三 a	30	40
三 b	40	50

注：1. 混凝土强度等级不大于 C25 时，表中保护层厚度数值应增加 5mm。

2. 钢筋混凝土基础宜设置混凝土垫层，其受力钢筋的混凝土保护层厚度应从垫层顶面算起，且不应小于 40mm。

应用案例3.1

某框架-剪力墙结构办公楼，采用现浇混凝土。各类构件的混凝土强度等级及最大钢筋直径见表 3-6。试确定保护层厚度。

表 3-6 各类构件的混凝土强度等级及最大钢筋直径

构件类型	环境条件	混凝土强度等级	纵向受力钢筋直径/mm	箍筋直径/mm
基础	地下有垫层	C20	32	10
柱	室内	C35～C50	32	10
梁	室内	C30～C40	25	10
楼板	室内	C25～C30	12	8
	厕所、浴室	C25～C30	12	8
剪力墙	室内	C25～C35	14	8

【解】 (1) 根据结构中各类构件的类型及其环境条件确定其环境类别。

(2) 根据其混凝土强度等级及受力主筋的直径确定其混凝土保护层的最小厚度，结果见表 3-7。

表 3-7 混凝土结构保护层厚度一览表

构件类型	环境条件	环境类别	混凝土强度等级	纵向受力钢筋/mm		箍筋/mm	
				直径	保护层厚度	直径	保护层厚度
基础	地下有垫层	一 a	C20	32	50	10	40
柱	室内	一	C35～C50	32	30	10	40
梁	室内	一	C30～C40	25	30	10	20
楼板	室内	一	C25～C30	12	23	8	15
	厕所、浴室	一 a	C25～C30	12	28	8	20
剪力墙	室内	一	C25～C35	14	23	8	15

3.1.4 钢筋的弯钩、锚固与连接

钢筋和混凝土之所以能共同工作，最主要的原因是二者之间存在黏结力。在结构设计中，常要在材料选用和构造方面采取一些措施，以使钢筋和混凝土之间具有足够的黏结力，确保钢筋与混凝土能共同工作。材料措施包括选择适当的混凝土强度等级，采用黏结强度较高的变形钢筋等。构造措施包括保证足够的混凝土保护层厚度和钢筋间距，保证受力钢筋有足够的锚固长度，光面钢筋端部设置弯钩，绑扎钢筋的接头保证足够的搭接长度，并且在搭接范围内加密箍筋等。

1. 钢筋的弯钩

为了增加钢筋在混凝土内的抗滑移能力和钢筋端部的锚固作用，绑扎钢筋骨架中的受拉光面钢筋末端应做弯钩。

2. 钢筋的锚固

钢筋混凝土构件中，某根钢筋若要发挥其在某个截面的强度，则必须从该截面向前延伸一个长度，以借助该长度上钢筋与混凝土的黏结力把钢筋锚固在混凝土中，这一长度称为锚固长度。钢筋的锚固长度取决于钢筋强度及混凝土强度，并与钢筋外形有关。它根据钢筋应力达到屈服强度时，钢筋才被拔动的条件确定。

(1) 当计算中充分利用钢筋的抗拉强度时，普通受拉钢筋的基本锚固长度 l_{ab} 按下式计算：

$$l_{ab}=\alpha\frac{f_y}{f_t}d \tag{3-1}$$

式中 l_{ab}——受拉钢筋的基本锚固长度；

f_y——普通钢筋的抗拉强度设计值；

f_t——混凝土轴心抗拉强度设计值，当混凝土强度等级高于C40时，按C40取值；

d——锚固钢筋的直径；

α——锚固钢筋的外形系数，按表3-8采用。

表3-8 锚固钢筋的外形系数 α

钢筋类型	光面钢筋	带肋钢筋	螺旋钢筋	3股钢绞线	7股钢绞线
α	0.16	0.14	0.13	0.16	0.17

注：光面钢筋末端应做180°弯钩，弯后平直段长度不应小于3d，但作受压钢筋时可不做弯钩。

按式(3-1)计算的锚固长度应按下列规定进行修正，且不应小于250mm。

$$M=M_{2G}+M_{2Q}\xi_a l_{ab} \tag{3-2}$$

式中 l_a——受拉钢筋的锚固长度；

ξ_a——锚固长度修正系数，按下列规定取用，当多于一项时，可按连乘计算，但不应小于0.6；对预应力筋，可取1.0。

① 当带肋钢筋的公称直径大于25mm时，取1.10。

② 环氧树脂涂层带肋钢筋，取1.25。

③ 施工过程中易受扰动的钢筋，取1.10。

④ 当纵向受力钢筋的实际配筋面积大于其设计计算面积时，修正系数取设计计算面积与实际配筋面积的比值，但对有抗震设防要求及直接承受动力荷载的结构构件，不应考虑此项修正。

⑤ 锚固区保护层厚度为 $3d$ 时，修正系数可取 0.80；保护层厚度为 $5d$ 时，修正系数可取 0.70；中间按内插取值。此处 d 为纵向受力带肋钢筋的直径。

当纵向受拉普通钢筋末端采用钢筋弯钩或机械锚固措施时(图 3.13)，包括弯钩或锚固端头在内的锚固长度(投影长度)可取为基本锚固长度 l_{ab} 的 0.6 倍。钢筋弯钩和机械锚固的形式(图 3.13)和技术要求应符合表 3-9 的规定。

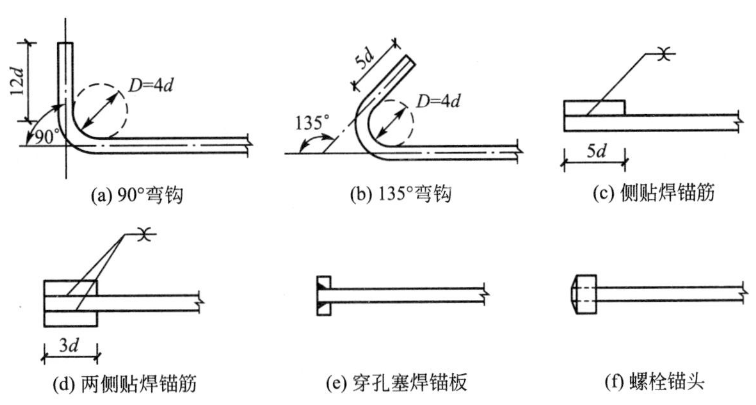

图 3.13 钢筋弯钩和机械锚固的形式

表 3-9 钢筋弯钩和机械锚固的形式和技术要求

锚固形式	技术要求
90°弯钩	末端 90°弯钩，弯后直段长度 $12d$
135°弯钩	末端 135°弯钩，弯后直段长度 $5d$
一侧贴焊锚筋	末端一侧贴焊长 $3d$ 同直径钢筋，焊缝满足强度要求
两侧贴焊锚筋	末端两侧贴焊长 $3d$ 同直径钢筋，焊缝满足强度要求
焊接锚板	末端与厚度 d 的锚板穿孔塞焊，焊缝满足强度要求
螺栓锚头	末端旋入螺旋锚头，螺纹长度满足强度要求

注：1. 锚板或锚头的承压净面积应不小于锚固钢筋计算截面面积的 4 倍。
2. 螺栓锚头产品的规格、尺寸应满足螺纹连接的要求，并应符合相关标准的要求。
3. 螺栓锚头和焊接锚板的间距不大于 $3d$ 时，宜考虑群锚效应对锚固的不利影响。
4. 截面角部的弯钩和一侧贴焊锚筋的布筋方向宜向内偏置。

(2) 混凝土结构中的纵向受压钢筋，当计算中充分利用钢筋的抗压强度时，其锚固长度不应小于相应受拉锚固长度的 70%。

3. 钢筋的连接

钢厂生产的热轧钢筋，直径较细时采用盘条供货，直径较粗时采用直条供货。盘条钢筋长度较长，连接较少，而直条钢筋长度有限(一般 9～15m)，施工中常需连接。当需要采用施工缝或后浇带等构造措施时，也需要连接。

钢筋的连接形式分为两类：绑扎搭接、机械连接或焊接。

《混凝土结构设计规范》(GB 50010—2010)规定：轴心受拉及小偏心受拉构件的纵向受力钢筋不得采用绑扎搭接接头；直径大于 28mm 的受拉钢筋及直径大于 32mm 的受压钢筋不宜采用绑扎搭接接头。

钢筋连接的核心问题是要通过适当的连接接头将一根钢筋的力传给另一根钢筋。由于钢筋通过连接接头传力总不如整体钢筋，所以钢筋连接的原则是：接头应设置在受力较小处，同一根钢筋上应尽量少设接头；机械连接接头能产生较牢固的连接力，所以应优先采用机械连接。

1) 绑扎搭接接头

绑扎搭接接头的工作原理，是通过钢筋与混凝土之间的黏结强度来传递钢筋的内力。因此，绑扎接头必须保证有足够的搭接长度，而且光圆钢筋的端部还需做弯钩。纵向受拉钢筋绑扎搭接接头的搭接长度 l_1 应根据位于同一连接区段内的钢筋搭接接头面积百分率按下式计算，且在任何情况下均不应小于 300mm，即

$$l_1=\xi_1 l_a \geqslant 300 \tag{3-3}$$

式中 l_a——受拉钢筋的锚固长度；

ξ_1——纵向受拉钢筋搭接长度的修正系数，按表 3-10 取用(当纵向搭接钢筋接头面积百分率为表的中间值时，修正系数可按内插取值)。

表 3-10 纵向受拉钢筋搭接长度的修正系数

纵向搭接钢筋接头面积百分率/(%)	≤25	50	100
搭接长度修正系数 ξ_1	1.2	1.4	1.6

纵向受压钢筋采用搭接连接时，其受压搭接长度不应小于按式(3-3)计算的受拉搭接长度的 70%，且在任何情况下均不应小于 200mm。

钢筋绑扎搭接接头连接区段的长度为 1.3 倍的搭接长度，凡搭接接头中点位于该长度范围内的搭接接头均属同一连接区段，如图 3.14 所示。位于同一连接区段内的受拉钢筋搭接接头面积百分率(即有接头的纵向受力钢筋截面面积占全部纵向受力钢筋截面面积的百分率)：对于梁类、板类和墙类构件，不宜大于 25%；对柱类构件，不宜大于 50%。当工程中确有必要增大受拉钢筋搭接接头面积百分率时，对梁类构件，不应大于 50%；对板类、墙类及柱类构件，可根据实际情况放宽。

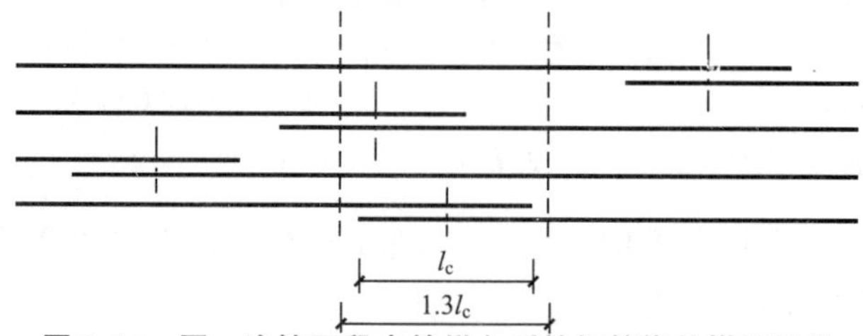

图 3.14 同一连接区段内的纵向受拉钢筋绑扎搭接接头

注：图中所示同一连接区段内的搭接接头钢筋为两根，当钢筋直径相同时，钢筋搭接接头面积百分率可为 50%。

同一构件中相邻纵向的绑扎搭接接头宜相互错开。在纵向受力钢筋搭接长度范围内应配置箍筋，其直径不应小于搭接钢筋较大直径的25%。当钢筋受拉时，箍筋间距 s 不应大于搭接钢筋较小直径的5倍，且不应大于100mm；当钢筋受压时，箍筋间距 s 不应大于搭接钢筋较小直径的10倍，且不应大于200mm。当受压钢筋直径大于25mm时，还应在搭接接头两个端面外100mm范围内各设置两个箍筋。

需要注意的是，上述搭接长度不适用于架立钢筋与受力钢筋的搭接。架立钢筋与受力钢筋的搭接长度应符合下列规定：架立钢筋直径小于10mm时，搭接长度为100mm；架立钢筋直径大于或等于10mm时，搭接长度为150mm。

2）机械连接接头

纵向受力钢筋机械连接接头宜相互错开。钢筋机械连接接头连接区段的长度为 $35d$（d 为纵向受力钢筋的较大直径）。在受力较大处设置机械连接接头时，位于同一连接区段内纵向受拉钢筋机械连接接头面积百分率不宜大于50%，纵向受压钢筋可不受限制；在直接承受动力荷载的结构构件中不应大于50%。

3）焊接接头

纵向受力钢筋的焊接接头应相互错开。钢筋机械连接接头连接区段的长度为 $35d$（d 为纵向受力钢筋的较大直径）且不小于500mm。位于同一连接区段内纵向受拉钢筋的焊接接头面积百分率不应大于50%，纵向受压钢筋可不受限制。

3.2 矩形截面受弯构件正截面承载力计算

3.2.1 单筋矩形截面受弯构件沿正截面的破坏特征

钢筋混凝土受弯构件正截面的破坏形式与钢筋和混凝土的强度以及纵向受拉钢筋配率 ρ 有关。ρ 用纵向受拉钢筋的截面面积与正截面的有效面积的比值来表示，即

$$\rho=\frac{A_s}{bh_0}$$

式中 A_s——受拉钢筋截面面积；

b——梁的截面宽度；

h_0——梁的截面有效高度，如图3.15所示。

根据梁纵向钢筋配筋率的不同，钢筋混凝土梁可分为适筋梁、超筋梁和少筋梁3种类型，不同类型的梁具有不同的破坏特征。

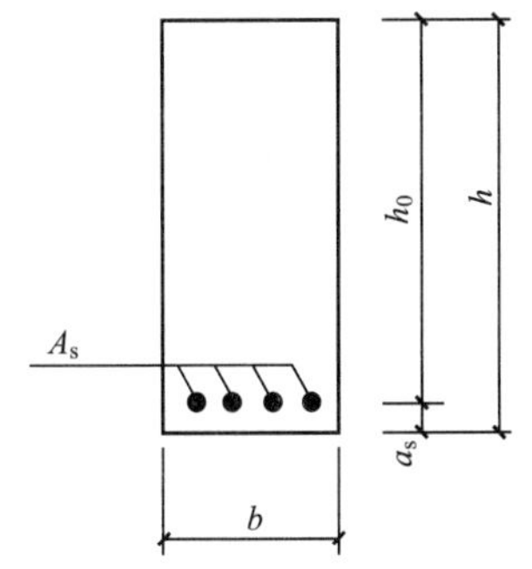

图3.15 矩形截面受力钢筋配筋示意

1. 适筋梁

配置适量纵向受力钢筋的梁称为适筋梁，该类梁的破坏称为适筋破坏，如图3.16(a)所示。适筋梁从开始加载到完全破坏，其应力变化经历了3个阶段(图3.17)。

第Ⅰ阶段(弹性工作阶段)：荷载很小时，混凝土的压应力及拉应力都很小，应力和应变几乎成直线关系。当弯矩增大时，受拉区混凝土表现出明显的塑性特征，应力和应变不再呈直线关系，应力分布呈曲线。当受拉边缘纤维的应变达到混凝土的极限拉应变 ε_{tu} 时，

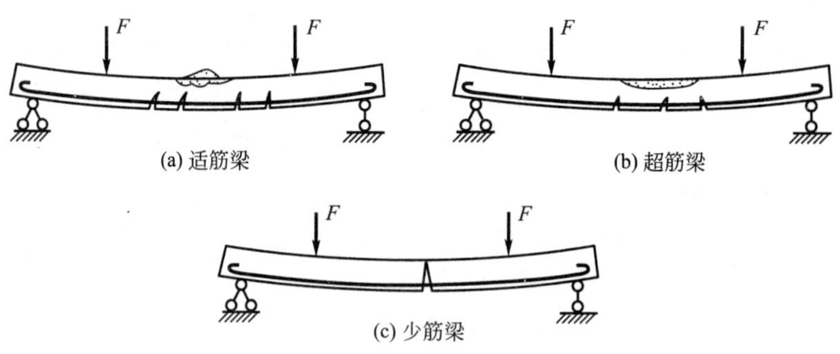

图 3.16　梁的正截面破坏

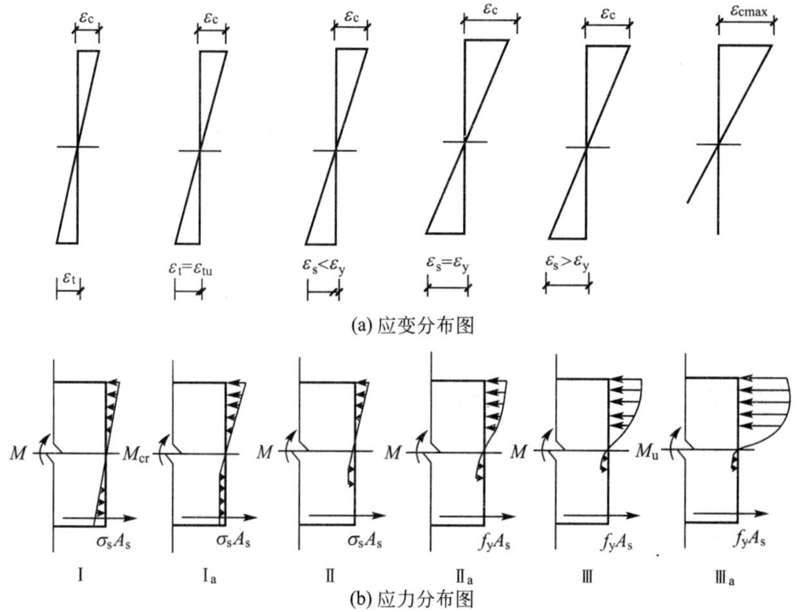

图 3.17　适筋梁工作的 3 个阶段

截面处于将裂未裂的极限状态，即第Ⅰ阶段末，用Ⅰ$_a$表示，此时截面所能承担的弯矩称为抗裂弯矩 M_{cr}。Ⅰ$_a$阶段的应力状态是抗裂验算的依据。

第Ⅱ阶段(带裂缝工作阶段)：当弯矩继续增加时，受拉区混凝土的拉应变超过其极限拉应变 ε_{tu}，受拉区出现裂缝，截面即进入第Ⅱ阶段。裂缝出现后，在裂缝截面处，受拉区混凝土大部分退出工作，拉力几乎全部由受拉钢筋承担。随着弯矩的不断增加，裂缝逐渐向上扩展，中和轴逐渐上移，受压区混凝土呈现出一定的塑性特征，应力图形呈曲线形。第Ⅱ阶段的应力状态是裂缝宽度和变形验算的依据。当弯矩继续增加，钢筋应力达到屈服强度 f_y，这时截面所能承担的弯矩称为屈服弯矩 M_y。它标志着截面进入第Ⅱ阶段末，以Ⅱ$_a$表示压应变。

第Ⅲ阶段(破坏阶段)：弯矩继续增加，受拉钢筋的应力保持屈服强度不变，钢筋的应变迅速增大，促使受拉区混凝土的裂缝迅速向上扩展，受压区混凝土的塑性特征表现得更加充分，压应力呈显著曲线分布。到本阶段末(即Ⅲa阶段)，受压边缘混凝土压应变达到极限，受压区混凝土产生近乎水平的裂缝，混凝土被压碎，甚至崩脱，截面宣告破坏，此时截面所承担的弯矩即为破坏弯矩 M_u。Ⅲa阶段的应力状态作为构件承载力计算的依据。

由上述可知，适筋梁的破坏始于受拉钢筋屈服。从受拉钢筋屈服到受压区混凝土被压碎(即弯矩由 M_y 增大到 M_u)，需要经历较长过程。由于钢筋屈服后产生很大塑性变形，使裂缝急剧开展和挠度急剧增大，给人以明显的破坏预兆，这种破坏称为延性破坏。适筋梁的材料强度能得到充分发挥。

2. 超筋梁

纵向受力钢筋配筋率大于最大配筋率的梁称为超筋梁，该类梁的破坏成为超筋破坏，如图 3.16(b)所示。这种梁由于纵向钢筋配置过多，受压区混凝土在钢筋屈服前即达到极限压应变被压碎而破坏。破坏时钢筋的应力还未达到屈服强度，因而裂缝宽度均较小，且形不成一根开展宽度较大的主裂缝，梁的挠度也较小。这种单纯因混凝土被压碎而引起的破坏，发生得非常突然，没有明显的预兆，属于脆性破坏。实际工程中不应采用超筋梁。

3. 少筋梁

配筋率小于最小配筋率的梁称为少筋梁，该类梁的破坏称为少筋破坏，如图 3.16(c)所示。这种梁破坏时，裂缝往往集中出现一条，不但开展宽度大，而且沿梁高延伸较高。一旦出现裂缝，钢筋的应力就会迅速增大并超过屈服强度而进入强化阶段，甚至被拉断。在此过程中，裂缝迅速开展，构件严重向下挠曲，最后因裂缝过宽、变大而丧失承载力，甚至被折断。这种破坏也是突然的，没有明显预兆，属于脆性破坏。实际工程中不应采用少筋梁。

3.2.2 单筋矩形截面受弯构件正截面承载力计算

1. 计算原则

1) 基本假定

钢筋混凝土受弯构件正截面承载力计算以适筋梁Ⅲa阶段的应力状态为依据。为便于建立基本公式，现作如下假定。

(1) 构件正截面弯曲变形后仍保持一平面，即在 3 个阶段中，截面上的应变沿截面高度为线性分布，这一假定称为平截面假定。由实测结果可知，混凝土受压区的应变基本呈线性分布，受拉区的平均应变大体也符合平截面假定。

(2) 钢筋的应力 σ_s 等于钢筋应变 ε_s 与其弹性模量 E_s的乘积，但不得大于其强度设计值 f_y，即 $\sigma_s=A_s\leqslant f_y$。

(3) 不考虑截面受拉区混凝土的抗拉强度。

(4) 受压混凝土采用理想化的应力-应变关系(图 3.18)，当混凝土强度等级为 C50 及以下时，混凝土极限压应变 $\varepsilon_{cu}=0.0033$。

2) 等效矩形应力图

根据前述假定，适筋梁Ⅲa阶段的应力图形可简化为如图 3.19(c)所示的曲线应力图，

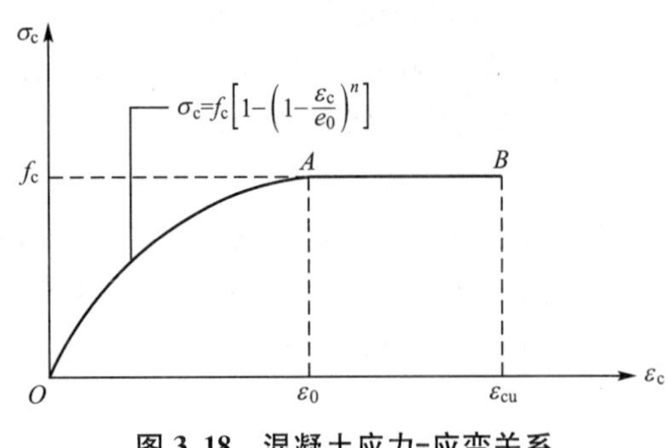

图 3.18　混凝土应力-应变关系

其中 x_c 为实际混凝土受压区高度。为进一步简化计算，按照受压区混凝土的合力大小不变、受压区混凝土的合力作用点不变的原则，将其简化为如图 3.19(d)所示的等效矩形应力图形。等效矩形应力图形的混凝土受压区高度 $x=\beta_1 x_c$，等效矩形应力图形的应力值为 $\alpha_1 f_c$：其中，f_c 为混凝土轴心抗压强度设计值，β_1 为等效矩形应力图受压区高度 x 与中和轴高度 x_c 的比值，α_1 为受压区混凝土等效矩形应力图的应力值与混凝土轴心抗压强度设计值的比值。β_1、α_1 的值见表 3-11。

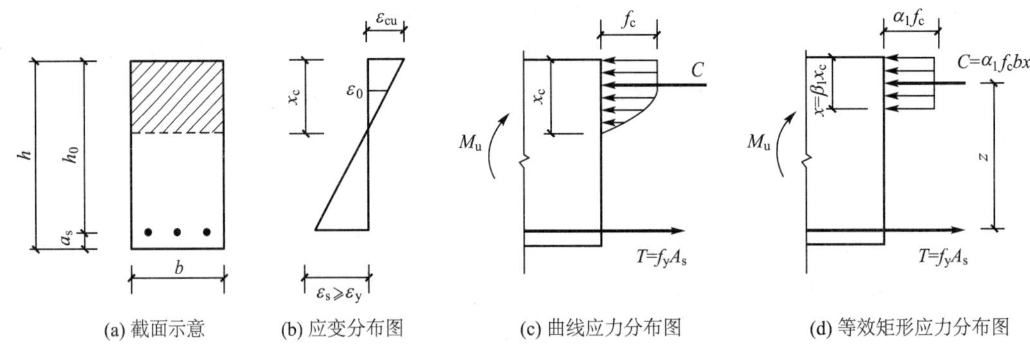

图 3.19　第Ⅲ$_a$ 阶段梁截面应力分布图

表 3-11　β_1、α_1 值

混凝土强度等级	≤C50	C55	C60	C65	C70	C75	C80
β_1	0.8	0.79	0.78	0.77	0.76	0.75	0.74
α_1	1.0	0.99	0.98	0.97	0.96	0.95	0.94

3）适筋梁与超筋梁的界限——界限相对受压区高度 ξ_b

比较适筋梁和超筋梁的破坏，前者始于受拉钢筋屈服，后者始于受压区混凝土被压碎。理论上，二者间存在一种界限状态，即所谓界限破坏。这种状态下，受拉钢筋达到屈服强度和受压区混凝土边缘达到极限压应变是同时发生的。将受弯构件等效矩形应力图形的混凝土受压区高度 x 与截面有效高度 h_0 之比称为相对受压区高度，用 ξ 表示 $\xi=x/h_0$。适筋梁界限破坏时等效受压区高度与截面有效高度之比称为界限相对受压区高度，用 ξ_b 表示。

ξ_b 值是用来衡量构件破坏时钢筋强度能否充分利用的一个特征值。若 $\xi>\xi_b$，构件破坏时受拉钢筋不能屈服，表明构件的破坏为超筋破坏；若 $\xi\leqslant\xi_b$，构件破坏时受拉钢筋已经达到屈服强度，表明发生的破坏为适筋破坏或少筋破坏。普通钢筋配筋的受弯构件的 ξ_b 值见表 3-12。

表 3-12 普通钢筋配筋的受弯构件的相对界限受压区高度 ξ_b 值

钢筋级别	屈服强度 f_y(N/mm²)	ξ_b						
		≤C50	C50	C55	C60	C60	C75	C80
HPB235	210	0.614	—	—	—	—	—	—
HPB300	270	0.576	0.566	0.556	0.547	0.537	0.528	0.518
HRB335 HRBF335	300	0.550	0.514	0.513	0.522	0.512	0.503	0.493
HRB400 HEBF400 RRB400	360	0.518	0.508	0.499	0.490	0.490	0.481	0.463
HRB500 HRB500	435	0.482	0.473	0.464	0.455	0.447	0.438	0.420

注：表中空格表示高强度混凝土不宜配置低强度钢筋。

4）适筋梁与少筋梁的界限——截面最小配筋率 ρ_{min}

少筋破坏的特点是“一裂即坏”。为了避免出现少筋情况，必须控制截面配筋率，使之不小于某一界限值，即最小配筋率 ρ_{min}。理论上讲，最小配筋率的确定原则是：配筋率为 ρ_{min} 的钢筋混凝土受弯构件，按Ⅲ$_a$ 阶段计算的正截面受弯承载力应等于同截面素混凝土梁所能承受的弯矩 M_{cr}（M_{cr}为按 Ⅰ$_a$ 阶段计算的开裂弯矩）。当构件按适筋梁计算所得的配筋率小于 ρ_{min}时，理论上讲，梁可以不配受力钢筋，作用在梁上的弯矩仅素混凝土梁就足以承受，但考虑混凝土强度的离散性，加之少筋破坏属于脆性破坏，以及收缩等因素，《规范》规定，梁的配筋率不得小于 ρ_{min}（表 3-13）。实际的 ρ_{min} 往往是根据经验得出的。梁的截面最小配筋率按表 3-11 查取，即对于受弯构件，ρ_{min}按下式计算：

$$\rho_{min}=\max(45f_t/f_y\%,\ 0.2\%) \tag{3-4}$$

表 3-13 纵向受力钢筋的最小配筋百分率 ρ_{min}

受力类型			最小配筋率
受压构件	全部纵向钢筋	强度级别 500MPa	0.50
		强度级别 400MPa	0.55
		强度级别 300MPa，335MPa	0.60
	一侧纵向钢筋		0.20
受弯构件，偏心受压，轴心受拉构件一侧的受压钢筋			0.20 和 f_t/f_y中的较大值

注：1. 受压构件全部纵向钢筋最小配筋百分率，当采用 C60 及以上强度等级的混凝土时，应按表中规定增加 0.10。
2. 板类受弯构件(不包括悬臂板)的受拉钢筋，当采用强度级别为 400MPa、500MPa 的钢筋时，其最小配筋百分率应允许采用 0.15 和 $45f_t/f_y$ 中的较大值。
3. 偏心受拉构件中的受压钢筋，应按受压构件一侧纵向钢筋考虑。
4. 受压构件的全部纵向钢筋和一侧纵向钢筋的配筋率以及轴心受拉构件和小偏心受拉构件一侧受拉钢筋的配筋率均应按构件的全截面面积计算。
5. 受弯构件、大偏心受拉构件、一侧受拉钢筋的配筋率应按全截面面积扣除受压翼缘面积后的截面面积计算。
6. 当钢筋沿构件截面周边布置时，“一侧纵向钢筋”是指沿受力方向两个对边中一边布置的纵向钢筋。

2. 基本公式及其适用条件

图 3.19(d)所示为等效矩形应力图形，根据静力平衡条件，可得出单筋矩形截面梁正截面承载力计算的基本公式：

$$\sum x=0 \qquad \alpha_1 f_c bx=f_y A_s \tag{3-5}$$

$$\sum M=0 \qquad M=\alpha_1 f_c bx\left(h_0-\frac{x}{2}\right) \tag{3-6}$$

或

$$M\leqslant M_u=f_y A_s\left(h_0-\frac{x}{2}\right) \tag{3-7}$$

式中 M——弯矩设计值；

f_c——混凝土轴心抗压强度设计值；

f_y——钢筋抗拉强度设计值；

x——混凝土受压区高度；

h_0——截面的有效高度；

A_s——受拉钢筋截面面积；

b——梁的截面宽度。

其余符号意义同前。式(3-5)~式(3-7)应满足下列两个适用条件。

(1) 为防止发生超筋破坏，需满足 $\xi\leqslant\xi_b$ 或 $x\leqslant\xi_b h_0$，其中 ξ、ξ_b 分别称为相对受压区高度和界限相对受压区高度。

(2) 防止发生少筋破坏，应满足 $\rho\geqslant\rho_{min}$ 或 $A_s\geqslant A_{s,min}$，$A_{s,min}=\rho_{min}bh$，其中 ρ_{min} 为截面最小配筋率。取 $x=\xi_b h_0$，即得到单筋矩形截面所能承受的最大弯矩的表达式：

即

$$M_{u,max}=\alpha_1 f_c bh_0\xi_b(1-0.5\xi_b) \tag{3-8}$$

3.3 单筋矩形正截面设计与复核

单筋矩形截面受弯构件正截面承载力计算，可以分为两类问题：一类是截面设计问题；另一类是复核已知截面的承载力问题。

3.3.1 截面设计

1. 基本公式法

已知：弯矩设计值 M，混凝土强度等级，钢筋级别，构件截面尺寸 b、h。求：所需受拉钢筋截面面积 A_s。

计算步骤如下。

1) 确定截面有效高度 h_0

$$h_0=h-a_s \tag{3-9}$$

式中 h——梁的截面高度；

a_s——受拉钢筋合力作用点到截面受拉边缘的距离，它与保护层厚度、箍筋直径及受拉钢筋的直径及排放有关。

当钢筋布置成一排时：

$$a_s=c+d_1+\frac{d}{2}\left(对于板\ a_s=c+\frac{d}{2}\right)$$

当钢筋布置成两排时：

$$a_s=c+d_1+\frac{d}{2}+d_2$$

其中，c 为混凝土保护层厚度，d_1 为箍筋直径，d 为钢筋直径，d_2 为两排钢筋之间的间距(图 3.12)。梁中受拉钢筋常用直径为 12～28mm，平均按 20mm 计算。在室内干燥环境下，当混凝土强度等级大于 C25 时，钢筋的混凝土保护层最小厚度为 $c=20$mm，则其有效高度为：

当为一排钢筋时，$h_0=h-(35\sim40)$；

当为两排钢筋时，$h_0=h-(60\sim65)$。

混凝土强度等级不大于 C25 时，保护层厚度数值增加 5mm。

若取受拉钢筋直径为 20mm，则不同环境等级下，当混凝土强度等级大于 C25 时，钢筋混凝土梁设计计算中，a_s参考取值可近似按表 3-14 取用。

表 3-14　钢筋混凝土梁 a_s 参考取值

环境等级	梁混凝土保护层最小厚度	箍筋直径ϕ 6		箍筋直径ϕ 8	
		受拉钢筋一排	受拉钢筋两排	受拉钢筋一排	受拉钢筋两排
一	20	35	60	40	65
二 a	25	40	65	45	70
二 b	35	50	75	55	80
三 a	40	55	80	60	85
三 b	50	65	90	70	95

2）计算混凝土受压区高度 x，并判断是否属于超筋梁

$$x=h_0-\sqrt{h_0^2-\frac{2M}{\alpha_1 f_c b}} \tag{3-10}$$

若 $x\leqslant\xi_b h_0$，则不属于超筋梁。否则，为超筋梁，应加大截面尺寸，或提高混凝土强度等级，或改用双筋截面。

3）计算钢筋截面面积 A_s，并判断是否属于少筋梁

$$A_s=\frac{\alpha_1 f_c bx}{f_y} \tag{3-11}$$

若 $A_s\geqslant\rho_{min}bh$，则不属于少筋梁。否则，为少筋梁，应取 $A_s=\rho_{min}bh$。

4）选配钢筋

计算出的 A_s，在表格中绝大多数情况下不会恰好存在，因此选用的配筋面积一般在 5%的范围内进行上下浮动，即 $A_{s(实际)}=(1\pm5\%)\ A_s$。

5）验算配筋率

检查截面实际配筋率是否低于最小配筋率，即 $\rho\geqslant\rho_{min}$ 或 $A_s\geqslant A_{s,min}$，否则取 $\rho=\rho_{min}$，则 $A_{s,min}=\rho_{min}bh$。

2. 基本表格法

已知：弯矩设计值M，混凝土强度等级，钢筋级别，构件截面尺寸b、h。求：所需受拉钢筋截面面积A_s。

计算步骤如下：

(1) 求α_s。令$x=\xi h_0$，则$M=\alpha_1 f_c bx\left(h_0-\frac{x}{2}\right)=\alpha_1 f_c bh_0^2\xi(1-0.5\xi)=\alpha_1 f_c bh_0^2\alpha_s$，式中，$\alpha_s=\xi(1-0.5\xi)$，$\alpha_s$称为截面抵抗系数，$\alpha_s=\frac{M}{\alpha_1 f_c bh_0^2}$。

(2) 根据α_s由表3-15查出γ_s或ξ(若α_s值超出表中粗黑体字值，即$\xi>\xi_b$时，应加大截面，或提高混凝土强度等级，或改用双筋矩形截面)。

令$x=\xi h_0$，则$M=f_y A_s\left(h_0-\frac{x}{2}\right)=f_y A_s h_0(1-0.5\xi)=f_y A_s h_0\gamma_s$，式中$\gamma_s=(1-0.5\xi)$，$\gamma_s$称为内力臂系数。

系数α_s、γ_s、ξ之间存在着如下关系：$\xi=1-\sqrt{1-2\alpha_s}$，$\gamma_s=\frac{1+\sqrt{1-2\alpha_s}}{2}$。这也是表3-15中各数值的来源。

(3) 求A_s。$A_s=\frac{M}{\gamma_s f_y h_0}$或$A_s=\frac{\alpha_1 f_c bx}{f_y}=\xi bh_0\frac{\alpha_1 f_c}{f_y}$或由式(3-11)得$x=\frac{f_y A_s}{\alpha_1 f_c b}$，则$x=\frac{x}{h_0}=\frac{A_s}{bh_0}\frac{f_y}{\alpha_1 f_c}$。

(4) 选配钢筋。计算出的A_s，在表格中绝大多数情况下不会恰好存在，因此我们选用的配筋面积一般在5%的范围内进行上下浮动，即$A_{s(实际)}=(1\pm5\%)A_s$。

(5) 验算配筋率。检查截面实际配筋率是否低于最小配筋率，即$\rho\geqslant\rho_{min}$或$A_s\geqslant\rho_{min}bh$中，否则取$\rho=\rho_{min}$，$A_s=\rho_{min}bh$ 。

3. 计算系数法

基本表格法计算中求ξ和γ_s有时要用插入法，因此在实际应用中，求出α_s后，常用关系式直接求出ξ或γ_s，然后求A_s，选配钢筋并验算适用条件。

表3-15 钢筋混凝土矩形截面受弯构件正截面受弯承载力计算系数表

ξ	γ_s	α_s	ξ	γ_s	α_s
0.01	0.995	0.010	0.09	0.955	0.085
0.02	0.990	0.020	0.10	0.950	0.095
0.03	0.985	0.030	0.11	0.945	0.104
0.04	0.980	0.039	0.12	0.940	0.113
0.05	0.975	0.048	0.13	0.935	0.121
0.06	0.970	0.058	0.14	0.930	0.130
0.07	0.965	0.067	0.15	0.925	0.139
0.08	0.960	0.077	0.16	0.920	0.147

续表

ξ	γ_s	α_s	ξ	γ_s	α_s
0.17	0.915	0.155	0.43	0.785	0.337
0.18	0.910	0.164	0.44	0.780	0.343
0.19	0.905	0.172	0.45	0.775	0.349
0.20	0.900	0.180	0.46	0.770	0.354
0.21	0.895	0.188	0.47	0.765	0.359
0.22	0.890	0.196	0.48	0.760	0.365
0.23	0.885	0.203	0.482	0.759	0.366
0.24	0.880	0.211	0.49	0.755	0.370
0.25	0.875	0.219	0.50	0.750	0.375
0.26	0.870	0.226	0.51	0.745	0.380
0.27	0.865	0.234	0.518	0.741	0.385
0.28	0.860	0.241	0.52	0.740	0.385
0.29	0.855	0.248	0.523	0.736	0.389
0.30	0.850	0.256	0.53	0.735	0.390
0.31	0.845	0.262	0.54	0.730	0.394
0.32	0.840	0.269	0.544	0.728	0.396
0.33	0.835	0.275	0.55	0.725	0.400
0.34	0.830	0.282	0.556	0.722	0.401
0.35	0.825	0.289	0.56	0.720	0.403
0.36	0.820	0.295	0.57	0.715	0.408
0.37	0.815	0.301	0.576	0.725	0.399
0.38	0.810	0.309	0.58	0.710	0.412
0.39	0.805	0.314	0.59	0.705	0.416
0.40	0.800	0.320	0.60	0.700	0.420
0.41	0.795	0.326	0.614	0.693	0.426
0.42	0.790	0.332			

注：1. 本表数值是用于混凝土强度等级不超过 C50 的受弯构件。

2. 表中 ξ=0.482 以下数值不适用于 500MPa 级钢筋；ξ=0.518 以下的数值不适用于 400MPa 级钢筋；ξ=0.550 以下的数值不适用于 335MPa 级钢筋。

应用案例3.2

某钢筋混凝土矩形截面简支梁，跨中弯矩设计值 M=80kN·m，梁的截面尺寸 $b\times h$=200mm×450mm，采用 C25 级混凝土，HRB400 级钢筋，安全等级为二级，环境类别为一类。试确定跨中截面纵向受力钢筋的数量。

【解】 1. 基本公式法

查表得 $f_c=11.9\text{N/mm}^2$，$f_t=1.27\text{N/mm}^2$，$f_y=360\text{N/mm}^2$，$\alpha_1=1.0$，$\xi_b=0.518$，$c=25\text{mm}$。

(1) 确定截面有效高度 h_0。

假设纵向受力钢筋为单层，则 $h_0=h-40=450-40=410(\text{mm})$

(2) 计算 x，并判断是否为超筋梁。基本公式为

$$x=h_0-\sqrt{h_0^2-\frac{2M}{\alpha_1 f_c b}}=410-\sqrt{410^2-\frac{2\times80\times10^6}{1.0\times11.9\times200}}$$

$$=92.4(\text{mm})<\xi_b h_0=0.518\times410=212.4(\text{mm})$$

不属于超筋梁。

(3) 计算 A_s，并判断是否为少筋梁。

$$A_s=\frac{\alpha_1 f_c bx}{f_y}=1.0\times11.9\times200\times92.4/360=610.9(\text{mm}^2)$$

$$0.45f_t/f_y=0.45\times1.27/360=0.16\%<0.2\%，取\ \rho_{\min}=0.2\%$$

$$A_{s,\min}=0.2\%\times200\times450=180(\text{mm}^2)<A_s=610.9\text{mm}^2$$

不属于少筋梁。

(4) 选配钢筋。

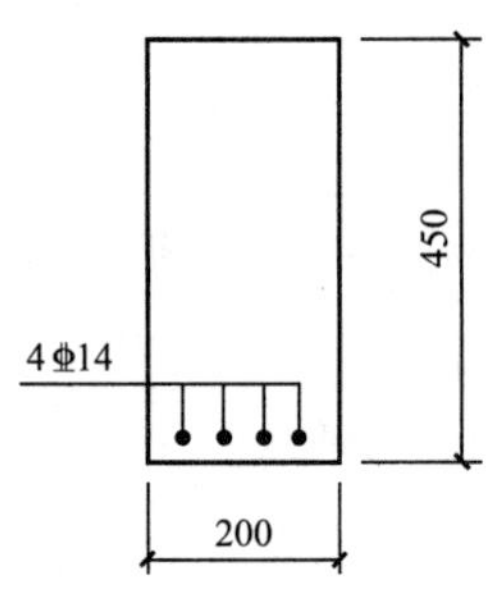

图 3.20　例 3-2 图

选配 4Φ14($A_s=615\text{mm}^2$)，如图 3.20 所示。

2. 基本表格法

(1) 确定截面有效高度。同基本公式法。

(2) 计算 α_s。

$$\alpha_s=\frac{M}{\alpha_1 f_c b h_0^2}=\frac{80\times10^6}{1.0\times11.9\times200\times410^2}=0.19996$$

(3) 查表求出 ξ 或 γ_s。

查表 3-15 得 $\gamma_s=0.887$，$\xi=0.225$

(4) 计算 A_s，并判断是否为少筋梁。

$$A_s=\frac{M}{\gamma_s f_y h_0}=\frac{80\times10^6}{0.887\times360\times410}=611.05(\text{mm}^2)$$

或
$$A_s=\xi b h_0\frac{\alpha_1 f_c}{f_y}=0.225\times200\times410\times\frac{1.0\times11.9}{360}=609.9(\text{mm}^2)$$

$$A_s>A_{s,\min}=180\text{mm}^2$$

不属于少筋梁。

(5) 选配钢筋。同基本公式法。

3. 计算系数法

(1)、(2)同基本公式法。

(3) 通过公式求 γ_s 或 ξ。

$$\gamma_s=\frac{1+\sqrt{1-2\alpha_s}}{2}=\frac{1+\sqrt{1-2\times0.19996}}{2}=0.887$$

$$\xi=1-\sqrt{1-2\alpha_s}=1-\sqrt{1-2\times0.19996}=0.225$$

(4) 计算 A_s，并判断是否为少筋梁。

同基本公式法。

(5) 选配钢筋。同基本公式法。

应用案例3.3

某教学楼的内廊为简支在砖墙上的现浇钢筋混凝土板(重力密度为 25kN/m^3)，计算跨度 L_0=2.56m，板上作用的均布活荷载标准值为 q_k=2.5kN/m^2。水磨石地面及细石混凝土垫层共 30mm 厚(平均重力密度为 22kN/m^3)，板底白灰砂浆粉刷 12mm 厚(重力密度为 17kN/m^3)，混凝土强度等级 C30，采用 HRB400 级钢筋，环境等级为一类，构件的安全等级为二级，如图 3.21 所示。求板所需的纵向受拉钢筋。

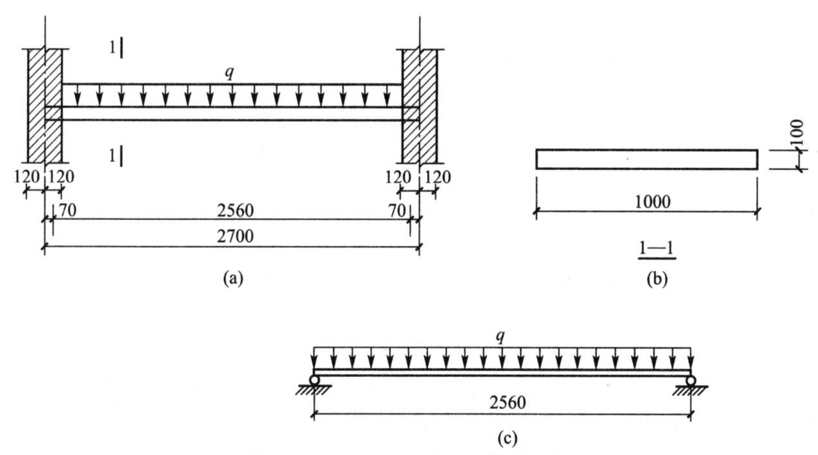

图 3.21 应用案例 3.3 计算简图

【解】 1. 确定基本数据

混凝土的设计强度 f_c=14.3N/mm^2，f_t=1.43N/mm^2，α_1=1.0。

钢筋的设计强度 f_y=360N/mm^2，ξ_b=0.5188；钢筋的混凝土保护层最小厚度为 15mm，取 a_s=20mm，则板的有效高度 h_0=100－20=80(mm)。

取 1m 宽的板带作为计算单元，即 b=1000mm，板厚≥L/30=2700/30=90(mm)，取板厚 h=100(mm)，如图 3.21 所示。

2. 荷载设计值的计算

1) 永久荷载标准值

30mm 厚水磨石地面 1.0×0.03×22=0.66(kN/m)

100mm 厚现浇钢筋混凝土板 1.0×0.1×25=2.5(kN/ m)

12mm 厚底板白灰砂浆粉刷 1.0×0.012×17=0.204(kN/ m)

$$g_k=0.66+2.5+0.204=3.364(\text{kN/m})$$

2) 可变荷载标准值

$$q_k=2.5\times1.0=2.5(\text{kN/m})$$

3) 荷载设计值

由可变荷载效应控制的组合，取荷载分项系数 γ_g=1.2，γ_q=1.4。

组合值系数 ψ_c 取为 1.0。

$$q=\gamma_g g_k+\gamma_q q_k \psi_c=1.2\times 3.364+1.4\times 2.5\times 1.0=7.54(\text{kN/m})$$

由永久荷载效应控制的组合，取荷载分项系数 $\gamma_g=1.35$，$\gamma_q=1.4$。

组合值系数 ψ_c 取为 0.7。

$$q=\gamma_g g_k+\gamma_q q_k \psi_c=1.35\times 3.364+1.4\times 2.5\times 0.7=6.99(\text{kN/m})$$

故取荷载设计值　$q=7.54\text{kN/m}$。

3. 跨中截面的弯矩设计值

构件的安全等级为二级，重要性系数 $\gamma_0=1.0$。

$$M=\gamma_0\times\frac{1}{8}ql_0=1.0\times\frac{1}{8}\times 7.54\times 2.56^2=6.18(\text{kN}\cdot\text{m})$$

4. 求受拉钢筋 A_s

$$\alpha_s=\frac{M}{\alpha_1 f_c b h_0^2}=\frac{6.18\times 10^6}{1.0\times 14.3\times 1000\times 80^2}=0.068$$

$$\xi=1-\sqrt{1-2\alpha_s}=1-\sqrt{1-2\times 0.068}=0.070<\xi_b=0.518$$

$$A_s=\xi b h_0\frac{\alpha_1 f_c}{f_y}=0.070\times 1000\times 80\times\frac{1.0\times 14.3}{360}=222.44(\text{mm}^2)$$

5. 选配钢筋直径及根数

选配ϕ 6@120，实际配筋面积 $A_s=236\text{mm}^2$，配筋如图 3.22 所示。

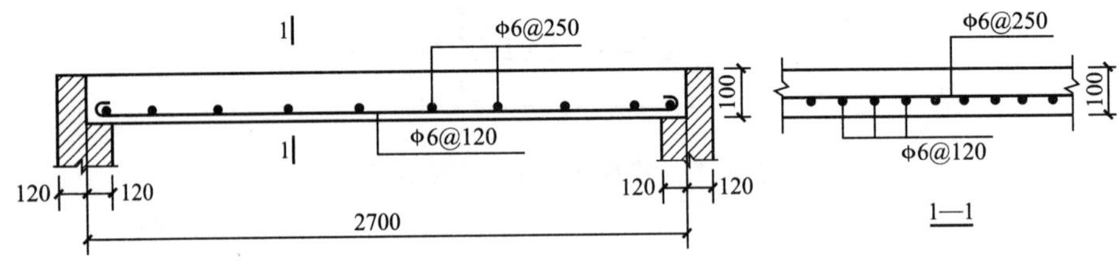

图 3.22　选配钢筋直径及根数

6. 验算适用条件

ρ_{min}取 0.2%和 $45\frac{f_t}{f_y}\%$中的较大值，$45\frac{f_t}{f_y}\%=45\times\frac{1.43}{360}\%=0.18\%$，取 $\rho_{min}=0.2\%$。

$A_{s,min}=\rho_{min}bh=0.2\%\times 1000\times 100=200(\text{mm}^2)<236\text{mm}^2$，满足要求。

3.3.2　承载力复核

已知：构件截面尺寸 b、h，钢筋截面面积 A_s，混凝土强度等级，钢筋级别，弯矩设计值 M。求：复核截面是否安全。

计算步骤如下。

(1) 确定截面有效高度 h_0。

(2) 判断梁的类型。

$$x=A_s f_y/\alpha_1 f_c b \tag{3-12}$$

若 $A_s\geqslant\rho_{min}bh$ 且 $x\leqslant\xi_b h_0$，为适筋梁；若 $x>\xi_b h_0$，为超筋梁；若 $A_s<\rho_{min}bh$，为少筋梁。

(3) 计算截面受弯承载力 M_u。

适筋梁 $$M_u=f_yA_s\left(h_0-\frac{x}{2}\right) \quad (3-13)$$

超筋梁 $$M_u=M_u=M_{u,max}=\alpha_1 f_c bh_0'\xi_b(1-0.5\xi_b) \quad (3-14)$$

对少筋梁，应将其受弯承载力降低使用(已建成工程)或修改设计。

(4) 判断截面是否安全。若 $M\leqslant M_u$，则截面安全。

某钢筋混凝土矩形截面梁，截面尺寸 $b\times h=200\text{mm}\times 500\text{mm}$，混凝土强度等级为 C25，纵向受拉钢筋为 3⌀18 的 HRB400 级钢筋，环境类别为二 a，安全等级为二级。该梁承受最大弯矩设计值 $M=105\text{kN}\cdot\text{m}$。试复核该梁是否安全。

【解】 1. 确定截面有效高度

$f_c=11.9\text{N/mm}^2$，$f_t=1.27\text{N/mm}^2$，$f_y=360\text{N/mm}^2$，$\xi_b=0.518$，$a_1=1.0$，$c=25\text{mm}$，$A_s=761\text{mm}^2$。计算 h_0。

因纵向受拉钢筋布置成一层，故 $h_0=h-40=500-40=460(\text{mm})$

2. 判断梁的类型

$$x=\frac{A_sf_y}{\alpha_1 f_cb}=\frac{763\times 360}{1.0\times 11.9\times 200}=115.4(\text{mm})<\xi_bh_0=0.518\times 460=238.3(\text{mm})$$

$$0.45f_t/f_y=0.45\times 1.27/360=0.16\%<0.2\%\text{，取 }\rho_{min}=0.2\%$$

$$\rho_{min}bh=0.2\%\times 200\times 500=200(\text{mm}^2)<A_s=763\text{mm}^2$$

故该梁属于适筋梁。

3. 求截面受弯承载力 M_u，并判断该梁是否安全

以判断该梁为适筋梁，故

$$\begin{aligned}M_u&=f_yA_s(h_0-x/2)=360\times 763\times(460-115.4/2)\\&=110.5\times 10^6(\text{N}\cdot\text{mm})=110.5\text{kN}\cdot\text{m}>M=105\text{kN}\cdot\text{m}\end{aligned}$$

该梁安全。

3.4 双筋矩形正截面设计与复核

双筋截面是指同时配置受拉和受压钢筋的截面，如图 3.23 所示。一般来说，采用受压钢筋协助混凝土承受压力是不经济的。

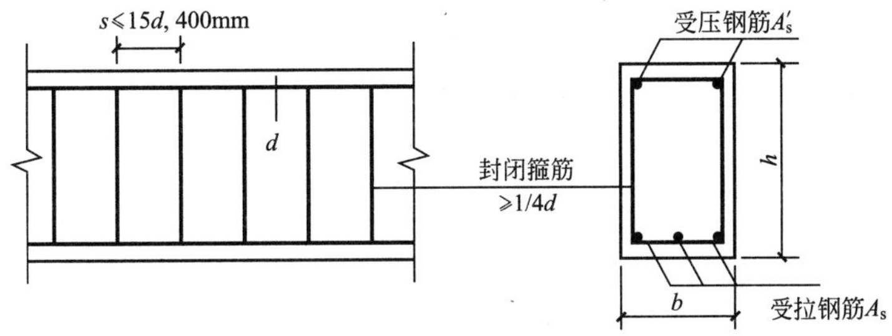

图 3.23 受压钢筋及其箍筋直径和间距

3.4.1 采用双筋截面的条件

(1) 弯矩很大，同时按单筋矩形截面计算所得的ξ又大于ξ_b，而梁截面尺寸受到限制，混凝土强度等级又不能提高时。

(2) 在不同荷载组合情况下，梁截面承受异号弯矩。此外，配置受压钢筋可以提高截面的延性，因此在抗震结构中要求框架梁必须配置一定比例的受压钢筋。

由于受压钢筋在纵向压力作用下易产生压曲而导致钢筋侧向凸出，将受压区保护层崩裂，从而使构件提前发生破坏，降低构件的承载力。为此，必须配置封闭箍筋防止受压钢筋的压曲，并限制其侧向凸出。为保证有效防止受压钢筋的压曲和侧向凸出，《规范》规定：箍筋的间距s不应大于15倍的受压钢筋最小直径和400mm；箍筋直径不应小于受压钢筋最大直径的1/4。上述箍筋的设置要求是保证受压钢筋发挥作用的必要条件。

3.4.2 计算公式与适用条件

1. 计算公式

双筋矩形截面受弯构件正截面承载力计算简图如图3.24(a)所示。

$$\sum x=0 \quad f_yA_s=\alpha_1 f_c bx+f_y'A_s'=\alpha_1 f_c bh_0\xi+f_y'A_s' \tag{3-15a}$$

$$\sum M=0 \quad M<M_u=\alpha_1 f_c bx\left(h_0-\frac{x}{2}\right)+f_y'A_s'(h_0-a_s') \tag{3-15b}$$

$$=\alpha_1 f_c bh_0^2\xi(1-0.5\xi)+f_y'A_s'(h_0-a_s')$$

分析式(3-15a)和式(3-15b)可以看出，双筋矩形截面受弯承载力设计值M_u可分为两部分：第一部分是由受压区混凝土和相应的一部分受拉钢筋A_{s1}所形成的承载力设计值M_{u1}，如图3.24(b)所示，相当于单筋矩形截面的受弯承载力；第二部分是由受压钢筋和相应的另一部分受拉钢筋A_{s2}所形成的承载力设计值M_{u2}，如图3.24(c)所示，即

$$M_u=M_{u1}+M_{u2} \tag{3-15c}$$

$$A_s=A_{s1}+A_{s2} \tag{3-15d}$$

对第一部分［图3.24(b)］，由平衡条件可得：

$$f_yA_{s1}=\alpha_1 f_c bx \tag{3-15e}$$

$$M_{u1}=\alpha_1 f_c bx\left(h_0-\frac{x}{2}\right) \tag{3-15f}$$

对第二部分［图3.24(c)］，由平衡条件可得：

$$f_yA_{s2}=f_y'A_s' \tag{3-15g}$$

$$M_{u2}=f_y'A_s'(h_0-a_s') \tag{3-15h}$$

2. 适用条件

(1) $\xi\leqslant\xi_b$——防止发生超筋脆性破坏。

(2) $x\geqslant 2a_s$——保证受压钢筋达到抗压强度设计值。

双筋截面一般不会出现少筋破坏情况，故可不必验算最小配筋率。

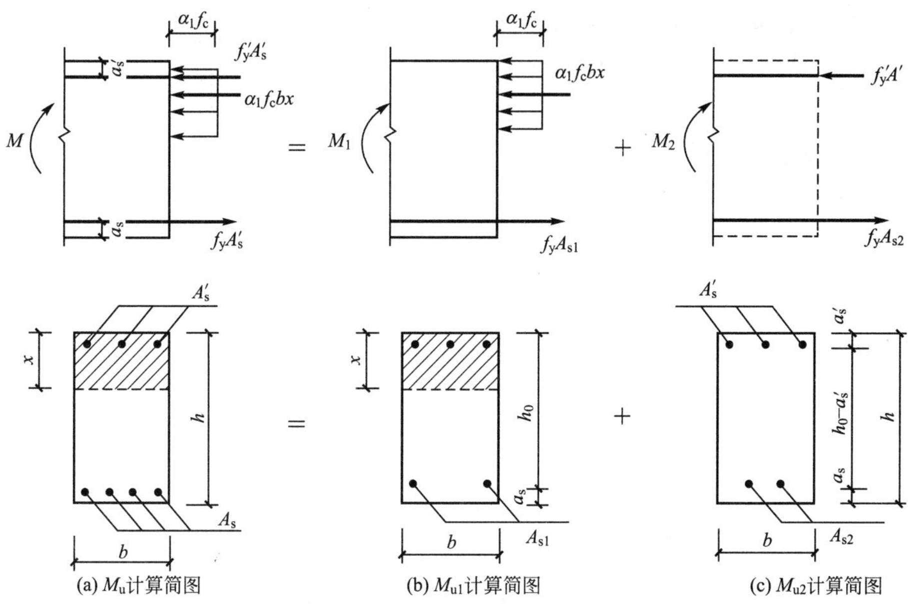

图 3.24 双筋矩形截面受弯构件正截面承载力计算简图

3.4.3 截面设计

在双筋截面的配筋计算中，可能遇到下列两种情况。

1. 情况 1

已知：弯矩设计值 M、截面尺寸 $b\times h$、混凝土和钢筋的强度等级。求：受压钢筋面积 A'_s和受拉钢筋面积 A'_s。

在计算公式中，有 A'_s、A'_s及 x3 个未知数，还需增加一个条件才能求解。为取得较经济的设计，应使用总的钢筋截面面积(A'_s+A_s)为最小的原则来确定配筋，则应充分利用混凝土的强度。

计算的一般步骤如下。

(1) 令 $\xi=\xi_b$，代入计算公式(3 - 15b)，则有

$$A'_s=\frac{M-\alpha_1 f_c bh_0^2\xi_b(1-0.5\xi_b)}{f'_y(h_0-a'_s)} \tag{3-16}$$

(2) 由式(3 - 15a)得

$$A_s=\frac{f'_y A'_s+\alpha_1 f_c bh_0^2\xi_b}{f_y} \tag{3-17}$$

2. 情况 2

已知弯矩设计值 M、截面尺寸 $b\times h$、混凝土和钢筋的强度等级、受压钢筋面积 A'_s，求受拉钢筋面积 A_s。

在计算公式中有 A'_s及 x 两个未知数，该问题可用计算公式求解，也可用公式分解求解。

1）计算公式求解

由式(3-14b)可知，$M-f'_yA'_s(h_0-a'_s)=\alpha_1 f_c bh_0^2\xi(1-0.5\xi)$

令 $\alpha_s=\xi(1-0.5\xi)=\dfrac{M-f'_yA'_s(h_0-a'_s)}{\alpha_1 f_c bh_0^2}$，由 $\xi=1-\sqrt{1-2\alpha_s}$ 可推出 x 的表达式(3-18)计算的一般步骤如下。

(1) 计算 x。

$$x=h_0\left[1-\sqrt{1-\frac{2[M-f'_yA'_s(h_0-a'_s)]}{\alpha_1 f_c bh_0^2}}\right] \tag{3-18}$$

(2) 由 $2a'_s\leqslant x\leqslant\xi_b h_0$时，由式(3-15a)得

$$A_s=\frac{f'_yA'_s+\alpha_1 f_c bx}{f_y} \tag{3-19}$$

(3) 当 $x<2a'_s$时，取 $x=2a'_s$

则
$$A_s=\frac{M}{f'_y(h_0-a'_s)} \tag{3-20}$$

(4) 当 $x>\xi_b h_0$ 时，则说明给定的受压钢筋面积 $\xi_b h_0 A'_s$太小，此时按 A'_s 和 A_s未知计算。

2）公式分解求解

计算的一般步骤如下。

(1) 由式(3-15h)计算 $M_{u2}=f'_yA'_s(h_0-a'_s)$。

(2) 由式(3-15c)得 $M_{u1}=M_u-M_{u2}$。

(3) $\alpha_s=\dfrac{M_{u1}}{a_1 f_c bh_0^2}$，$\xi=1-\sqrt{1-2\alpha_s}$，$x=\xi h_0$。

(4) 当 $2\alpha_s\leqslant x\leqslant\xi_b h_0$时，由式(3-15a)得 $A_s=\dfrac{f'_yA'_s+\alpha_1 fbx_c}{f_y}$。

(5) 当 $x<2a'_s$ 时，则取 $x=2a'_s$，$A_s=\dfrac{M}{f_y(h'_0-a'_s)}$。

(6) 当 $x>\xi_b h_0$时，则说明给定的受压钢筋面积 A'_s太小，此时按 A'_s和 A_s未知计算。

3.4.4 截面复核

已知：弯矩设计值 M、截面尺寸 $b\times h$、混凝土和钢筋的强度等级、受压钢筋面积 A'_s 和受拉钢筋面积 A_s。求受弯承载力 M_u。

计算的一般步骤如下。

(1) 由式(3-15a)得

$$x=\frac{f_yA_s-f'_yA'_s}{\alpha_1 f_c b}$$

(2) 当 $2a_s\leqslant x\leqslant\xi_b h_0$时，由式(3-15b)计算。

(3) 当 $x<2a_s$时，取 $x=2a_s$，$M_u=f_yA_s(h_0-a_s)$。

(4) 当 $x>\xi_b h_0$ 时，则说明双筋梁的破坏始自受压区，取 $x=\xi_b h_0$。

$$M_u=\alpha_1 f_c bh_0^2\xi_b(1-0.5\xi_b)+f'_yA'_s(h_0-a'_s)$$

(5) 当 $M \leqslant M_u$ 时，说明构件截面安全，否则为不安全。

应用案例3.5

已知矩形梁的截面尺寸 $b \times h = 250\text{mm} \times 500\text{mm}$，承受弯矩设计值 $M = 300\text{kN} \cdot \text{m}$，混凝土强度等级为C30，钢筋采用HRB400级，环境类别为一类，结构的安全等级为二级，试计算所需配置的纵向受力钢筋面积。

【解】 1. 设计参数

C30混凝土，查得：$f_c = 14.3\text{N/mm}^2$、$f_t = 1.43\text{N/mm}^2$、$\alpha_1 = 1.0$，环境类别为一类，$c = 20\text{mm}$，假设受拉钢筋为双排配置，$a_s = 60\text{mm}$，$h_0 = 500 - 60 = 440(\text{mm})$，HRB400级钢筋，查得 $f_y = 360\text{N/mm}^2$、$f'_y = 360\text{N/mm}^2$，查表3-15得 $\xi_b = 0.518$。

2. 计算系数 α_s、ξ

$$\alpha_s = \frac{M_u}{\alpha_1 f_c b h_0^2} = \frac{300 \times 10^6}{1.0 \times 14.3 \times 250 \times 440^2} = 0.433$$

$$\xi = 1 - \sqrt{1 - 2\alpha_s} = 1 - \sqrt{1 - 2 \times 0.433} = 0.634 > \xi_b = 0.518$$

若截面尺寸和混凝土的强度等级不能改变，则应设计成双筋截面。

3. 计算 A_s 和 A'_s

取 $\xi = \xi_b = 0.518$，$\alpha'_s = 40\text{mm}$，由式(3-16)、式(3-17)计算：

$$A'_s = \frac{M - \alpha_1 f_c b h_0^2 \xi_b (1 - 0.5\xi_b)}{f'_y (h_0 - a'_s)}$$

$$= \frac{300 \times 10^6 - 1.0 \times 1.43 \times 250 \times 440^2 \times 0.518 \times (1 - 0.50 \times 0.518)}{360 \times (440 - 40)} = 238(\text{mm}^2)$$

$$A_s = \frac{M}{f'_y (h_0 - a'_s)} = \frac{f'_y A'_s + \alpha_1 f_c b h_0 \xi_b}{f_y} = \frac{360 \times 238 + 1.0 \times 14.3 \times 250 \times 440 \times 0.518}{360}$$

$$= 2501(\text{mm}^2)$$

4. 选钢筋

受压钢筋选用2⏀14，$A'_s = 308\text{mm}$；受拉钢筋选用8⏀20，$A_s = 2513\text{mm}^2$。截面配筋如图3.25所示。

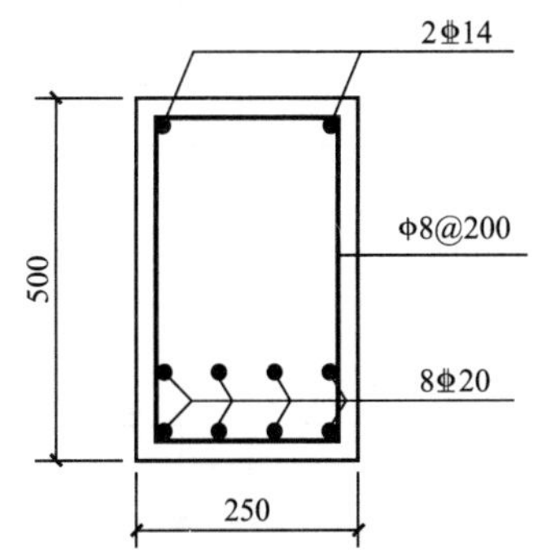

图3.25 应用案例3.5截面配筋图

3.5 T形正截面承载力设计与复核

3.5.1 概述

1. T形截面

受弯构件在破坏时，大部分受拉区混凝土早已退出工作，故可挖去部分受拉区混凝土，并将钢筋集中放置，如图3.26(a)所示，形成T形截面，对受弯承载力没有影响。这样既可节省混凝土，也可减轻结构自重。若受拉钢筋较多，为便于布置钢筋，可将截面底部适当增大，形成I形截面，如图3.26(b)所示。T形截面伸出部分称为翼缘，中间部分称为肋或梁腹。肋的宽度为b，位于截面受压区的翼缘宽度为b'_f，厚度为h'_f，截面总高为h。I形截面位于受拉区的翼缘不参与受力，因此也按T形截面计算。

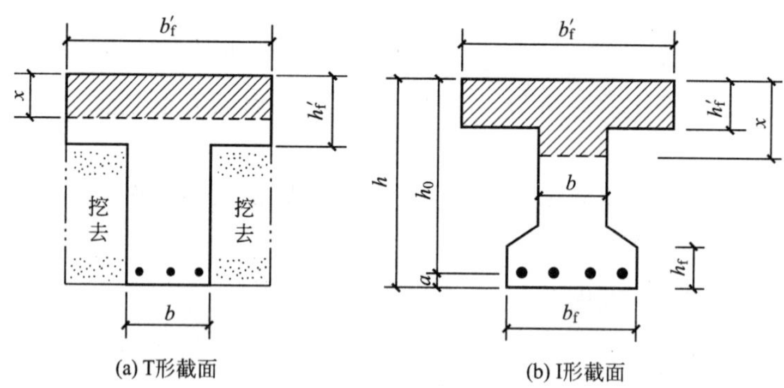

图3.26 T形截面图

工程结构中，T形和I形截面受弯构件的应用很多，如现浇肋形楼盖中的主、次梁，T形吊车梁，薄腹梁，槽形板等均为T形截面；箱形截面、空心楼板、桥梁中的梁为I形截面。但是，若翼缘在梁的受拉区，如图3.27(a)所示的倒T形截面梁，当受拉区的混凝土开裂以后，翼缘对承载力就不再起作用了。对于这种梁应按肋宽为b的矩形截面计算承载力。又如整体式肋梁楼盖连续梁中的支座附近的2—2截面，如图3.27(b)所示，由于承受负弯矩，翼缘(板)受拉，故仍应按肋宽为b的矩形截面计算。

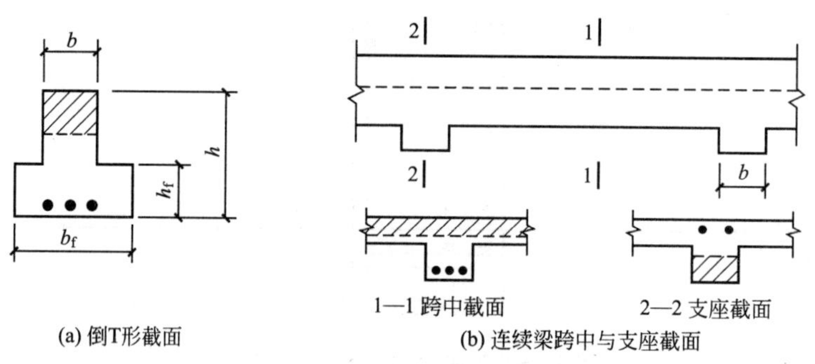

图3.27 倒T形截面及连续梁截面

2. 翼缘的计算宽度 b_f'

由实验和理论分析可知，T形截面梁受力后，翼缘上的纵向压应力是不均匀分布的，离梁肋越远，压应力越小，实际压应力分布如图3.28(a)、(c)所示。故在设计中把翼缘限制在一定范围内，称为翼缘的计算宽度 b_f'，并假定在 b_f'范围内压应力是均匀分布的，如图3.28(b)、(d)所示。

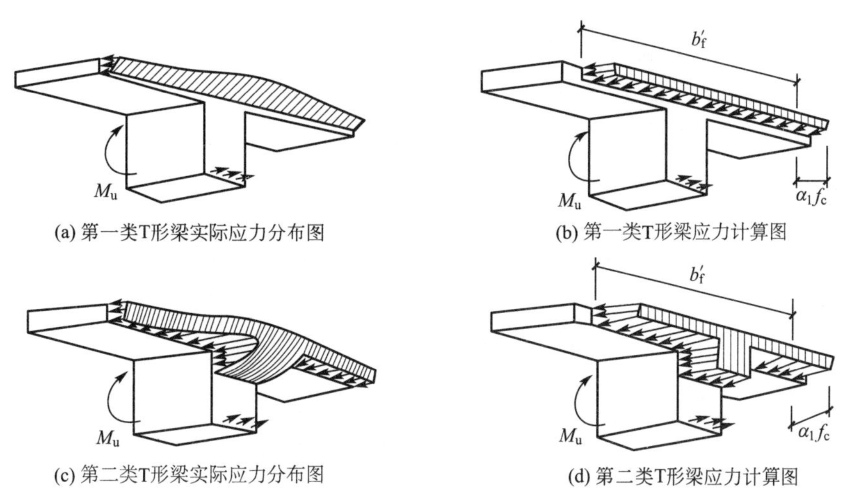

(a) 第一类T形梁实际应力分布图　(b) 第一类T形梁应力计算图

(c) 第二类T形梁实际应力分布图　(d) 第二类T形梁应力计算图

图3.28　T形截面受弯构件受压翼缘的应力分布和计算图形

《混凝土结构设计规范》(GB 50010—2010)对受弯构件位于受压区的翼缘计算宽度的规定见表3-16，计算时应取三项中的较小值。

表3-16　T形、I形及倒L形截面受弯构件翼缘计算宽度

<table>
<tr><th rowspan="2">项次</th><th rowspan="2" colspan="2">考虑情况</th><th colspan="2">T形、I形截面</th><th>倒L形截面</th></tr>
<tr><th>肋形梁(板)</th><th>独立梁</th><th>肋形梁(板)</th></tr>
<tr><td>1</td><td colspan="2">按计算跨度 l_0考虑</td><td>$\frac{1}{3}l_0$</td><td>$\frac{1}{3}l_0$</td><td>$\frac{1}{6}l_0$</td></tr>
<tr><td>2</td><td colspan="2">按梁(肋)净跨 s_n考虑</td><td>$b+s_n$</td><td>—</td><td>$b+\frac{s_n}{2}$</td></tr>
<tr><td rowspan="3">3</td><td rowspan="3">按翼缘高度 h_f'考虑</td><td>$h_f'/h_0\geqslant0.1$</td><td>—</td><td>$b+12h_f'$</td><td>—</td></tr>
<tr><td>$0.05\leqslant h_f'/h_0<0.1$</td><td>$b+12h_f'$</td><td>$b+bh_f'$</td><td>$b+5h_f'$</td></tr>
<tr><td>$h_f'/h_0<0.05$</td><td>$b+12h_f'$</td><td>b</td><td>$b+5h_f'$</td></tr>
</table>

注：1. 表中 b 为梁的腹板宽度。

2. 如肋形梁在梁跨度内设有间距小于纵肋间距的横肋时，则可不遵守表列第三种情况的规定。

3. 对有加腋的T形、I形和倒L形截面，当受压加腋的高度 $h_h\geqslant h_f'$且加腋的宽度 $b_h\leqslant3h_h'$时，则其翼缘计算宽度可按表列第三种情况规定分别增加 $2b_h$(T形截面)和 b_h(倒L形截面)。

4. 独立梁受压区的翼缘板在荷载作用下经验算沿纵肋方向可能产生裂缝时，其计算宽度应取腹板宽度 b。

3.5.2 计算公式与适用条件

1. T 形截面的两种类型

$x \leqslant h_f'$采用翼缘计算宽度 b_f'，T 形截面受压区混凝土仍可按等效矩形应力图考虑。按照构件破坏时，中和轴位置的不同，T 形截面可分为两种类型。

第一类 T 形截面：中和轴在翼缘内，即 $x \leqslant h_f'$。

第二类 T 形截面：中和轴在梁肋内，即 $x > h_f'$。

为了判别 T 形截面属于哪一种类型，首先分析 $x = h_f'$的特殊情况，图 3.29 所示为两类 T 形截面的界限情况。

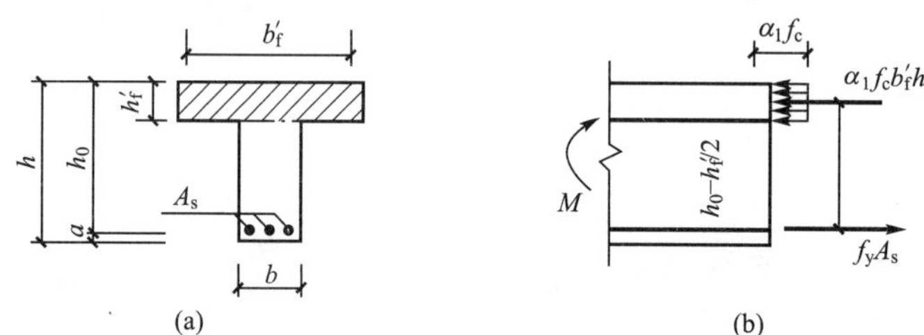

图 3.29　$x = h_f'$时的 T 形截面梁

$$\sum x = 0 \quad f_y A_s = \alpha_1 f_c b_f' h_f' \tag{3-21}$$

$$\sum M = 0 \quad M = \alpha_1 f_c b_f' h_f' \left(h_0 - \frac{h_f'}{2}\right) \tag{3-22}$$

当 $f_y A_s \leqslant \alpha_1 f_c b_f' h_f'$或 $M \leqslant \alpha_1 f_c b_f' h_f' \left(h_0 - \frac{h_f'}{2}\right)$时，则 $x \leqslant h_f'$，即属于第一类 T 形截面；当 $f_y A_s > \alpha_1 f_c b_f' h_f'$或 $M > \alpha_1 f_c b_f' h_f' \left(h_0 - \frac{h_f'}{2}\right)$时，则 $x > h_f'$，即属于第二类 T 形截面。

2. 第一类 T 形截面的计算公式与适用条件

1）计算公式

第一类 T 形截面受弯构件正截面承载力计算简图如图 3.30 所示，这种类型与梁宽为 b 的矩形梁完全相同，可用 b_f'代替 b 按矩形截面的公式计算。

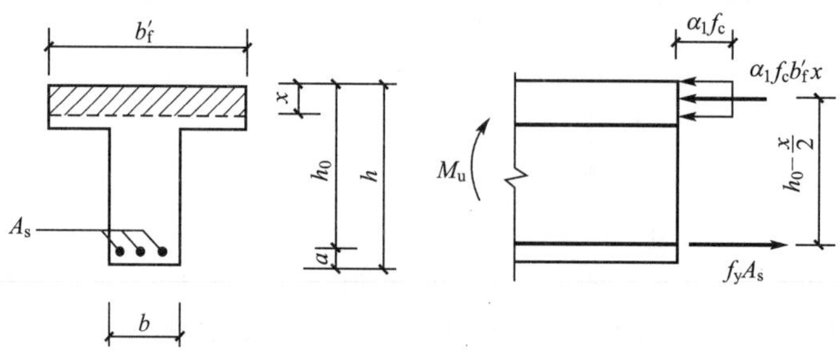

图 3.30　第一类 T 形截面梁正截面承载力计算简图

$$\sum x = 0 \quad f_y A_s = \alpha_1 f_c b_f' x \tag{3-23a}$$

$$\sum M=0 \quad M \leqslant M_u=\alpha_1 f_c b_f' x\left(h_0-\frac{x}{2}\right) \tag{3-23b}$$

2）适用条件

（1）$\xi \leqslant \xi_b$——防止发生超筋脆性破坏，此项条件通常均可满足，不必验算。

（2）$\rho_1=\frac{A_s}{bh} \geqslant \rho_{min}$——防止发生少筋脆性破坏。

必须注意，这里受弯承载力虽然按 $b \times h_f'$的矩形截面计算，但最小配筋面积 $A_{s,min}$ 按 $\rho_{min}bh$ 计算，而不是 $\rho_{min}bh_f'$。这是因为最小配筋率是按 $M_u=M_{cr}$的条件确定，而开裂弯矩 M_{cr}主要取决于受拉区混凝土的面积，T 形截面的开裂弯矩与具有同样腹板宽度 b 的矩形截面基本相同。对 I 形和倒 T 形截面，则计算最小配筋率 ρ_1 的表达式为：

$$\rho_1=\frac{A_s}{bh+(b_f-b)h_f}$$

3. 第二类 T 形截面的计算公式与适用条件

1）计算公式

第二类 T 形截面受弯构件正截面承载力计算简图，如图 3.31(a)所示。

$$f_y A_s=\alpha_1 f_c bx+\alpha_1 f_c (b_f'-b)h_f' \tag{3-24a}$$

$$M \leqslant M_u=\alpha_1 f_c bx\left(h_0-\frac{x}{2}\right)+\alpha_1 f_c (b_f'-b)h_f'\left(h_0-\frac{h_f'}{2}\right) \tag{3-24b}$$

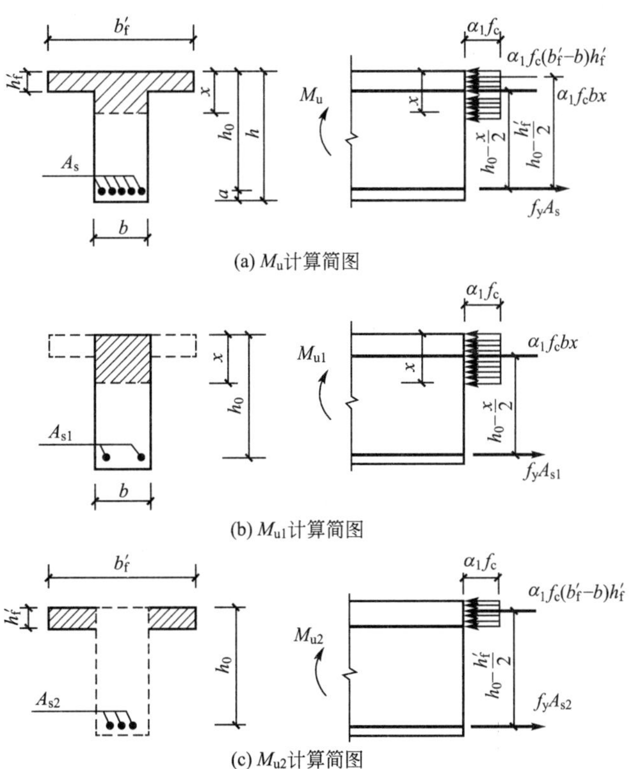

图 3.31　第二类 T 形截面梁正截面承载力计算简图

与双筋矩形截面类似，T 形截面受弯承载力设计值 M_u 也可分为两部分：第一部分是由肋部受压区混凝土和相应的一部分受拉钢筋 A_{s1} 所形成的承载力设计值 M_{u1}，如图 3.31(b)所示，相当于单筋矩形截面的受弯承载力；第二部分是由翼缘挑出部分的受压混凝土和相应的另一部分受拉钢筋 A_{s2} 所形成的承载力设计值 M_{u2}，如图 3.31(c)所示，即

$$M=M_{u1}+M_{u2} \tag{3-24c}$$

$$A_s=A_{s1}+A_{s2} \tag{3-24d}$$

对第一部分，如图 3.31(b)所示，由平衡条件可得：

$$f_yA_{s1}=\alpha_1 f_c bx \tag{3-24e}$$

$$M_{u1}=\alpha_1 f_c bx\left(h_0-\frac{x}{2}\right) \tag{3-24f}$$

对第二部分，如图 3.31(c) 所示，由平衡条件可得：

$$f_yA_{s2}=\alpha_1 f_c(b'_f-b)h'_f \tag{3-24g}$$

$$M_{u2}=\alpha_1 f_c(b'_f-b)h'_f\left(h_0-\frac{h'_f}{2}\right) \tag{3-24h}$$

2) 适用条件

(1) $\xi\leqslant\xi_b$——防止发生超筋脆性破坏。

(2) $\rho_1=\dfrac{A_s}{bh}\geqslant\rho_{min}$——防止发生少筋脆性破坏，此项条件通常均可满足，不必验算。

3.5.3 设计计算方法

1. 截面设计

已知：弯矩设计值 M、截面尺寸、混凝土和钢筋的强度等级，求受拉钢筋面积 A_s。

1) 第一类 T 形截面

$$M\leqslant\alpha_1 f_c b'_f h'_f\left(h_0-\frac{h'_f}{2}\right)$$

其计算方法与 $b'_f\times h$ 的单筋矩形截面梁完全相同。

2) 第二类 T 形截面

$$M>\alpha_1 f_c b'_f h'_f\left(h_0-\frac{h'_f}{2}\right)$$

在计算公式中，有 A_s 及 x 两个未知数，该问题可用计算公式求解，也可用公式分解求解，公式分解求解计算的一般步骤如下。

(1) 由式(3-24h)计算：

$$M_{u2}=\alpha_1 f_c(b'_f-b)h'_f\left(h_0-\frac{h'_f}{2}\right)$$

(2) 由式(3-24c)得

$$M_{u1}=M_u-M_{u2}$$

(3) $\alpha_s=\dfrac{M_{u1}}{\alpha_1 f_c bh_0^2}$，$\xi=1-\sqrt{1-2\alpha_s}$，$x=\xi h_0$。

(4) 当 $x\leqslant\xi_b h_0$时，由式(3-24a)得

$$A_s=\frac{\alpha_1 f_c bx+\alpha_1 f_c(b'_f-b)h'_f}{f_y}$$

(5) 当 $x>\xi_b h_0$时，说明截面过小，会形成超筋梁，应加大截面尺寸或提高混凝土强度等级，或改用双筋截面。

2. 截面复核

已知：弯矩设计值M、截面尺寸($b\times h$)、混凝土和钢筋的强度等级、受拉钢筋面积A_s，求受弯承载力M_u。

1) 第一类T形截面

$$f_y A_s \leqslant \alpha_1 f_c b_f' h_f'$$

可按 $b_f'\times b$ 的单筋矩形截面梁的计算方法求M_u。

2) 第二类T形截面

$$f_y A_s > \alpha_1 f_c b_f' h_f'$$

计算的一般步骤如下。

(1) 由式(3-24a)得

$$x=\frac{f_y A_s-\alpha_1 f_c (b_f'-b)h_f'}{\alpha_1 f_c b}$$

(2) 当 $x\leqslant\xi_b h_0$时，由式(3-24b)计算：

$$M_u=\alpha_1 f_c bx\left(h_0-\frac{x}{2}\right)+\alpha_1 f_c (b_f'-b)h_f'\left(h_0-\frac{h_f'}{2}\right)$$

(3) 当 $M\leqslant M_u$ 时，构件截面安全，否则为不安全。

3.6 受弯构件斜截面配筋计算

3.6.1 概述

受弯矩作用的剪弯区段，产生斜裂缝，如果斜截面承载力不足，可能沿斜裂缝发生斜截面受剪破坏或斜截面受弯破坏。因此，还要保证受弯构件斜截面承载力，即斜截面受剪承载力和斜截面受弯承载力。

工程设计中，斜截面受剪承载力是由抗剪计算来满足的，斜截面受弯承载力则是通过构造要求来满足的。

由于混凝土抗拉强度很低，随着荷载的增加，当主拉应力超过混凝土复合受力下的抗拉强度时，就会出现与主拉应力轨迹线大致垂直的裂缝。除纯弯段的裂缝与梁纵轴垂直以外，M、V 共同作用下的截面主应力轨迹线都与梁纵轴有一倾角，其裂缝与梁的纵轴是倾斜的，故称为斜裂缝，如图 3.32 所示。

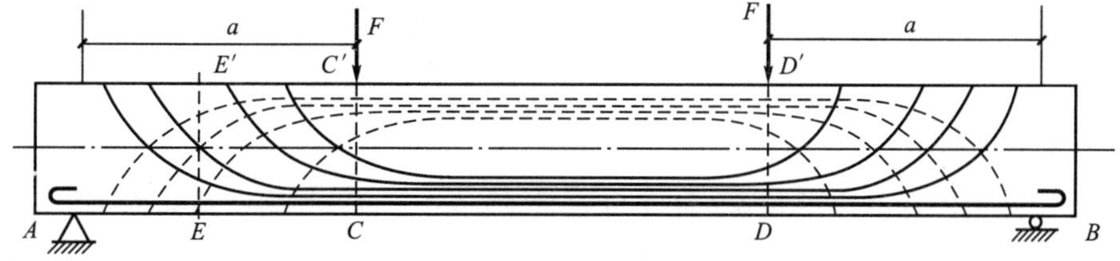

图 3.32 无腹筋梁在开裂前的裂缝

当荷载继续增加时，斜裂缝不断延伸和加宽，当截面的抗弯强度得到保证时，梁最后可能由于斜截面的抗剪强度不足而破坏。

3.6.2 受弯构件斜截面承载力

1. 剪跨比λ的定义

如图 3.32 所示，集中力 F 作用点到支座的距离，称为“剪跨”，剪跨 a 与梁的有效高度 h_0 之比称为剪跨比，即

$$\lambda=\frac{a}{h_0}$$

2. 无腹筋梁斜截面破坏的主要形态

影响无腹筋梁斜截面受剪破坏形态的主要因素为剪跨比 a/h_0(集中荷载)或跨高比 l_0/h_0(均布荷载)，主要破坏形态有斜拉、剪压和斜压 3 种，如图 3.33 所示。

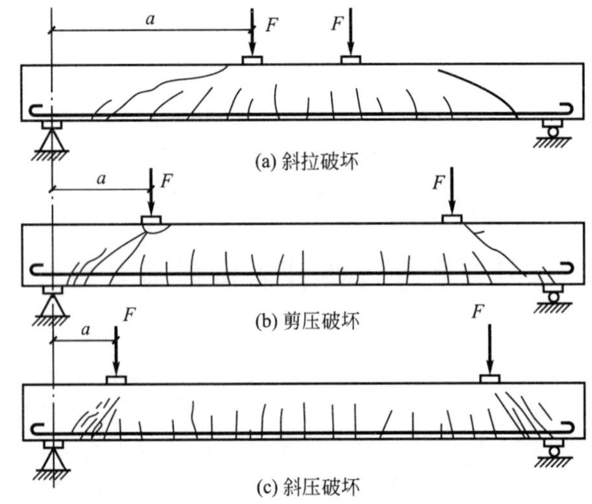

图 3.33 斜截面的破坏形态

1) 斜拉破坏

一般发生在剪跨比较大的情况(集中荷载时 $\lambda=\frac{a}{h_0}>3$；均布荷载时为 $l_0/h_0>8$)，如图 3.33(a)所示。在荷载作用下，首先在梁的底部出现垂直的弯曲裂缝；随即，其中一条弯曲裂缝很快地斜向(垂直主拉应力)伸展到梁顶的集中荷载作用点处，形成所谓的临界斜裂缝，将梁劈裂为两部分而破坏，同时，沿纵筋往往伴随产生水平撕裂裂缝，即斜拉破坏。斜拉破坏荷载与开裂时荷载接近，这种破坏使拱体混凝土被拉坏，这种梁的抗剪强度取决于混凝土抗拉强度，承载力较低。

2) 剪压破坏

一般发生在剪跨比适中的情况(集中荷载时 $1\leqslant\lambda=\frac{a}{h_0}\leqslant3$；均布荷载时为 $3\leqslant l_0/h_0\leqslant 8$)，如图 3.33(b)所示。在荷载的作用下，首先在剪跨区出现数条短的弯剪斜裂缝；随着荷载的增加，其中一条延伸最长、开展较宽的称为主要斜裂缝，即临界斜裂缝；随着荷载

继续增大，临界斜裂缝将不断向荷载作用点延伸，使混凝土受压区高度不断减小，导致剪压区混凝土在正应力σ和剪应力τ，以及荷载引起的局部竖向压应力的共同作用下达到复合应力状态下的极限强度而破坏，这种破坏称为剪压破坏。破坏时荷载一般明显地大于斜裂缝出现时的荷载，这是斜截面破坏最典型的一种。

3）斜压破坏

这种破坏一般发生在剪力较大而弯矩较小时，即剪跨比很小(集中荷载时$\lambda=\frac{a}{h_0}<1$；均布荷载时为$l_0/h_0<3$)，如图3.33(c)所示。加载后，在梁腹中垂直于主拉应力方向，先后出现若干条大致相互平行的腹剪斜裂缝，梁的腹部被分割成若干斜向的受压短柱。随着荷载的增大，混凝土短柱沿斜向最终被压酥破坏，即斜压破坏。这种破坏使拱体混凝土被压坏。

不同剪跨比梁的破坏形态和承载力不同，斜压破坏最大，剪压破坏次之，斜拉破坏最小。而在荷载达到峰值时的跨中挠度均不大，且破坏后荷载均迅速下降，这与弯曲破坏的延性性质不同，均属于脆性破坏，其中斜拉破坏最明显，斜压破坏次之，剪压破坏稍好。

除上述3种破坏形态外，在不同的条件下，还可能出现其他的破坏形态，如荷载离支座很近时的纯剪切破坏、局部受压破坏和纵筋的锚固破坏，这些都不属于正常的弯剪破坏形态，在工程中应采取构造措施加以避免。

3. 有腹筋梁斜截面破坏的主要形态

有腹筋梁的破坏类型与无腹筋梁相类似，也有3种情况：剪压破坏、斜压破坏和斜拉破坏。试验表明，其破坏的类型和承载能力是受众多因素影响的，主要有如下几种。

1）剪跨比(集中荷载)或高跨比(均布荷载)

$$\lambda=\frac{a}{h_0}=\frac{M}{Vh_0} \tag{3-25}$$

试验结果表明，当$\lambda\leqslant3$时，斜截面受剪承载力随λ增大而减小；当$\lambda>3$以后，承载力趋于稳定，影响不显著。均布荷载作用下，跨高比l_0/h_0对梁的受剪承载力影响较大，随着跨高比的增大，受剪承载力下降；但当跨高比$l_0/h_0>10$以后，跨高比对受剪承载力的影响不显著。

2）混凝土强度

混凝土强度对斜截面受剪承载力有着重要的影响。试验表明，混凝土强度越高，受剪承载力越大，大致成直线变化。

3）纵筋配筋率

纵向钢筋能抑制斜裂缝的开展，使斜裂缝顶部混凝土压区高度(面积)增大，间接地提高了梁的受剪承载力，同时纵筋本身也通过销栓作用承受一定的剪力，因而纵向钢筋的配筋量增大，梁的受剪承载力也有一定的提高。根据试验分析，纵向受拉钢筋的配筋率ρ大于1.5%时，纵筋对梁受剪承载力的影响才明显，因此，《混凝土结构设计规范》(GB 50010—2010)在受剪计算公式中也未考虑这一影响。

4）配箍率ρ

$$\rho_{sv}=\frac{A_{sv}}{bs}=\frac{nA_{sv1}}{bs} \tag{3-26}$$

式中　A_{sv}——配置在同一截面内箍筋各肢的全部截面面积($A_{sv}=nA_{sv1}$，其中 n 为箍筋肢数，A_{sv1}为单肢箍筋的截面面积)；

b——矩形截面的宽度，T 形、I 形截面的腹板宽度；

s——箍筋间距。

梁的斜截面受剪承载力与 ρ_{sv}呈线性关系，受剪承载力随 ρ_{sv}增大而增大。

5）截面形式

T 形、I 形截面有受压翼缘，增加了剪压区的面积，对斜拉破坏和剪压破坏的受剪承载力可提高 20%，但对斜压破坏的受剪承载力并没有提高。一般情况下，忽略翼缘的作用，只取腹板的宽度当作矩形截面梁计算构件的受剪承载力，其结果偏于安全。

3.6.3　斜截面承载力计算

1. 计算公式

影响斜截面受剪承载力的因素很多，精确计算比较困难，现行计算公式带有经验性质。钢筋混凝土受弯构件斜截面受剪承载力计算以剪压破坏形态为依据。为便于理解，现将受弯构件斜截面受剪承载力表示为 3 项相加的形式，如图 3.34 所示，即

$$V_u=V_c+V_{sv}+V_{sb} \quad (3-27)$$

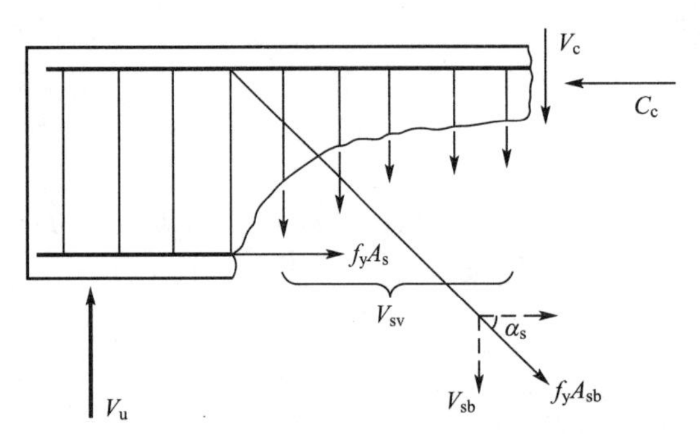

图 3.34　有腹筋梁斜截面破坏时的受力状态

式中　V_u——受弯构件斜截面受剪承载力；

V_c——剪压区混凝土受剪承载力设计值，即无腹筋梁的受剪承载力；

V_{sv}——与斜裂缝相交的箍筋受剪承载力设计值；

V_{sb}——与斜裂缝相交的弯起钢筋受剪承载力设计值。

需要说明的是，式(3-27)中 V_c 和 V_{sv}密切相关，无法分开表达，故以 $V_{cs}=V_c+V_{sv}$ 来表达混凝土和箍筋总的受剪承载力，于是有：

$$V_u=V_{cs}+V_{sb} \quad (3-28)$$

《混凝土结构设计规范》(GB 50010—2010)在理论研究和试验结果的基础上，结合工程实践经验给出了以下斜截面受剪承载力计算公式。

1）仅配箍筋的受弯构件

对矩形、T 形及 I 形截面一般受弯构件，其受剪承载力计算基本公式为：

$$V\leqslant V_{cs}=0.7f_tbh_0+f_{yv}\frac{A_{sv}}{s}h_0 \quad (3-29)$$

对集中荷载作用下(包括作用多种荷载，其中集中荷载对支座截面或节点边缘所产生的剪力占该截面总剪力值的 75%以上的情况)的独立梁，其受剪承载力计算基本公式为：

$$V\leqslant V_{cs}=\frac{1.75}{\lambda+1.0}f_tbh_0+f_{yv}\frac{A_{sv}}{s}h_0 \quad (3-30)$$

式中　f_t——混凝土轴心抗拉强度设计值；

A_{sv}——配置在同一截面内箍筋各肢的全部截面面积($A_{sv}=nA_{sv1}$，其中 n 为箍筋肢数，A_{sv1} 为单肢箍筋的截面面积)；

s——箍筋间距；

f_{yv}——箍筋抗拉强度设计值，$f\leqslant 360\text{N/mm}^2$；

λ——计算截面的剪跨比(当 $\lambda<1.5$ 时，取 $\lambda=1.5$；当 $\lambda>3$ 时，取 $\lambda=3$)。

2) 同时配置箍筋和弯起钢筋的受弯构件

同时配置箍筋和弯起钢筋的受弯构件，其受剪承载力计算基本公式为：

$$V\leqslant V_u=V_{cs}+0.8f_yA_{sb}\sin\alpha_s \tag{3-31}$$

式中 f_y——弯起钢筋的抗拉强度设计值；

A_{sb}——同一弯起平面内的弯起钢筋的截面面积。

其余符号意义同前。

式(3-31)中的系数0.8，是考虑弯起钢筋与临界斜裂缝的交点有可能过分靠近混凝土剪压区时，弯起钢筋达不到屈服强度而采用的强度降低系数。

2. 计算公式的适用范围

为了防止发生斜压及斜拉这两种严重脆性的破坏形态，必须控制构件的截面尺寸不能过小及箍筋用量不能过少，为此《混凝土结构设计规范》(GB 50010—2010)给出了相应的控制条件。

1) 截面的限制条件

当梁的截面尺寸较小而剪力过大时，可能在梁的腹部产生过大的主压应力，使梁腹产生斜压破坏。这种梁的承载力取决于混凝土的抗压强度和截面尺寸，不能靠增加腹筋来提高承载力，多配置的腹筋不能充分发挥作用。为了避免斜压破坏，同时也为了防止梁在使用阶段斜裂缝过宽(主要指薄腹梁)。对矩形、T形和I形截面的一般受弯构件，应满足下列条件：对于薄腹梁，由于其肋部宽度较薄，所以在梁腹中部剪应力很大，与一般梁相比容易出现腹剪斜裂缝，裂缝宽度较宽，因此对其截面限值条件取值有所降低。

截面限制条件的意义：首先是为了防止梁的截面尺寸过小、箍筋配置过多而发生的斜压破坏，其次是限制使用阶段的斜裂缝宽度，同时也是受弯构件箍筋的最大配筋率条件。工程设计中，如不满足条件时，应加大截面尺寸或提高混凝土强度等级，直到满足条件。

2) 抗剪箍筋的最小配箍率

当配箍率小于一定值时，斜裂缝出现后，箍筋不能承担斜裂缝截面混凝土退出工作释放出来的拉应力，而很快达到屈服，其受剪承载力与无腹筋梁基本相同，当剪跨比较大时，可能产生斜拉破坏。为了防止斜拉破坏，《混凝土结构设计规范》(GB 50010—2010)规定：

$$\rho_{sv,\min}=0.24\frac{f_t}{f_{yv}} \tag{3-32}$$

工程设计中，如不能满足上述条件，则应按照 $\rho_{sv,\min}$ 配置箍筋，并满足构造要求。

3. 斜截面受剪承载力计算截面位置的确定

在计算斜截面受剪承载力时，剪力设计值 V 应按下列计算截面采用。

1）支座边缘截面

通常支座边缘截面的剪力最大，对于图 3.35 中 1—1 斜裂缝截面的受剪承载力计算，应取支座截面处的剪力，如图 3.35 中 V_1 所示。

2）腹板宽度改变处截面

当腹板宽度减小时，受剪承载力降低，有可能产生沿图 3.35 中 2—2 斜截面的受剪破坏。对此斜裂缝截面，应取腹板宽度改变处截面的剪力，如图 3.35 中 V_2 所示。

3）箍筋直径或间距改变处截面

箍筋直径减小或间距增大，受剪承载力降低，可能产生沿图 3.35 中 3—3 斜截面的受剪破坏。对此斜裂缝截面，应取箍筋直径或间距改变处截面的剪力，如图 3.35 中 V_3 所示。

4）弯起钢筋起弯起点处的截面

未设弯起钢筋的受剪承载力低于弯起钢筋的区段，可能在弯起钢筋弯起点处产生沿图 3.35中的 4—4 斜截面破坏。对此斜裂缝截面，应取弯起钢筋弯起点处截面的剪力，如图 3.35 中 V_4。

总之，斜截面受剪承载力的计算是按需要进行分段计算的，计算时应取区段内的最大剪力为该区段的剪力设计值。

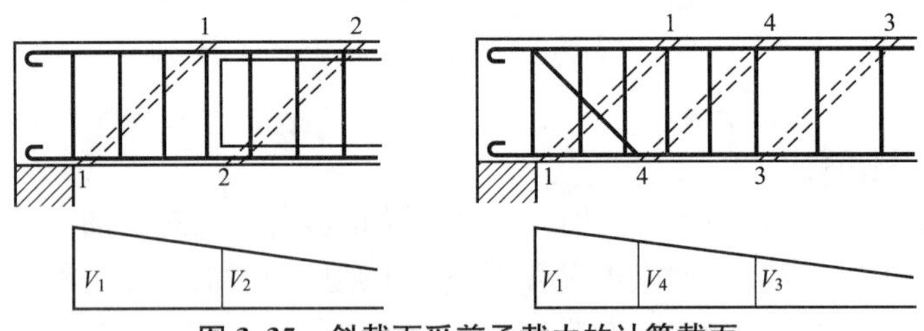

图 3.35　斜截面受剪承载力的计算截面

3.6.4　斜截面配筋计算

受弯构件斜截面承载力的计算有两类问题：截面设计和截面复核。

1. 截面设计

已知：剪力设计值 V，截面尺寸 b、h，材料强度等级 f_c、f_t、f_{yv}、β_c，纵向受力钢筋。求：梁中腹筋数量。

当按公式进行截面设计时，其计算方法和步骤如下。

(1) 确定计算截面位置，计算其剪力设计值 V。

(2) 校核截面尺寸。根据式(3－32)验算是否满足截面限制条件，如不满足，应加大截面尺寸或提高混凝土强度等级。

(3) 验算是否配置箍筋。

① $V \leqslant 0.7fbh_0$ 或 $\dfrac{1.75}{\lambda+1}f_tbh_0$ 时，按构造配箍筋。

② $V > 0.7fbh_0$ 或 $\dfrac{1.75}{\lambda+1}f_tbh_0$ 时，计算确定腹筋数量。

(4) 确定腹筋用量。

① 只配置箍筋。根据 $V \leqslant V_{cs} = 0.7f_tbh_0 + f_{yv}\dfrac{A_{sv}}{s}h_0$ 或者 $V \leqslant V_{cs} = \dfrac{1.75}{\lambda+1.0}f_tbh_0 + f_{yv}$

$\frac{A_{sv}}{s}$求出$\frac{A_{sv}}{s}$。

一般情况下，受弯构件$\frac{A_{sv}}{s}=\frac{nA_{sv1}}{s}\geqslant\frac{V-0.7f_tbh_0}{f_{yv}h_0}$；集中荷载作用下的独立梁$\frac{A_{sv}}{s}=\frac{nA_{sv1}}{s}\geqslant\frac{V-0.7f_tbh_0}{1.25f_{yv}h_0}$。

根据A_{sv}值确定箍筋直径和间距，并满足最小配箍率、钢筋最大间距和箍筋直径最小的要求。

② 配置箍筋和弯起钢筋。一般先根据经验和构造要求配置箍筋，确定V_{cs}，对$V>V_{cs}$，区段，按式(3－33)计算确定弯起钢筋的截面：

$$A_{sb}=\frac{V-V_{cs}}{0.8f_y\sin\alpha_s} \tag{3-33}$$

式中，剪力设计值V应根据弯起钢筋计算斜截面的位置确定，如图3.36所示的配置多排弯起钢筋的情况，第一排弯起钢筋的截面面积$A_{sb1}=\frac{V-V_{cs}}{0.8f_y\sin\alpha_s}$；第二排$A_{sb2}=\frac{V-V_{cs}}{0.8f_y\sin\alpha_s}$。

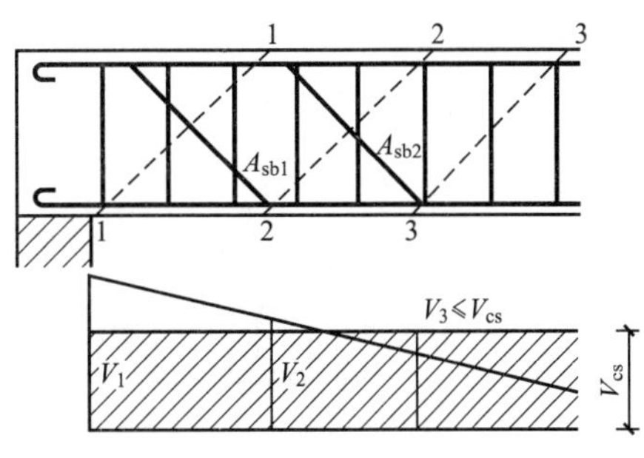

图3.36 配置多排弯起钢筋

2. 截面复核

已知：截面尺寸b、h，材料强度等级f_c，f_t，f_{yv}，β_c，配筋量n、A_{sv}、s，弯起钢筋的截面积A_{sb}。求：校核斜截面所能承受的剪力V_u(或已知剪力设计值V，复核梁的斜截面承载力是否安全)。

3.7 抵抗弯矩图的绘制

3.7.1 抵抗弯矩图的概念

抵抗弯矩图又称之为材料抵抗弯矩图，它是按梁实际配置的纵向受力钢筋所确定的各正截面所能抵抗的弯矩图形。它反映了沿梁长正截面上材料的抗力。在该图上竖向坐标表示的是正截面受弯承载力设计值M_u，也称为抵抗弯矩。

以一单筋矩形截面构件为例来说明抵抗弯矩图的形成。若已知单筋矩形截面构件的纵向受力钢筋面积为A_s，每根钢筋截面积为A_{s1}，则有如下信息。

总抵抗弯矩为：

$$M_u=f_yA_s\left(h_0-\frac{x}{2}\right)=f_yA_s\left(h_0-\frac{f_yA_s}{2\alpha_1bf_c}\right)$$

每根钢筋承担的弯矩为：

$$M_{u1}=M_u\frac{A_{s1}}{A_s}$$

然后把构件的截面位置作为横坐标，而将其相应的抵抗弯矩M_u值连接起来，就形成了抵抗弯矩图。设计弯矩图又称荷载弯矩图，它是由荷载产生的荷载效应(弯矩)所绘制的弯矩图。设计中材料抵抗弯矩图要包住设计弯矩图。

3.7.2 抵抗弯矩图的绘制方法

根据纵向受弯钢筋的形式，可以把抵抗弯矩图绘制分成三类，下面就分别来看看它们各自的绘制。

1. 纵向受力钢筋沿梁长不变化时 M_u 的作法

图 3.37 所表示的是一根均布荷载作用下的钢筋混凝土简支梁，它已按跨中最大弯矩计算所需纵筋为 2ф25+1ф22。由于 3 根纵筋全部锚入支座，所以该梁任一截面的 M 值是相等的。图 3.37 所示的 ab 就是抵抗弯矩图，它所包围的曲线就是梁所受荷载引起的弯矩图，这也直观地告诉我们，该梁的任一正截面都是安全的。但是，对如图 3.37 所示的简支梁来说，越靠近支座，荷载弯矩越小，而支座附近的正截面和跨中的正截面配置同样的纵向钢筋，显然是不经济的，为了节约钢材，可以根据荷载弯矩图的变化而将一部分纵向受拉钢筋在正截面受弯不需要的地方截断或弯起作为受剪钢筋。

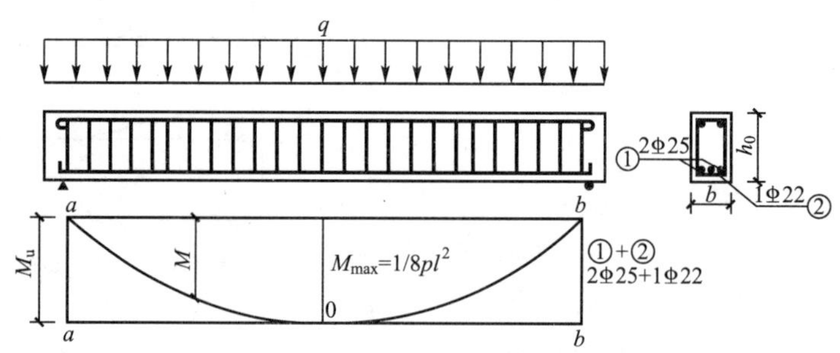

图 3.37 纵筋沿梁长不变化时的抵抗弯矩图

2. 纵筋弯起时的抵抗弯矩图作法

在简支梁设计中，一般不宜在跨中截面将纵筋截断，而是在支座附近将纵筋弯起抵抗剪力。如图 3.38 所示，如果将④号钢筋在 CE 截面处弯起，由于在弯起过程中，弯起钢筋对受压区合力点的力臂是逐渐减小的，因而其抗弯承载力并不立即消失，而是逐渐减小，一直到截面 DF 处弯起钢筋穿过梁的中性轴基本上进入受压区后，才认为它的正截面抗弯作用完全消失。作图时应从 C、E 两点作垂直投影线与 M_u 图的轮廓线相交于 c、e，再从 D、F 点作垂直投影线与 M_u 图的基线 ab 相交于 d、f，则连线 $abcefb$ 就为④号钢筋弯起后的抵抗弯矩图。

3. 纵筋被截断时的抵抗弯矩图作法

如图 3.39 所示为一钢筋混凝土连续梁中间支座的荷载弯矩图、抵抗弯矩图。从图中可知，①号纵筋在 $A—A$ 截面(4 号点)被充分利用，而到了 $B—B$、$C—C$ 截面，按正截面受弯承载力已不需要①号钢筋了。也就是说，在理论上①号纵筋可以在 b、c 点截断，当 ①号纵筋截断时，则在抵抗弯矩图上形成矩形台阶 ab 和 cd。同样，③号纵筋也可从其理论截断点截断。

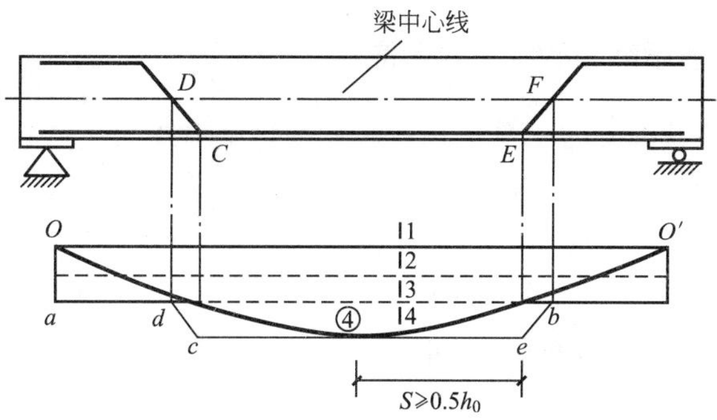

图 3.38 纵筋弯起时的抵抗弯矩图

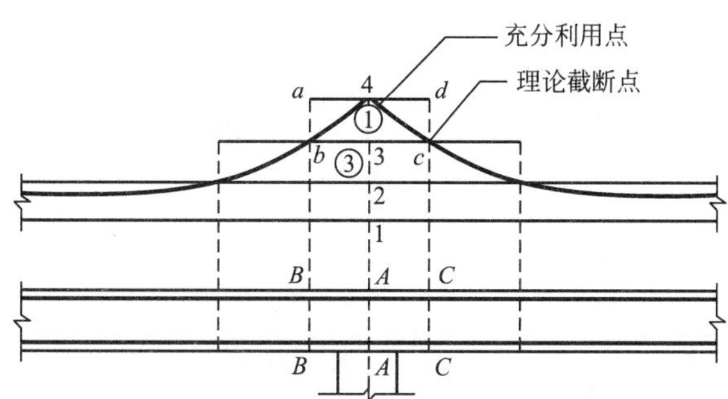

图 3.39 纵筋被截断时的抵抗弯矩图

3.7.3 抵抗弯矩图的作用

1. 反映材料利用的程度

很明显，材料抵抗弯矩图越接近荷载弯矩图，表示材料利用程度越高。

2. 确定纵向钢筋的弯起数量和位置

纵向钢筋弯起的目的是：一是用于斜截面抗剪；二是抵抗支座负弯矩。只有当材料抵抗弯矩图包住荷载弯矩图时，才能确定弯起钢筋的数量和位置。

3. 确定纵向钢筋的截断位置

根据抵抗弯矩图上的理论断点，再保证锚固长度，就可以知道纵筋的截断位置，如图 3.40所示。

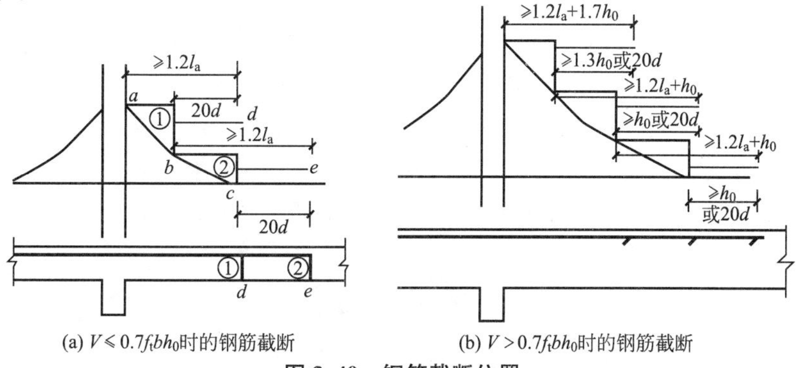

(a) $V \leqslant 0.7f_tbh_0$时的钢筋截断　(b) $V > 0.7f_tbh_0$时的钢筋截断

图 3.40 钢筋截断位置

3.7.4 满足斜截面受弯承载力的纵筋弯起位置

为了保证构件的正截面受弯承载力，弯起钢筋与梁轴线的交点必须位于该钢筋的理论截断点之外。同时，弯起钢筋的实际起弯点必须伸过其充分利用点一段距离 s，以保证纵向受力钢筋弯起后斜截面的受弯承载力。《混凝土结构设计规范》(GB 50010—2010)规定：在梁的受拉区，弯起点至充分利用点的距离 s 不应小于 $0.5h_0$，弯起筋与梁中心线的交点，应在不需该钢筋的截面(理论截断点)以外。

3.8 梁的挠度计算

钢筋混凝土结构构件受到荷载作用后，首先要产生变形，当由荷载产生的主拉应力超过混凝土的抗拉强度后继而产生裂缝，为此本章首先介绍钢筋混凝土构件的变形验算，然后叙述裂缝计算。在一般建筑中，对混凝土构件的变形有一定的要求，主要是出于以下四方面的考虑。

1. 保证建筑的使用功能要求

结构构件产生过大的变形将损害，甚至丧失其使用功能。例如，放置精密仪器设备的楼盖梁、板的挠度过大，将使仪器设备难以保持水平。

2. 防止对结构构件产生不良影响

主要是指防止结构性能与设计中的假定不符。例如，梁端的旋转将使支撑面积减小，支撑反力偏心距增大，当梁支撑在砖墙(或柱)上时，可能使墙体沿梁顶、底出现内外水平裂缝，严重时将产生局部承压或墙体失稳破坏等。

3. 防止对非结构构件产生不良影响

这包括防止结构构件变形过大会使门窗等活动部件不能正常开关；防止非结构构件，如隔墙及天花板的开裂、压碎或其他形式的破坏等。

4. 保证人们的感觉在可接受程度之内

例如，防止厚度较小的板站上人后产生过大的颤动或明显下垂引起的不安全感；防止可变荷载(活荷载、风荷载等)引起的振动及噪声对人感觉的不良影响等。

因此，《混凝土结构设计规范》(GB 50010—2010)在考虑上述因素的基础上，根据工程经验，对钢筋混凝土受弯构件和预应力混凝土构件的挠度均做出了明确要求和计算办法，本课题针对钢筋混凝土受弯构件的挠度进行讲解。《混凝土结构设计规范》(GB 50010—2010)对钢筋混凝土受弯构件的挠度限值 $[f]$ 作了规定：钢筋混凝土受弯构件的挠度可按结构力学方法计算，应按荷载的准永久组合并考虑长期作用影响计算，最大挠度不应超过《混凝土结构设计规范》(GB 50010—2010)规定的挠度限值。

3.9 裂缝宽度验算

裂缝按其形成的原因可分成两大类：一类是由荷载引起的裂缝；另一类是由非荷载因

素引起的裂缝，如材料收缩、温度变化、地基不均匀沉降等原因引起的裂缝。荷载裂缝是由荷载产生的主拉应力超过混凝土的抗拉强度引起的，裂缝的控制主要通过计算来进行。非荷载裂缝主要从构造、施工、材料等方面采取措施来控制。

结构构件正截面的受力裂缝控制等级分为三级，其中三级是指允许出现裂缝的构件：对钢筋混凝土构件，按荷载准永久组合并考虑长期作用影响计算时，构件的最大裂缝宽度不应超过《混凝土结构设计规范》(GB 50010—2010)规定的最大裂缝宽度限值，即

$$w_{\max} \leqslant w_{\lim}$$

本节仅讨论荷载作用下钢筋混凝土结构构件的裂缝宽度验算。需要进行裂缝宽度验算的构件包括受弯构件、轴心受拉构件、偏心受拉构件、大偏心受拉构件。

确定最大裂缝宽度限值，主要考虑两个方面的原因：一是外观要求；二是耐久性要求，并以后者为主。

从外观要求考虑，裂缝过宽将给人以不安全感，同时也影响对结构质量的评价。直接受雨淋的构件，无围护结构的房屋中经常受雨淋的构件，经常受蒸汽或凝结水作用的室内构件(如浴室等)，以及与土直接接触的构件，都具备钢筋锈蚀的必要和充分条件，因而都应严格限制裂缝宽度。处于室内正常环境，即无水源或很少水源的环境下，裂缝宽度限值可放宽些。不过，这时还应按构件的工作条件加以区分。例如，屋架、托梁等主要屋面承重结构构件，以及重级工作制吊车架等构件，均应从严控制裂缝宽度。

在非荷载裂缝中，最常见的是温度裂缝，它是混凝土收缩与冷缩共同作用的结果。由于内部或外部约束，当混凝土不能自由收缩与冷缩时，会在混凝土内引起约束拉力而产生裂缝。这种非荷载裂缝的出现与开展有一个时间过程，试验资料表面，混凝土在一年内可完成总收缩值的60%～85%。因此，在实际工程中许多温度收缩裂缝在一年左右出现，控制这种温度收缩裂缝的措施是规定钢筋混凝土结构伸缩缝的最大间距。

在非荷载裂缝中，值得注意的另一种裂缝是当钢筋混凝土保护层较薄时，混凝土的碳化过程在较短时期就达到钢筋表面，混凝土失去对钢筋的保护作用，钢筋因锈蚀而体积增大，将混凝土胀裂，形成沿钢筋长度方向的纵向锈蚀膨胀裂缝。这种裂缝的特点是先锈后裂，一旦出现后果十分严重。控制这种裂缝的措施是，规定受力钢筋的最小混凝土保护层厚度。

在实际工程中，应从计算、构造、施工、材料等方面采取措施，避免出现影响适用性、耐久性的各种裂缝。对于已出现的裂缝，则应善于根据裂缝的形状、部位、所处环境、配筋及结构形式以及对结构构件承载力危害程度等进行具体分析，做出安全、适用、经济的处理方案。

本章小结

(1) 钢筋混凝土受弯构件由于配筋率的不同，可分为少筋构件、适筋构件、超筋构件3类。少筋构件和超筋构件在破坏前没有明显的预兆，有可能造成巨大的生命和财产损失，因此在设计时应避免将构件设计成少筋构件和超筋构件。

(2) 适筋构件从开始加载到构件破坏，正截面经历了3个受力阶段。第Ⅰ阶段为受弯构件抗裂计算的依据；第Ⅱ阶段为裂缝宽度和变形验算的依据；第Ⅲ阶段为受弯构件正截

面承载力计算的依据。

(3) 在实际工程中，受弯构件应设计成适筋截面。单筋矩形截面梁的计算公式，适用条件为 $\xi \leqslant \xi_b$ 和 $\rho \geqslant \rho_{min}$，双筋截面梁为 $\xi \leqslant \xi_b$ 和 $x \geqslant 2a_s'$。

(4) 正截面承载力计算为截面设计和截面复核两类问题。对单筋矩形截面梁，设计时有 x 和 A_s 两个未知数，可以通过联立方程或利用表格求解。对双筋矩形截面梁，截面设计时有 A_s' 已知和未知两种情况，可以通过联立方程或利用表格求解。

(5) 影响斜截面受剪承载力的主要因素有剪跨比、高跨比等。

(6) 材料的抵抗弯矩图是按照梁实配纵筋的数量计算并画出的各截面所抵抗的弯矩图。利用材料抵抗弯矩图并根据正截面和斜截面的受弯承载力来确定纵筋的弯起点和截断的位置。同时注意保证受力钢筋在支座处的有效锚固的构造措施。

(7) 钢筋混凝土受弯构件的抗弯刚度是一个变量，随荷载的增大而降低，随时间的增长而降低。

(8) 钢筋混凝土受弯构件的挠度计算可以采用力学的方法进行，但计算时，必须用构件考虑荷载长期作用的刚度 B 代替 EI。

(9) 在等截面直杆中，B 取同号弯矩区段内最大弯矩处的值，即最小刚度原则。

(10) 计算构件的挠度与裂缝宽度时，应按荷载效应标准组合，并考虑荷载长期作用的影响进行计算。

(11) 构件的挠度计算值和裂缝宽度的计算值不应超过《混凝土结构设计规范》(GB 50010—2010)规定的限值。

习题

1. 简答题

(1) 简述少筋梁、适筋梁和超筋梁的破坏特征。在设计中如何防止少筋梁和超筋梁破坏？

(2) 受弯构件正截面承载力计算的基本假定是什么？为什么要做出这些假定？

(3) 什么是界限相对受压区高度 ξ_b？它有什么意义？

(4) 钢筋混凝土的最小配筋率 ρ_{min} 是如何确定的？

(5) 受弯构件中，斜截面有哪几种破坏形态？它们的特点是什么？

(6) 引起钢筋混凝土构件开裂的主要原因有哪些？

(7) 减小钢筋混凝土受弯构件的挠度和裂缝宽度的主要措施有哪些？

2. 计算题

(1) 已知梁的截面尺寸为 $b \times h = 200\text{mm} \times 500\text{mm}$，混凝土强度等级为 C25，$f_c = 11.9\text{N/mm}^2$，$f_t = 1.27\text{N/mm}^2$，钢筋采用 HRB335，$f_y = 300\text{N/mm}^2$，截面弯矩设计值 $M = 165\text{kN}\cdot\text{m}$。环境类别为一类，安全等级为二级。求：受拉钢筋截面面积。

(2) 已知一单跨简支板，计算跨度 $l = 2.34\text{m}$，承受均布荷载 $q_k = 3\text{kN/m}^2$(不包括板的自重)，如图 3.41 所示；混凝土等级 C30，$f_c = 14.3\text{N/mm}^2$；钢筋等级采用 HPB300 钢筋，即Ⅰ级钢筋，$f_y = 210\text{N/mm}^2$ 可变荷载分项系数 $\gamma_Q = 1.4$，永久荷载分项系数 $\gamma_G = 1.2$，环境类别为一类，安全等级为二级，钢筋混凝土重度为 25kN/m^3。求：板厚及受拉

钢筋截面面积 A_s。

(3) 已知梁的截面尺寸为 $b\times h=250\text{mm}\times 450\text{mm}$；受拉钢筋为 4 根直径为 16mm 的 HRB335 钢筋，即Ⅱ级钢筋，$f_y=300\text{N/mm}^2$，$A_s=804\text{mm}^2$；混凝土强度等级为 C40，$f_t=1.71\text{N/mm}^2$，$f_c=19.1\text{N/mm}^2$；承受的弯矩 $M=89\text{kN}\cdot\text{m}$。环境类别为一类，安全等级为二级。试验算此梁截面是否安全。

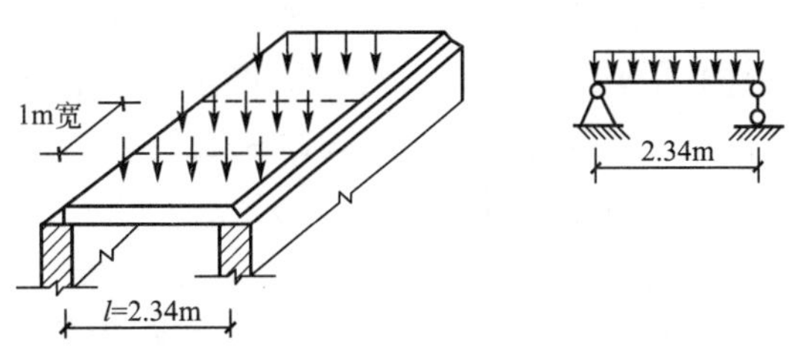

图 3.41 计算题(2)图

(4) 已知梁的截面尺寸为 $b\times h=200\text{mm}\times 500\text{mm}$，混凝土强度等级为 C40，$f_t=1.71\text{N/mm}^2$，$f_c=19.1\text{N/mm}^2$，钢筋采用 HRB335，即Ⅱ级钢筋，$f_y=300\text{N/mm}^2$，截面弯矩设计值 $M=330\text{kN}\cdot\text{m}$。环境类别为一类，安全等级为二级。求：所需受压和受拉钢筋截面面积。

(5) 已知 T 形截面梁，截面尺寸如图 3.42 所示，混凝土采用 C30，$f_c=14.3\text{N/mm}^2$，纵向钢筋采用 HRB400 级钢筋，$f_y=360\text{N/mm}^2$，环境类别为一类，安全等级为二级。若承受的弯矩设计值为 $M=700\text{kN}\cdot\text{m}$，计算所需的受拉钢筋截面面积 A_s(预计两排钢筋，$a_s=60\text{mm}$)。

(6) 某钢筋混凝土 T 形截面梁，截面尺寸和配筋情况(架立筋和箍筋的配置情况略)如图 3.43 所示。混凝土强度等级为 C30，$f_c=14.3\text{N/mm}^2$，纵向钢筋为 HRB400 级钢筋，$f_y=360\text{N/mm}^2$，$a_s=70\text{mm}$。若截面承受的弯矩设计值为 $M=550\text{kN}\cdot\text{m}$，试验算此截面承载力是否足够。

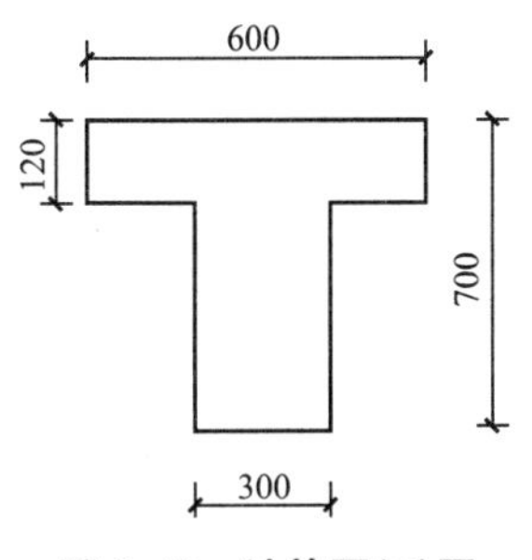

图 3.42 计算题(5)图

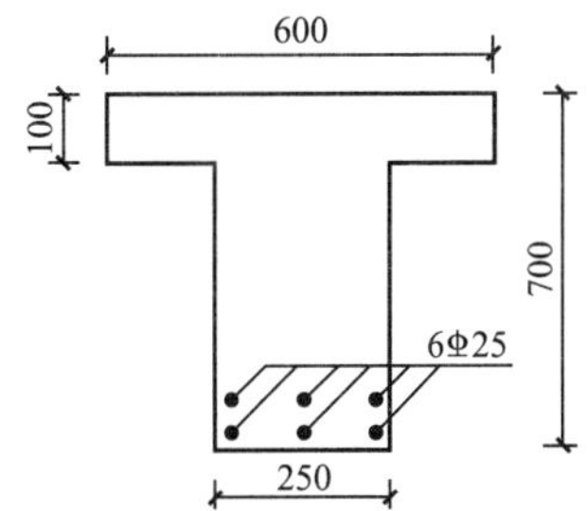

图 3.43 计算题(6)图

(7) 一钢筋混凝土矩形截面简支梁，截面尺寸为 250mm×500mm，混凝土强度等级为 C20($f_t=1.1\text{N/mm}^2$、$f_c=9.6\text{N/mm}^2$)，箍筋为热轧 HPB300 级钢筋($f_{yv}=210\text{N/mm}^2$)，纵筋为 3 Φ 25 的 HRB335 级钢筋($f_y=300\text{N/mm}^2$)，支座处截面的剪力最大值为 180kN。环境类别为一类，安全等级为二级。求：箍筋和弯起钢筋的数量。

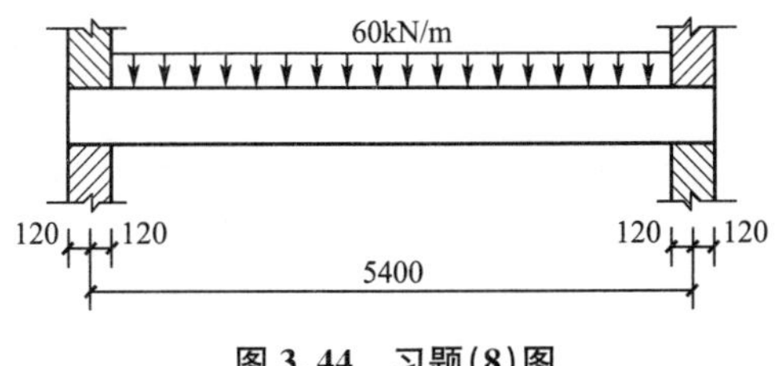

图 3.44 习题(8)图

(8) 钢筋混凝土矩形截面简支梁，如图 3.44所示，截面尺寸为 250mm×500mm，混凝土强度等级为 C20($f_t=1.1\text{N/mm}^2$、$f_c=9.6\text{N/mm}^2$)，箍筋为热轧 HPB300 级钢筋

($f_{yv}=210\text{N/mm}^2$)，纵筋为 2 Φ 25 和 2 Φ 22 的 HRB400 级钢筋($f_y=360\text{N/mm}^2$)。环境类别为一类，安全等级为二级。求：(1)只配箍筋；(2)配弯起钢筋又配箍筋。

(9) 在第(8)题中，既配弯起钢筋又配箍筋，若箍筋为热轧 HPB335 级钢筋($f_{yv}=300\text{N/mm}^2$)，荷载改为 100kN/m，其他条件不变。求：箍筋和弯起钢筋的数量。

(10) 已知矩形截面简支梁 $b\times h=250\text{mm}\times 500\text{mm}$，计算跨度 $l_0=6\text{m}$，混凝土强度等级为 C20，钢筋为 HRB335，梁承受均布恒荷载标准值(含自重)$g_k=14.7\text{kN/m}$，承受均布活荷载标准值 $q_k=5.2\text{kN/m}$，准永久值系数 $\psi_q=0.5$。由正截面抗弯强度计算配有 3 Φ 18钢筋($A_s=763\text{mm}^2$)，梁的容许挠度 $[f]=l_0/200$。环境类别为一类，安全等级为二级。试验算该梁挠度是否满足要求。

(11) 一承受均布荷载的 T 形截面简支梁如图 3.45 所示，计算跨度 $l_0=6\text{m}$，混凝土强度等级为 C30，配置带肋钢筋，受拉区为 6 Φ 25($A_s=2945\text{mm}^2$)，承受按荷载效应标准组合计算的弯矩值 $M_k=301.5\text{kN}\cdot\text{m}$，按荷载效应准永久组合计算的弯矩 $M_q=270\text{kN}\cdot\text{m}$，环境类别为一类，安全等级为二级，$w_{\lim}=0.4\text{mm}$，$f_{\lim}=l_0/200$。试验算该梁的最大挠度是否满足挠度限值的要求，并验算梁的裂缝宽度是否满足要求。

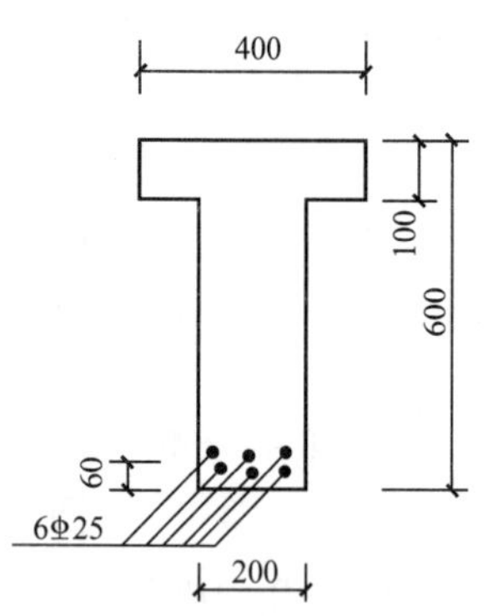

图 3.45　计算题(11)图

(12) 某屋架下弦杆截面 $b\times h=180\text{mm}\times 180\text{mm}$，配有 4 Φ 16钢筋($A_s=804\text{mm}$)，混凝土强度等级为 C30($f_{tk}=2.01\text{N/mm}^2$)，钢筋为 HRB335($E_s=2.0\times 10^5\text{N/mm}^2$)，混凝土保护层厚度 $c=25\text{mm}$，承受轴向拉力准永久组合值 $N_{区}=132\text{kN}$，最大裂缝限值为 0.3mm(一类环境)。试验算该构件的裂缝是否满足要求。

第 4 章

钢筋混凝土梁板结构

教学目标

(1) 通过本章的学习，能初步进行现浇单向肋梁楼盖板、次梁、主梁的结构设计计算；能初步进行现浇双向板楼盖、楼梯、雨篷板的结构设计计算；能识读有梁板、楼梯平法施工图。

(2) 了解梁板结构的类型及受力特点；理解梁板结构的计算简图、荷载组合、内力包络图；掌握单向板肋梁结构的设计要点和构造规定；熟练掌握单向板肋梁楼盖的设计计算；理解双向板肋梁结构的设计要点和构造要求；掌握楼梯和雨篷的构造。

(3) 培养学生对现浇混凝土梁板结构设计原理的认识，为以后从事设计、施工或管理奠定理论基础。

教学要求

知识要点	能力要求	相关知识	权重
梁板结构的受力特点	熟悉梁板结构的荷载传递方法	屋盖、楼盖、底板等肋形结构	20%
板的设计和构造	板的构造要求及配筋方法	弯起式和分离式配筋	20%
次梁的设计和构造	次梁的构造要求和配筋方法	次梁的配筋图	20%
主梁的设计和构造	主梁的构造要求和配筋方法	主梁的配筋图	20%
识读钢筋混凝土梁板	能识读有梁板、楼梯平法施工图	有梁板、楼梯平法施工图	20%

章节导读

梁板结构是由板和支承板的梁组成的结构，是土木工程中常见的结构形式，建筑中的楼(屋)盖(图 4.1 和图 4.2)、阳台、楼梯、雨篷、地下室地板［图 4.3(a)］和挡土墙［图 4.3(b)］中广泛采用梁板结构，还常被用于水利工程中的水电站厂房、整体式渡槽及水池底板等。

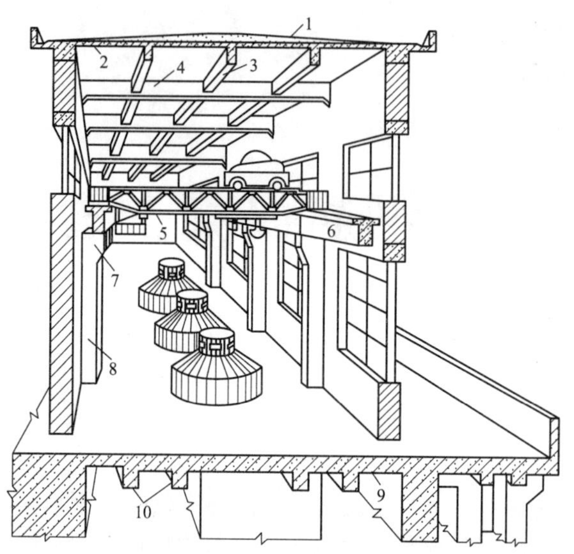

图 4.1　水电厂房楼盖

1—防水层；2—楼板；3—次梁；4—主梁；5—吊车桁架梁；
6—吊车轨道梁；7—牛腿；8—柱；9—筏板；10—地梁

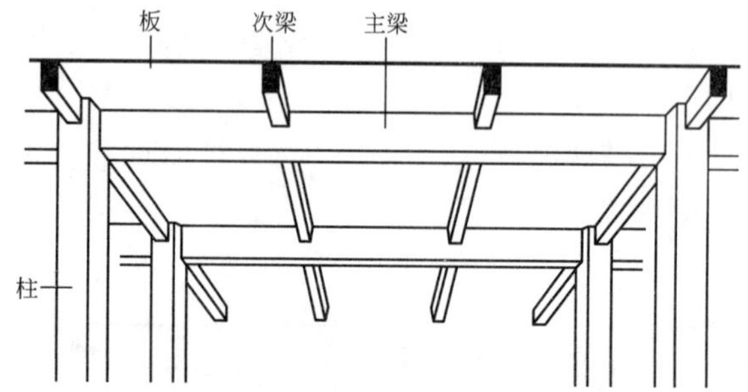

图 4.2　民用住宅楼盖(肋梁楼盖)

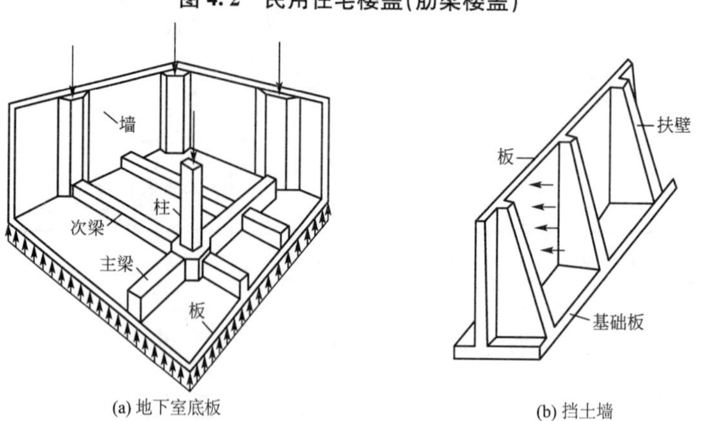

(a) 地下室底板　　(b) 挡土墙

图 4.3　梁板结构工程实例

4.1 梁板结构理论

在工业与民用建筑工程中经常见到钢筋混凝土梁板结构，图 4.1 所示的水电厂房楼盖以及图 4.2 所示的民用住宅的楼盖，都是典型的梁板结构。

根据施工方法的不同，梁板结构分为现浇整体式、预制装配式和装配整体式 3 种。整体式的优点是刚度大、抗震性好、防水性好，对不规则平面适应性强；缺点是模板耗费量大、施工周期长等。而装配式的优点是节约模板、施工周期短；缺点是刚度小、整体性和抗震性差，不便开设洞口。装配整体式的优缺点介于两者之间。

观察与思考

根据建筑结构的用途，仔细观察周边的梁板结构，思考它们的荷载传递方式。

4.1.1 现浇整体式

1. 肋形楼盖

现浇肋形楼盖是由板、次梁和主梁组成的梁板结构(图 4.4)，是楼盖中最常见的结构形式之一。同其他结构形式相比，其整体性好、用钢量少。

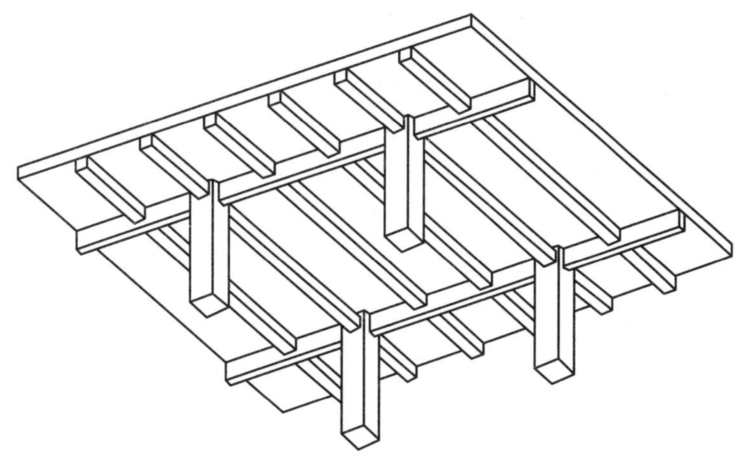

图 4.4 肋形楼盖

梁板结构主要承受垂直于板面的荷载作用。荷载由上至下依次传递，板上的荷载先传递给次梁，次梁上的荷载再传递给主梁，主梁上的荷载再传递给柱或墙，最后传到基础和地基。在整体式梁板结构中，板区格的四周一般均有梁或墙体支承。因为梁的抗弯刚度比板大得多，所以可以将梁视为板的不动支承。四边支承的板的荷载通过板的双向弯曲传到两个方向上。传到支承上的荷载的大小，取决于该板两个方向上边长的比值。当板的长、短边的比值超过一定数值时，沿板长边方向所分配的荷载可以忽略不计，故荷载可视为仅沿短边方向传递，这样的四边支承可视为两边支承。因此，根据长、短边的比值，肋形结构可分为单向板和双向板两种。

(1) 单向板肋形结构。当板的长、短边比值 $l_2/l_1 \geqslant 3$ 时，板上的荷载主要沿短边方向传递给梁，短边为主要弯曲方向，受力钢筋沿短边方向布置，长边方向仅按构造布置分布钢筋。此种梁板结构称为单向板肋形结构。单向板肋形结构的优点是计算简单、施工方便，如图 4.5(b)、(c)所示。

(2) 双向板肋形结构。当板的长、短边比值 $l_2/l_1 \leqslant 2$ 时，两个方向上的弯曲相近，板上的荷载沿两个方向传递给四边的支承，板是双向受力，在两个方向上板都要布置受力钢筋，此种梁板结构称为双向板肋形结构。双向板肋形结构的优点是经济美观，如图 4.5(d)所示。

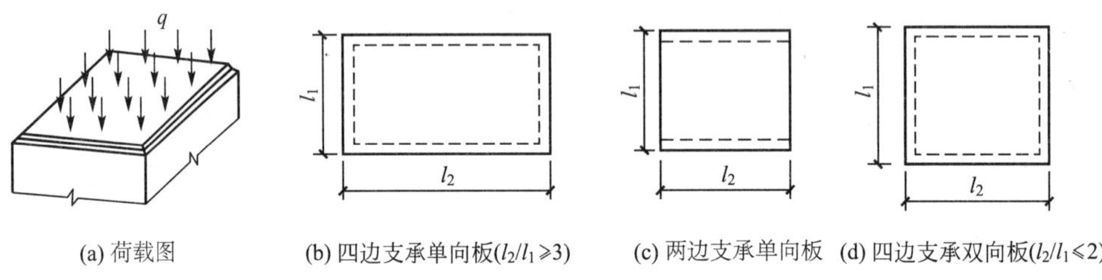

(a) 荷载图　(b) 四边支承单向板($l_2/l_1 \geqslant 3$)　(c) 两边支承单向板　(d) 四边支承双向板($l_2/l_1 \leqslant 2$)

图 4.5　单、双向板

(3) 当长、短边比值 $2 < l_2/l_1 < 3$ 时，宜按双向板计算，也可按短边方向的单向板计算，但应在长边方向增加足够数量的钢筋。

一般情况下，板的跨度取 1.7～2.5m，不宜超过 3m；次梁的跨度取 4～6m；主梁的跨度取 5～8m。板、次梁和主梁的截面尺寸应满足以下要求。

(1) 板：单向板板厚 $h \geqslant l_0/40$；双向板板厚 $h \geqslant l_0/50$。

(2) 次梁：简支梁高 $h \geqslant l_0/20$；连续梁 $h \geqslant l_0/25$；梁宽 $b=(1/3 \sim 1/2)h$。

(3) 主梁：简支梁高 $h \geqslant l_0/12$；连续梁 $h \geqslant l_0/15$；梁宽 $b=(1/3 \sim 1/2)h$。

2. 无梁楼盖

无梁楼盖是一种由板、柱组成的梁板结构，没有主梁和次梁，如图 4.6 所示。其结构特点是钢筋混凝土楼板直接支承在柱上，同肋梁楼盖相比，无梁楼盖厚度更大。当荷载和柱网较大时，为了改善板的受力条件，提高柱顶处板的抗冲切能力以及降低板中的弯矩，通常在每层柱的上部设置柱帽，柱帽截面一般为矩形，其形式如图 4.7 所示。

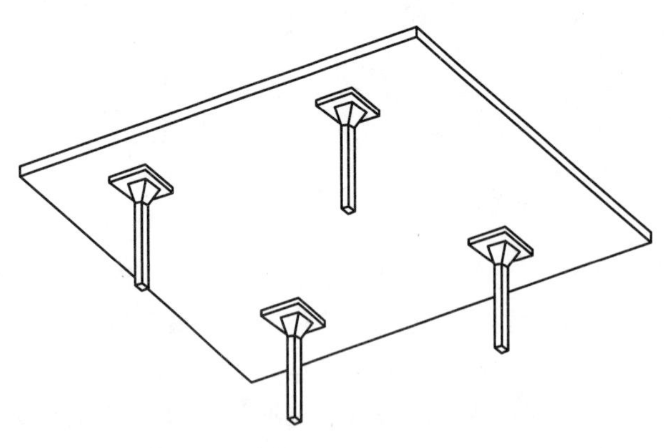

图 4.6　无梁楼盖

无梁楼盖具有楼层净空高、天棚平整、采光性好、节省模板、支模简单及施工方便等优点。当楼面活荷载标准值不小于 5kN/m^2、柱距在 6m 以内时，无梁楼盖比肋梁楼盖更经济。

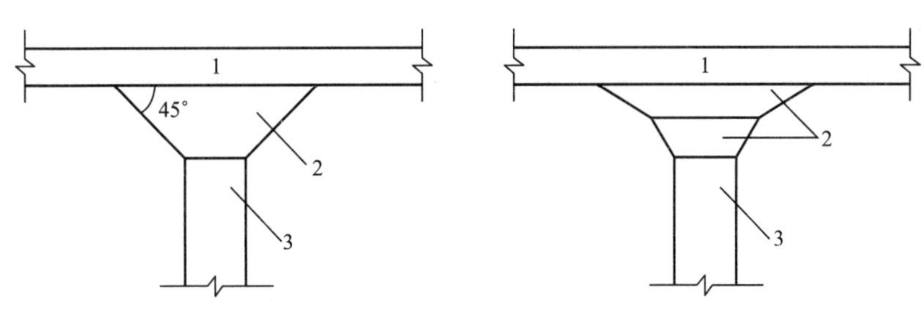

图 4.7 无梁楼盖柱帽形式

1—楼板；2—柱帽；3—柱

3. 井字楼盖

井字楼盖由肋形楼盖演变而来，与肋形楼盖不同的是，井字楼盖不分主、次梁，如图 4.8所示。其两个方向上的梁的截面尺寸相同，比肋形楼盖截面高度小，梁的跨度较大，常用于公共建筑的大厅等结构。

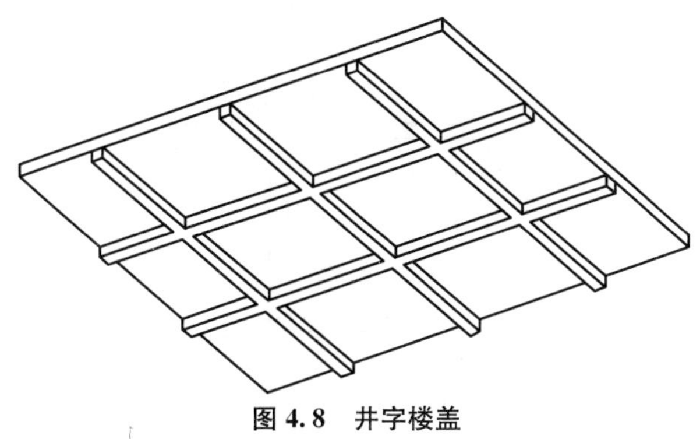

图 4.8 井字楼盖

4.1.2 装配式楼盖

装配式楼盖不仅要求每个预制构件有足够的强度和刚度，还应保证各构件之间有紧密、可靠的连接，从而保证整个结构的整体稳定性。因此在装配时楼盖设计中，要妥善处理好预制板与预制板之间、预制板与墙之间、预制板与梁之间、梁与墙之间的连接构造问题。

1. 预制板与预制板之间的连接

板与板之间的连接，主要通过填实板缝来处理。板缝的截面形式应有利于板间荷载的传递。为保证板缝密实，板缝的上口宽度不应小于 30mm，下口宽度不小于 10mm。其次，还要根据板缝的宽度选择填缝材料。当下口宽度大于 20mm 时，填缝材料一般用不低于 C20 的细石混凝土；当缝宽不大于 20mm 时，填缝材料宜选择不低于 M15 的水泥砂浆；当缝宽不小于 50mm 时，应按计算配置受力钢筋。当有更高要求时，可设置厚度为 40～50mm 的整浇层，采用 C20 细石混凝土内配φ 6@200 的双向钢筋网。

2. 预制板与墙、预制板与梁的连接

预制板与墙、梁的连接，一般采用在支座上坐浆(即在板搁置前，支承面铺设一层 10～15mm 厚的强度等级不低于 M5 的水泥砂浆)，然后将板直接平铺上去即可。板在砖墙上的支承长度不少于100mm，在钢筋混凝土梁上的支承长度为60～80mm。空心板搁置在墙上时，为防止嵌入墙内的端部被压碎和保证板端部的填缝材料能灌注密实，在空心板两端需用混凝土将空洞堵塞密实。

3. 梁与墙的连接

梁在墙上的支承长度，应考虑梁内受力钢筋在支座处的锚固要求，并满足支承处梁下砌体局部抗压承载力的要求。梁在墙上的支承长度按下述方法取用。

(1) 当梁高小于400mm时，预制梁支承长度不小于110mm，现浇梁不小于120mm。

(2) 当梁高不小于400mm时，预制梁支承长度不小于170mm，现浇梁不小于180mm。

(3) 预制梁还应在支座坐浆10～20mm。

如图4.9所示为装配整体式楼盖。

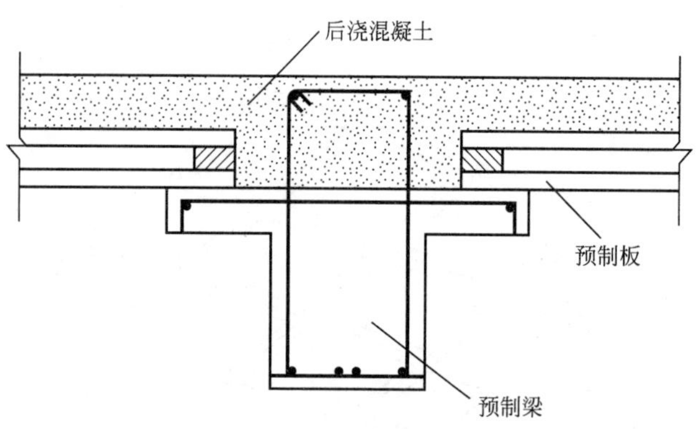

图4.9 装配整体式楼盖

4.2 荷载不利布置

对于板和次梁而言，其受到的荷载大多可以简化成均布荷载，并要根据计算最大内力设计值配置钢筋；对于主梁而言，其受到的荷载大多为集中荷载，要根据计算最大内力设计值配置钢筋。要正确地配置钢筋，首先需要确定荷载的最不利位置。

4.2.1 均布活荷载的最不利位置

梁、板上的荷载有恒荷载和活荷载，活荷载的大小或作用位置会发生变化，则必然会引起构件各截面内力的变化。所以，要保证构件在任何荷载作用下都安全，就需要确定活荷载在哪些位置能引起构件控制截面(包括跨中和支座)的最大内力，即要确定活荷载的最不利位置。为探讨均布活荷载的最不利位置，以连续五跨梁为例，可根据力学知识大致画出均布活荷载作用在某一跨时的弯矩图和剪力图，如图4.10所示。

4.2.2 集中活荷载的最不利位置

集中活荷载的最不利位置的确定原则与均布活荷载相同。

(1) 求某跨跨中最大弯矩时，应将活荷载布置在该跨，并每隔一跨都应布置活荷载。

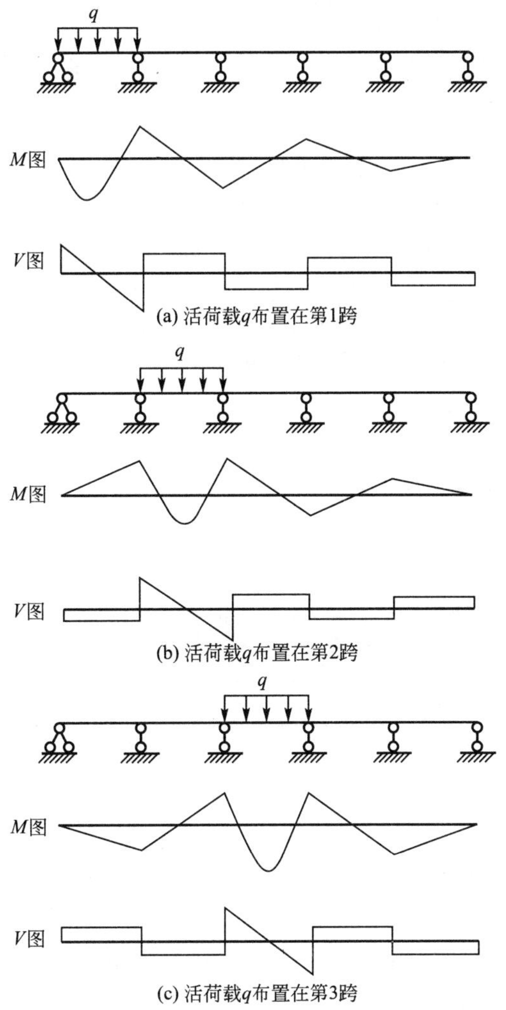

图 4.10 连续梁活荷载在不同跨时的弯矩图和剪力图

(2) 求某跨跨中最小弯矩时，该跨不应布置活荷载，而要在两相邻跨布置活荷载，在每隔一跨布置活荷载。

(3) 求某支座截面最大负弯矩时，应在该支座两相邻跨上布置活荷载，再每隔一跨布置活荷载。

(4) 求某支座的最大剪力时，活荷载布置同(3)，即与求该支座截面最大负弯矩相同。

表 4-1 所示为连续五跨梁均布活荷载的最不利位置布置图，根据上述的结论可知：当活荷载 q 作用在 1 跨、3 跨和 5 跨时，在 1 跨、3 跨和 5 跨跨中都引起正弯矩；而同时又在 2 跨和 4 跨跨中产生负弯矩。同理，当活荷载 q 作用在 2 跨和 4 跨时，在 2 跨和 4 跨跨中产生正弯矩；而同时在 1 跨、3 跨和 5 跨跨中产生负弯矩。所以，要计算 1 跨、3 跨和 5 跨跨中的弯矩时，须使活荷载 q 作用在 1 跨、3 跨和 5 跨上，同时 2 跨和 4 跨上都不出现活荷载 q；要计算 2 跨和 4 跨跨中的弯矩时，活荷载必须布置在 2 跨和 4 跨上，同时 1 跨、3 跨和 5 跨都不得出现活荷载 q。依此类推，可以得出确定截面最不利活荷载的布置原则。

表 4-1　连续五跨梁均布活荷载的最不利位置布置图

可变荷载分布图	最不利内力		
	最大正弯矩	最大负弯矩	最大剪力
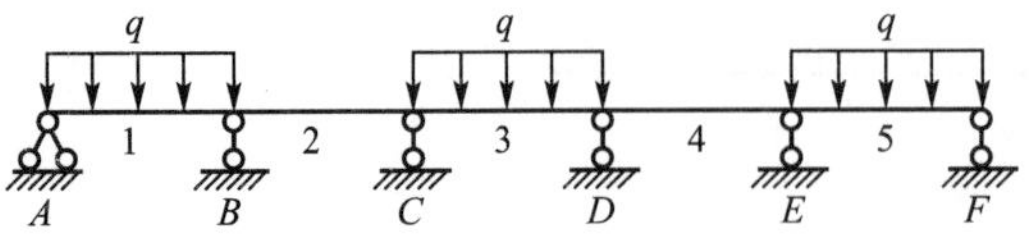	M_1、M_3、M_5	M_2、M_4	V_A、V_F
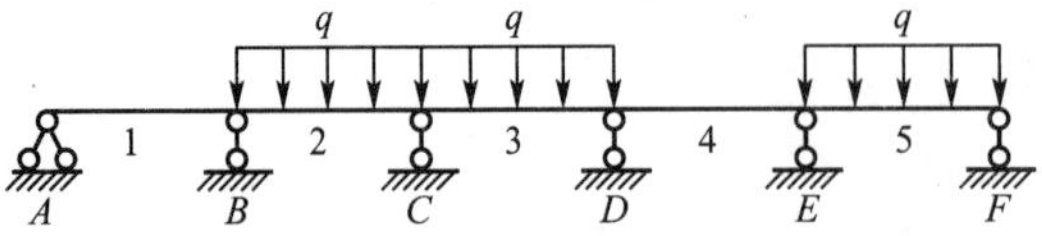	M_2、M_4	M_1、M_3、M_5	
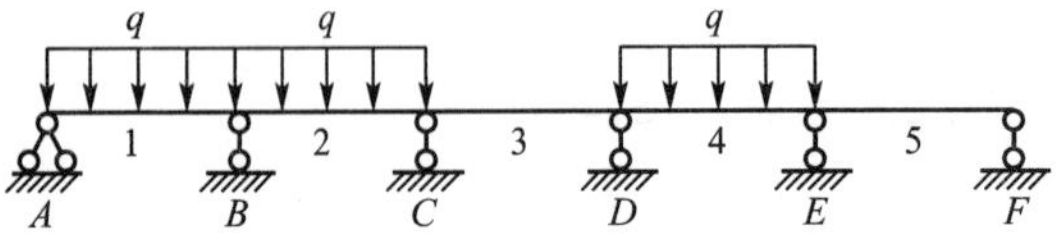		M_B	V_B^l、V_B^r
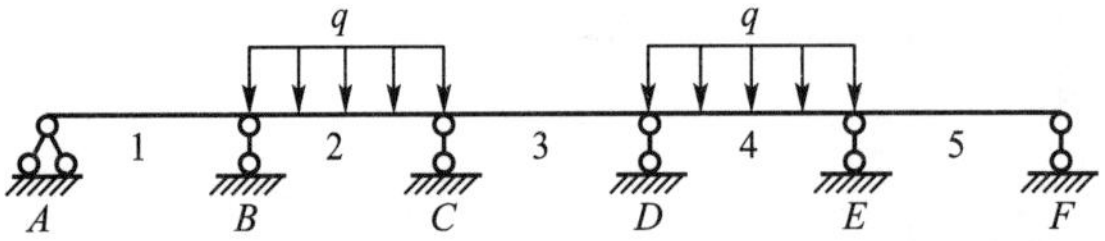		M_C	V_C^l、V_C^r

4.2.3　弹性法和塑性法

连续板和梁的内力计算方法有两种：弹性法计算和考虑内力重分布的塑性法计算。

按弹性理论法计算内力，就是假定板和梁都为理想弹性体，根据前面所述的方法选取计算简图，因连续板和梁都是超静定结构，需要按结构力学的力矩分配法计算内力。由于力矩分配法计算量很大，为方便计算，多采用现成的连续板、梁的内力系数表进行计算。

按弹性理论计算内力时，是把钢筋混凝土材料看作是理想的弹性材料，没有考虑其塑性性质。很明显，这与实际不符，计算结果不能准确地反映构件的真实内力。塑性计算法是考虑塑性变形引起结构内力重分布的实际情况计算连续板和梁内力的方法。这种方法考虑了钢筋和混凝土的塑性性质，计算结果更符合工程实际情况。

对适量配筋的受弯构件，当控制截面的纵向钢筋达到屈服后，该截面的承载力也达到最大值，再增加少许弯矩，纵向钢筋的应力不变但应变却会急剧增加，即形成塑性变形区；该区域两侧截面会产生较大的相对转角，由于纵向钢筋已经屈服，因此不能有效地限制转角的增大，则此塑性变形区在构件中的作用，相当于一个能够转动的“铰”，称之为塑性铰。塑性铰形成的区域内，钢筋与混凝土的黏结发生局部破坏，塑性铰相当于把构件分为用铰连接的两部分。对于静定结构，构件一旦出现塑性铰，即相当于少了一个约束，则立即变为机动体系而失去承载力。对于超静定结构，由于有多余约束，即使出现塑性铰，也不会转变为机动体系，仍然能够继续承载，直到构件陆续出现其他的塑性铰，当塑性铰的数目大于结构的超静定次数时，结构才转变成机动体系。很明显，由于连续板和梁均属于超静定结构，因此可以允许塑性铰的存在，即控制截面达到最大承载力之后，整个结构还可以继续承载。钢筋混凝土结构的塑性铰和理想铰有本质区别：①塑性铰截面能够承受弯矩，而理想铰则不能；②塑性铰只能沿弯矩方向作有限的转动，而理想铰可以在两个方向自由转动；③塑性铰有一定宽度，而理想铰则集中于一点。对于钢筋混凝土超静定结构，塑性铰出现后相当于减少了结构的约束，这将会引起各截面的内力发生变化，即内力重分布。下面以两跨连续梁为例，讨论一下塑性铰形成后结构承载力的变化情况，如图 4.11所示，两跨的计算跨度均为 l，每跨跨中承受的集中荷载为 F。

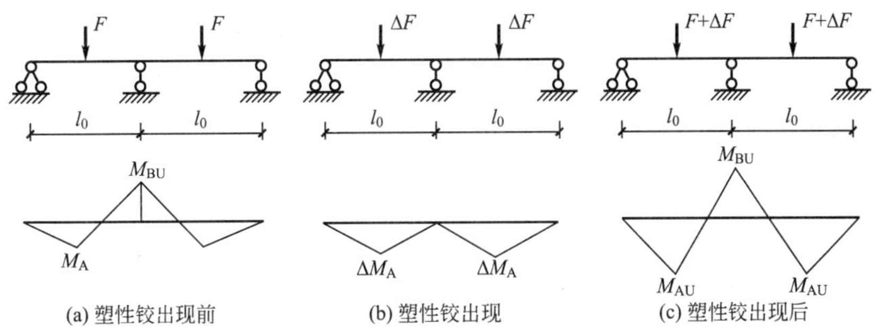

图 4.11　塑性铰出现前后控制截面弯矩变化过程

按塑性法计算结构内力比弹性理论计算更简单，更符合工程实际情况，能更有效地发挥了材料的强度，从而提高了结构的承载力，所设计的结构更加经济，而且能克服支座处钢筋的拥挤现象，更合理地布置钢筋。在土木工程中设计钢筋混凝土连续板、梁时，应优先采用这种设计方法。

但其也有局限性，因为它是以形成塑性铰为前提的，形成塑性铰后的截面(通常不止一个)处于承载能力极限状态，裂缝宽度和变形都很大，而且没有安全储备，很容易破坏。因此在以下情况下，应避免使用这种设计方法，而须采用弹性理论法设计：①要求有较大安全储备、处于重要部位的结构(如整体式单向板肋梁结构中的主梁)；②在使用阶段对裂缝宽度和变形有严格要求的结构；③直接承受动力和重复荷载的结构。

除此之外，为了保证塑性铰形成之后具有足够的转动能力，要求纵向钢筋屈服之后有较大的塑性变形，因此受力钢筋宜采用 HRB335 和 HRB400 级热轧钢筋，与此对应，混凝土的等级宜为 C20～C45。截面的相对受压区高度系数 ξ 应为 0.10～0.35。

4.3　楼　盖　设　计

4.3.1　单向板楼盖设计

当板的控制截面内力值确定之后，就可以进行板的配筋计算。钢筋混凝土梁板结构(包括单向板肋形结构和双向板肋形结构)的设计步骤是：①结构的平面布置；②板、梁的计算简图和内力计算；③板、梁的配筋计算；④绘制结构施工图。

1. 整体式单向板肋梁楼盖结构的平面布置

肋梁楼盖的主梁一般应布置在整个结构刚度较小的方向(即垂直于纵墙方向)，这样可使截面较大、抗弯刚度较好的主梁能与柱形成框架，以加强承受水平作用力的侧向刚度，而次梁又将各框架连接起来，加强了结构的整体性。图 4.12 所示为单向板肋梁楼盖布置的几个示例。

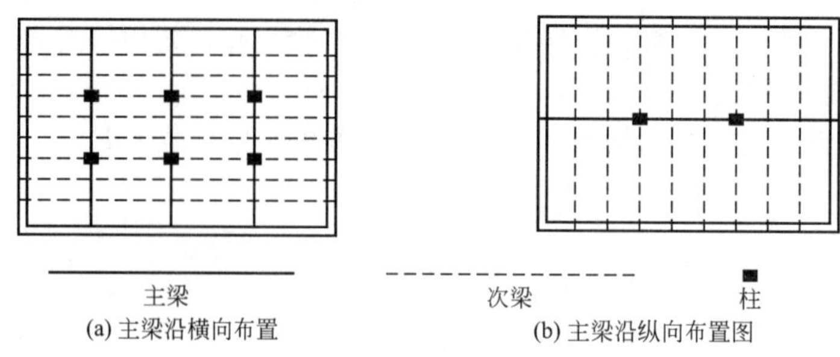

图 4.12 单向板肋梁楼盖结构布置图

1）荷载的计算

荷载计算就是确定板、次梁和主梁承受的荷载大小和形式，如图 4.13 所示。

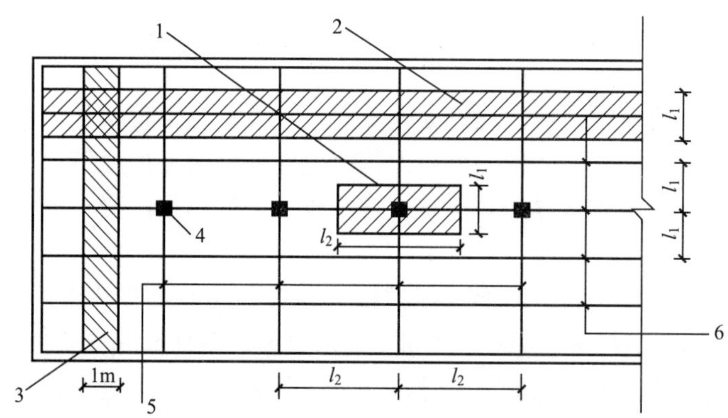

图 4.13 板、梁的计算简图

1——一根主梁承受的集中荷载范围；2——一根次梁承受的均布荷载范围；
3—板的计算单元；4—柱；5—主梁；6—次梁

（1）板。当楼面承受均布荷载时，通常取宽度为 1m 的板带为计算单元。板所受的荷载有恒载(包括板自重、面层及粉刷层等)和活载(均布可变荷载)。

（2）次梁。在计算板传递给某次梁的荷载时，取其相邻板跨中线所包围的面积作为该次梁的受荷面积。次梁所受的荷载为次梁自重和其受荷面积上板传来的荷载。

（3）主梁。对于主梁，其荷载为主梁自重和次梁传来的集中荷载，但由于主梁自重与次梁传来的集中荷载相比往往较小，为简化计算，一般可将主梁自重化为集中荷载，加入次梁传来的集中荷载一起计算。

2）支座的简化与修正

次梁对板的支承、主梁对次梁的支承及柱对主梁的支承都不是理想的铰支座。在计算时需要将它们简化以方便计算。

（1）板的支承。板的周边直接搁在墙上，可视为不动铰支座；板的中间支承为次梁，为简化计算，也把次梁支承视为铰支座，这样可以将板简化成以墙和次梁为铰支座的多跨连续板，如图 4.14(a)所示。

(2) 次梁的支承。次梁的支承是墙和主梁，为简化计算，也都简化成铰支座，这样也可以将次梁简化成以墙和主梁为铰支座的连续多跨梁，如图 4.14(b)所示。

(3) 主梁的支承。主梁的支承是墙和柱，当主梁支承在墙上时，可把墙视为主梁的不动铰支座；当主梁的支承是柱时，若支承点两侧主梁的线刚度之和与该支承点上下柱的线刚度之和的比值大于3时，可将柱视为主梁的铰支座，则主梁此时可以简化成以墙和柱为铰支座的多跨连续梁，否则应按框架结构计算，如图 4.14(c)所示。

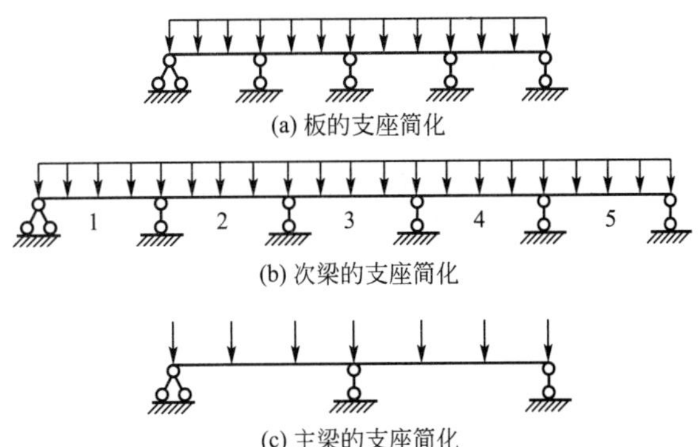

图 4.14 板、次梁及主梁的支座简化

以上支座的简化，忽略了支座抗扭转的作用，这与实际不符，即支座实际的转角应比简化成的铰支座的要小，这种效果相当于减少了跨中的最大正弯矩。但其影响难以精确计算，实际工程中一般采用调整荷载的方法来考虑，即在进行荷载和内力计算时仍按铰支座来计算，只不过荷载需要调整，调整的方法是加大恒载、减小活载。调整后的荷载称为折算荷载，它将在计算中代替实际荷载。

板的折算荷载：恒载 $g'=g+\frac{q}{2}$；活载 $q'=\frac{q}{2}$

梁的折算荷载：恒载 $g'=g+\frac{q}{4}$；活载 $q'=\frac{3q}{4}$

式中 g'、q'——折算恒载、折算活载；

g、q——实际恒载、实际活载。

2. 板的设计和构造要求

1) 板的设计

板的计算对象是垂直于次梁方向的单位宽度的连续板带，次梁和端墙均视为板带的铰支座。板的计算主要是正截面的受弯承载力计算，由于板的宽度较大，一般不需要进行斜截面的受剪承载力计算，因此只需要计算板控制截面的弯矩值即可。板在支座截面承受负弯矩，因此截面上部开裂；而在跨中截面承受正弯矩，截面下部开裂，因此板的实际轴线呈拱形。在竖向荷载作用下，板将如拱一样对次梁产生水平推力，次梁将对板产生水平反推力，这种水平反推力将降低板控制截面的弯矩，因此对板的承载能力是有利的。在计算时可考虑这一有利影响，因此对四周与梁整体连接的板的中间跨的跨中及中间支座，计算弯矩值应折减 20%，但边跨的跨中及支座截面不予折减。

2) 板的厚度构造要求

前面关于板的构造规定仍然适用，这里补充一些构造规定。

板的混凝土用量占全楼盖的 50%以上，因此为经济性考虑，板的厚度应符合以下构造。

(1) 应在满足可靠性要求、建筑功能要求和方便施工的条件下尽可能薄些，一般板的厚度如下。

① 一般屋面：板厚不小于 50mm。

② 一般楼面：板厚不小于 60mm。

③ 工业房屋楼面：板厚不小于 80mm。

(2) 另外，对于单向板的板厚还应满足下述要求。

① 连续板：不小于跨度的 $l/40$。

② 简支板：不小于跨度的 $l/35$。

③ 悬臂板：不小于跨度的 $l/12$。

3) 板的支承长度

板的支承长度要满足受力钢筋在支座内的锚固要求，且不小于板的厚度。当板支承在砖墙上时，其支承长度一般不得小于 20mm。

4) 受力钢筋的构造要求

板的受力钢筋经计算确定之后，按构造要求进行布置。由于多跨连续板各跨截面配筋可能不同，配筋时只采用一种间距，然后通过调整钢筋直径的方法来满足截面积的要求。板中受力钢筋多采用热轧 HPB300 级钢筋，常用直径为 6mm、8mm、10mm、12mm 等。为便于施工架立，宜采用较大直径的钢筋。多跨连续板受力钢筋的配筋方式有两种：弯起式和分离式。

(1) 弯起式配筋。弯起式配筋是将跨中的一部分纵向钢筋在支座附近，距离支座 $l_n/6$ 的距离向上弯起伸过支座的距离不小于 a，弯起数量为纵向钢筋的 1/3～1/2，常采用的做法是一根纵向钢筋只在一头弯起，很少采用两头弯起的做法，弯起后作为支座截面的受拉纵向钢筋来承担支座截面的负弯矩，如数量不足，则另加直钢筋，如图 4.15 所示。弯起式配筋节约钢筋、锚固可靠、整体性好，但施工复杂。a 按下述方法确定：当 $g/q \leqslant 3$ 时，$a = l_n/4$；当 $g/q > 3$ 时，$a = l_n/3$。

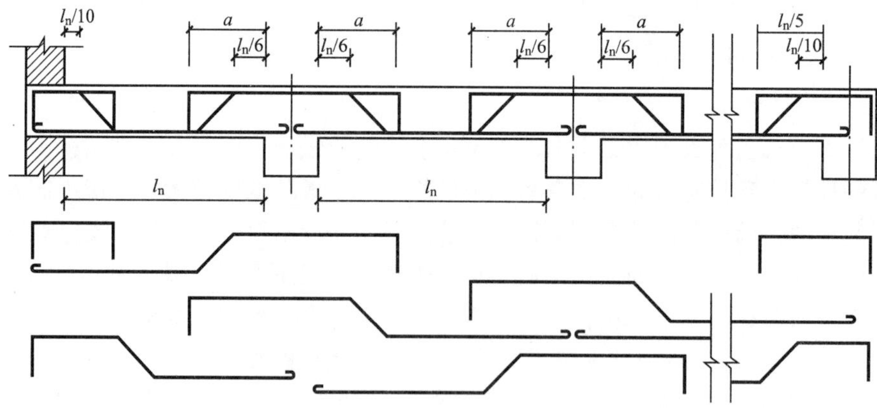

图 4.15　连续板的配筋(弯起式)

(2) 分离式配筋。分离式配筋中没有弯起钢筋，所有跨的跨中纵向钢筋都直接伸入支座，而在支座截面单独配置承受负弯矩的纵向钢筋。跨中纵向钢筋可以几跨连通或全通，支座截面的纵向钢筋伸过支座的距离 a 与弯起式要求相同，如图 4.16 所示。分离式配筋计算简单，设计方便，但整体性较差，用钢量大，不宜用于承受动力荷载的板。

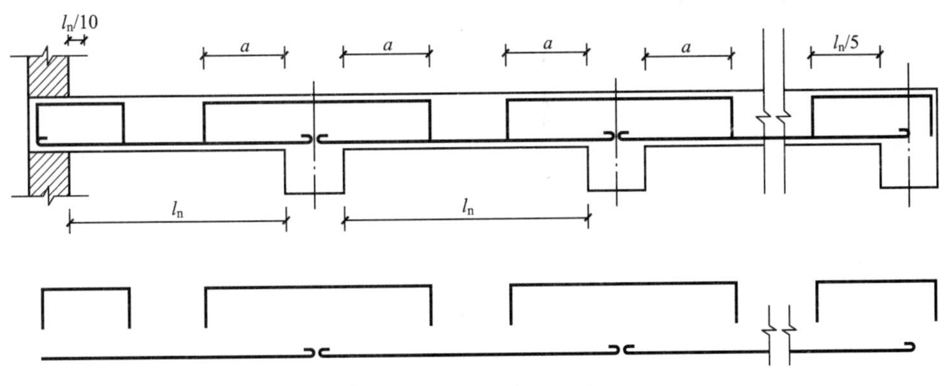

图 4.16 连续板的配筋(分离式)

5）构造钢筋

（1）沿长边方向的分布钢筋。

（2）垂直于主梁的板面附加配筋。在单向板与主梁连接的部位，板荷载会直接传给主梁，则在靠近主梁两侧一定宽度范围内，板内仍将产生与主梁方向垂直的负弯矩。为防止此处产生过大裂缝，需在板内垂直主梁方向配置附加钢筋。附加钢筋直径不小于 8mm，间距不大于 200mm，数量不得少于板中受力钢筋的 1/3，且伸出主梁的长度不应小于板计算跨度 l_0的 1/4，如图 4.17 所示。

（3）嵌固在墙内的板上部的构造钢筋。嵌固在墙上的板端，计算简图按铰支座考虑，没有考虑该处的负弯矩，但实际上墙对板的约束会产生负弯矩。因此需要配置承受负弯矩的构造钢筋，其直径不小于 8mm，间距不小于 200mm，截面积不小于该方向跨中受力钢筋截面积的 1/3，且伸出墙边的长度不应小于短跨跨度的 1/7。若板有两端嵌固在墙上，则在两端均要配置同类型的构造钢筋，但伸出墙端的长度应该加长，不宜小于短跨跨度的 1/4，如图 4.18 所示。

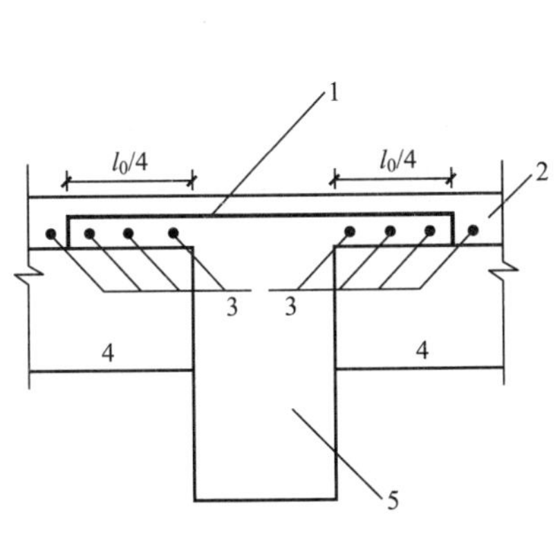

图 4.17 垂直于主梁的板面附加配筋

1—垂直于主梁的构造钢筋；2—板；
3—板内纵向钢筋；4—次梁；5—主梁

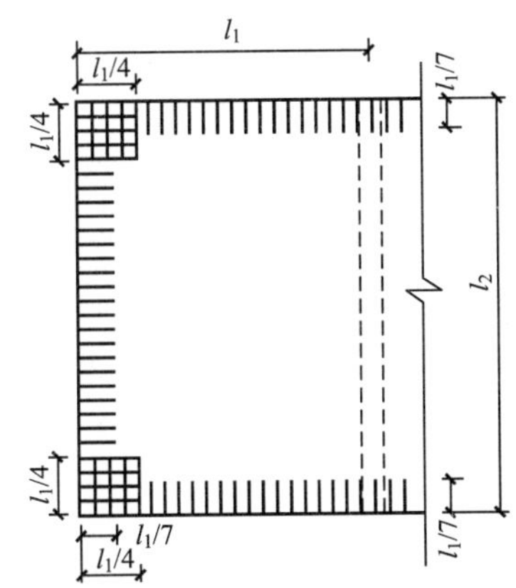

图 4.18 嵌固在墙内的板上部的构造钢筋

连续板的配筋，既可采用弯起式，也可采用分离式。弯起式整体性好，但配筋较为复杂，分离式整体性差，但配筋方便。

3. 次梁的设计步骤和构造规定

1）次梁的配筋设计步骤

（1）根据构造要求初选截面尺寸。

（2）计算荷载。

（3）计算内力。

（4）计算纵向受力钢筋。

（5）计算箍筋和弯起钢筋。

（6）配置其他构造钢筋。

（7）绘制配筋。

2）次梁的构造要求

次梁的构造要求与一般受弯构件相同，详见第3章受弯构件的一般构造要求。这里再补充一些，次梁伸入墙内支承长度一般不宜小于240mm；纵向钢筋的弯起与截断应按内力包络图确定，但当相邻跨度相差不超过20％，承受均布荷载且活荷载与恒载的比值不大于3时，可按图4.19确定纵向钢筋的弯起与截断位置。

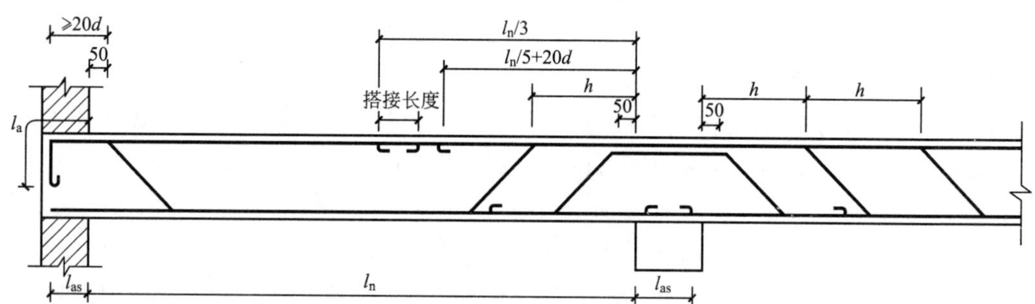

图4.19　次梁的配筋构造要求

（1）下部受力钢筋伸入边支座的长度不应小于锚固长度 l_{as}：当 $V\leqslant 0.7f_tbh_0$ 时，$l_{as}\geqslant$ 5 ；当 $V>0.7f_tbh_0$ 时，光面钢筋 $l_{as}\geqslant 15d$ ，带肋钢筋 $l_{as}\geqslant 12d$ 。

（2）下部受力钢筋伸入中间支座的长度不应小于锚固长度 l_{as}：受拉时与边支座同；受压时锚固长度取受拉时的0.7倍；若支座宽度不满足锚固长度的要求时，应采取专门的锚固措施，如加焊横向锚固钢筋或将钢筋端部焊接在梁端部的预埋件上等。

（3）钢筋的搭接。受力钢筋一般不允许在下部截断，为节约钢筋，上部受力钢筋可截断搭接，搭接长度应满足下述要求：受力钢筋之间的搭接长度不小于 $1.2l_a$；架立筋的搭接长度为150～200mm。

4. 主梁的设计计算和构造规定

主梁在截面设计计算时，其内力一般采用弹性计算法计算。

1）主梁的配筋设计

在正截面受弯计算时，和次梁一样，跨中截面按T形截面计算，支座截面按矩形截面计算。主梁的荷载包括次梁传来的集中荷载和主梁自重，由于自重是均布荷载，在计算时将其等效成集中荷载，荷载作用点与次梁传来的集中荷载作用点相同。在主梁与次梁连接的部位，主梁上部的纵向钢筋与次梁上部的纵向钢筋相交，主梁的纵向钢筋应放在次梁纵向钢筋的下面，因此主梁的有效高度 h_0 减小，如图 4.20 所示，h_0 按下述方法取值。在计算支座负弯矩时，最大负弯矩位于支座中心截面，但由于此处主梁和柱整体连接，承载力很大，不会发生破坏，因此最大负弯矩应取支座边缘截面弯矩 M'。

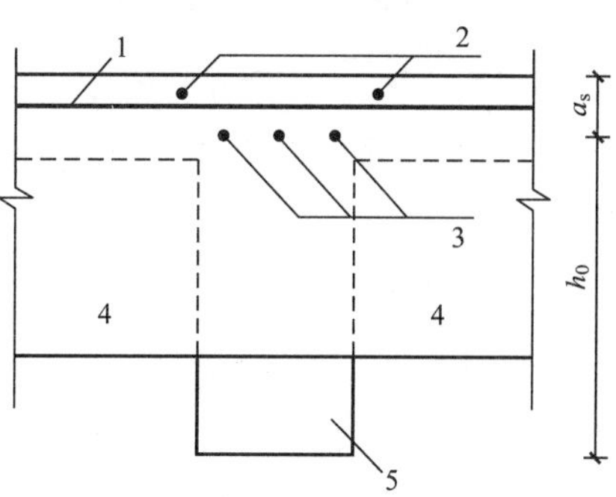

图 4.20 主梁支座的有效高度

1—次梁纵筋；2—板的钢筋；3—主梁纵筋；4—次梁；5—主梁

(1) 板：$h_0 = h-(20\sim25)$。

(2) 次梁：一排钢筋时 $h_0=h-(35\sim40)$；两排钢筋时 $h_0=h-(60\sim65)$。

(3) 当主梁纵向钢筋为一排时：$h_0=h-(50\sim60)$mm。

(4) 当主梁纵向钢筋为两排时：$h_0=h-(70\sim80)$mm。

2) 主梁的构造要求

主梁纵向钢筋的弯起与截断应根据内力包络图和抵抗弯矩图来确定。主梁的剪力较大，需考虑弯起钢筋承担剪力，若纵筋的数量不够，则需要在支座配置专门抗剪的鸭筋。在次梁与主梁连接处，次梁的集中荷载会在主梁腹部产生斜裂缝。因此，为了避免裂缝引起的局部破坏，应设置附加箍筋或附加吊筋，如图 4.21 所示。附加箍筋或附加吊筋布置的长度为 $3b+2h_1$，其截面面积按下式计算：

$$A_s=\frac{F}{f_y\sin\alpha} \tag{4-1}$$

式中 F——次梁传来的集中荷载设计值。

A_s——附加箍筋或附加吊筋截面面积，对箍筋 $A_s=mnA_{sv1}$，A_{sv1} 为单肢箍筋截面面积，n 为同一排箍筋的肢数，m 为箍筋配置长度范围内箍筋的排数；对于附加吊筋，A_s为两侧吊筋截面面积之和。

f_y——钢筋的抗拉强度设计值。

α——附加箍筋或附加吊筋与梁轴线的夹角，对附加吊筋宜取 45°或 60°。

b——次梁宽度。

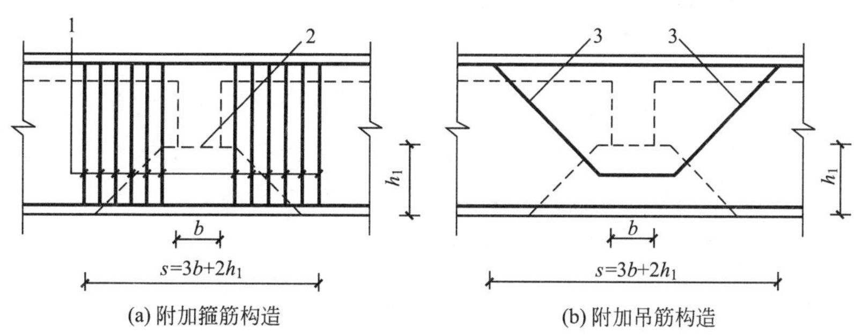

图 4.21 附加箍筋或附加吊筋的布置

1—附加箍筋；2—传递集中荷载的位置；3—附加弯起钢筋

4.3.2 双向板楼盖设计

当板两个方向上的边长比值 $l_2/l_1 \leqslant 2$ 时，荷载将沿两个方向传给支承梁，板在两个方向上的受力都比较大，不能忽略，两个方向上都将发生弯曲，此时必须按双向板设计。

1. 双向板的试验研究

(1) 对于均布荷载作用下，四周简支正方形双向板，试验结果如下：当均布荷载逐渐增加时，第一批裂缝出现在板底面的中间部分，其后裂缝沿着对角线向四角扩展。当板接近破坏时，板顶面四角附近也出现和各自对角线垂直的大致形成圆形的裂缝。这种裂缝的出现促使板底面沿对角线方向的裂缝进一步扩展，最后跨中纵向受力钢筋达到屈服，板发生破坏。

(2) 对于均布荷载作用下，四周简支矩形板双向板，试验结果如下：第一批裂缝仍然出现在板底中间部分，大致与长边平行，随着荷载的增大，该裂缝逐渐沿着 45°方向向四角扩展。接近破坏时，板顶面也出现和各自对角线垂直的和正方形板相似的裂缝，这些裂缝促使板底面沿 45°方向的裂缝进一步扩展，最后跨中纵向受力钢筋达到屈服，板发生破坏，如图 4.22 所示。

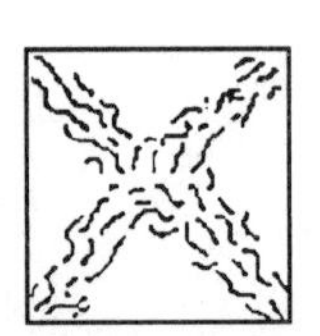
(a) 正方形板底

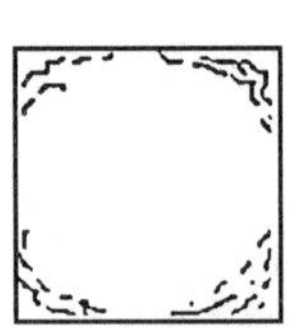
(b) 正方形板顶

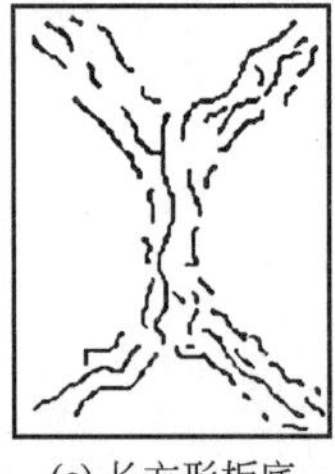
(c) 长方形板底

(d) 长方形板顶

图 4.22 双向板的试验结果

试验表明：板中钢筋的布置方向对破坏荷载的大小影响不大，但钢筋沿平行于板的四边布置时，可推迟第一批裂缝的出现，而且这样布置钢筋施工方便，实际工程中多采用这种配筋方式。在均布荷载作用下，板四周都有翘起的趋势，因此板传给四周支座的压力并非沿边长均匀分布，而是在支承中部最大，两端最小。

2. 双向板的内力计算

双向板的内力计算方法有弹性理论计算法和塑性理论计算法。实际计算中，要精确计算双向板的内力是很复杂的，为方便计算，工程中根据板的支承情况和两个方向上的跨度比值制成了弯矩系数表，计算双向板跨中或支座的弯矩可利用 6 种不同支承情况下的弯矩系数进行设计计算。6 种支承情况如图 4.23 所示。

3. 双向板的截面设计

1) 多跨连续双向板的截面设计

计算出跨中最大正弯矩和支座最大负弯矩后，可按一般受弯构件进行配筋计算。双向板两个方向上都应配置纵向钢筋，因此板内的纵向钢筋是交错布置的，纵向钢筋和横向钢

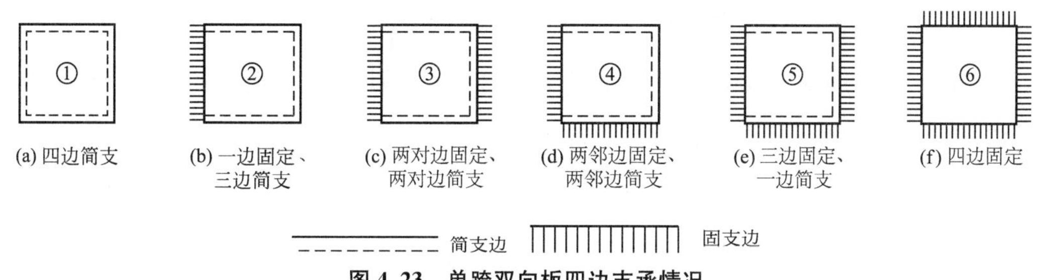

图 4.23 单跨双向板四边支承情况

筋上下紧靠连接在一起。由于短边方向上的弯矩比长边方向上的大，因此短边方向上的纵向钢筋应布置在外侧，以增大截面的有效高度。短边方向上的截面有效高度 $h_0=h-20\text{mm}$，长边方向上的有效高度 $h_0=h-30\text{mm}$。

对四边与梁整体连接的双向板，由于板受弯时的起拱，梁对板会产生水平推力，会降低板截面上的弯矩，计算时应考虑这种有利影响，计算弯矩按下列要求进行折减。

(1) 中间区格：中间跨的跨中截面和支座截面计算弯矩折减 20%。

(2) 边区格：边跨的跨中截面及离板边缘的第二支座截面，当 $l_b/l_0<1.5$ 时，折减 20%；当 $1.5\leqslant l_b/l_0\leqslant 2.0$ 时，折减 10%。l_b为沿板边缘方向板的计算跨度，l_0为垂直于板边缘方向板的计算跨度。

(3) 角区格：不予折减。

2) 双向板的构造要求

双向板的厚度一般不宜小于 80mm，也不宜大于 160mm。不需进行刚度验算的板的厚度应符合：简支板，$h\geqslant l_x/45$；连续板，$h\geqslant l_x/50$，其中 l_x是板的较小跨度。

受力钢筋沿纵横两个方向均匀设置，应将弯矩较大方向的钢筋(沿短向的受力钢筋)设置在外层，另一方向的钢筋设置在内层。板的配筋形式类似于单向板，有弯起式与分离式两种。为简化施工，目前在工程中多采用分离式配筋；但是对于跨度及荷载均较大的楼盖板，为提高刚度和节约钢材，宜采用弯起式。沿墙边及墙角的板内构造钢筋与单向板楼盖相同。

按弹性理论计算时，计算正弯矩时用的是跨中最大弯矩，但靠近板周边的弯矩明显要小。为减少钢筋的用量，可将板划分为不同的板带，不同板带采用不同的配筋。考虑施工的方便，可按图 4.24 划分：将板在 l_{01}和 l_{02}方向均划分为 3 个板带，两边的板带分别为短跨跨度的 1/4，其余为中间板带。在中间板带上按跨中最大正弯矩均匀配置纵向钢筋，而在两边板带上，按中间板带配筋量的一半均匀配置纵向钢筋，但均不得少于 4 根。支座配筋时不能划分板带。

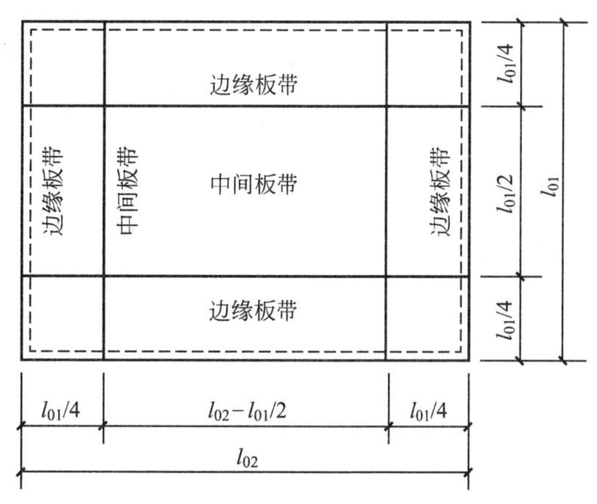

图 4.24 双向板的板带划分

4.3.3 现浇板式楼梯设计和构造

楼梯是房屋的竖向通道，由梯段和平台组成。为了满足承重及防火的要求，建筑中较多采用的是钢筋混凝土楼梯。

1. 楼梯的形式

1）楼梯的分类

按平面布置可分为单跑、双跑和三跑楼梯；按施工方法分为整体式楼梯和装配式楼梯；按结构形式分为梁式楼梯、板式楼梯、剪刀式楼梯和螺旋式楼梯，如图 4.25 所示。

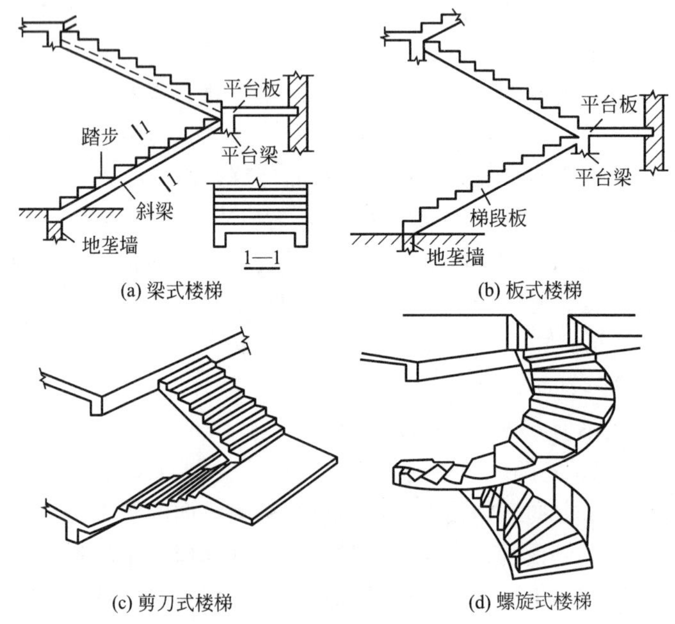

图 4.25 楼梯结构形式

2）楼梯结构形式的选择

对于楼梯结构形式的选择，应考虑楼梯的使用要求、材料供应、施工条件等因素，本着安全、适用、经济和美观的原则确定。当楼梯使用时的荷载较小且水平投影长度小于 3m 时，通常采用施工方便、外形美观的板式楼梯；而当荷载较大且水平投影长度大于 3m 时，则多采用梁式楼梯。板式楼梯和梁式楼梯受力简单，除此之外还可以采用受力较为复杂的剪刀式楼梯和螺旋式楼梯。当建筑中不方便设置平台梁或平台板的支承时，可考虑采用剪刀式楼梯，剪刀式楼梯具有悬臂的梯段和平台，具有新颖、轻巧的特点。螺旋式楼梯通常用于建筑上有特殊要求的地方(如不便设置平台或需要特殊造型时)。剪刀式楼梯和螺旋式楼梯属于空间受力体系，内力计算比较复杂，造价高，施工麻烦。

2. 现浇板式楼梯的设计与构造要求

板式楼梯由梯段板、平台板和平台梁组成。梯段板和平台板均支承在平台梁上，平台梁支承在墙上，因此，板式楼梯的荷载传递途径是：梯段板和平台板的荷载传递给平台梁，平台梁再将荷载传递给墙。板式楼梯的计算包括梯段板的计算、平台板的计算和平台梁的计算。

1）梯段板的计算与构造

(1) 板厚。为保证刚度要求，板厚 h 取垂直于梯段板轴线的最小高度，不考虑三角形踏步部分，可取梯段水平投影长度的 1/30，一般为 100～120mm。

(2) 内力的设计。梯段板倾斜地支承在平台梁和楼层梁上，其承受的荷载包括斜板、踏步及粉刷层等恒载和活荷载。计算时取 1m 宽板带作为计算单元，同时将梯段板两端支承简化为铰支座，梯段板按简支板计算，计算简图如图 4.26 所示。

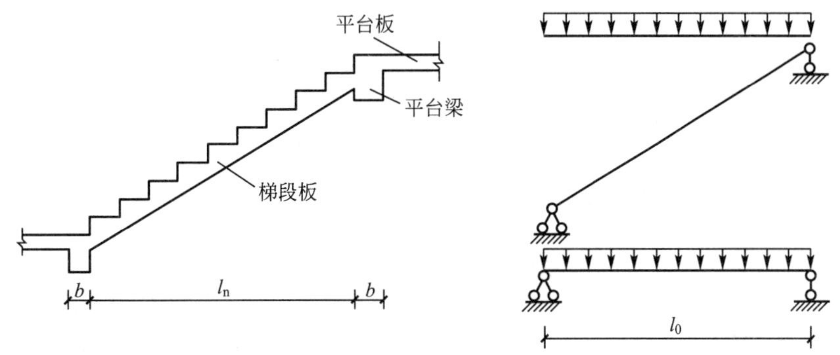

图 4.26 梯段板计算简图

(3) 钢筋的布置。当按跨中弯矩计算出受力钢筋的截面面积后，按梯段板的斜向轴线布置。在支座负弯矩区段，可不必计算，按跨中受力钢筋截面面积配筋。受力钢筋的配置方式有弯起式和分离式两种。除受力钢筋外，还应在垂直方向配置分布钢筋，要求每个踏步范围内配置一根直径不小于 6mm 的分布钢筋。梯段板的配筋如图 4.27 所示。

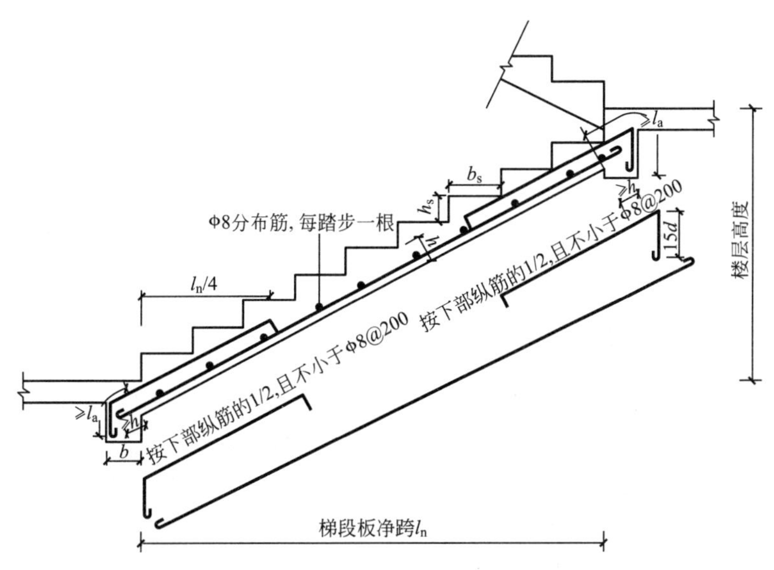

图 4.27 梯段板的配筋图

2）平台板的计算与构造

平台板厚度 $h=l_0/30$（l_0 为平台板计算跨度），一般不小于 60mm，平台板按单向板考虑，计算时两端支承简化为铰支座，取 1m 板带作为计算单元，因此，平台板的内力计算可按单跨简支板计算。平台板的配筋如图 4.28 所示。

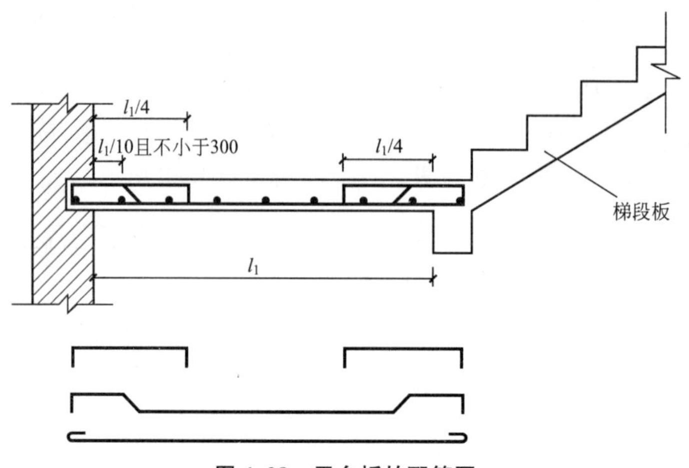

图 4.28　平台板的配筋图

平台板与平台梁整体连接时，连接处会产生负弯矩，则应配置承受负弯矩的纵向钢筋，此时可不用计算，直接按跨中纵向钢筋的数量配置连接处负弯矩的钢筋。当平台板的跨度远小于梯段板的跨度时，平台板内可能只出现负弯矩而无正弯矩，此时应按计算通长配置负弯矩纵向钢筋。平台板不进行斜截面受剪承载力计算。

3）平台梁的计算与构造

(1) 平台梁的截面高度 $h=l_0/12$（l_0 为平台梁计算跨度，$l_0=l_n+a$，但不大于 1.05 l_n，l_n 为平台梁的净跨，a 为平台梁的支承宽度）。

(2) 计算要点。在确定平台梁所承受的荷载时，忽略上下梯段板之间的空隙，并认为上下梯段板施加给平台梁的荷载相等，因此荷载可简化为沿梁长的均布荷载。平台梁的支承是两侧的墙体或柱，计算时简化为铰支座。这样平台梁可按承受均布荷载作用的倒 L 形简支梁计算。考虑实际情况下，上下梯段板对平台梁的荷载大小不一，梁内会产生扭矩，因此，还应配置适量的抗扭钢筋。其他钢筋的构造同一般梁。

梯段板和平台板的配筋示例如图 4.29 所示。

平台梁的配筋示例如图 4.30 所示。

4.3.4　雨篷的设计和构造

雨篷是房屋结构中常见的悬挑构件，一般由雨篷板和雨篷梁组成。雨篷板直接承受作用在雨篷上的恒载和活载。雨篷梁，一方面支承雨篷板，承受雨篷板传来的荷载；另一方面，又兼作过梁，承受上部墙体、楼面梁或楼梯平台传来的各种荷载。对于悬挑较长的雨篷，一般还要设置边梁来支撑雨篷。

一般雨篷承受荷载后有 3 种破坏形式(图 4.31)：①雨篷板在支承端(根部)发生受弯破坏；②雨篷梁发生受弯、受剪、受扭复合破坏；③雨篷整体发生倾覆破坏。

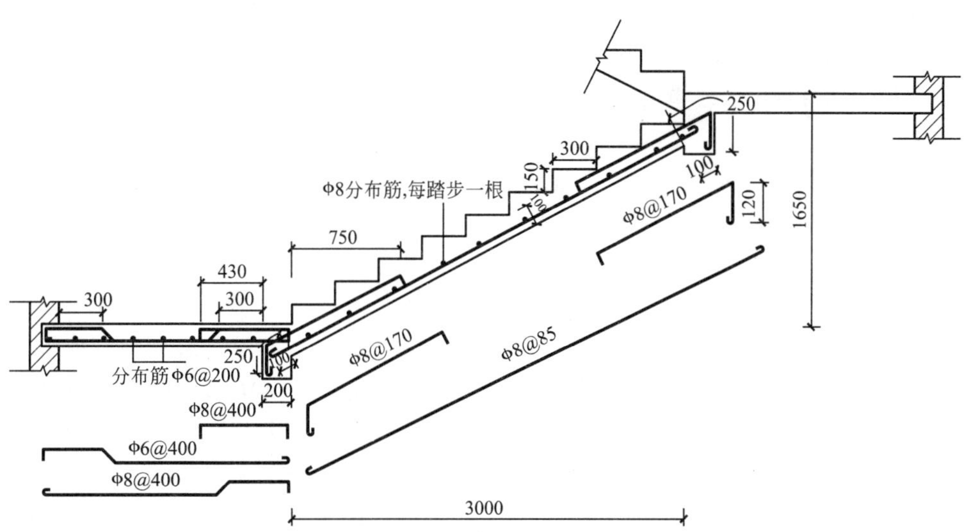

图 4.29 梯段板和平台板的配筋示例

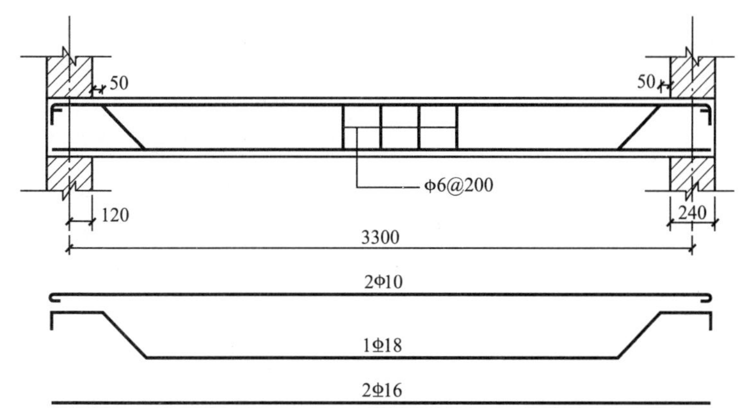

图 4.30 平台梁配筋示例

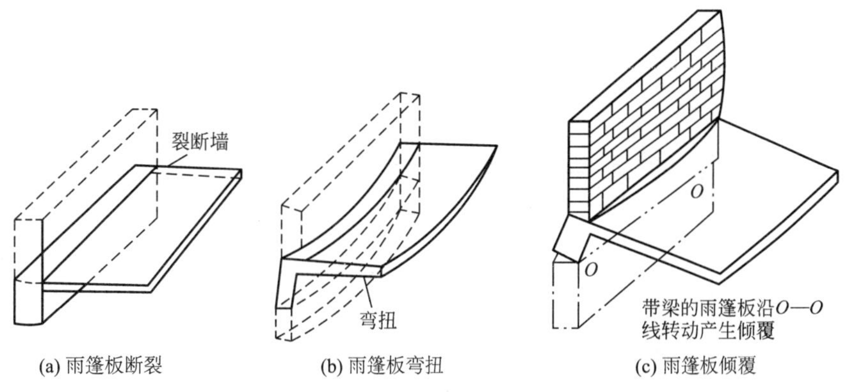

图 4.31 雨篷的破坏形式

1. 雨篷板的构造要求与设计要点

雨篷板是悬臂板，按悬臂受弯构件设计。

1）构造要求

雨篷板厚可取 $h=l_n/12$，雨篷板挑出长度一般为 0.6～1.2m。现浇雨篷板一般做成变厚度的，根部的厚度可取挑出长度的 1/10。当雨篷板挑出的长度超过 0.6m 时，雨篷板板根部的厚度不应小于 70mm，自由端部的厚度不应小于 50mm。

2）荷载计算

雨篷板上的荷载有自重、抹灰层重、面层重、雪荷载、均布活荷载和施工或检修集中荷载。其中，均布活荷载的标准值按不上人屋面考虑，取 0.5kN/m。施工或检修集中荷载取 1.0kN，并且在计算承载力时，沿板宽每米作用一个集中荷载。进行抗倾覆验算时，沿板宽每隔 2.5～3.0m 作用一个集中荷载，并应作用于最不利位置。均布活荷载与雪荷载不同时考虑，且取两者的较大值。均布活荷载与施工或检修集中荷载不同时考虑。雨篷板的计算通常是取 1m 宽的板带，在上述荷载作用下，按悬臂板计算，雨篷板受力图如图 4.32 所示。

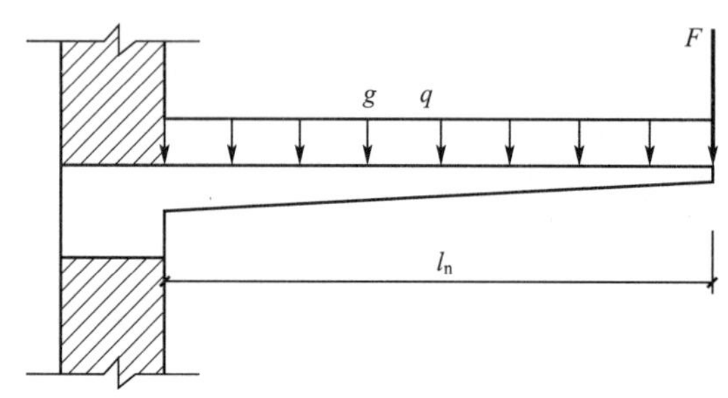

图 4.32　雨篷板受力图

3）配筋

对一般无边梁的雨篷板，其配筋按悬臂板计算，钢筋构造与普通板相同。需要补充的是，雨篷板的受力钢筋必须伸入雨篷梁，并与梁中的钢筋搭接，其配筋图如图 4.33 所示。

2. 雨篷梁的设计和构造

雨篷梁承受的荷载有：①雨篷板传来的荷载；②上部墙体、楼面梁或楼梯平台传来的各种荷载；③自重。

雨篷梁是受弯、受剪、受扭复合受力构件，故应按弯剪扭构件设计配筋，雨篷梁的配筋图如图 4.33 所示。

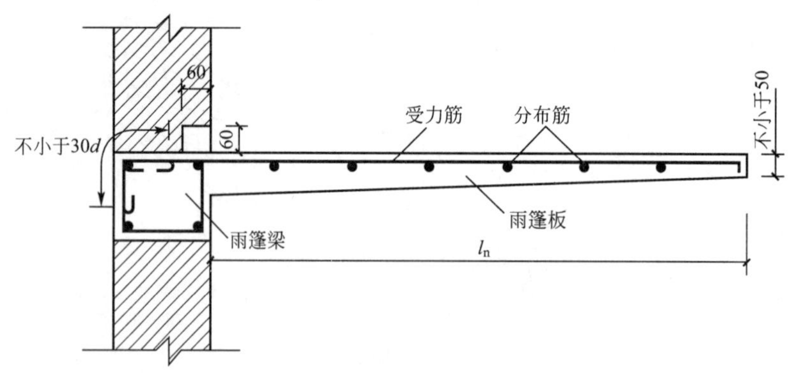

图 4.33　雨篷的配筋图

雨篷梁的宽度一般与墙厚相同，高度除满足普通梁的高跨比之外，还应为砖的皮数。

为防止雨水沿着墙缝深入墙内，一般在雨篷梁的顶部靠近外部的一侧设置一个高 60mm 的凸块，如图 4.33 所示。

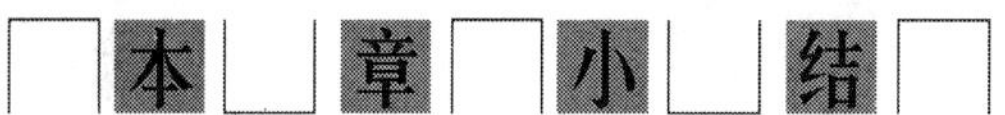

本章小结

(1) 梁板结构是由板和支承板的梁组成的结构，分为现浇整体式、预制装配式和装配整体式 3 种。其中现浇整体式的优点是刚度大、抗震性好、防水性好，对不规则平面适应性强。

(2) 板、次梁、主梁的设计计算方法分为弹性力学方法和塑性力学方法。板和次梁的计算主要采用塑性计算方法，主梁主要采用弹性力学方法。

(3) 单向板楼盖的设计方法。

(4) 现浇板式楼梯的构造要求和设计方法。

(5) 雨篷的设计要点和构造要求。

(6) 注重和图集配合学习。

习题

简答题

(1) 肋形楼盖的特点是什么？

(2) 无梁楼盖的特点是什么？

(3) 装配式楼盖的特点是什么？

(4) 如何区分单向板和双向板？两者在受力、变形和配筋上有何不同？

(5) 简述梁板结构的计算步骤。

(6) 弹性理论计算法和塑性理论计算法的要点是什么？

(7) 在单向板肋梁楼盖计算时，对板、次梁和主梁都做了哪些简化？

第5章

钢筋混凝土纵向受力构件

教学目标

(1) 通过本章的学习，能进行轴心受压柱、偏心受压柱、受拉构件的截面设计与承载力复核；能独立处理施工中关于受压、受拉构件构造钢筋的配置问题。

(2) 通过本章的学习，掌握轴心受压构件设计计算理论、大小偏心受压构件设计计算理论、受拉构件设计计算理论和相关配筋构造要求。

(3) 培养严密的逻辑思维能力、计算分析能力和严谨的工作作风，为以后的工作奠定良好的基础。

教学要求

知识要点	能力要求	相关知识	权重
受压构件的构造要求	掌握受压构件的构造要求要点	材料强度、截面形式及尺寸、配筋构造等	20%
轴心受压构件设计计算	掌握轴心受压构件设计计算要点	承载力计算公式和稳定系数等	20%
偏心受压构件设计理论	掌握偏心受压构件设计计算要点	正截面破坏特征、受压界限、附加偏心距、初始偏心距、偏心距调节系数、弯矩增大系数等	20%
大偏心受压构件设计	掌握大偏心受压构件设计计算要点	大偏心受压矩形截面构件正截面承载力计算方法	20%
小偏心受压构件设计	掌握小偏心受压构件设计计算要点	小偏心受压矩形截面构件正截面承载力计算方法	10%
受拉构件设计	掌握受拉构件设计计算要点	轴心受拉构件和偏心受拉构件承载力计算方法	10%

章节导读

约束混凝土的研究已有较悠久的历史。采用约束材料对混凝土进行约束可以有效地提高混凝土的强度和变形能力，提高构件的延性，并改善其抗震性能。常见的约束混凝土形式有箍筋约束、纤维约束和钢管约束，箍筋约束混凝土是最常见的形式。在建筑物和构筑物等工程结构中，经常使用的受压或受拉的钢筋混凝土纵向受力构件是箍筋约束混凝土的典型实例。图 5.1 所示为某厂房的排架柱，是典型的受压钢筋混凝土纵向受力构件。图 5.2 所示为某住宅楼钢筋混凝土柱，由于受压计算错误而失稳。图 5.3 所示为某小区水池，其钢筋混凝土构件是典型的受拉钢筋混凝土纵向受力构件。

图 5.1　某厂房的排架柱图

图 5.2　某住宅楼钢筋混凝土柱图

图 5.3　某小区水池

5.1　纵向受力构件的构造要求

房屋建筑结构中的受压构件以承受竖向荷载为主，并同时承受风力或地震作用产生的剪力、弯矩。图 5.4 所示为框架结构房屋的柱、单层厂房柱及屋架的受压腹杆等均为受压构件。

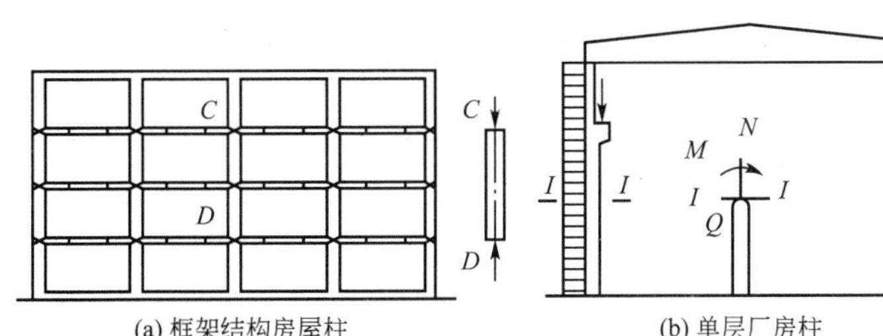

(a) 框架结构房屋柱　　(b) 单层厂房柱

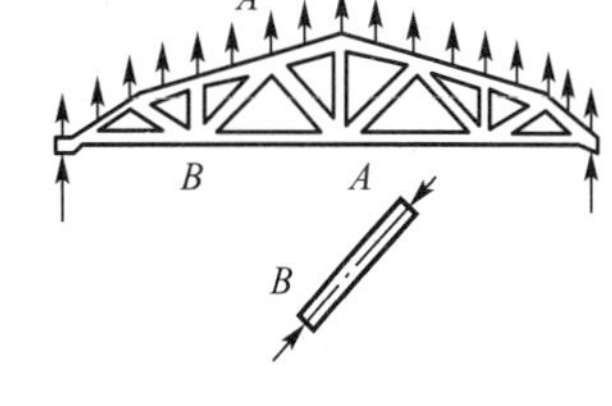

(c) 屋架的受压腹杆

图 5.4　纵向受压构件

钢筋混凝土受压构件，按纵向压力作用线是否作用于截面形心，分为轴心受压构件和偏心受压构件。当纵向压力作用线与构件形心轴线不重合或在构件截面上既有轴心压力，又有弯矩、剪力作用时，这类构件称为偏心受压构件。在构件截面上，当弯矩 M 和轴力 N 共同作用时，可以看成具有偏心距为 $e_0(e_0=M/N)$ 的纵向轴力 N 的作用。偏心受压构件又可分为单向偏心受压构件和双向偏心受压构件，如图 5.5 所示。

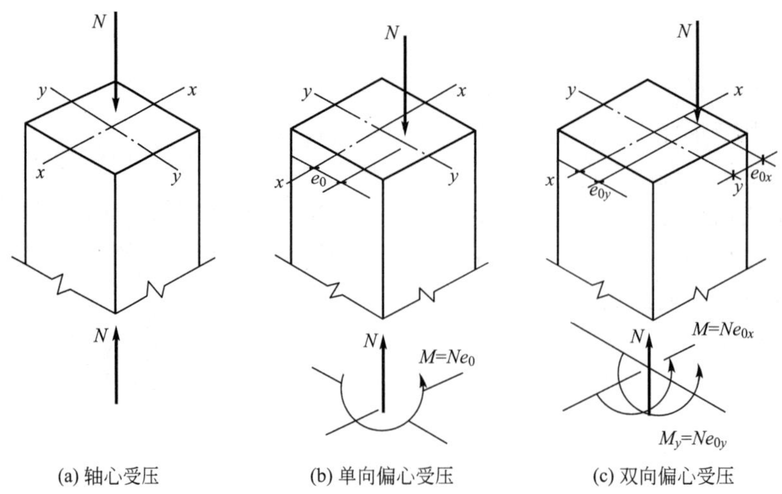

(a) 轴心受压　　(b) 单向偏心受压　　(c) 双向偏心受压

图 5.5　轴心受压与偏心受压构件

在实际结构中，理想的轴心受压构件几乎是不存在的，由于材料本身的不均匀性、施工的尺寸误差以及荷载作用位置的偏差等原因，很难使轴向压力精确地作用在截面形心上。但是，由于轴心受压构件计算简单，有时可把初始偏心距较小的构件(如以承受恒载为主的等跨多层房屋的内柱、屋架中的受压腹杆等)近似按轴心受压构件计算；此外，单向偏心受压构件垂直弯矩平面的承载力按轴心受压验算。

5.1.1　混凝土强度等级、柱的计算长度、截面形式和尺寸

1. 混凝土强度等级

受压构件的承载力主要取决于混凝土，因此采用较高强度等级的混凝土是经济、合理的。一般柱的混凝土强度等级采用 C25、C30、C35、C40 等，对多层及高层建筑结构的下层柱必要时可采用更高的强度等级。

2. 柱的计算长度

一般多层房屋中梁柱为刚接的框架结构，各层柱的计算长度 l_0 可按表 5-1 中取用。

表 5-1　框架结构各层柱的计算长度 l_0

楼盖类型	柱的类别	l_0
现浇楼盖	底层柱	$1.0H$
	其余各层柱	$1.25H$
装配式楼盖	底层柱	$1.25H$
	其余各层柱	$1.5H$

注：表中 H：对底层柱，为从基础顶面到一层楼盖顶面的高度；对其余各层柱，为上、下两层楼盖顶面之间的高度。

无侧移框架指具有非轻质隔墙 3 跨及 3 跨以上或为两跨且房屋的总宽度不小于房屋总高度 1/3 的多层房屋，其各层框架柱的计算长度如下：现浇楼盖 $l_0=0.7H$，装配式楼盖

$l_0=1.0H$。按有侧移考虑的框架结构，当垂直荷载较小或垂直荷载大部分作用在框架节点上或其附近时，各层柱的计算长度应根据可靠设计经验取用上述规定的更大值。

刚性屋盖单层房屋排架柱、露天吊车柱和栈桥柱的计算长度可按表 5-2 取用。

表 5-2 刚性屋盖单层房屋排架柱、露天吊车柱和栈桥柱的计算长度

柱的类别		l_0		
		排架方向	垂直排架方向	
			有柱间支撑	无柱间支撑
无吊车房屋柱	单跨	$1.5H$	$1.0H$	$1.2H$
	两跨及多跨	$1.25H$	$1.0H$	$1.2H$
有吊车房屋柱	上柱	$2.0H_U$	$1.25H_U$	$1.5H_U$
	下柱	$1.0H_I$	$0.8H_I$	$1.0H_I$
露天吊车柱和栈桥柱		$2.0H_I$	$1.0H_I$	—

注：1. 表中 H 为从基础顶面算起的柱子全高；H_I 为从基础顶面至装配式吊车梁底面或现浇式吊车梁顶面的柱子下部高度；H_U 为从装配式吊车梁底面或从现浇式吊车梁顶面算起的柱子上部高度。

2. 表中有吊车房屋排架柱的计算长度，当计算中不考虑吊车荷载时，可按无吊车房屋柱的计算长度采用，但上柱的计算长度仍可按有吊车房屋采用。

3. 表中有吊车房屋排架柱的上柱在排架方向的计算长度，仅适用于 H_U/H_I 不小于 0.3 的情况；当 H_U/H_I 小于 0.3 时，计算长度宜采用 $2.5H_U$。

3. 截面形式和尺寸

轴心受压构件的截面多采用方形或矩形，有时也采用圆形或多边形。偏心受压构件一般为矩形截面，矩形截面长边与弯矩作用方向平行。为了节约混凝土和减轻柱的自重，特别是在装配式柱中，较大尺寸的柱常常采用 I 形截面。采用离心法制造的柱、桩、电杆以及烟囱、水塔支筒等常用环形截面。

为了充分利用材料强度，使构件的承载力不致因长细比过大而降低过多，柱截面尺寸不宜过小，方形柱的截面尺寸不宜小于 250mm×250mm；矩形截面的最小尺寸不宜小于 300mm，同时截面的长边 h 与短边 b 的比值常选用为 $h/b=1.5\sim3.0$。一般截面应控制在 $l_0/b\leqslant30$ 及 $l_0/h\leqslant25$(b 为矩形截面的短边，h 为长边)。当柱截面的边长在 800mm 以下时，截面尺寸以 50mm 为模数；边长在 800mm 以上时，以 100mm 为模数。

5.1.2 纵向钢筋及箍筋

1. 纵向钢筋

纵向钢筋配筋率过小时，纵筋对柱的承载力影响很小，接近于素混凝土柱，纵筋将起不到防止脆性破坏的缓冲作用。同时为了承受由于偶然附加偏心距(垂直于弯矩作用平面)、收缩以及温度变化引起的拉应力，对受压构件的最小配筋率应有所限制。具体规定见第 3 章的表 3-13。从经济和施工方面考虑，为了不使截面配筋过于拥挤，全部纵向钢筋配筋率不宜大于 5%。纵向受力普通钢筋宜采用 HRB400、HRB500、HRBF400、

HRBF500，也可采用 HPB300、HRB335、HRBF335、RRB400 钢筋。

纵向受力钢筋直径不宜小于 12mm，一般直径为 12～40mm。柱中宜选用根数较少、直径较粗的钢筋，但根数不得少于 4 根。圆柱中纵向钢筋应沿周边均匀布置，根数不宜少于 8 根，且不应少于 6 根。柱中纵向受力筋的净距不应小于 50mm，且不宜大于 300mm。在偏心受压柱中，垂直于弯矩作用平面的侧面上的纵向受力钢筋以及轴心受压柱中各边的纵向受力钢筋，其中距不宜大于 300mm。对水平浇筑的预制柱，其纵筋净距的要求与梁同。

2. 箍筋

受压构造中的箍筋应为封闭式的。箍筋宜采用 HRB400、HRBF400、HPB300、HRB500、HRBF500 钢筋，也可采用 HRB335、HRBF335 级钢筋，其直径不应小于 $d/4$，且不应小于 6mm(d 为纵向钢筋的最大直径)。箍筋间距不应大于 400mm，且不应大于构件截面的短边尺寸；同时，在绑扎骨架中，不应大于 $15d$；在焊接骨架中，不应大于 $20d$ (d 为纵向钢筋的最小直径)。当柱中全部纵向钢筋的配筋率超过 3%时，箍筋直径不宜小于 8mm，其间距不应大于 $10d$(d 为纵向钢筋的最小直径)，且不应大于 200mm。在箍筋末端应做成 135°的弯钩，且弯钩末端平直段的长度不应小于 10 倍箍筋直径。当柱截面短边尺寸大于 400mm 且每边纵筋根数超过 3 根时，应设置复合箍筋；当柱的短边不大于 400mm，但纵向钢筋多于 4 根时，应设置复合箍筋(图 5.6)，箍筋不允许出现内折角。柱内纵向钢筋搭接长度范围内的箍筋间距应符合梁中搭接长度范围内的相应规定。

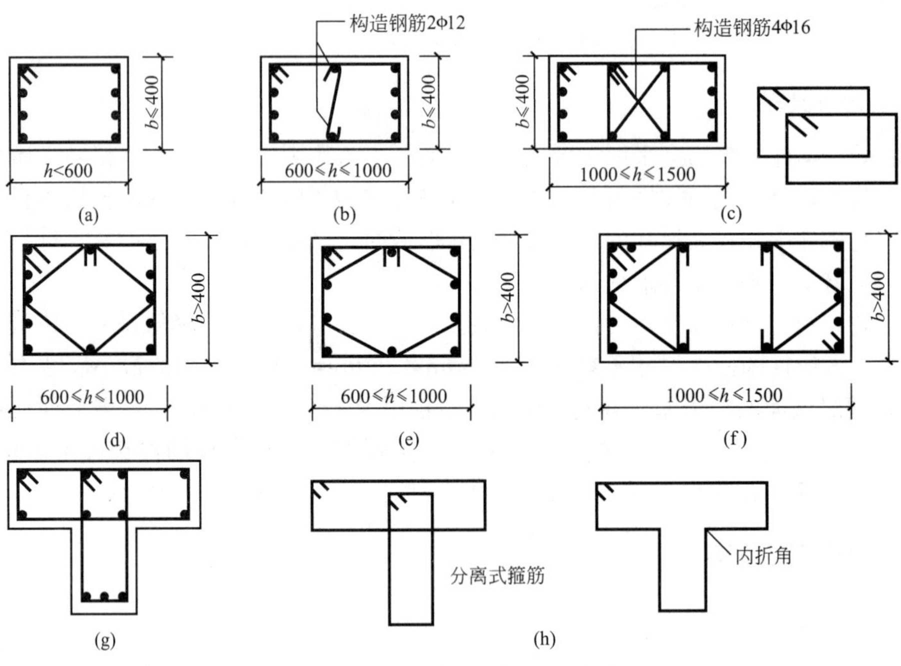

图 5.6　偏心受压构件的构造要求

5.1.3　上、下层柱的接头

在多层现浇钢筋混凝土结构中，一般在楼盖顶面处设置施工缝，上下柱须做成接头。

通常是将下层柱的纵筋伸出楼面一段距离，其长度为纵筋的搭接长度，与上层柱纵筋相搭接。纵向受拉钢筋绑扎搭接接头的搭接长度，应根据位于同一连接区段的钢筋搭接接头的面积百分率，由 $l_1=\zeta_1 l_a$ 计算，且不应小于 300mm；受压钢筋的搭接长度不应小于受拉钢筋搭接长度的 0.7 倍，且不应小于 200mm。在搭接长度范围内箍筋应加密，当搭接钢筋为受拉时，其箍筋间距不应大于 $5d$，且不应大于 100mm；当搭接钢筋为受压时，其箍筋间距不应大于 $10d$，且不应大于 200mm。d 为受力钢筋中的最小直径。当上、下层柱截面尺寸不同时，可在梁高范围内将下层柱的纵筋弯折一倾斜角，然后伸入上层柱，也可采用附加短筋与上层柱纵筋搭接。

纵向受力钢筋的机械连接接头宜相互错开。钢筋机械连接区段的长度为 $35d$(d 为连接钢筋的较小直径)。凡接头中点位于该连接区段长度内的机械连接接头均属于同一连接区段。位于同一连接区段内的纵向受拉钢筋接头面积百分率不宜大于 50%；但对板、墙、柱顶及预制构件的拼接处，可根据实际情况放宽。纵向受压钢筋的接头百分率可不受限制。纵向受力钢筋的焊接接头应相互错开。钢筋焊接接头连接区段的长度为 $35d$ 且不小 500mm(d 为连接钢筋的较小直径)，凡接头中点位于该连接区段长度内的焊接接头均属于同一连接区段。纵向受拉钢筋的接头面积百分率不宜大于 50%，但对预制构件的拼接处，可根据实际情况放宽。纵向受压钢筋的接头百分率可不受限制。

注：当偏心受压柱的截面高度 $h\geqslant 600$mm 时，在柱的侧面上应设置直径不小于 10mm 的纵向构造钢筋，并相应地设置复合箍筋或拉筋。

5.2 轴心受压构件设计

轴心受压构件按箍筋的形式不同有两种类型：配有纵筋和普通箍筋的柱、配有螺旋式(或焊接环式)间接箍筋的柱。

5.2.1 普通箍筋柱

按照长细比 l_0/b 的大小，轴心受压柱可分为短柱和长柱两类。对方形和矩形柱，当 $l_0/b\leqslant 8$ 时属于短柱；对圆形柱 $l_0/d\leqslant 7$ 为短柱，否则为长柱。其中，l_0 为柱的计算长度，b 为矩形截面的短边尺寸，d 为圆截面直径。

1. 短柱的受力分析及破坏形态

钢筋混凝土轴心受压短柱，当荷载较小时，混凝土处于弹性工作阶段，随着荷载的增大，混凝土塑性变形发展，钢筋压应力 σ_s'和混凝土压应力 σ_c 的比值将发生变化。σ_s'增加较快而 σ_c 增长缓慢。当荷载持续一段时间后，由于收缩和徐变的影响，随着时间的增长，σ_s'减小，σ_c 增大。σ_s'及 σ_c 的变化率与配筋率 $\rho'=A_s'/A_c$ 有关，此处为受压钢筋的截面面积，A_c 为构件混凝土的截面面积。配筋率 ρ'越大，受压筋 σ_s'增长就越缓慢，而混凝土的压应力 σ_c 减小得就越快。

试验表明，按如图 5.7 所示的配纵筋和箍筋的短柱，在荷载作用下整个截面的应变分布是均匀的，随着荷载的增加，应变也迅速增加。最后构件的混凝土达到极限应变，柱子出现纵向裂缝，保护层剥落。接着箍筋间的纵向钢筋向外凸出，构件因混凝土被压碎而破坏，如图 5.8 所示。

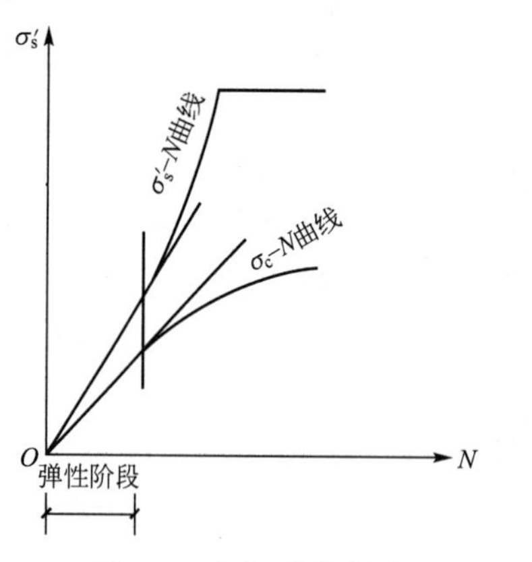

图 5.7　应力-荷载曲线

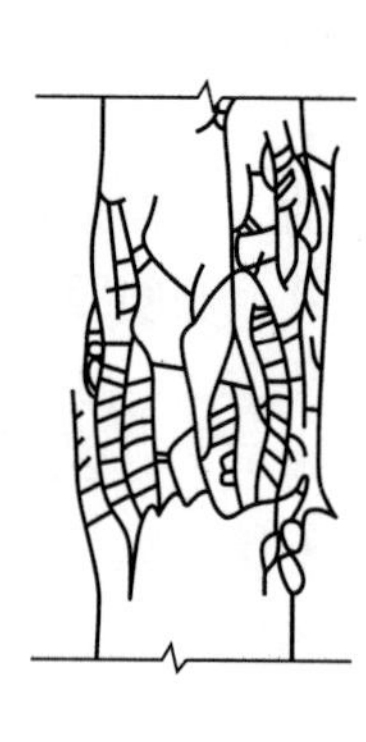

图 5.8　短柱的破坏

在长期荷载试验中，由于混凝土的徐变，钢筋混凝土构件的内力产生重分布现象。随着混凝土徐变变形的发展，混凝土应力有所降低，而钢筋的应力有所增加。短柱破坏时，一般是纵筋先达到屈服强度，此时荷载仍可继续增加，最后混凝土达到极限压应变，构件破坏。当采用高强钢筋时，也可能在混凝土达到极限应力值时，钢筋没有达到屈服强度，在继续变形一段后，构件破坏。但是，混凝土的极限压应变应控制在 0.002 以内，柱破坏时钢筋的最大压应力 $\sigma_s'=E_s\varepsilon_{c,max}=2\times10^5\times0.002=400(N/mm^2)$，此时钢筋已达到抗压屈服强度，但对于屈服强度高于 $400N/mm^2$ 的钢筋，其受压强度设计值只能采用 $f_y=400N/mm^2$。因此，在柱内采用高强钢筋作受压筋，不能充分发挥其强度，这是不经济的。根据力的平衡，轴心受压短柱的承载力为

$$N=0.9(f_cA_c+f_c'A_c') \tag{5-1}$$

式中　A_c——构件截面混凝土受压面积；

A_s'——全部纵向受压钢筋的截面面积；

f_c——混凝土轴心抗压强度设计值；

f_y——纵向抗压钢筋强度设计值；

N——短柱的承载力设计值。

2. 长细比对细长轴心受压构件的影响

钢筋混凝土轴心受压柱，当长细比较大时($l_0/b>8$)，在未达到极限荷载以前，经常由于侧挠度的增大，发生纵向弯曲而破坏。钢筋混凝土柱由于各种原因可能存在初始偏心距，受荷以后将引起附加弯矩和弯曲变形。当柱的长度较短时，附加弯矩和变形对柱的承载能力影响不大，而对长柱则不同。试验证明：长柱在不大的荷载作用下即产生侧向弯曲，最初挠度与荷载成正比增长。长柱在附加弯矩下产生侧向挠度，又加大了初始偏心距，随着荷载的增加，侧向挠度和附加弯矩相互影响，不断增大，结果使长柱在轴力和弯矩的共同作用下而破坏。破坏时，首先凹边出现纵向裂缝，接着混凝土被压碎，纵向钢筋被压而向外鼓出，挠度急速发展，柱失去平衡状态，凸边混凝土开裂，柱到达破坏(图 5.9)。试验表明：柱的长细比越大，其承载力越低，对于长细比很大的长柱，还有可能发生“失稳破坏”的现象。

φ 称为钢筋混凝土轴心受压构件的稳定系数。长柱承载力与短柱承载力的比值为 φ，

即 $\varphi = N_{长}/N_{短}$。φ 主要与柱的长细比 l_0/b 有关。当 $l_0/b \leqslant 8$ 时，$\varphi = 1.0$，可视为短柱；随着 l_0/b 的增大，φ 值线性减小，表 5－3 给出了稳定系数 φ 的取值。

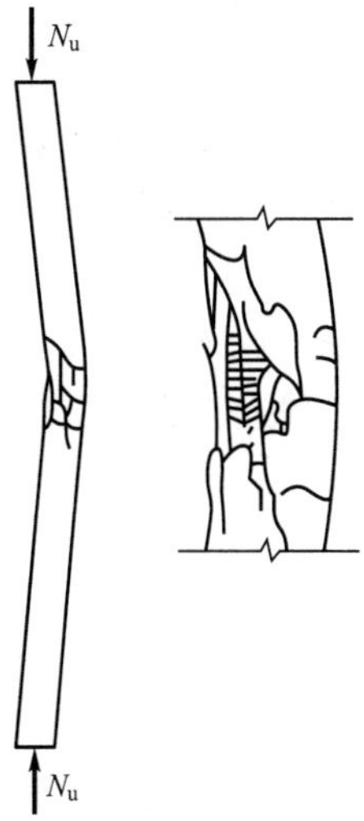

图 5.9　长柱的破坏

3. 轴心受压构件正截面承载力计算

轴心受压构件的正截面承载力按下式计算：

$$N = 0.9\varphi(f_c A + f'_y A'_s)$$

或

$$N = 0.9\varphi A(f_c + f'_y \rho') \tag{5-2}$$

式中　N——设计轴向力；

φ——钢筋混凝土轴心受压构件的稳定系数；

f_c——混凝土轴心抗压设计强度；

A——构件截面面积；

f'_y——纵向钢筋的抗压设计强度；

A'_s——全部纵向钢筋的截面面积；

ρ'——纵向受压钢筋配筋率，$\rho' = A'_s/A$。当纵向钢筋配筋率大于 0.03 时，式中 A 用 A_c 代替，$A_c = A - A'_s$。钢筋混凝土柱计算长度 l_0 的计算按表 5－1 和表 5－2 采用。

表 5－3　轴心受压构件的稳定系数 φ

l_0/b	≤8	10	12	14	16	18	20	22	24	26	28
l_0/d	≤7	8.5	10.5	12	14	15.5	16	19	21	22.5	24
l_0/i	≤28	35	42	48	55	62	69	66	83	90	96
φ	1.0	0.98	0.95	0.92	0.86	0.81	0.65	0.60	0.65	0.60	0.56
l_0/b	30	32	34	36	38	40	42	44	46	48	50
l_0/d	26	28	29.5	31	33	34.5	36.5	38	40	41.5	43
l_0/i	104	111	118	126	132	139	146	153	160	166	164
φ	0.52	0.48	0.44	0.40	0.36	0.32	0.29	0.26	0.23	0.21	0.19

注：表中 l_0 为构件计算长度；b 为矩形截面短边尺寸；d 为圆形截面直径；i 为截面最小回转半径。

4. 设计方法

轴心受压构件的设计问题可分为截面设计和截面复核两类。

1）截面设计

一般已知：轴心压力设计值 N，材料强度设计值 f_c、f'_y，构件的计算长度 l_0，求：构件的截面面积 A 及纵向受压钢筋面积 A'_s。

由式(5－2)知，仅有一个公式需求解 3 个未知量 A、A'_s、φ，无确定解，故必须增加或假设一些已知条件。

2）截面复核

截面复核只需将有关数据代入式(5－2)，如果式(5－2)成立，则满足承载力要求。

应用案例5.1

某无侧移多层现浇框架结构的第二层中柱，承受轴心压力 $N=1840\text{kN}$，楼层高 $H=5.4\text{m}$，混凝土等级为C30（$f_c=14.3\text{N/mm}^2$），用HRB400级钢筋配筋（$f_y'=360\text{N/mm}^2$），试设计该截面。

【解】 1. 初步确定截面尺寸

按工程经验假定受压钢筋配筋率 ρ' 为0.8%，暂取 $\varphi=1.0$，按普通箍筋柱正截面承载能力计算公式确定截面尺寸。

$$N=0.9\varphi(f_y'A_s'+f_cA)=0.9\varphi A(f_y'\rho'+f_c)$$
$$\Rightarrow A=N/[0.9\varphi A(f_y'\rho'+f_c)]=18400/[0.9\times1.0\times(360\times0.008+14.3)]$$
$$\Rightarrow A=119\times10^3\text{mm}^2$$

将截面设计成正方形，则有 $b=h=\sqrt{119\times10^3}=345(\text{mm})$

取：$b=h=345\text{mm}$

2. 计算

$l_0=1.25H=1.25\times5.4\text{m}=6.75\text{m}$ 且 $l_0/b=6.75/0.35=19.3$，查表得 $\varphi=0.706$

3. 计算配筋

$$A_s'=\frac{N-0.9\varphi f_cA}{0.9\varphi f_y}=\frac{1840000-0.9\times0.706\times14.3\times350\times350}{0.9\times0.706\times360}=3178(\text{mm}^2)$$

4. 验算最小配筋率

$$\rho'=\frac{A_s'}{A}=\frac{3927}{350\times350}=3.2\%$$

配筋符合要求，如图5.10所示。

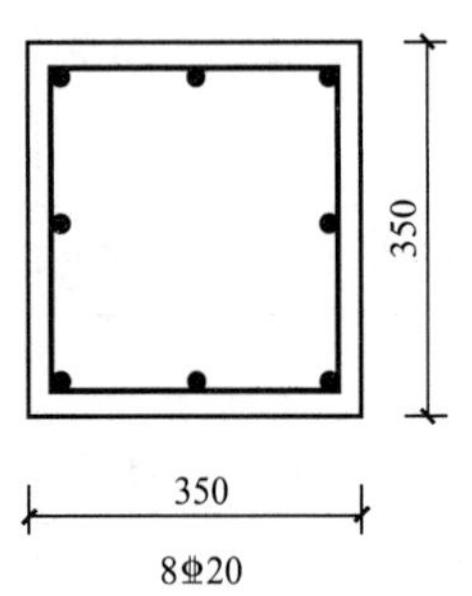

图5.10 应用案例5.1图

5.2.2 螺旋箍筋柱

当柱承受很大轴向受压荷载，并且柱截面尺寸由于建筑上及使用上的要求受到限制，若按配有纵筋和箍筋的柱来计算，即使提高了混凝土强度等级和增加了纵筋配筋量也不足以承受该荷载时，可考虑采用螺旋箍筋柱［图5.11(a)］或焊接环式钢筋柱［图5.11(b)］以提高构件的承载力。

混凝土纵向受压时，横向膨胀，如能约束其横向膨胀就能间接提高其纵向抗压强度。配置螺旋筋或焊接环筋的柱能起到这种作用。

根据圆柱体三向受压试验的结果，约束混凝土的轴心抗压强度，可按式子 $\sigma_1=f_c+4\sigma_2$ 计算，其中 σ_2 为单位面积上的侧压力；σ_1 为螺旋筋达到屈服时对核心部分混凝土的约束压应力(径向压应力)。

由沿直径截出的间隔离体平衡［图5.11(c)和图5.11(d)］可得：

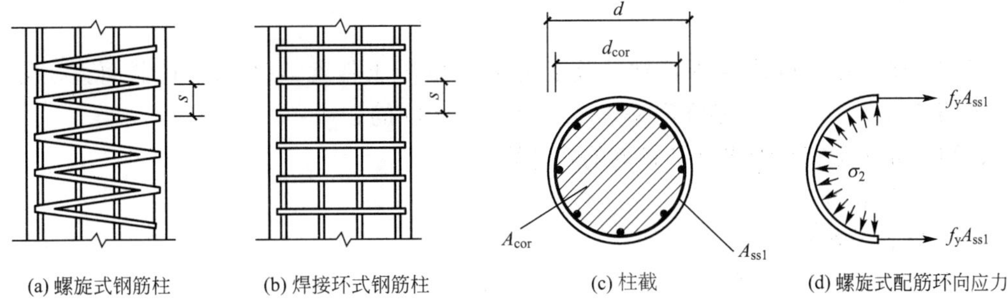

图 5.11 配置螺旋式或焊接环式钢筋柱

$$\sigma_2 s d_{cor}=2f_y A_{ss1}$$

$$\sigma_2=2f_y A_{ss1}/(s d_{cor})$$

式中 A_{ss1}——单根螺旋筋的截面面积；

d_{cor}——核心直径；

s——箍筋间距；

f_y——箍筋的抗拉设计强度。

将上式代入 σ_1 的表达式中：

$$\sigma_1=f_c+8f_y A_{ss1}/(s d_{cor}) \tag{5-3}$$

根据轴向力的平衡，螺旋箍筋柱的正截面受压承载力可按下式计算：

$$N\leqslant\sigma_1 A_{cor}+f_y' A_s'=f_c A_{cor}+8f_y A_{ss1} A_{cor}/(s d_{cor})+f_y' A_s' \tag{5-4}$$

式中，$A_{cor}=\dfrac{\pi d_{cor}^2}{4}$为核心混凝土面积。

式(5-4)右边第一项为核心混凝土无约束时所承担的轴向力，第二项为受到螺旋箍约束后核心混凝土提高的轴向力。把间距为 s 的箍筋，按体积相等的条件，换算成纵向钢筋面积，即：

$$A_{ss0}=\pi d_{cor} A_{ss1}/s$$

则式(5-4)可改写成：

$$N\leqslant f_c A_{cor}+2f_y A_{ss0}+f_y' A_s' \tag{5-5}$$

《混凝土结构设计规范》(GB 50010—2010)将间接钢筋对混凝土的约束作用进行折减，对整体考虑 0.9 的折减系数，给出如下计算公式：

$$N\leqslant 0.9(f_c A_{cor}+2\alpha f_y A_{ss0}+f_y' A_s') \tag{5-6}$$

式中 α——间接钢筋对混凝土约束的折减系数(当混凝土强度等级不超过 C50 时，取 1.0；当混凝土强度等级为 C80 时，取 0.85；其间按线性内插法取用)。

为了保证在使用荷载下不发生保护层混凝土剥落，《混凝土结构设计规范》(GB 50010—2010)要求螺旋钢箍柱的强度不应比式(5-4)算得的普通钢箍柱的强度大 50%。对于长细比 $l_0/b>12$ 的柱不宜采用螺旋钢箍，因为在这种情况下，柱的强度将由于纵向弯曲而降低，螺旋筋的作用不能发挥。当间接钢筋的换算面积 A_{ss0} 小于纵向钢筋的全部截面面积的 25%时，也不宜采用螺旋箍筋柱。螺旋箍筋间距不应大于 80mm 及 $d_{cor}/5$，且不应小于 40mm。

应用案例5.2

已知：轴心压力设计值 N，柱的高度为 H，混凝土强度等级 f_c，柱截面直径为 d，柱中纵筋等级 f_y、f'_y，箍筋强度等级 f_y。求：柱中配筋。

【解】 先按配有普通纵筋和箍筋的柱计算。

1. 求计算长度 l_0

2. 计算稳定系数

计算 l_0/b，查表 5-3 得 φ。

3. 求纵筋 A'_s

圆形截面面积为 $A=\frac{\pi d^2}{4}$，$A'_s=\frac{1}{f'_y}\left(\frac{N}{0.9\varphi_y}-f_cA\right)$

4. 求配筋率

$\rho=\frac{A'_s}{A}>5\%$，配筋率太高，若混凝土强度等级不再提高，且 $l_0/d<12$，可采用螺旋箍筋柱。按螺旋筋柱来配置计算。

5. 确定配筋

假定配筋率 ρ'，得到 $A'_s=\rho' A$，选择纵筋等级、根数、直径。

6. 计算混凝土截面核心直径和核心截面

确定混凝土保护层厚度，一般取用 35mm。

$$d_{cor}=d-2\times 35$$

$$A_{cor}=\frac{\pi d_{cor}^2}{4}$$

7. 计算螺旋筋的换算截面面积 A_{ss0}

$$A_{ss0}=\frac{N/0.9-(f_cA_{cor}+f'_yA'_s)}{2f_y}$$

$A_{ss0}>0.25A'_y$，满足构造要求。

8. 计算螺旋筋的间距 s

假定螺旋筋直径 d，则单肢螺旋筋面积

$$A_{ss1}=\frac{\pi d^2}{4}$$

螺旋筋的间距

$$s=\frac{d_{cor}A_{ss1}}{A_{ss0}}$$

间接钢筋间距不应大于 80mm 及 $d_{cor}/5$，也不应小于 40mm。间接钢筋的直径按箍筋的有关规定采用。

9. 根据所配置的螺旋筋 d、s 值，求得间接配筋柱的轴向力设计值 N

$$A_{ss0}=\frac{\pi d_{cor}A_{ss1}}{s}$$

$$N=0.9(f_cA_{cor}+2\alpha f_yA_{ss0}+f'_yA'_s)$$

$$N=0.9\varphi(f_cA+f'_yA'_s)$$

本应用案例对螺旋箍筋柱的设计进行了通用解题步骤的介绍。在以下3种情况下，可不考虑间接钢筋的影响，按普通箍筋进行计算：①当 $l_0/d>12$ 时，此时因长细比较大，有可能因纵向弯曲导致螺旋筋不起作用；②当间接钢筋换算截面面积 A_{ss0} 小于纵筋全部截面面积的25%时，可以认为间接钢筋配置得太少，套箍作用效果不明显；③当按螺旋箍筋柱计算结果小于普通箍筋柱计算时。

5.3 偏心受压构件设计理论

钢筋混凝土偏心受压构件多采用矩形截面，截面尺寸较大的预制柱可采用I形截面和箱形截面，公共建筑中的柱多采用圆形截面，偏心受拉构件多采用矩形截面，如图5.12所示。

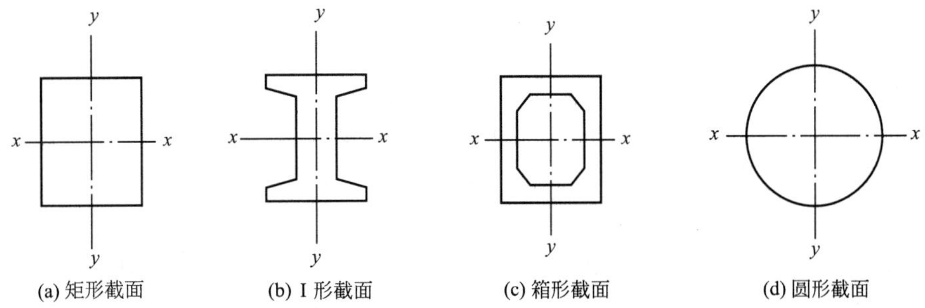

图5.12 偏心受力构件的截面形式

构件同时受到轴向压力 N 及弯矩 M 的作用，等效于对截面形心的偏心距为 $e_0=M/N$ 的偏心压力的作用(图5.13)。钢筋混凝土偏心受压构件的受力性能、破坏形态介于受弯构件与轴心受压构件之间。当 $N=0$，$Ne_0=M$ 时为受弯构件；当 $M=0$，$e_0=0$ 时为轴心受压构件。故受弯构件和轴心受压构件相当于偏心受压构件的特殊情况。

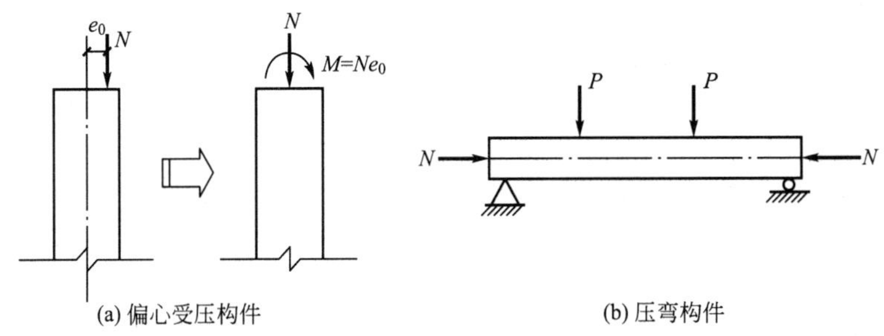

图5.13 偏心受压构件与压弯构件

5.3.1 破坏类型

偏心受压构件在轴向力 N 和弯矩 M 的共同作用下，等效于承受一个偏心距为 $e_0=M/N$ 的偏心力 N 的作用，当弯矩 M 相对较小时，M 和 N 的比值 e_0 就很小，构件接近于轴心受

压；相反，当 N 相对较小时，M 和 N 的比值 e_0 就很大，构件接近于受弯。因此，随着 e_0 的改变，偏心受压构件的受力性能和破坏形态介于轴心受压和受弯之间。按照轴向力的偏心距和配筋情况的不同，偏心受压构件的破坏可分为受拉破坏和受压破坏两种情况。

1. 受拉破坏：大偏心受压情况

轴向力 N 偏心距较大，且纵筋的配筋率不高时，受荷后部分截面受压，部分受拉。拉区混凝土较早地出现横向裂缝，由于配筋率不高，受拉钢筋(A_s')应力增长较快，首先到达屈服。随着裂缝的开展，受压区高度减小，最后受压钢筋(A_s')屈服，受压区混凝土压碎。其破坏形态与配有受压钢筋的适筋梁相似。因为这种偏心受压构件的破坏是由于受拉钢筋首先达到屈服，而导致的压区混凝土压坏，其承载力主要取决于受拉钢筋，故称为受拉破坏［图 5.14(a)］。这种破坏有明显的预兆，横向裂缝显著开展，变形急剧增大，具有塑性破坏的性质。形成这种破坏的条件是：偏心距 e_0 较大，且纵筋配筋率不高，因此，称为大偏心受压情况。

2. 受压破坏：小偏心受压情况

当偏心距 e_0 较大，纵筋的配筋率很高时，虽然同样是部分截面受拉，但拉区裂缝出现后，受拉钢筋应力增长缓慢(因为 ρ 很高)。破坏是由于受压区混凝土到达其抗压强度被压碎，破坏时受压钢筋(A_s')达到屈服，而受拉一侧钢筋应力未达到其屈服强度，破坏形态与超筋梁相似［图 5.14(b)］。偏心距 e_0 较小，受荷后截面大部分受压，中和轴靠近受拉钢筋(A_s')。因此，受拉钢筋应力很小，无论配筋率的大小，破坏总是由于受压钢筋(A_s)屈服，压区混凝土到达抗压强度被压碎。临近破坏时，受拉区混凝土可能出现细微的横向裂缝［图 5.14(c)］。偏心距很小($e_0<0.15h_0$)，受荷后全截面受压。破坏时由于近轴力一侧的受压钢筋 A_s' 屈服，混凝土被压碎。距轴力较远一侧的受压钢筋 A_s 未达到屈服。当 e_0 趋近于零时，可能 A_s' 及 A_s 均达到屈服，整个截面混凝土受压破坏，其破坏形态相当于轴心受压构件［图 5.14(d)］。

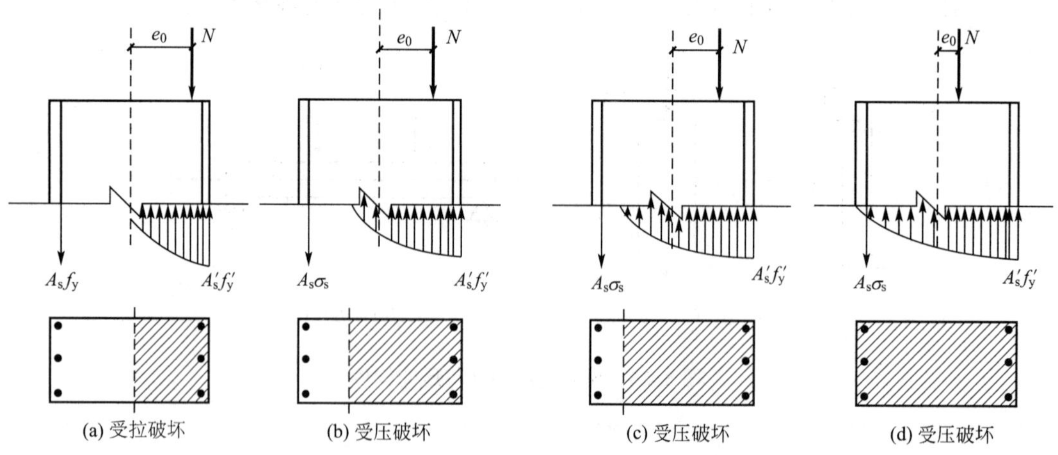

(a) 受拉破坏　(b) 受压破坏　(c) 受压破坏　(d) 受压破坏

图 5.14　偏心受压构件的破坏形态

上述 3 种情形的共同特点是，构件的破坏是由于受压区混凝土达到其抗压强度，距轴力较远一侧的钢筋，无论受拉或受压，一般均未到达屈服，其承载力主要取决于压区混凝土及受压钢筋，故称为受压破坏。这种破坏缺乏明显的预兆，具有脆性破坏的性质。形成这种破坏的条件是：偏心距小，或偏心距较大但配筋率过高。在截面配筋计算时，一般应避免出现偏心距大而配筋率高的情况。上述情况通称为小偏心受压情况。

5.3.2 两类偏心受压破坏的界限

从以上两类偏心受压破坏的特征可以看出，两类破坏的本质区别在于破坏时受拉钢筋是否达到屈服。若受拉钢筋先屈服，然后是受压区混凝土压碎即为受拉破坏；若受拉筋或远离力一侧钢筋无论受拉还是受压均未屈服，则为受压破坏。那么两类破坏的界限应该是当受拉钢筋初始屈服的同时，受压区混凝土达到极限压应变。用截面应变表示(图 5.15)这种特性，可以看出其界限与受弯构件中的适筋破坏与超筋破坏的界限完全相同。因此其判别方法应该是完全一样的，故用相对受压区高度和界线相对受压区高度比较来进行判别：

大偏心受压：$\xi \leqslant \xi_b$ 或 $x \leqslant x_b$

小偏心受压：$\xi > \xi$ 或 $x > x_b$

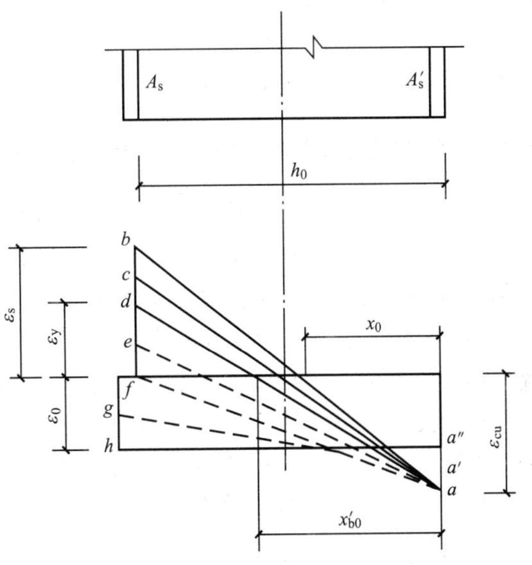

图 5.15 偏心受压构件的截面应变分布

5.3.3 偏心受压构件的 N－M 相关曲线

对于给定截面、配筋及材料强度的偏心受压构件，到达承载能力极限状态时，截面承受的内力设计值 N、M 并不是独立的，而是相关的。轴力与弯矩对于构件的作用效应存在着叠加和制约的关系，也就是说，当给定轴力 N 时，有其唯一对应的弯矩 M，或者说构件可以在不同的 N 和 M 的组合下达到其极限承载力。下面以对称配筋截面($A_s'=A_s$，$f_y'=f_y$，$a_s'=a_s$)为例说明轴向力 N 与弯矩 M 的对应关系。如图 5.16 所示，ab 段表示大偏心受压时的 $M-N$ 相关曲线，为二次抛物线。随着轴向压力 N 的增大，截面能承担的弯矩也相应提高。b 点为受拉钢筋与受压混凝土同时达到其强度值的界限状态，此时偏心受压构件承受的弯矩 M 最大。bc 段表示小偏心受压时的 $M-N$ 曲线，是一条接近于直线的二次函数曲线。由曲线趋向可以看出，在小偏心受压情况下，随着轴向压力的增大，截面所能承担的弯矩反而降低。图 5.16 中，a 点表示受弯构件的情况，c 点代表轴心受压构件的情况。曲线上任一点 d 的坐标代表截面承载力的一种 M 和 N 的组合。如任意点 e 位于图中曲线的内侧，说明截面在该点坐标给出的内力组合下未达到承

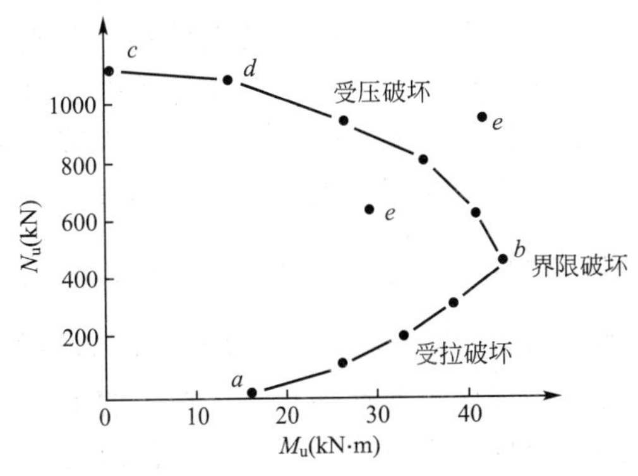

图 5.16 偏心受压构件的 M－N 相关曲线图

载能力极限状态，是安全的；若 e 点位于图中曲线的外侧，则表明截面的承载能力不足。

5.3.4 附加偏心距和初始偏心距

由于荷载的不准确性、混凝土的非均匀性及施工偏差等原因，都可能产生附加偏心距。按 $e_0=M/N$ 算得的计算偏心距，实际上有可能增大或减小。在偏心受压构件的正截面承载力计算中，应考虑轴向压力在偏心方向存在的附加偏心距，其值取 20mm 和偏心方向截面尺寸的 1/30 两者中的较大值。截面的初始偏心距 e_i 按下式计算：

$$e_i=e_0+e_a \tag{5-7}$$

其中 $e_0=M/N$，e_a 为附加偏心距。

5.3.5 结构侧移和构件挠曲引起的附加内力

钢筋混凝土偏心受压构件中的轴向力在结构发生层间位移和挠曲变形时会引起附加内力，即二阶效应。如在有侧移框架中，二阶效应主要是指竖向荷载在产生了侧移的框架中引起的附加内力，即通常所说的 $P-\Delta$ 效应；在无侧移框架中，二阶效应是指轴向力在产生了挠曲变形的柱段中引起的附加内力，通常称为 $P-\Delta$ 效应。《规范》对重力二阶效应计算提出了有限元法和增大系数两种方法，混凝土结构中由竖向荷载产生的 $P-\Delta$ 效应可采用有限元分析方法计算，也可用《规范》附录 B 的简化方法。当采用有限元方法时，宜考虑混凝土构件开裂对构件刚度降低的影响，目前这种分析方法尚存在困难，因此一般采用简化分析方法。本书针对 $P-\Delta$ 效应进行分析与讲解。

1. 偏心受压长柱的附加弯矩或二阶弯矩

钢筋混凝土柱在偏心压力作用下将产生挠曲变形，即侧向挠度 f(图 5.17)。当柱的长细比较小时，侧向挠度 f 与初始偏心距 e_i 相比很小，可略去不计，这种柱称为短柱。当柱的长细比较大时，由于侧向挠度的影响，各个截面所受的弯矩不再是 Ne_i，而变为 $N(e_i+y)$，其中 y 为构建任意点的水平侧向挠度，在柱高中点处，侧向挠度最大的截面中的弯矩为 $N(e_i+f)$。f 随荷载的增大而不断加大，因此弯矩的影响越来越明显。偏心受压构件计算中把截面弯矩中的 Ne_i 称为一阶弯矩或初始弯矩(不考虑纵向弯曲效应构件截面中的弯矩)，将 N_f 称为附加弯矩或二阶弯矩。当长细比较小时，偏心受压构件的纵向弯曲变形很小，附加弯矩的影响可忽略，因此《规范》规定：弯矩作用平面内截面对称的偏心受压构件，当同一主轴方向的杆端弯矩比 $\frac{M_1}{M_2}$ 不大于 0.9 且设计轴压比不大于 0.9 时，若构件的长细比满足式(5-7)的要求，可不考虑轴向压力在该方向挠曲杆件中产生的附加弯矩影响；否则应根据《规范》的规定，按截面的两个主轴方向分别考虑轴向压力在挠曲杆件中产生的附加弯矩影响。

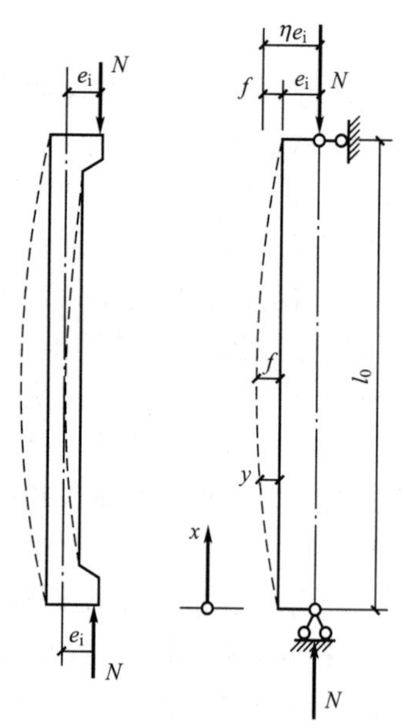

图 5.17 偏心受压构件的受力图式

$$l_c/i \leqslant 34-12(M_1/M_2)$$

式中 M_1、M_2——分别为已考虑侧翼影响的偏心受压构件两端截面按结构弹性分析确定的对同一主轴的组合弯矩设计值，绝对值较大端为 M_2，绝对值较小端为 M_1，当构件按单曲率弯曲时，M_1/M_2 取正值，否则取负值；

l_c——构件的计算长度，可近似取偏心受压构件相应主轴方向上支撑点之间的距离；

i——偏心方向的截面回转半径。

2. 考虑二阶弯矩影响的控制截面弯矩设计值

实际工程中最常遇到的是长柱，在确定偏心受压构件的内力设计值时，需考虑构件侧向挠度(二阶弯矩)的影响，工程设计中，通常采用增大系数法。

(1) 除排架结构柱以外的偏心受压构件，《规范》中将柱端的附加弯矩计算用偏心距调节系数 C_m 和弯矩增大系数 η_{ns} 来表示，即偏心受压柱的设计弯矩值为原柱端最大弯矩 M_2 乘以偏心距调节系数 C_m 和弯矩增大系数 η_{ns} 而得。考虑轴向压力在挠曲杆件中产生的二阶效应后，控制截面弯矩设计值应按下列公式计算：

$$M=C_m\eta_{ns}M_2 \tag{5-8}$$

$$C_m=0.7+0.3\frac{M_1}{M_2} \tag{5-9}$$

$$\eta_{ns}=1+\frac{1}{1300(M_2/N+e_a)/h_0}\left(\frac{l_c}{h}\right)^2\zeta_c \tag{5-10}$$

$$\zeta_c=\frac{0.5f_cA}{N} \tag{5-11}$$

当 $C_m\eta_{ns}<1.0$ 时，取1.0；对剪力墙肢类及核心筒墙肢类构件，可取 $C_m\eta_{ns}=1.0$。

式中 C_m——构件端截面偏心距调节系数，当小于0.7时，取0.7；

η_{ns}——弯矩增大系数；

N——与弯矩设计值 M_2 相应的轴向压力设计值；

e_a——附加偏心距；

ζ_c——截面曲率修正系数，当计算值大于1.0时，取1.0；

h——截面高度(对环形截面，取外直径；对圆形截面，取直径)；

h_0——截面有效高度(对环形截面，取 $h_0=r_2+r_s$；对圆形截面，取 $h_0=r+r_s$；此处，r、r_2 和 r_s 按《规范》附录E第E.0.3条和第E.0.4条计算)；

A——构件截面面积。

(2) 排架结构柱考虑二阶效应的弯矩设计值可按下列公式计算：

$$M=\eta_sM_0 \tag{5-12}$$

$$\eta_s=1+\frac{1}{1500e_i/h_0}\left(\frac{l_0}{h}\right)^2\zeta_c \tag{5-13}$$

$$\zeta_c=\frac{0.5f_cA}{N}$$

$$e_i=e_0+e_a$$

式中 ζ_c——截面曲率修正系数，当计算值大于1.0时，取1.0；

e_i——初始偏心距；

e_0——轴向压力对截面重心的偏心距，$e_0=M_0/N$；

M_0——阶弹性分析柱端弯矩设计值；

e_a——附加偏心距；

l_0——排架柱的计算长度；

h、h_0——分别为考虑弯曲方向柱的截面高度和截面有效高度；

A——柱的截面面积。

5.4 偏心受压构件设计计算

偏心受压构件常用的截面形式有矩形截面和工形截面两种，其截面的配筋方式有非对称配筋和对称配筋两种，截面受力的破坏形式有受拉破坏和受压破坏两种类型。从承载力的计算又可分为截面设计和截面复核两种情况。

5.4.1 偏心受压构件计算公式

1. 基本假定

截面应变分布符合平截面假定；不考虑混凝土的抗拉强度；受压区混凝土的极限压应变为$\varepsilon_{cu}=0.0033-(f_{cu,k}-50)\times10^{-5}$。受压区混凝土应力图可简化为等效矩形应力图，其受压区高度x可取等于按截面应变保持平面的假定所确定的中和轴高度乘以系数β_1，当混凝土强度等级为C50时，取为0.8；当混凝土强度等级为C80时，取为0.74；其间按线性内插法取用。矩形应力图的应力应取为混凝土轴心抗压强度设计值乘以α_1，当混凝土强度等级为C50时，取为1.0；当混凝土强度等级为C80时，取为0.94；其间按线性内插法取用。

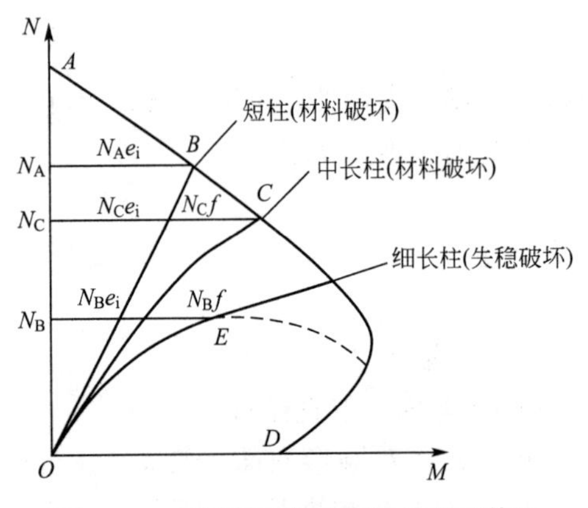

图5.18 矩形截面偏心受压构件正截面承载力计算图式

2. 基本计算公式

根据偏心受压构件破坏时的极限状态及上述基本假定，可绘出矩形截面偏心受压构件正截面承载力计算图式，如图5.18所示。

1) 大偏心受压($\xi\leqslant\xi_b$)

大偏心受压时，受拉钢筋应力$\sigma_s=f_y$，根据轴力和对受拉钢筋合力中心取矩的平衡条件有：

$$N=\alpha_1 f_c bx+f'_yA'_s-f_yA_s \tag{5-14}$$

$$Ne=\alpha_1 f_c bx\left(h_0-\frac{x}{2}\right)+f'_yA'_s(h_0-a'_s) \tag{5-15}$$

其中，e为轴向力N至钢筋A_s合力中心的距离：

$$e=e_i+\frac{h}{2}-a_s \tag{5-16}$$

a_s，a_s'分别为受拉、受压钢筋合力作用点至构件近外边缘的距离。

为了保证受压钢筋(A_s')应力到达 f_y'及受拉钢筋应力到达 f_y，式(5-16)需符合下列条件：

$$x \geqslant 2a_s' \tag{5-17}$$

$$x \leqslant \xi_b h_0 \tag{5-18}$$

当取 $N=0$，$Ne=M$ 时，式(5-15)及式(5-16)即转化为双筋矩形截面受弯构件的基本公式。当 $x=\xi_b h_0$ 时，为大小偏心受压的界限情况，在式(5-14)中取 $x=\xi_b h_0$，可写出界限情况下的轴向力 N_b的表达式：

$$N_b=\alpha_1 f_c \xi_b b h_0+f_y' A_s'-f_y A_s \tag{5-19}$$

当截面尺寸、配筋面积及材料强度为已知时，N_b 为定值，可按式(5-19)确定。如作用在该截面上的轴向力设计值 $N \leqslant N_b$，则为大偏心受压情况；若 $N>N_b$，则为小偏心受压情况。

2) 小偏心受压($\xi>\xi_b$)

距轴力较远一侧纵筋(A_s)中应力 $\sigma_s<f_y$，这时截面上力的平衡条件为：

$$N=\alpha_1 f_c bx+f_y' A_s'-\sigma_s A_s \tag{5-20}$$

$$Ne=\alpha_1 f_c bx\left(h_0-\frac{x}{2}\right)+f_y' A_s'(h_0-a_s') \tag{5-21}$$

式中，σ_s在理论上可按应变的平截面假定确定 ε_c，再由 $\sigma_s=\varepsilon_c E_s$ 确定，但计算过于复杂。

由于σ_s 与 ε_s有关，根据实测结果可近似按下式计算，即

$$\sigma_s=f_y\frac{\xi-\beta_1}{\xi_b-\beta_1} \tag{5-22}$$

式(5-22)算得的钢筋应力符合下列条件：

$$-f_y' \leqslant \sigma_s \leqslant f_y \tag{5-23}$$

当 $\xi \geqslant 2\beta_1-\xi_b$ 时，取 $\sigma_s=-f_y'$。

3) 截面配筋计算

当截面尺寸、材料强度及荷载产生的内力设计值 N 和 M 均为已知，要求计算需配置的纵向钢筋 A_s'及 A_s时，需首先判断是哪一类偏心受压情况，才能采用相应的公式进行计算。

3. 两种偏心受压情况的判别

偏心受压情况的基本条件是：$\xi \leqslant \xi_b$为大偏心受压；$\xi>\xi_b$为小偏心受压。但在开始截面配筋计算时，A_s'及 A_s为未知，将无从计算相对受压区高度，因此也就不能利用 h_0来判别。此时可近似按下面方法判别：当 $e_i \leqslant 0.3h_0$时，为小偏心受压情况；当 $e_i>0.3h_0$时，这种方法可按大偏心受压计算。只用于快速判别，并不绝对准确。

5.4.2 偏心受压构件的配筋计算

1. 大偏心受压构件的配筋计算

1) 受压钢筋 A_s'及受拉钢筋 A_s均未知

两个基本公式(5-14)及式(5-15)中有三个未知数：A_s'、A_s及 x，故不能得出唯一的

解。为了使总的配筋面积 $A_s'+A_s$ 为最小，和双筋受弯构件一样，可取 $x=\xi_b h_0$，则由式(5-15)可得：

$$A_s'=\frac{Ne-\alpha_1 f_c bh_0\xi_b(1-0.5\xi_b)}{f_y'(h_0-a_s')}=\frac{Ne-\alpha_{s,\max}\alpha_1 f_c bh_0^2}{f_y'(h_0-a_s')} \tag{5-24}$$

式中，$e=e_i+h/2-a_s$。

按式(5-24)求得的 A_s' 应不小于 $0.002bh$，如小于则取 $A_s'=0.002bh$，按 A_s' 为已知的情况计算。

将式(5-24)算得的 A_s' 代入式(5-14)，有：

$$A_s=\frac{\alpha_1 f_c\xi bh_0+f_y'A_s'-N}{f_y} \tag{5-25}$$

按式（5-25）算得的 A_s 应不小于 $\rho_{\min}bh$，否则应取 $A_s=\rho_{\min}bh$。

2）受压钢筋 A_s' 为已知，求 A_s

当 A_s' 为已知时，式(5-14)及式(5-15)中有两个未知数 A_s 及 x，可求得唯一的解。由式(5-15)可知，Ne 由两部分组成：$M'=f_y'A_s'(h_0-a_s')$ 及 $M_1=Ne-M'=\alpha_1 f_c bx(h_0-x/2)$。$M_1$ 为受压区混凝土与对应的一部分受拉钢筋 A_{s1} 所组成的力矩，与单筋矩形截面受弯构件相似：

$$\alpha_s=\frac{M_1}{\alpha_1 f_c bh_0^2} \tag{5-26}$$

由 α_s 按 $\gamma_s=[1+(1-2\alpha_s)^{1/2}]/2$ 可求得 A_{s1}，则

$$A_{s1}=\frac{M_1}{f_y\gamma_s h_0} \tag{5-27}$$

将 A_s' 及 A_{s1} 代入式(5-14)可写出总的受拉钢筋面积 A_s 的计算公式：

$$A_s=\frac{\alpha_1 f_c bx+f_y'A_s'-N}{f_y}=A_{s1}+\frac{f_y'A_s'-N}{f_y} \tag{5-28}$$

应该指出的是，如果 $\alpha_s=M_1/(\alpha_1 f_c bh_0^2)>\alpha_{s,\max}$，则说明已知的 A_s' 尚不足，需按 A_s' 为未知的情况重新计算。如果 $\gamma_s h_0>h_0-a_s'$，即 $x<2a_s'$，与双筋受弯构件相似，可近似取 $x=2a_s'$，对 A_s' 合力中心取矩得出 A_s：

$$A_s=\frac{Ne'}{f_y(h_0-a_s')}=\frac{N\left(e_i-\frac{h}{2}+a_s'\right)}{f_y(h-a_s')} \tag{5-29}$$

2. 小偏心受压构件的配筋计算

将 σ_s 的公式(5-22)代入式(5-20)及式(5-21)，并将 x 代换为 ξh_0，则小偏心受压的基本公式为：

$$N=\alpha_1 f_c\xi bh_0+f_y'A'_s-f_y\frac{\xi-\beta_1}{\xi_b-\beta_1}A_s \tag{5-30}$$

$$Ne=\alpha_1 f_c bh_0^2\xi(1-0.5\xi)+f_y'A_s'(h_0-a_s') \tag{5-31}$$

$$e=(e_0+e_a)+\frac{h}{2}-a_s \tag{5-32}$$

式(5-30)及式(5-31)中有 3 个未知数 ξ、A_s' 及 A_s，故不能得出唯一的解。由于在小偏心受压时，远离纵向力一侧的钢筋 A_s 无论拉压其应力都达不到强度设计值，故配置数

量很多的钢筋是无意义的。故可取构造要求的最小用量，但考虑到在 N 较大，而 e_0 较小的全截面受压情况下，如附加偏心距 e_a 与荷载偏心距 e_0 方向相反，即 e_a 使 e_0 减小，对距轴力较远一侧受压钢筋 A_s 将更不利(图 5.19)，对 A_s' 合力中心取矩：

$$A_s=\frac{Ne'\alpha_1 f_c bh\left(h_0'-\frac{h}{2}\right)}{f_y'(h_0'-a_s)} \tag{5-33}$$

其中，e' 为轴向力 N 至 A_s' 合力中心的距离：

$$e'=\frac{h}{2}-a_s'-(e_0-e_a) \tag{5-34}$$

为了说明式(5-33)的控制范围，令式(5-33)等于 $0.002bh$，对常用的材料强度及 a_s'/h_0 比值进行数值分析的结果表明：当 $N>\alpha_1 f_c bh$ 时，按式(5-33)求得的 A_s，才有可能大于 $0.002bh$；当 $N\leqslant\alpha_1 f_c bh$ 时，按式(5-33)求得 A_s 将小于 $0.002bh$，应取 $A_s=0.002bh$。如上所述，在小偏心受压情况下，A_s 可直接由式(5-33)或 $0.002bh$ 中的较大值确定，与 ξ 及 A_s' 的大小无关，是独立的条件，因此，当 A_s 确定后，小偏心受压的基本公式(5-30)及式(5-31)中只有两个未知数 ξ 及 A_s，故可求得唯一的解。将式(5-33)或 $0.002bh$ 中的 A_s 较大值代入基本公式消去 A_s' 求解 ξ，得

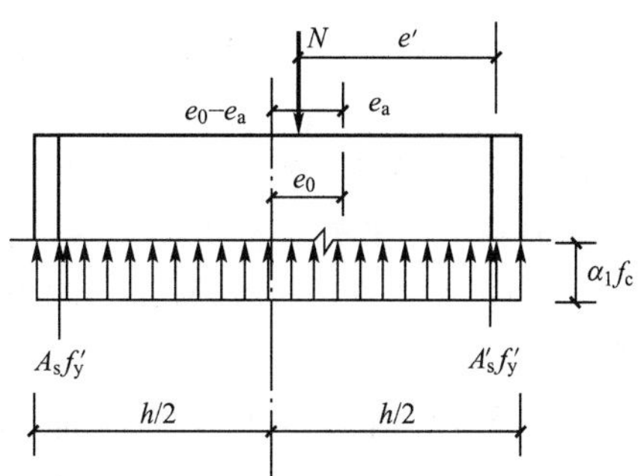

图 5.19 e_a 与 e_0 反向全截面受压

$$\xi=\left[\frac{a_s'}{h_0}+\frac{A_s f_y[1-a_s'/h_0]}{(\xi_b-\beta_1)\alpha_1 f_c bh_0}\right]+\sqrt{\left[\frac{a_s'}{h_0}+\frac{A_s f_y(1-a'/h_0)}{(\xi_b-\beta_1)\alpha_1 f_c bh_0}\right]^2+2\left[\frac{Ne'}{\alpha_1 f_c bh_0^2}-\frac{\beta_1 A_s f_y[1-a_s'/h_0]}{(\xi_b-\beta_1)\alpha_1 f_c bh_0}\right]} \tag{5-35}$$

可能出现如下两种情形。

(1) 如 $\xi_1<2\beta-\xi_b$，将 ξ 代入式(5-30)可求得 A_s'，显然 A_s' 应不小于 $0.002bh$，否则取 $A_s'=0.002bh$。

(2) 如 $\xi\geqslant2\beta-\xi_b$，这时，基本公式转化为：

$$N=\alpha_1 f_c\xi bh_0+f_y'A_s'+f_yA_s \tag{5-36}$$

$$Ne=\alpha_1 f_c bh_0^2\xi(1-0.5\xi)+f_y'A_s'(h_0-a_s) \tag{5-37}$$

将 A_s 代入上式，需按下式重新求解 ξ 及 A_s'：

$$\xi=\frac{a_s'}{h_0}+\sqrt{\left(\frac{a_s'}{h_0}\right)^2+2\left[\frac{Ne'}{\alpha_1 f_c bh_0^2}-\frac{A_s}{bh_0\alpha_1 f_c}\left(1-\frac{a_s'}{h_0}\right)\right]} \tag{5-38}$$

同样，A_s' 应不小于 $0.002bh$，否则取 $0.002bh$。

对矩形截面小偏心受压构件，除进行弯矩作用平面内的偏心受力计算外，还应对垂直于弯矩作用平面按轴心受压构件进行验算。

3. 非对称配筋偏心受压构件截面设计计算步骤

(1) 根据构件工作条件及使用环境确定混凝土强度等级及钢筋强度级别，并确定材料

力学性能。

(2) 由结构功能要求及刚度条件初步确定截面尺寸 b、h；由混凝土保护层厚度及预估钢筋的直径，确定 a_s、a'_s，计算 h_0 及 $0.3h_0$。

(3) 判断是否考虑二阶效应的影响，求控制截面弯矩设计值。

(4) 计算偏心距 $e_0=M/N$，确定附加偏心距 e_a(20mm 或 $h/30$ 的较大值)，进而计算初始偏心距 $e_i=e_0+e_a$。

(5) 将 e_i(或 $M/N+e_a$)与 $0.3h_0$ 比较来初步判别大小偏心。

(6) 当 e_i(或 $M/N+e_a$)$>0.3h_0$ 时，按大偏心受压考虑。根据 A_s 和 A'_s 的状况可分为：A_s 和 A'_s 均为未知，引入 $x=\xi_b h_0$，由式(5-23)和式(5-24)确定 A'_s 及 A_s；A'_s 已知求 A_s，由式(5-14)和式(5-15)两方程可直接求及 A_s；A'_s 已知求 A_s，但 $x<2a'_s$，按式(5-28)求 A_s。

(7) 当 e_i(或 $M/N+e_a$)$<0.3h_0$ 时，按小偏心受压考虑。由式(5-32)或 $0.002bh$ 中取较大值确定，由基本公式(5-30)与式(5-31)求 ξ 及 A'_s。求 ξ 时，采用式(5-34)或式(5-35)，A_s 由式(5-32)确定。此外，还应对垂直于弯矩作用平面按轴心受压构件进行验算。

(8) 将计算所得的 A_s 及 A'_s，根据截面构造要求确定钢筋的直径和根数，并绘出截面配筋图。

应用案例5.3

某钢筋混凝土柱，截面尺寸 $b\times h=300\text{mm}\times500\text{mm}$，柱计算长度 $l_0=6\text{m}$，轴向力设计值 $N=1300\text{kN}$，柱端弯矩设计值 $M_1=M_2=253\text{kN}\cdot\text{m}$。采用混凝土强度等级为 C30，纵向受力钢筋采用 HRB400 级，求所需配置的 A_s 及 A'_s(按两端弯矩相等的框架柱考虑)。

【解】 1. 确定设计参数

设 $a_s=a'_s=40\text{mm}$，$h_0=h-a_s=460\text{mm}$。由所选材料查表得：C30 混凝土，$f_c=14.3\text{N/mm}^2$，$\alpha_1=1.0$，纵筋为 HRB400 级，$f_y=f'_y=360\text{N/mm}^2$，$\xi_b=0.518$，$l_c=l_0=6000\text{mm}$。

$$I=\frac{bh^3}{12}=\frac{300\times500^3}{12}=3125000000(\text{mm}^4)，A=bh=300\times500=150000(\text{mm}^2)$$

$$i=\sqrt{\frac{I}{A}}=\sqrt{\frac{3125000000}{150000}}=144.3(\text{mm})$$

$$e_a=\frac{h}{30}=\frac{500}{30}=16.7(\text{mm})<20\text{mm}，取\ e_a=20\text{mm}$$

2. 判断是否考虑二阶效应的影响

由于 $M_1=M_2$，故 $\dfrac{M_1}{M_2}=1.0>0.9$，需要考虑二阶效应的影响。

3. 求控制截面弯矩设计值

$$\xi_c=\frac{0.5f_cA}{N}=\frac{0.5\times14.3\times300\times500}{1300000}=0.825<1.0$$

$$\eta_{ns}=1+\frac{1}{1300(M_2/N+e_a)/h_0}\left(\frac{l_c}{h}\right)^2\xi_c$$

$$=1+\frac{1}{1300\times\frac{(253\times10^6/1300000+20)}{460}}\left(\frac{6000}{500}\right)^2\times0.825=1.196$$

$$C_m=0.7+0.3\frac{M_1}{M_2}=1.0$$

得弯矩设计值 $M=C_m\eta_{ns}M_2=1\times1.196\times253=302.56(kN\cdot m)$

4. 判断大小偏心受压

$$e_0=\frac{M}{N}=\frac{302.6\times10^6}{1300000}=232.8(mm)$$

$$e=e_0+e_a=232.8+20=252.8(mm)>0.3h_0=0.3\times460=138(mm)$$

属于大偏心受压情况。

5. 求 A_s 及 A_s'

A_s 及 A_s' 均未知，代入基本计算公式求解。引入条件 $x=x_b=\xi_b h_0$

$$e=e_i+\frac{h}{2}-a_s=252.8+\frac{500}{2}-40=462.8(mm)$$

$$A_s'=\frac{Ne-\alpha_1 f_c bh_0^2\xi_b(1-0.5\xi_b)}{f_y'(h_0-a_s')}$$

$$=\frac{1300000\times462.8-1.0\times14.3\times300\times460^2\times0.518\times(1-0.5\times0.518)}{360\times(460-40)}$$

$$=1700.5(mm^2)>\rho_{min}'bh=0.002bh=0.002\times300\times500=300(mm^2)$$

再求 A_s

$$A_s=\frac{\alpha_1 f_c bh_0\xi_b+f_y'A_s'-N}{f_y}$$

$$=\frac{1.0\times14.3\times300\times460\times0.518+360\times1700.5-1300000}{360}$$

$$=928.9(mm^2)>\rho_{min}bh=0.002bh=0.002\times300\times500=300(mm^2)$$

6. 选配钢筋并验算配筋率，绘制截面配筋图

最后 A_s' 选用 3Φ28($A_s'=1847mm^2$)，A_s 选用 2Φ25($A_s=982mm^2$)，箍筋选用Φ8@300(图 5.20)。

全部纵筋配筋率为：

$$\rho=\frac{A_s+A_s'}{bh}=\frac{1847+982}{300\times500}=1.89\%>\rho_{min}=0.55\%\text{，满足要求}$$

且 $\rho<\rho_{max}=5\%$

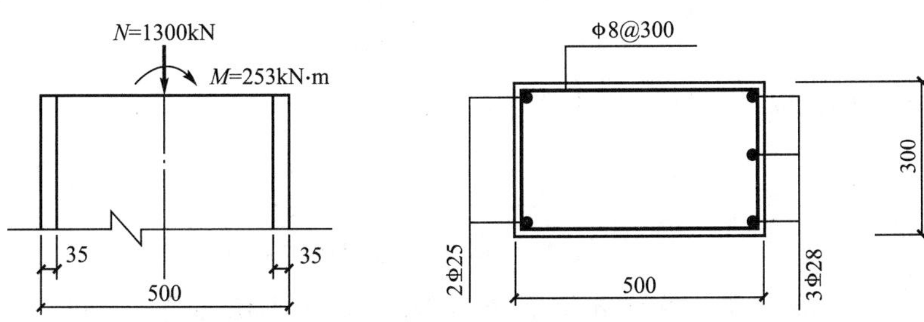

图 5.20 应用案例 5.3 图

此例为大偏心受压实例，A_s和A_s'均未知，必须让混凝土充分利用，引入条件$x=\xi_b h_0$，A_s'大于$0.002bh$，应用公式(5－14)、式(5－15)求解。

4. 截面承载力复核

当构件的截面尺寸、配筋面积A_s及A_s'、材料强度及计算长度均为已知，要求根据给定的轴力设计值N(或偏心距e_0)确定构件所能承受的弯矩设计值M(或轴向力N)时，属于截面承载力复核问题。一般情况下，单向偏心受压构件应进行两个平面内的承载力计算：弯矩作用平面内承载力计算及垂直于弯矩作用平面的承载力计算。

1) 弯矩作用平面内的承载力计算

(1) 给定轴向力设计值N，求弯矩设计值M。截面尺寸、配筋及材料强度均为已知，未知数只有x和M两个。先将$x=\xi_b h_0$、A_s及A_s'代入公式(5－14)算得界限轴向力N_b。如给的设计轴向力$N\leqslant N_b$，则为大偏心受压的情况，可重新用公式(5－14)求x，如果$x\geqslant 2a_s'$，用公式(5－16)求e，再由$e=e_i+\dfrac{h}{2}-a_s$求e；如果$x<2a_s'$，取$x=2a_s'$，利用公式(5－28)求e'，再由$e=e_i-\dfrac{h}{2}+a_s$求e。取$e_a=20\text{mm}$或$(1/30)h$，$e_i=e_0+e_a$，弯矩设计值$M=Ne_0$。

如果给定的轴力设计值$N>N_b$，则为小偏心受压。

(2) 给定荷载的偏心距e_0，求轴向力设计值N。由于截面尺寸、配筋及e_0为已知，未知数只有x和N两个。$e_a=20\text{mm}$或$(1/30)h$，$e_i=e_0+e_a$，当$e_i\leqslant 0.3h_0$时，为小偏心受压情况；当$e_i>0.3\ h_0$时，可按大偏心受压计算。

2) 垂直于弯矩作用平面的承载力计算

当构件在垂直于弯矩作用平面内的长细比较大时，应按轴心受压构件验算垂直于弯矩作用平面的受压承载力。这时应考虑稳定系数φ的影响，计算承载力N。

5. 对称配筋矩形截面

在工程设计中，当构件承受变号弯矩作用，或为了构造简单便于施工时，常采用对称配筋截面，即$A_s=A_s'$且$f_y=f_y'$。对称配筋情况下，当$e_i>0.3h_0$时，不能仅根据这个条件就按大偏心受压构件计算，还需要根据ξ与ξ_b(或N与N_b)比较来判断属于哪一种偏心受压情况。对称配筋时$f_y'A_s'=f_yA_s$，故$N_b=\alpha_1 f_c\xi_b bh_0$。

(1) 当$e_i>0.3h_0$，且$N\leqslant N_b$时，为大偏心受压。这时$x=N/(\alpha_1 f_c b)$，代入公式，可有：

$$A_s'=A_s=\frac{Ne-\alpha_1 f_c bx(h_0-x/2)}{f_y'(h_0-a_s')} \tag{5-39}$$

如$x<2a_s'$，近似取$x=2a_s'$，则上式转化为：

$$A_s=A_s'=\frac{Ne'}{f_y(h_0-a_s')}=\frac{N(e_i-\dfrac{h}{2}+a_s')}{f_y(h_0-a_s')} \tag{5-40}$$

(2) 当$\eta e_i\leqslant 0.3h_0$，或$e_i>0.3h_0$，且$N>N_b$时，为小偏心受压。将$A_s'=A_s$，$f_y'=f_y$代入：

$$N=\alpha_1 f_c \xi b h_0+f_y' A_s' \frac{\xi_b-\xi}{\xi_b-\beta_1}$$

$$f_y' A_s'=(N-\alpha_1 f_c \xi b h_0)\frac{\xi_b-\beta_1}{\xi_b-\xi}$$

可得：$Ne\frac{\xi_b-\xi}{\xi_b-\beta_1}=\alpha_1 f_c b h_0^2 \xi(1-0.5\xi)\frac{\xi_b-\xi}{\xi_b-\beta_1}+(N-\alpha_1 f_c \xi b h_0)(h_0-a_s')$

这是一个 ξ 的三次方程，用于设计是非常不方便的。为了简化计算：

$$\gamma=\xi(1-0.5\xi)(\xi_b-\xi)/(\xi_b-\beta_1) \tag{5-41}$$

当钢材强度给定时，ξ_b 为已知的定值。由上式可画出 γ 与 ξ 的关系曲线，如图 5.21 所示。由图可见，当 $\xi>\xi_b$ 时，γ 与 ξ 的关系逼近于直线。对常用的钢材等级，可近似取：

$$\gamma=0.43\frac{\xi_b-\xi}{\xi_b-\beta_1} \tag{5-42}$$

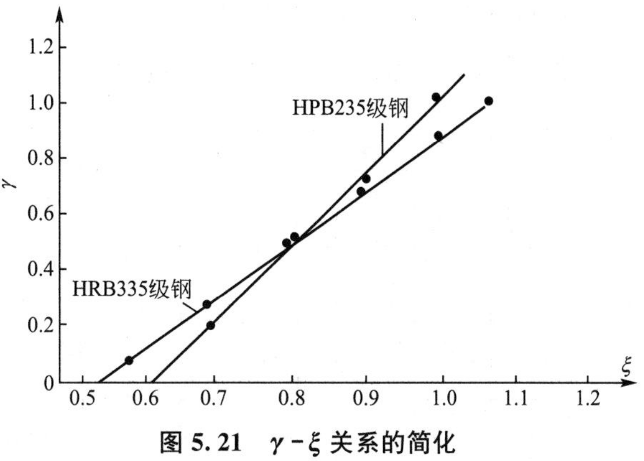

图 5.21 $\gamma-\xi$ 关系的简化

经整理后可得 ξ 的计算公式为

$$\xi=\frac{N-\xi_b\alpha_1 f_c b h_0}{\frac{Ne-0.43\alpha_1 f_c b h_0^2}{(\beta_1-\xi_b)(h_0-a_s')}+\alpha_1 f_c b h_0}+\xi_b \tag{5-43}$$

矩形截面对称配筋小偏心受压构件的钢筋截面面积，可按式计算：

$$A_s'=A_s=\frac{Ne-\xi(1-0.5\xi)\alpha_1 f_c b h_0^2}{f_y'(h_0-a_s')} \tag{5-44}$$

(3) 对称配筋矩形截面承载力的复核与非对称矩形截面相同，只是引入对称配筋的条件 $A_s'=A_s$，$f_y'=f_y$。同样应同时考虑弯矩作用平面的承载力及垂直于弯矩作用平面的承载力。

(4) 现将对称配筋偏心受压构件截面设计计算步骤归结如下。

① 根据构件工作条件及使用环境确定混凝土强度等级及钢筋强度级别，并确定材料力学指标。

② 由结构功能要求及刚度条件初步确定截面尺寸 b、h；由混凝土保护层厚度及预估钢筋的直径确定 a_s、a_s'。计算 h_0 及 $0.3h_0$。

③ 判断是否考虑二阶效应的影响，求控制截面弯矩设计值。

④ 由截面上的设计内力，计算偏心距 $e_0=M/N$，确定附加偏心距 e_a(20mm 或 $h/30$ 的较大值)，进而计算初始偏心距 $e_i=e_0+e_a$。

⑤ 计算对称配筋条件下的 $N_b=\alpha_1 f_c b\xi_b h_0$，将 e_i 与 $0.3h_0$、N_b 与 N 比较来判别大小偏心。

⑥ 当 $\eta e_i>0.3h_0$，且 $N\leqslant N_b$ 时，为大偏心受压。用 $x=N/(\alpha_1 f_c b)$，及式(5-39)或式(5-40)求出 $A_s=A_s'$。

⑦ 当 $e_i\leqslant 0.3h_0$ 时，或 $e_i>0.3h_0$，且 $N>N_b$，为小偏心受压。由式(5-43)求 ξ，再

代入式(5-44)确定出 $A_s=A_s'$。

⑧ 将计算所得的 A_s 及 A_s'，根据截面构造要求确定钢筋的直径和根数，并绘出截面配筋图。

5.5 受拉构件设计计算

5.5.1 轴心受拉构件设计

1. 轴心受拉构件的受力特点

轴心受拉构件裂缝的出现和开展过程类似于受弯构件。轴心拉力 N 与构件伸长变形 ΔL 之间的关系如图 5.22 所示。由图可知：当拉力较小，构件截面未出现裂缝时，$N-\Delta L$ 曲线的 oa 段接近于直线。随着拉力的增大，构件截面裂缝的出现和开展，混凝土承受拉力的作用逐渐减弱，$N-\Delta L$ 曲线的 ab 段逐渐向纯钢筋的 ob 段靠近。试验表明，轴心受拉构件的裂缝间距和宽度也是不均匀的，它们与配筋率的大小和受拉钢筋的直径等因素密切相关。

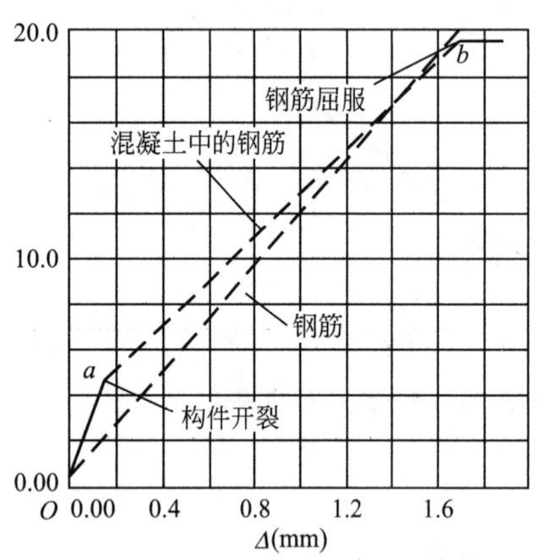

图 5.22 轴心受拉构件受力和变形特点

在配筋率高的构件中，其裂缝“密而细”，反之则“稀而宽”。当配筋率相同时，粗钢筋配筋的构件裂缝“稀而宽”，反之则“密而细”。这些特点与受弯构件类似。不同的是轴心受拉构件全截面受拉，一般裂缝贯穿整个截面。在轴心受拉构件中当拉力使裂缝截面的钢筋应力达到屈服强度时，构件便进入破坏阶段。

2. 轴心受拉构件承载力计算

当轴心受拉构件达到承载力极限状态时，此时裂缝截面的混凝土已完全退出工作，只有钢筋受力且达到屈服。由截面平衡条件(图 5.23)可以得到轴心受拉构件的正截面受拉承载力公式：

$$N \leqslant f_y A_s \tag{5-45}$$

式中 N——轴心拉力设计值；

A_s——纵向受拉钢筋的截面面积；

f_y——纵向受拉钢筋的抗拉强度设计值。

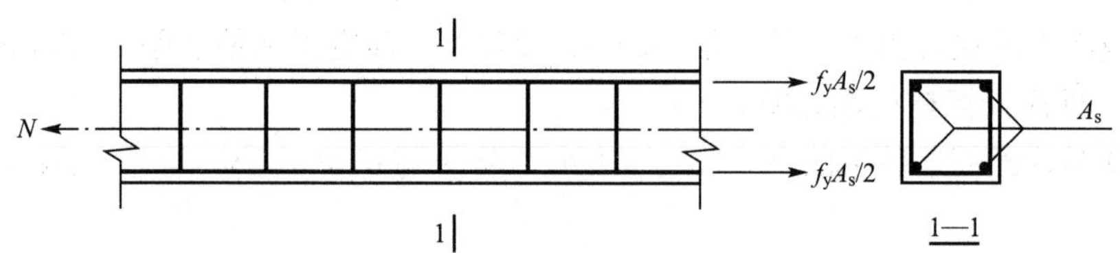

图 5.23 轴心受拉构件计算图式

5.5.2 偏心受拉构件设计

1. 偏心受拉构件的受力特点

偏心受拉构件同时承受轴心拉力 N 和弯矩 M，其偏心距 $e_0=M/N$。它是介于轴心受拉($e_0=0$)和受弯($N=0$，相当于 $e_0=\infty$)之间的一种受力构件。因此，其受力和破坏特点与 e_0 的大小有关。当偏心距很小时($e_0<h/6$)，构件处于全截面受拉的状态，开裂前的应力分布如图 5.24(a)所示，随着偏心拉力的增大，截面受拉较大一侧的混凝土将先开裂，并迅速向对边贯通。此时，裂缝截面混凝土退出工作，偏心拉力由两侧的钢筋(A_s和 A_s')共同承受，只是 A_s承受的拉力较为大。当偏心距稍大时($h/6<e_0<h/2-a_s$)，起初，截面一侧受拉另一侧受压，其应力分布如图 5.24(b)所示。随着偏心拉力的增大，靠近偏心拉力一侧的混凝土先开裂。由于偏心拉力作用于 A_s和 A_s'之间，在 A_s 一侧的混凝土开裂后，为保持力的平衡，在 A_s'一侧的混凝土将不可能再存在受压区，此时中和轴已经移至截面之外，而使这部分混凝土转化为受拉，并随偏心拉力的增大而开裂。由于截面应变的变化 A_s'也转为受拉钢筋。因此，图 5.24(a)、(b)所示的两种受力情况，截面混凝土都将裂通，偏心拉力全由左、右两侧的纵向受拉钢筋承受。只要两侧钢筋均不超过正常需要量，则当截面达到承载力极限状态时，钢筋 A_s和 A_s'的拉应力均可能达到屈服强度。因此可以认为，对 $0<e_0<h/2-a_s$ 的偏心受拉构件，当正常设计时，其破坏特征为混凝土完全不参加工作，而两侧钢筋 A_s和 A_s'均受拉屈服。通常将这种破坏称为小偏心受拉破坏。

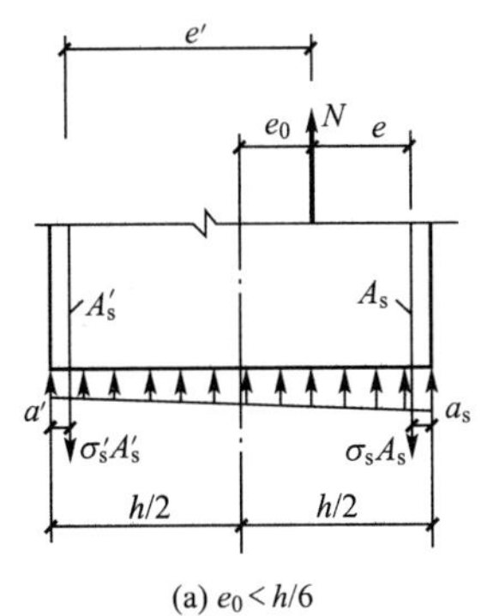

(a) $e_0<h/6$

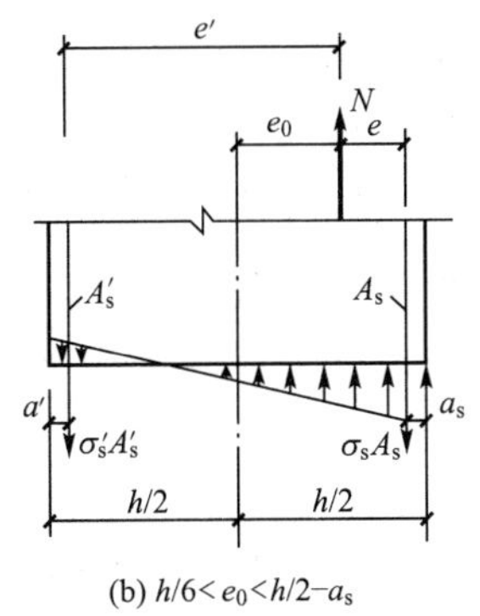

(b) $h/6<e_0<h/2-a_s$

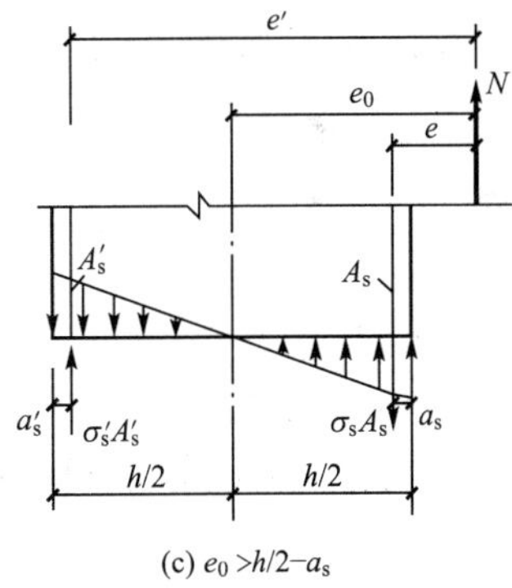

(c) $e_0>h/2-a_s$

图 5.24 偏心受拉构件截面应力状态

当偏心距 $e_0>h/2-a_s$时，开始截面应力分布如图 5.24(c)所示，混凝土受压区比图 5.24(b)明显增大，随着偏心拉力的增加，靠近偏心拉力一侧的混凝土开裂，裂缝虽能开展，但不会贯通全截面，而始终保持一定的受压区。其破坏特点取决于靠近偏心拉力一侧的纵向受拉钢筋 A_s的数量。当 A_s适量时，它将先达到屈服强度，随着偏心拉力的继续增大，裂缝开展、混凝土受压区缩小。最后，因受压区混凝土达到极限压应变及纵向受压钢筋 A_s'达到屈服，而使构件进入承载力极限状态，如图 5.25(b)所示。当 A_s过量时，则受压区混凝土先被破坏，A_s'达到屈服强度，而 A_s则达不到屈服强度，类似于超筋受弯构件的破坏。这两种破坏都称为大偏心受拉破坏，但设计时是以正常用钢量为前提的。

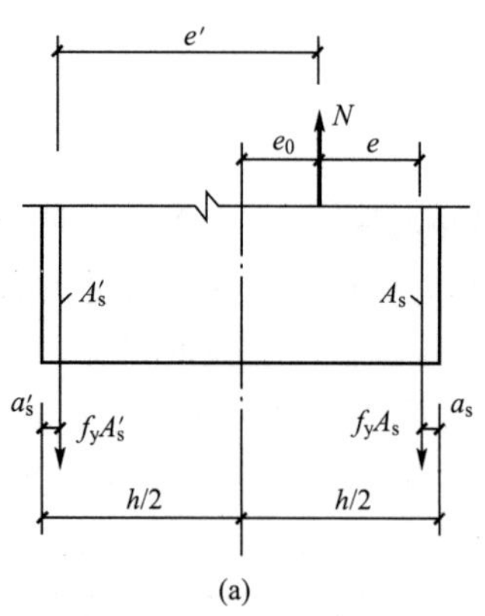

(a)

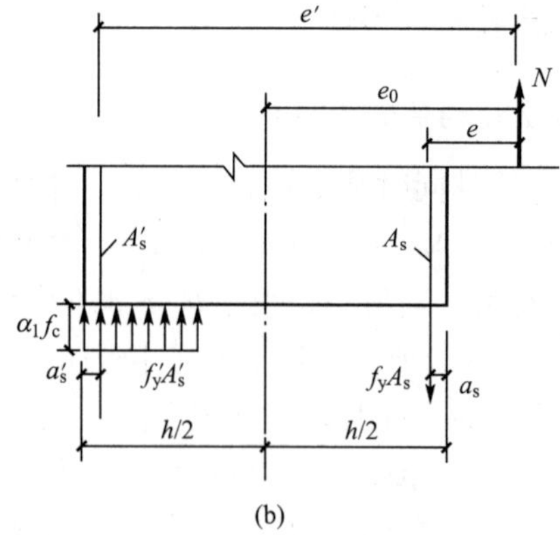

(b)

图 5.25　偏心受拉构件承载力计算图式

2. 偏心受拉构件正截面承载力计算

偏心受拉构件的两类破坏形态可由偏心力的作用位置来区别。当 $0<e_0\leqslant h/2-a_s$时，为小偏心受拉破坏，截面上只有受拉钢筋起作用，混凝土不参与工作。当 $e_0>h/2-a_s$时，为大偏心受拉构件，截面上有混凝土受压区的存在。由如图 5.25 所示的偏心受拉构件承载力极限状态的计算图，可建立基本计算方程。

3. 基本计算公式

1）小偏心受拉

由图 5.25(a)建立力和力矩的平衡方程：

$$N\leqslant A_s f_y+A_s' f_y \tag{5-46}$$

$$Ne'=A_s f_y(h_0-a_s') \tag{5-47}$$

$$Ne\leqslant A_s' f_y(h_0-a_s') \tag{5-48}$$

其中，$e'=h/2-a_s'+e_0$，$e=h/2-a_s-e_0$。

2）大偏心受拉

由图 5.25(b)建立力和力矩的平衡方程：

$$N\leqslant f_y A_s-f_y' A_s'-\alpha_1 f_c bx \tag{5-49}$$

$$Ne\leqslant\alpha_1 f_c bx\left(h_0-\frac{x}{2}\right)+A_s' f_y'(h_0-a_s') \tag{5-50}$$

其中，$e=e_0-h/2+a_s$。

为保证构件不发生超筋破坏和少筋破坏，并在破坏时纵向受压钢筋 A_s达到屈服强度，上述公式的适用条件是

$$x\leqslant\xi_b h_0$$

$$x\geqslant 2a_s'$$

$$A_s\geqslant\rho_{min}bh$$

同时还应指出：偏心受拉构件在弯矩和轴心拉力的作用下，也发生纵向弯曲，但与偏心受压构件相反，这种纵向弯曲将减小轴向拉力的偏心距。为简化计算，在设计基本公式中一般不考虑这种有利的影响。

4. 截面配筋计算

1) 小偏心受拉

当截面尺寸、材料强度及截面的作用效应 M 及 N 为已知时，可直接求出两侧的受拉钢筋。

2) 大偏心受拉

大偏心受拉时，可能有下述几种情况发生。

(1) A_s'及 A_s均为未知。

此时有 3 个未知数 A_s、A_s'及 x，需要补充一个方程才能求解。为节约钢筋，充分发挥受压混凝土的作用，令 $x=\xi_b h_0$，将 $x=\xi_b h_0$代入即可求得受压钢筋 A_s'。如果 $A_s'\geqslant\rho_{min}bh$，说明取 $x=\xi_b h_0$成立。即进一步将 $x=\xi_b h_0$ 及 A_s'代入公式求得 A_s。如果 $A_s'<\rho_{min}bh$或为负值则说明取 $x=\xi_b h_0$不能成立，此时应根据构造要求选用钢筋 A_s'的直径及根数。然后按 A_s'为已知的情况(2)考虑。

(2) 已知 A_s'，求 A_s。

此时公式为两个方程解两个未知数。故可联立求解。首先求得混凝土相对受压区高度 ξ。

$$\xi=1-\sqrt{1-2\frac{Ne-A_s'f_y'(h_0-a_s')}{\alpha_1 f_c bh_0^2}} \tag{5-51}$$

若 $2a_s'\leqslant x\leqslant\xi_b h_0$，则可将 x 代入式(5-49)求得靠近偏心拉力一侧的受拉钢筋截面面积：

$$A_s=(N+\alpha_1 f_c bx+A_s'f_y')/f_y \tag{5-52}$$

若 $x<2a_s'$或为负值，则表明受压钢筋位于混凝土受压区合力作用点的内侧，破坏时将达不到其屈服强度，即 A_s'的应力为一未知量，此时应按情况(3)处理。

(3) A_s'为已知，但 $x<2a_s'$或为负值。

此时可取 $x=2a_s'$或 $A_s'=0$ 分别计算 A_s值，然后取两者中的较小值作为截面配筋的依据。

5. 截面承载力复核

当截面复核时，截面尺寸、配筋、材料强度以及截面的作用效应(M 和 N)均为已知。大偏心受拉时，仅 x 和截面偏心受拉承载力 N_u 为未知，故可联立求解。

若联立求得的 x 满足公式的适用条件，则将 x 代入，即可得截面偏心受拉承载力：

$$N_u=f_yA_s-f_y'A_s'-\alpha_1 f_c bx \tag{5-53}$$

若 $x>\xi_b h_0$，说明 A_s过量，截面破坏时，A_s达不到屈服强度，需计算纵筋 A_s的应力 σ_s，并对偏心拉力作用点取矩，重新求 x，然后按下式计算截面偏心受拉承载力：

$$N_u=\sigma_sA_s-f_y'A_s'-\alpha_1 f_c bx \tag{5-54}$$

应用案例5.4

某偏心受拉构件，截面尺寸 $b\times h=400\text{mm}\times600\text{mm}$。截面上作用的弯矩设计值为 $M=75\text{kN}\cdot\text{m}$，轴向拉力设计值为 $N=600\text{kN}$，混凝土采用 C30($f_t=1.43\text{N/mm}^2$)，纵筋为 HRB400 级($f_y=f_y'=360\text{N/mm}^2$)，试确定 A_s及 A_s'。

【解】 1. 判断大小偏心

设 $a_s = a_s' = 40\text{mm}$，$h_0 = 600 - 40 = 560(\text{mm})$。

$$e_0 = \frac{M}{N} = \frac{75 \times 10^6}{600000} = 125(\text{mm}) < \frac{h}{2} - 40 = \frac{600}{2} - 40 = 260(\text{mm})$$

属于小偏心受拉构件。

$$e = h/2 - e_0 - a_s = 600/2 - 125 - 40 = 135(\text{mm})$$

$$e' = h/2 + e_0 - a_s' = 600/2 + 125 - 40 = 385(\text{mm})$$

2. 求 A_s'

$$A_s' = \frac{Ne}{f_y'(h_0 - a_s')} = \frac{600000 \times 135}{360 \times (560 - 40)} = 432.7(\text{mm})$$

$$\rho' = \frac{A_s'}{bh_0} = \frac{432.7}{400 \times 560} = 0.193\% < 0.2\% = \rho'_{\min}$$

取 $A_s' = \rho'_{\min} bh = 0.002bh = 0.002 \times 400 \times 600 = 480(\text{mm}^2)$

3. 求 A_s

$$A_s = \frac{Ne'}{f_y(h_0 - a_s)} = \frac{600000 \times 385}{360 \times (560 - 40)} = 1233.97(\text{mm}^2)$$

$$\rho = \frac{A_s}{bh_0} = \frac{1233.97}{400 \times 560} = 0.551\% > \rho_{\min} = 0.2\%$$

最后受拉较小侧选用 2 Φ 18，$A_s = 480\text{mm}^2$，受拉较大侧选用 4 Φ 20，截面配筋如图 5.26所示。

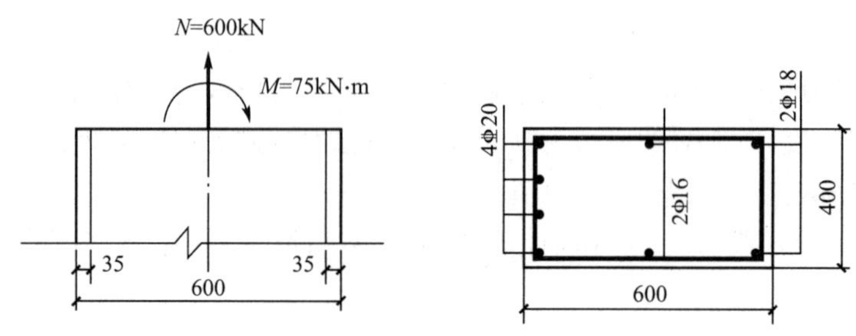

图 5.26 应用案例 5.4 图

5.6 偏心受力构件斜截面受剪承载力计算

5.6.1 偏心受力构件斜截面受剪性能

对于偏心受力构件，往往在截面受到弯矩 M 及轴力 N(无论拉力或压力)的共同作用的同时，还受到较大的剪力 V 作用。因此，对偏心受力构件，除进行正截面受压承载力计算外，还要验算其斜截面的受剪承载力。由于轴力的存在，对斜截面的受剪承载力会产生一定的影响。例如在偏心受压构件中，由于轴向压应力的存在，延缓了斜裂缝的出现和开展，使混凝土的剪压区高度增大，构件的受剪承载力得到提高。但在偏心受拉构件中，由于轴拉力的存在，使混凝土的剪压区的高度比受弯构件的小，轴心拉力使构件的抗剪能力明显降低。

5.6.2 偏心受力构件斜截面受剪承载力计算公式

1）偏心受压构件

试验表明，当 $N<0.3f_cbh$ 时，轴力引起的受剪承载力的增量 ΔV_N 与轴力 N 近乎成比例增长；当 $N>0.3f_cbh$ 时，ΔV_N 将不再随 N 的增大而提高。如 $N>0.7f_cbh$ 将发生偏心受压破坏。《规范》对矩形截面偏心受压构件的斜截面受剪承载力采用下列公式计算：

$$V=\frac{1.75}{\lambda+1.0}f_tbh_0+f_{yv}\frac{A_{sv}}{s}h_0-0.2N \tag{5-55}$$

式中 λ——偏心受压构件的计算剪跨比。对框架柱，假定反弯点在柱高中点取 $\lambda=H_n/2h$；对框架-剪力墙结构的柱，可取 $\lambda=a/h_0$；当 $\lambda<1$ 时，取 $\lambda=1$，当 $\lambda>1$ 时，取 $\lambda=3$。此处，H_n 为柱的净高，M 为计算截面上与剪力设计值 V 相应的弯矩设计值。对其他偏心受压构件，当承受均布荷载时，取 $\lambda=1.5$；当承受集中荷载时(包括作用有多种荷载且集中荷载对支座截面或节点边缘所产生的剪力值占总剪力值75%以上的情况)，取 $\lambda=a/h_0$；当 $\lambda<1.5$ 时，取 $\lambda=1.5$；当 $\lambda>3$ 时，取 $\lambda=3$；此处 a 为集中荷载至支座或切点边缘的距离。

N——与剪力设计值 V 相应的轴向压力设计值(当 $N>0.3f_cA$ 时，$N=0.3f_cA$)。

A——为构件的截面面积。

与受弯构件相似，当含箍特征过大时，箍筋强度不能充分利用。

为了防止斜压破坏，截面尺寸应符合下列条件：

$$V\leqslant 0.25\beta_cf_cbh_0 \tag{5-56}$$

当符合下列条件时：

$$V\leqslant\frac{1.75}{\lambda+1.0}f_tbh_0+0.07N \tag{5-57}$$

可不进行斜截面受剪承载力计算，仅需按构造配置箍筋。

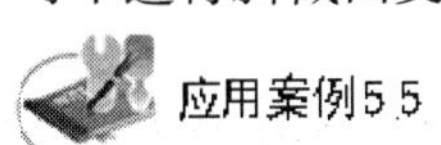
应用案例5.5

某钢筋混凝土矩形截面偏心受压框架柱，$b\times h=400\text{mm}\times600\text{mm}$，$H_n=3.0\text{m}$，$a_s=a_s'=35\text{mm}$。混凝土强度等级为C30($f_t=1.43\text{N/mm}^2$，$\beta_c=1.0$)，箍筋用HPB300级($f_{yv}=270\text{N/mm}^2$)，纵向钢筋用HRB400级。在柱端作用轴向压力设计值 $N=1500\text{kN}$，剪力设计值 $V=282\text{kN}$，试求所需箍筋数量。$M=75\text{kN}\cdot\text{m}$，轴向拉力设计值为 $N=600\text{kN}$，混凝土采用C30($f_c=14.3\text{N/mm}^2$)，纵筋为HRB400级($f_y=f_y'=360\text{N/mm}^2$)，试确定 A_s 及 A_s'。

【解】 $h_0=600-35=565(\text{mm})$

验算截面尺寸 $h_w=h_0=565\text{mm}$，$h_w/b=565/400=1.41<4.0$

$V=282\text{kN}\leqslant0.25\beta_cf_cbh_0=0.25\times1.0\times14.3\times400\times565=807.9(\text{kN})$

截面尺寸符合要求。

验算截面是否需按计算配置箍筋：

$$\lambda=H_n/2h_0=3000/(2\times565)=2.65$$

$$1.0<\lambda<3.0$$

$$\frac{1.75}{\lambda+1.0}f_t bh_0=\frac{1.75}{2.65+1.0}\times 1.43\times 400\times 565=154.9$$

$$0.3f_cA=0.3\times 14.3\times 400\times 600=1029.6(\text{kN})<N=1500\text{kN}$$

故取 $N=1029.6\text{kN}$

$$\frac{1.75}{\lambda+1.0}f_t bh_0+0.07N=\frac{1.75}{2.65+1.0}\times 1.43\times 400\times 465+0.07\times 1029.6\times 10^3$$

$$=226.9(\text{kN})<282\text{kN}$$

截面尺寸满足要求，但应按计算配箍。

$$\frac{nA_{sv1}}{s}=\frac{V-\left(\dfrac{1.75}{\lambda+1.0}f_t bh_0+0.07N\right)}{f_{yv}h_0}=\frac{282000-226\times 10^3}{270\times 565}=0.367$$

采用Φ 8@200 的双肢箍筋时

$\dfrac{nA_{sv1}}{s}=\dfrac{2\times 50.3}{200}=0.503>0.367$，满足要求

本例截面尺寸满足要求，但应按计算配箍。

2) 偏心受拉构件

通过试验资料分析，偏心受拉构件的斜截面受剪承载力可按下式计算：

$$V=\frac{1.75}{\lambda+1.0}f_t bh_0+f_{yv}\frac{A_{sv}}{s}h_0-0.2N \tag{5-58}$$

式中 N——与剪力设计值 V 相应的轴向拉力设计值；

λ——计算截面的剪跨比，与偏心受压构件斜截面受剪承载力计算中的规定相同。

式(5-58)右侧的计算值小于 $f_{yv}\dfrac{A_{sv}}{s}h_0$时，应取等于 $f_{yv}\dfrac{A_{sv}}{s}h_0$，且 $f_{yv}\dfrac{A_{sv}}{s}h_0$ 值不得小于 $0.36f_t bh_0$。

应用案例5.6

某钢筋混凝土偏心受拉构件，截面配筋如图 5.27 所示。构件上作用轴向拉力设计值 $N=65\text{kN}$，跨中承受集中荷载设计值 120kN，混凝土强度等级 C25($f_t=1.27\text{N/mm}^2$，$f_c=11.9\text{N/mm}^2$，$\beta_c=1.0$)，箍筋用 HPB300 级($f_{yv}=270\text{N/mm}^2$)，纵向钢筋用 HRB335 级，求箍筋的数量。

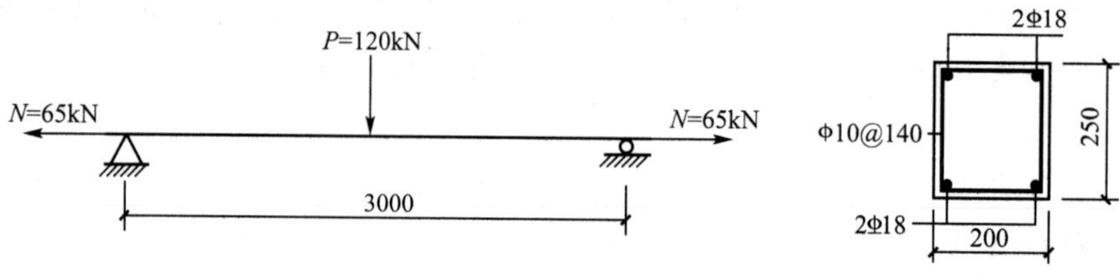

图 5.27 应用案例 5.6 图

【解】 $a_s=a_s'=35\text{mm}$，$h_0=250-35=215(\text{mm})$

由题意：

$$N=1029.6\text{kN},\ V=120/2=60(\text{kN})$$
$$M=60\times1.5=90(\text{kN}\cdot\text{m})$$
$$\lambda=a/h_0=1500/215=6.98>3$$

取 $\lambda=3$

验算截面尺寸：

$$0.25\beta_c f_c bh_0=0.25\times1.0\times11.9\times200\times215=127.9(\text{kN})>V=60\text{kN}$$

截面尺寸符合要求。

验算截面是否需按计算配置箍筋：

$$V=\frac{1.75}{\lambda+1.0}f_t bh_0=\frac{1.75}{3+1.0}\times1.27\times200\times215=23891(\text{N})>0.2\times65000=13000(\text{N})$$

$$\frac{nA_{sv1}}{s}=\frac{V-V_c+0.2N}{f_{yv}h_0}=\frac{60000-23891+13000}{270\times215}=0.846$$

采用Φ10@140的双肢箍筋时：

$$\frac{nA_{sv1}}{s}=\frac{2\times78.5}{140}=1.12>0.846$$，满足要求

本章小结

(1) 配有普通箍筋的轴心受压构件承载力由混凝土和纵向受力钢筋两部分抗压能力组成，同时，对长细比较大的柱子还要考虑纵向弯曲的影响，其计算公式为：$N=0.9\varphi(f_c A+f'_y A'_s)$。配有螺旋式和焊接环式间接钢筋的轴心受压构件承载力，除了应考虑混凝土和纵向钢筋影响外，还应考虑间接钢筋对承载力提高的影响。其计算公式为：

$$N\leqslant0.9\ (f_c A_{cor}+2\alpha f_y A_{ss0}+f'_y A'_s)$$

(2) 单向偏心受压构件随配筋特征值(即相对受压区高度) ξ 的不同，有受拉破坏和受压破坏两种不同的破坏特征。这两种破坏特征与受弯构件的适筋破坏和超筋破坏基本相同。在正常设计条件下，偏心受压构件一般在偏心距较大时发生受拉破坏，故又称为大偏心受压破坏；而在偏心距较小的情况下发生受压破坏，故称为小偏心受压破坏。

(3) 两种偏心受压破坏的分界条件：$\xi\leqslant\xi_b$ 为大偏心受压破坏；$\xi>\xi_b$ 为小偏心受压破坏。两种偏心受压构件的正截面承载力计算方法不同。故在计算时首先必须进行判别。在截面设计时，由于往往无法首先确定 ξ 值，也就不可能直接利用上述分界条件进行判别。此时可用 e_i 进行判别，即 $e_i>0.3h_0$ 时为大偏心受压构件，否则为小偏心受压构件。由于 $0.3h_0$ 为近似值，尚应在确定 ξ 后再用 ξ_b 作为分界值验算原判别结果是否正确。

(4) e_a 为附加偏心距，由于工程实际中存在着荷载作用位置的不定性、混凝土质量的不均匀性及施工的偏差等因素，考虑在偏心方向存在附加偏心距，其值应取20mm和偏心方向截面尺寸的1/30两者中的较大值。

(5) 在结构发生层间位移和挠曲变形时，对于长细柱的弯矩要考虑二阶效应的影响，求考虑弯矩二阶效应的设计内力值。

(6) 建立偏心受压构件正截面承载力计算公式的基本假定与受弯构件是完全一样的。大偏心受压构件的计算方法与受弯构件双筋截面的计算方法大同小异。小偏心受压构件由于受拉边或受压较小边钢筋 A_s 的应力 σ_s 为非确定值 $-f'_y\leqslant\sigma_s\leqslant f_y$，$-f'_{ed}\leqslant\sigma_s\leqslant f_{ed}$ 使计算

较为复杂。

(7) 单向偏心受压构件有非对称配筋与对称配筋两种配筋形式，后者在工程中比较常用。

(8) 单向偏心受压构件常用的截面形式有矩形截面、I形截面、T形截面、箱形截面和圆形截面，其正截面受力特征基本相同，只是由于截面尺寸的特点不同在计算公式的表达上及截面几何特征的计算上有所不同。

(9) 偏心受拉构件按偏心力的作用位置不同，分为大偏心受拉和小偏心受拉两种情况。小偏心受拉构件的受力特点类似于轴心受拉构件，破坏时拉力全部由钢筋承受，在满足构造要求的前提下，以采用较小的截面尺寸为宜；大偏心受拉构件的受力特点类似于受弯构件，随着受拉钢筋配筋率的变化，将出现少筋、适筋和超筋破坏。截面尺寸的加大有利于抗弯和抗剪。

(10) 偏心受力构件的斜截面抗剪承载力计算与受弯构件类似。可以说两者的基本理论是一致的，只是对偏心受压构件增加了压力的影响，压力的存在一般可使抗剪承载力有所提高。而对偏心受拉构件增加了拉力的影响，拉力的存在一般可使抗剪能力明显降低。

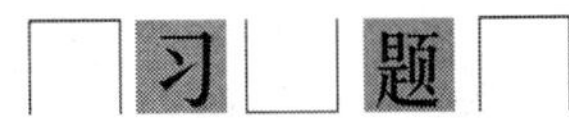

习题

1. 简答题

(1) 轴心受压普通箍筋短柱与长柱的破坏形态有何不同?

(2) 轴心受压长柱的稳定系数 φ 如何确定?

(3) 为什么配置螺旋箍筋的钢筋混凝土轴心受压柱的轴压承载力高于同截面、同材料强度等级的普通箍筋柱?

(4) 偏心受压构件有几种破坏形态? 其特点分别是什么?

(5) 偏心受压构件计算时为什么要考虑附加偏心距和偏心距增大系数? 如何考虑?

(6) 如何判别大、小偏心受压?

(7) 试分别绘出大、小偏心受压构件截面的计算应力图形，并按应力图形写出基本公式及适用条件。

(8) 偏心受压构件在何种情况下应考虑垂直于弯矩作用平面的受压承载力验算? 如何验算?

(9) 在实际工程中，哪些结构构件可按轴心受拉构件计算? 哪些应按偏心受拉构件计算?

(10) 怎样判别构件属于小偏心受拉还是大偏心受拉? 它们的破坏特征有何不同?

(11) 大偏心受拉构件正截面承载力计算公式的适用条件是什么? 为什么计算中要满足这些适用条件?

2. 计算题

(1) 已知某多层多跨现浇钢筋混凝土框架结构，底层中柱近似按轴心受压构件计算。该柱安全等级为二级，轴向压力设计值 $N=1400\text{kN}$，计算长度 $l_0=5\text{m}$，纵向钢筋采用 HRB335 级，混凝土强度等级为 C30。求该柱的截面尺寸及纵筋截面面积。

(2) 某无侧移多层现浇框架结构的第二层中柱，承受轴心压力 $N=1840\text{kN}$，楼层高

$H=5.4\text{m}$，混凝土等级为 C30（$f_c=14.3\text{N/mm}^2$），用 HRB400 级钢筋配筋（$f'_y=360\text{N/mm}^2$），试设计该截面。

（3）某钢筋混凝土柱，截面为圆形，设计要求直径不大于 500mm。该柱承受的轴心压力设计值 $N=4600\text{kN}$，柱的计算长度 $l_0=5.25\text{m}$，混凝土强度等级为 C25，纵筋用 HRB335 级钢筋，箍筋用 HPB300 级钢筋。试进行该柱的设计。

（4）某钢筋混凝土偏心受压柱，截面尺寸 $b=350\text{mm}$，$h=500\text{mm}$，计算长度 $l_0=4.2\text{m}$，内力设计值 $N=1200\text{kN}$，$M=250\text{kN}\cdot\text{m}$。混凝土采用 C30，纵筋采用 HRB400 级钢筋，求钢筋截面面积 A_s 和 A'_s（按两端弯矩相等，即 $M_1/M_2=1$ 的框架柱考虑）。

（5）某钢筋混凝土矩形截面偏心受压柱，截面尺寸 $b=300\text{mm}$，$h=400\text{mm}$，取 $a=a'=40\text{mm}$，柱的计算长度 $l_0=3.2\text{m}$，轴向力设计值 $N=300\text{kN}$。配有 2Φ18＋2Φ22（$A_s=1269\text{mm}^2$）的受拉钢筋及 3Φ20（$A'_s=942\text{mm}^2$）的受压钢筋。混凝土采用 C20，求截面在 h 方向能承受的弯矩设计值 M（按两端弯矩相等，即 $M_1/M_2=1$ 的框架柱考虑）。

（6）矩形截面偏心受压柱的截面尺寸 $b\times h=300\text{mm}\times400\text{mm}$，柱的计算长度 $l_0=2.8\text{m}$，$a_s=a'_s=40\text{mm}$，混凝土强度等级为 C30（$f_c=14.3\text{N/mm}^2$，$\alpha_1=1.0$），用 HRB400 钢筋（$f_y=f'_y=360\text{N/mm}^2$），轴向压力 $N=340\text{kN}$，弯矩设计值 $M=200\text{kN}\cdot\text{m}$，按对称配筋计算钢筋的面积。

（7）某偏心受压柱，截面尺寸 $b\times h=300\text{mm}\times400\text{mm}$，采用 C20 混凝土，HRB335 级钢筋，柱子计算长度 $l_0=3000\text{ mm}$，承受弯矩设计值 $M=150\text{kN}\cdot\text{m}$，轴向压力设计值 $N=260\text{kN}$，$a_s=a'_s=40\text{mm}$，采用对称配筋。求纵向受力钢筋的截面面积 $A_s=A'_s$（按两端弯矩相等，即 $M_1/M_2=1$ 的框架柱考虑）。

（8）某矩形截面钢筋混凝土柱，截面尺寸 $b=400\text{mm}$，$h=600\text{mm}$，柱的计算长度 $l_0=3\text{m}$，$a_s=a'_s=40\text{mm}$。控制截面上的轴向力设计值 $N=1030\text{kN}$，弯矩设计值 $M=425\text{kN}\cdot\text{m}$。混凝土采用 C25，纵筋采用 HRB335 级钢筋。采用对称配筋，求钢筋截面面积 A_s 和 A'_s（按两端弯矩相等，即 $M_1/M_2=1$ 的框架柱考虑）。

（9）某钢筋混凝土屋架下弦，按轴心受拉构件设计，其截面尺寸取为 $b\times h=200\text{mm}\times160\text{mm}$，其端节间承受的恒荷载产生的轴向拉力标准值 $N_{gk}=130\text{kN}$，活荷载产生的轴向拉力标准值 $N_{qk}=45\text{kN}$，结构重要性系数 $\gamma_0=1.1$，混凝土的强度等级为 C25，纵向钢筋为 HRB335 级。试按正截面承载力要求计算其所需配置的纵向受拉钢筋截面面积，并为其选择钢筋。

（10）钢筋混凝土轴心受拉构件，截面尺寸 $b\times h=200\text{mm}\times200\text{mm}$，混凝土等级为 C30，纵向受拉钢筋为 HRB335 级（$f_y=300\text{N/mm}^2$），承受轴向拉力设计值 $N=270\text{kN}$，试求纵向钢筋面积 A_s。

（11）偏心受拉构件的截面尺寸为 $b=300\text{mm}$，$h=450\text{mm}$，$a_s=a'_s=35\text{mm}$；构件承受轴向拉力设计值 $N=750\text{kN}$，弯矩设计值 $M=70\text{kN}\cdot\text{m}$，混凝土强度等级为 C20，纵向钢筋为 HRB335，试计算钢筋截面面积 A_s 和 A'_s。

第6章

预应力混凝土构件

教学目标

（1）掌握先张法预应力筋的控制应力、张拉程序和放张顺序的确定和注意事项；掌握后张法孔道留设、锚具选择、预应力筋的张拉顺序、孔道灌浆等施工方法及注意要点；了解电热张法、无黏结预应力混凝土作用原理及应用。

（2）了解预应力混凝土的概念及其在工程应用中的优点；熟悉预应力混凝土的材料品种、规格及要求；熟悉先张法、后张法的施工工艺。

（3）通过本章的学习，形成对预应力混凝土的初步认识，培养工程素质。

教学要求

知识要点	能力要求	相关知识	权重
预应力混凝土的概念	掌握预应力混凝土的概念和作用原理	预应力混凝土提高构件抗裂度及刚度的原因	15%
预应力混凝土的材料要求	掌握预应力混凝土结构用钢筋的要求；掌握预应力混凝土对混凝土的要求	（1）预应力钢筋的发展趋势为高强度、低松弛、粗直径、耐腐蚀 （2）预应力混凝土的强度等级和种类	15%
施加预应力的方法	掌握先张法；掌握后张法；了解无黏结施加预应力	3种施加预应力方法的特点与联系	15%
施加预应力的设备	了解施加预应力的设备	施加预应力设备各自的使用特点	5%
张拉控制应力	掌握张拉控制应力限值与取值方法	何种情况张拉控制应力限值可以提高	15%

续表

知识要点	能力要求	相关知识	权重
预应力损失和预应力损失值的组合	掌握预应力损失的形式；了解预应力损失的计算；掌握预应力损失值的组合	6种预应力损失的名称和计算公式；预应力损失的组合形式	20%
预应力混凝土构件的构造要求	掌握预应力混凝土构件的一般构造要求；掌握先张法构件的构造要求；掌握后张法构件的构造要求	截面形式和尺寸；预应力纵向钢筋布置；非预应力纵向钢筋的布置；构件端部的加强措施	15%

章节导读

预应力混凝土是针对普通钢筋混凝土容易开裂的缺陷而发展起来的新材料。西欧和北美的学者，花了几乎半个世纪的努力进行研究，但都由于采用了低强钢材，施加的预压应力太低、损失率太高而未获得成功。直到 1928 年才由法国著名工程师弗来西奈(Freyssinet)采用高强钢材和高强混凝土以提高张拉应力、减少损失率之后，方获得成功，因此，他被公认为预应力混凝土的发明人。在建筑结构中，经常使用预应力混凝土构件。如图 6.1所示的大桥设计与施工中，主要使用了预应力混凝土圆孔板。

如图 6.2 所示的建筑物设计与施工中，主要使用了预应力混凝土构件及钢网架。

图 6.1　预应力混凝土圆孔板大桥

图 6.2　预应力混凝土构件建筑物

6.1　预应力混凝土基本知识

6.1.1　预应力混凝土的概念

普通钢筋混凝土构件的抗拉极限应变值为 0.0001～0.00015，即相当于每米只允许拉长 0.1～0.15mm，超过此值，混凝土就会开裂。如果混凝土不开裂，构件内的受拉钢筋应力只能达到 20～30N/mm^2。如果允许构件开裂，裂缝宽度限制在 0.2～0.3mm 时，构件内的受拉钢筋应力也只能达到 150～250N/mm^2。因此，在普通混凝土构件中采用高强钢材达到节约钢材的目的受到了限制。采用预应力混凝土是解决这一问题的有效办法，即在构件承受外荷载前，预先在构件的受拉区对混凝土施加预压应力。当构件在使用阶段的外荷载作用下产生拉应力时，首先要抵消预压应力，这就推迟了混凝土裂缝的出现，并限制了裂缝的开展，从而提高了构件的抗裂度和刚度。

对混凝土构件受拉区施加预压应力的方法，是张拉受拉区中的预应力钢筋，通过预应力钢筋或锚具，将预应力钢筋的弹性收缩力传递到混凝土构件上，并产生预应力，如图 6.3所示。

预应力混凝土的基本原理是事先人为地在混凝土或钢筋混凝土中引入内部应力，且其值和分布能将使用荷载产生的应力抵消到一个合适的程度。这就是说，它是预先对混凝土或钢构件施加压应力，使之建立一种人为的应力状态，这种应力的大小和分布规律有利于

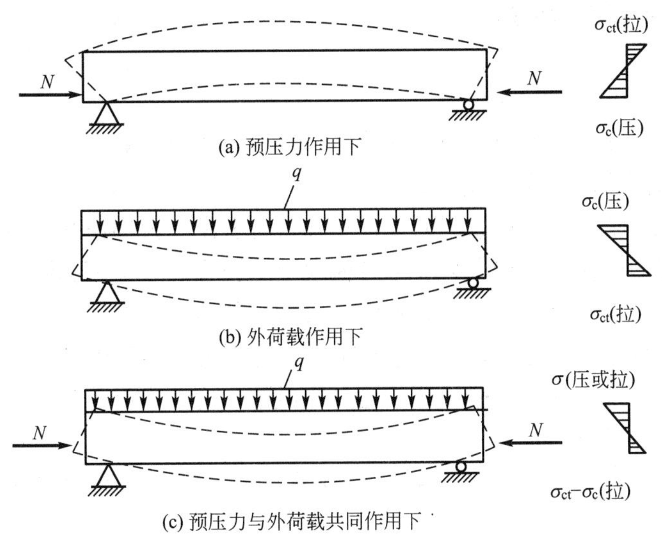

图 6.3　预应力混凝土简支梁

抵消使用荷载作用下产生的拉应力。因而，使构件在使用荷载作用下不致开裂或推迟开裂，或者减小裂缝开展的宽度，以提高构件的抗裂度及刚度。

预应力混凝土由于事先人为地施加了一个预加力，使其在受力方面有许多和普通混凝土结构不同的特点。在正常配筋范围内，预应力混凝土梁的破坏弯矩，主要与构件的组成材料的性能有关，其破坏弯矩值与同条件下的普通钢筋混凝土的破坏弯矩值几乎相同。因此，预应力的存在对构件的承载力并无明显的影响。

6.1.2　预应力混凝土的分类

根据制作、设计和施工的特点，预应力混凝土分为以下不同的类型。

1. 先张法预应力混凝土和后张法预应力混凝土

先张法是制作预应力混凝土构件时，先张拉预应力钢筋后浇灌混凝土的一种方法；后张法是先浇灌混凝土，待混凝土达到规定的强度后再张拉预应力钢筋的一种施加预应力方法。

2. 全预应力混凝土和部分预应力混凝土

全预应力是在使用荷载作用下，构件截面混凝土不出现拉应力，即为全截面受压；部分预应力是在使用荷载作用下，构件截面混凝土允许出现拉应力或开裂，即只有部分截面受压。

3. 有黏结预应力混凝土与无黏结预应力混凝土

有黏结预应力是指沿预应力筋全长，其周围均与混凝土黏结、握裹在一起的预应力混凝土结构；无黏结预应力是指预应力筋伸缩、滑动自由，不与周围混凝土黏结的预应力混凝土结构。

6.1.3 预应力混凝土的材料要求

1. 预应力筋

预应力构件中用作建立预压应力的钢筋(钢丝)称为预应力筋。

1) 对预应力结构构件中预应力筋的要求

(1) 具有较高的强度。混凝土预应力的大小取决于预应力钢筋张拉应力的大小。考虑到混凝土构件在制作和使用过程中会产生各种预应力损失，为保证扣除应力损失后仍具有较高的有效张拉应力，这就要求预应力钢筋具有较高的抗拉强度。

(2) 具有一定的塑性。为了避免预应力混凝土构件发生脆性破坏，要求预应力钢筋在拉断时，具有一定的伸长率。当构件处于低温环境或受到冲击荷载作用时，更应注意其钢筋塑性和抗冲击韧性的要求。

(3) 具有良好的加工性能。要求钢筋有良好的可焊性，并且钢筋在镦粗后不影响原来的物理力学性能。

(4) 与混凝土之间有良好的黏结强度。先张法构件主要是通过预应力钢筋与混凝土之间的黏结力来传递预压应力的，为此要求其预应力钢筋应具有良好的外形。

2) 预应力筋的种类

用于预应力混凝土结构中的预应力筋宜采用钢丝、钢绞线和精轧螺纹钢筋三大类。

(1) 钢丝。钢丝是采用优质碳素钢盘条，经过几次冷拔后得到的。预应力混凝土所用钢丝可分为中强度预应力钢丝及消除应力钢丝两种；按外形可分为光圆钢丝、螺旋肋钢丝两类。

中强度预应力钢丝的抗拉强度为 800～1270N/mm^2，钢丝直径有 5mm、7mm、9mm 共3 种。为增加与混凝土的黏结强度，钢丝表面可制成螺旋肋。

消除应力钢丝的抗拉强度为 1470～1860N/mm^2，钢丝直径也有 5mm、7mm、9mm 共3 种。钢丝经冷拔后，存在较大的内应力，一般都需要采用低温回火处理来消除内应力。经这样处理的钢丝称为消除应力钢丝，其比例极限、条件屈服强度和弹性模量均比消除应力前有所提高，塑性也有所改善。

(2) 钢绞线。将 3 股或 7 股平行的高强钢丝围绕中间的一根芯丝，通过绞盘机以螺旋形式紧紧包住芯丝，使之拧成一股，即成为钢绞线。通常以 7 股钢绞线应用最多。7 股钢绞线的钢绞线公称直径有 9.5mm、12.7mm、15.2mm、17.8mm、21.6mm 共 5 种，通常用于无黏结预应力钢筋，抗拉强度高达 1960 N/mm^2。3 股钢绞线用途不广，仅用于某些先张法构件，以提高与混凝土的黏结力。

(3) 精轧螺纹钢筋。精轧螺纹钢筋是一种特殊形状、带有不连续外螺纹的直条钢筋，该钢筋在任意截面处，均可以用带有内螺纹的连接器或锚具进行连接或锚固。直径有 18mm、25mm、32mm、40mm、50mm 共 5 种，抗拉强度为 980～1230N/mm^2。

2. 混凝土

1) 对预应力结构构件中混凝土的要求

预应力混凝土构件是通过张拉预应力钢筋来预压混凝土，以提高构件的抗裂能力，因此预应力混凝土结构构件所用的混凝土应满足下列要求。

(1) 具有较高的强度。预应力混凝土需要采用较高强度的混凝土，才能建立起较高的预压应力，并可减小构件的截面尺寸和减轻自重，以适应大跨度的要求。对于先张法构件，采用较高强度的混凝土，可提高黏结强度，减小预应力钢筋的应力传递长度。对于后张法构件，可增大端部混凝土的承压能力，便于锚具的布置和减小锚具垫板的尺寸。

(2) 收缩、徐变小。可减小因混凝土收缩、徐变引起的预应力损失。

(3) 快硬、早强。混凝土快硬、早强，可较早施加预应力，加快施工速度，提高台座、模板、夹具的周转率，降低间接费用。

(4) 弹性模量高。弹性模量高有利于提高截面的抗弯刚度，变形减小，并可减小预压时混凝土的弹性回缩。

2) 混凝土的选用

《规范》规定预应力混凝土结构的混凝土强度等级不宜低于 C40，且不应低于 C30。

下列结构物宜优先采用预应力混凝土：①要求裂缝控制等级较高的结构；②大跨度或受力很大的构件；③对构件的刚度和变形控制要求较高的构件。

6.1.4 施加预应力的方法与设备

预应力的施加方法，根据与构件制作相比较的先后顺序分为先张法、后张法两大类。后张法因施工工艺的不同，又可分为一般后张法、后张自锚法、无黏结后张法等。

1. 先张法

先张法是在浇筑混凝土之前，先张拉预应力钢筋，并将预应力筋临时固定在台座或钢模上，然后浇筑混凝土构件，待混凝土达到一定强度(施加预应力时，所需的混凝土立方体抗压强度应经计算确定，但不宜低于设计的混凝土强度等级值的 75%)，混凝土与预应力筋具有一定的黏结力时，放松预应力筋，使构件受拉区的混凝土在预应力的反弹力作用下承受预压应力。先张法施工工艺如图 6.4 所示。

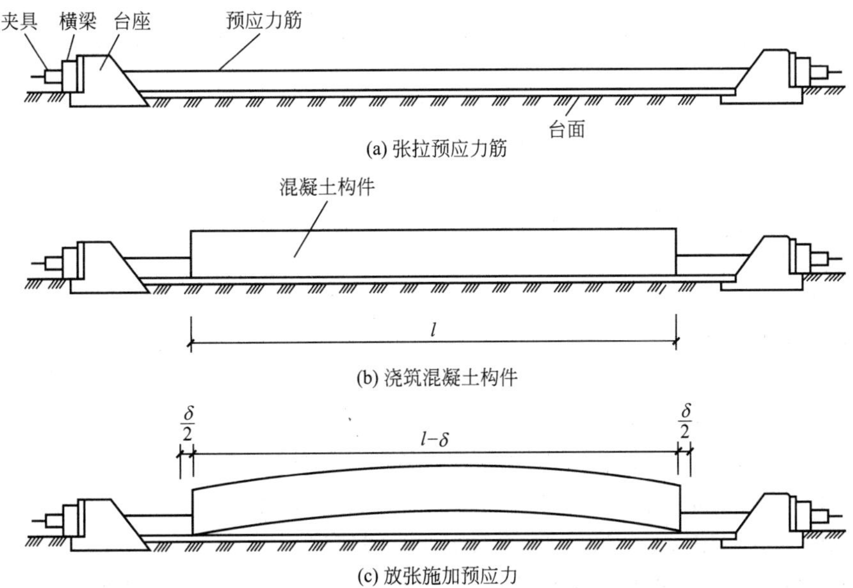

图 6.4 先张法施工工艺

先张法多用于预制构件厂生产定型的中小型构件，也常用于装配式预应力桥跨结构等。先张法生产有台座法和台模法两种。用台座法生产时，预应力筋的张拉、锚固、构件浇筑、养护和预应力筋的放张等工序都在台座上进行，预应力筋的张拉力由台座承受。台模法为机组流水法、传送带生产法，此时预应力筋的张拉力由钢台模承受。

1）台座

台座是先张法施工张拉和临时固定预应力筋的支撑结构，它承受预应力筋的全部张拉力，故要求有足够的强度、刚度和稳定性，并满足生产工艺的要求。台座按构造形式分为墩式台座和槽式台座，如图 6.5 和图 6.6 所示。

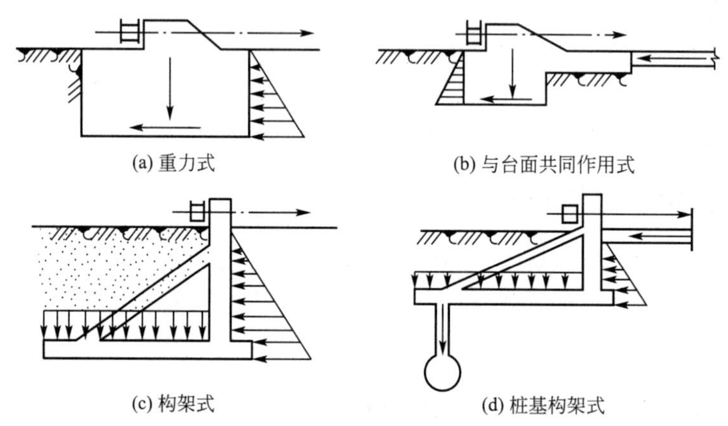

图 6.5　墩式台座的几种形式

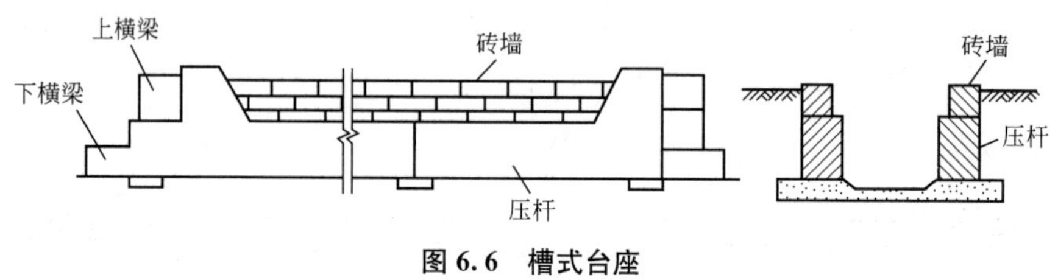

图 6.6　槽式台座

2）夹具

夹具是预应力筋张拉和临时固定的锚固装置，用在先张法施工中。按其用途不同，可分为锚固夹具和张拉夹具。

（1）锥形夹具。钢质锥形夹具主要用来锚固直径为 3～5mm 的单根钢丝夹具，如图 6.7和图 6.8 所示。

（2）镦头夹具。采用镦头夹具时，将预应力筋端部热镦或冷镦，通过承力分孔板锚固。镦头夹具适用于预应力钢丝固定端的锚固，如图 6.9 和图 6.10 所示。

（3）钢筋锚固夹具。钢筋锚固常用圆套筒三片式夹具，由套筒和夹片组成。其型号有 YJ12、YJ14，适用于先张法；用 YC－18 型千斤顶张拉时，适用于锚固直径为 12mm、14mm 的单根冷拉 HRB335、HRB400、RRB400 级钢筋。

（4）张拉夹具。张拉夹具是夹持住预应力筋后，与张拉机械连接起来进行预应力筋张拉的机具。

图 6.7 钢质锥形夹具实物图

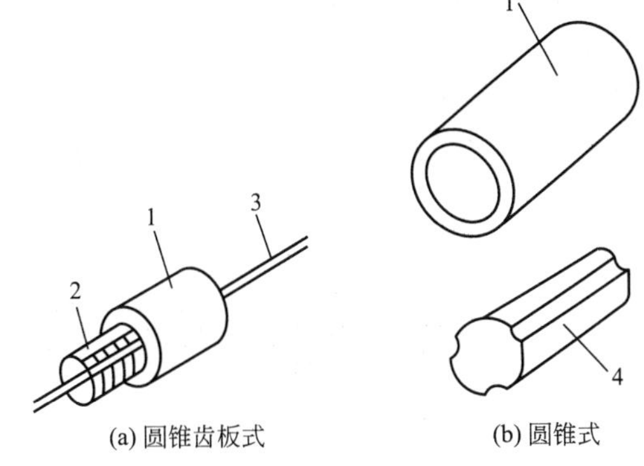

图 6.8 钢质锥形夹具

1—套筒；2—齿板；3—钢丝；4—锥塞

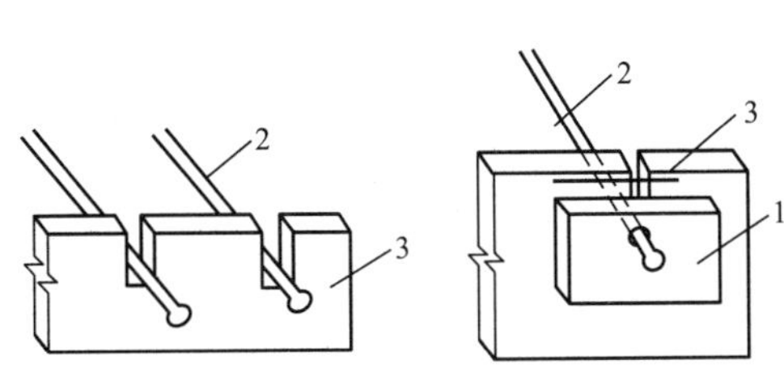

图 6.9 镦头夹具

1—垫片；2—镦头钢丝；3—承力板

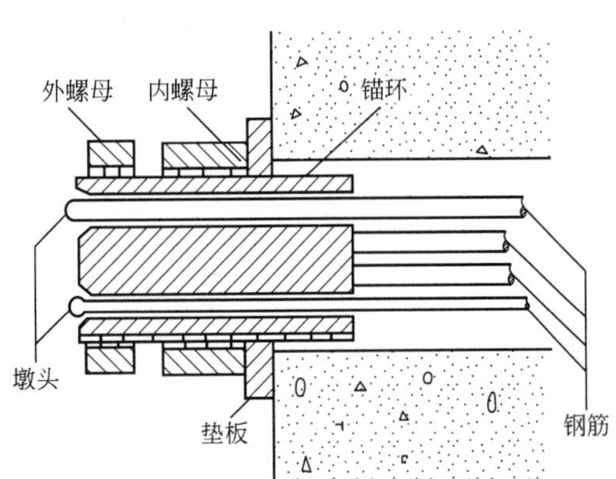

图 6.10 镦头锚具节点详图

3）张拉设备

张拉设备要求工作可靠、控制应力准确，能以稳定的速率加大拉力。常用的张拉设备有油压千斤顶、卷扬机、电动螺杆张拉机等。张拉设备的张拉力应不小于预应力筋张拉力的 1.5 倍；张拉设备的张拉行程不小于预应力筋伸长值的 1.1～1.3 倍，如图 6.11 和图 6.12所示。

4）先张法施工工艺

（1）先张法的工艺流程。先张法的工艺流程如图 6.13 所示，其中关键是预应力筋的张拉与固定、混凝土的浇筑以及预应力筋的放张。

（2）控制应力。张拉控制应力 σ_{con}是指在张拉预应力筋时所达到的规定应力，应按设计规定采用。预应力筋的张拉控制应力 σ_{con}应符合下列规定。

① 消除应力钢丝、钢绞线，$\sigma_{con,pyk} \leqslant 0.75f$。

② 中强度预应力钢丝，$\sigma_{con,pyk} \leqslant 0.70f$。

③ 预应力螺纹钢筋，$\sigma_{con,pyk} \leqslant 0.85f$。

f_{ptk}指的是预应力筋极限强度标准值；f_{pyk}指的是预应力螺纹钢筋屈服强度标准值。消除应力钢丝、钢绞线、中强度预应力钢丝的张拉控制应力不应小于 $0.4f_{ptk}$；预应力螺纹钢筋的张拉控制应力不宜小于 $0.5f_{ptk}$。当符合下列情况之一时，上述张拉控制应力限值可相应提高 $0.05f_{ptk}$或 $0.05f_{pyk}$：①要求提高构件在施工阶段的抗裂性能而在使用阶段受压区内设置的预应力筋；②要求部分抵消由于应力松弛、摩擦、钢筋分批张拉以及预应力筋与张拉台座之间的温差等因素产生的预应力损失。

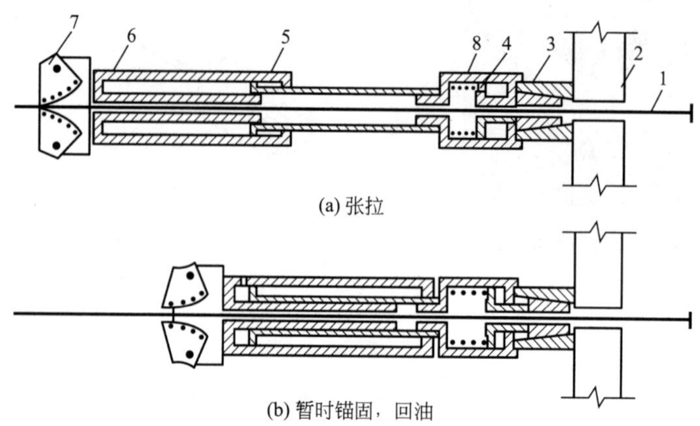

图 6.11　YC－20 穿心式千斤顶张拉过程示意图

1—钢筋；2—台座；3—穿心式夹具；4—弹性顶压头；
5、6—油嘴；7—偏心式夹具；8—弹簧

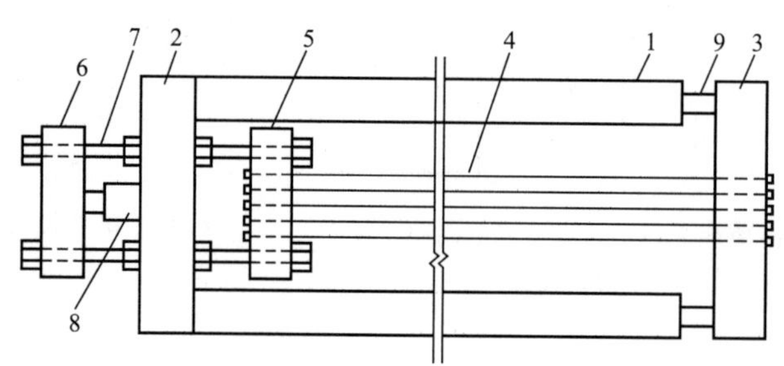

图 6.12　四横梁式成组张拉装置

1—台座；2、3—前后横梁；4—钢筋；5、6—拉力架；
7—螺丝杆；8—千斤顶；9—放张装置

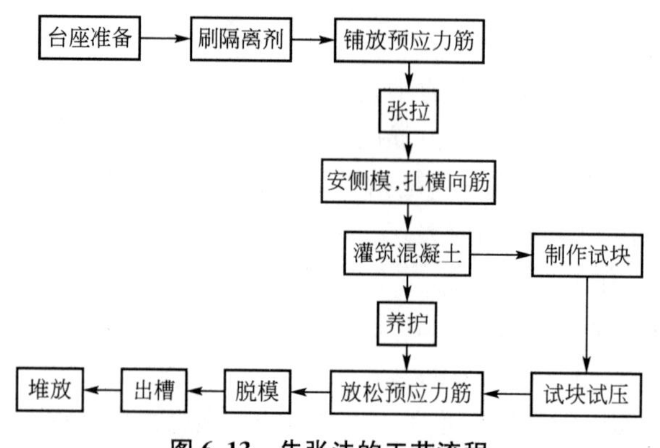

图 6.13　先张法的工艺流程

2. 后张法

后张法是先制作混凝土构件，并在预应力筋的位置预留出相应孔道，待混凝土强度达到设计规定的数值后，穿入预应力筋进行张拉，并利用锚具把预应力筋锚固，最后进行孔道灌浆。预应力筋的张拉力主要是靠构件端部的锚具传递给混凝土，使混凝土产生预压应力。如图 6.14 所示为预应力混凝土后张法生产示意图。

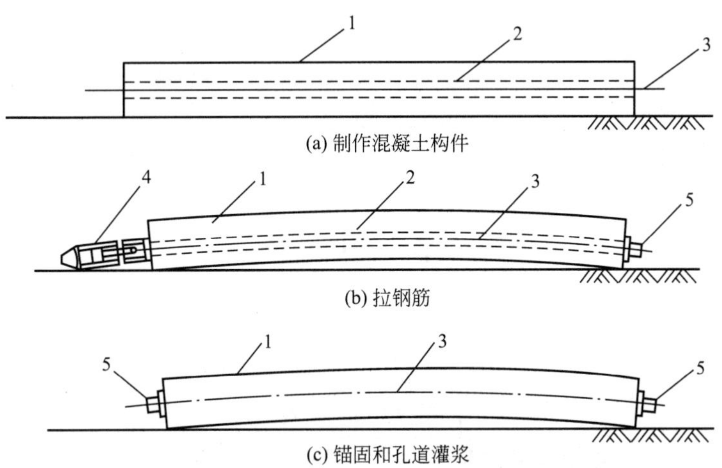

图 6.14 预应力混凝土后张法生产示意图

1—混凝土构件；2—预留孔道；3—预应力筋；4—千斤顶；5—锚具

后张法的特点是直接在构件上张拉预应力筋，构件在张拉过程中受到预压力而完成混凝土的弹性压缩，因此，混凝土的弹性压缩不直接影响预应力筋有效预应力值的建立。后张法适宜于在施工现场制作大型构件(如屋架等)，以避免大型构件长途运输的麻烦。后张法除了作为一种预加应力的工艺方法外，还可以作为一种预制构件的拼装手段。大型构件(如拼装式大跨度屋架)可以预制成小型块体，运至施工现场后，通过预加应力的手段拼装成整体；或各种构件安装就位后，通过预加应力手段，使之拼装成整体预应力结构。但后张法预应力的传递主要依靠预应力筋两端的锚具，锚具作为预应力筋的组成部分，永远留置在构件上，不能重复使用。这样，不仅需要耗用较多钢材，而且锚具加工要求高、费用昂贵，加上后张法工艺本身要预留孔道、穿筋、张拉、灌浆等因素，故施工工艺比较复杂，成本也比较高。

1) 锚具和张拉机具

(1) 锚具的种类。在后张法构件生产中，锚具、预应力筋和张拉设备是配套使用的。目前我国在后张法构件生产中采用的预应力筋钢材主要有冷拉Ⅱ、Ⅲ、Ⅳ级钢筋，热处理钢筋，精轧螺纹钢筋，碳素钢丝和钢绞线等。归纳成 3 种类型的预应力筋，即单根粗钢筋(图 6.15)、钢筋束(或钢绞线束)和钢丝束。

(2) 张拉设备。拉杆式千斤顶(YL－60)，如图 6.16 所示；穿心式千斤顶(YC－60、YC－20、YC－18)，如图 6.17 所示，配置撑脚和拉杆等附件后，可作为拉杆式千斤顶使用。

2) 后张法施工工艺

后张法构件制作的工艺流程如图 6.18 所示。

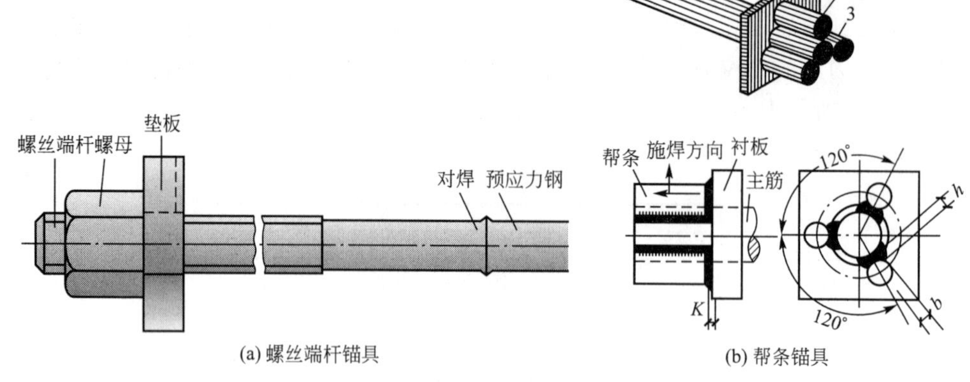

(a) 螺丝端杆锚具　　(b) 帮条锚具

图 6.15　单根粗钢筋锚具

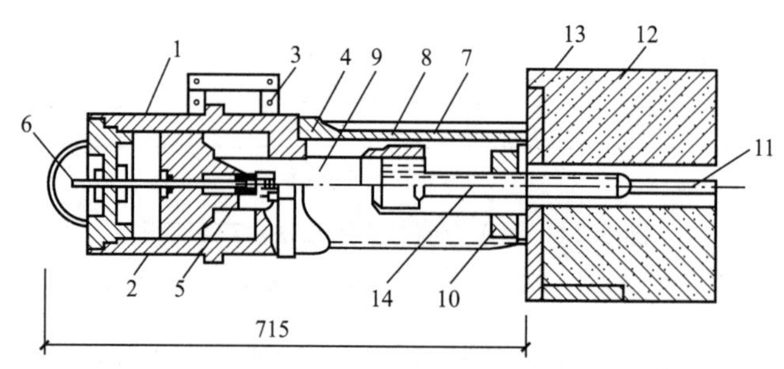

图 6.16　拉杆式千斤顶

1—主缸；2—主缸活塞；3—主缸油嘴；4—副缸；5—副缸活塞；6—副缸油嘴；
7—连接器；8—顶杆；9—拉杆；10—螺母；11—预应力筋；
12—混凝土构件；13—预埋钢板；14—螺丝端杆

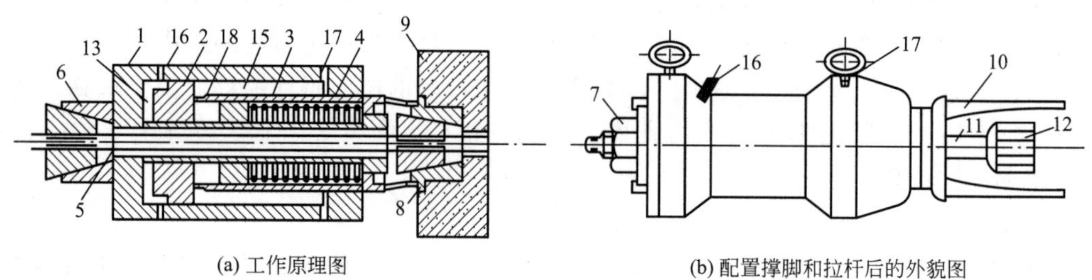

(a) 工作原理图　　(b) 配置撑脚和拉杆后的外貌图

图 6.17　穿心式千斤顶

1—张拉油缸；2—顶压油缸(即张拉活塞)；3—顶压活塞；4—弹簧；5—预应力筋；6—工具锚；
7—螺母；8—锚环；9—构件；10—撑脚；11—张拉杆；12—连接器；13—张拉工作油室；
14—顶压工作油室；15—张拉回程油塞；16—张拉缸油嘴；17—顶压缸油嘴；18—油孔

3）后张法预应力筋张拉

后张法预应力筋张拉要做好各种准备工作。施加预应力时，所需的混凝土立方体抗压强度应经计算确定，但不宜低于设计的混凝土强度等级值的 75%，以确保在张拉过程中，混凝土不至于受压而破坏。

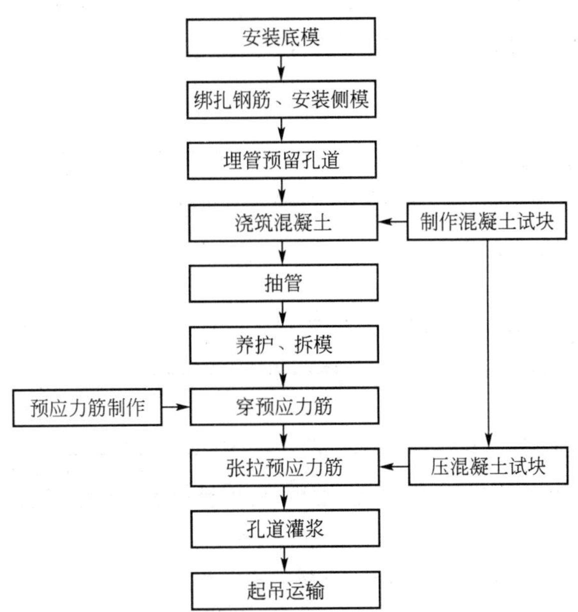

图 6.18　后张法构件制作的工艺流程

3. 无黏结预应力混凝土

后张施加预应力方法的缺点是工序多，需预留孔道、穿筋、压力灌浆，施工复杂、费时，造价高。目前预应力混凝土结构的施工工艺已经有了很大的改进，采用另一种后张法——后张无黏结预应力施工技术，可以克服这些缺点。其特点是不需要预留孔道，无黏结预应力钢筋可与非预应力钢筋同时铺设，并可采用曲线配筋，布置灵活。后张无黏结预应力的施工工序如下。

(1) 制作无黏结预应力钢筋。在预应力钢筋表面涂抹防腐油脂层，用油纸包裹，再套以塑料套管。涂层的作用是保证预应力钢筋的自由拉伸，减少摩擦损失，并能防止预应力钢筋腐蚀。套管包裹层的作用是保护涂层与混凝土隔离，具有一定的强度，以防止施工中破损，一端安装固定端锚具，另一端为张拉端。

(2) 绑扎钢筋。无黏结预应力钢筋与非预应力钢筋一样预先铺设，可按设计要求绑扎成钢筋骨架，如图 6.19(a)所示。

(3) 浇筑混凝土，待混凝土达到规定的强度后，在张拉端以结构为支座张拉预应力钢筋，如图 6.19(b)所示；当预应力钢筋张拉到设计要求的拉力后，用锚具将预应力钢筋锚固在结构上，如图 6.19(c)所示。

这种工艺的优点是施工时不需要预留孔道、穿筋、灌浆等，施工简单，预应力钢筋易弯成多跨曲线形状等。但该工艺也存在一些缺点，由于预应力钢筋与混凝土无黏结作用，整根预应力钢筋的应力基本相同，弯矩破坏时预应力钢筋的强度不能充分发挥，且一旦锚具失效，整根预应力钢筋也将完全失去作用。因此，无黏结预应力通常用于楼板结构，这样即使个别锚具失效，也不会造成严重的结构安全问题。此外，如仅配无黏结钢筋，构件中将产生应力集中，并且会产生宽度较大的裂缝。因此在无黏结预应力混凝土构件中，要求锚具具有更高的可靠性，并一定要配置足够的非预应力钢筋，以控制裂缝宽度和保证构件的延性。无黏结预应力钢筋是由 7 根Φ 5 高强钢丝组成的钢丝束或扭结成的钢绞线，通过专门设备涂包涂料层和包裹外包层构成的(图 6.20 和图 6.21)。

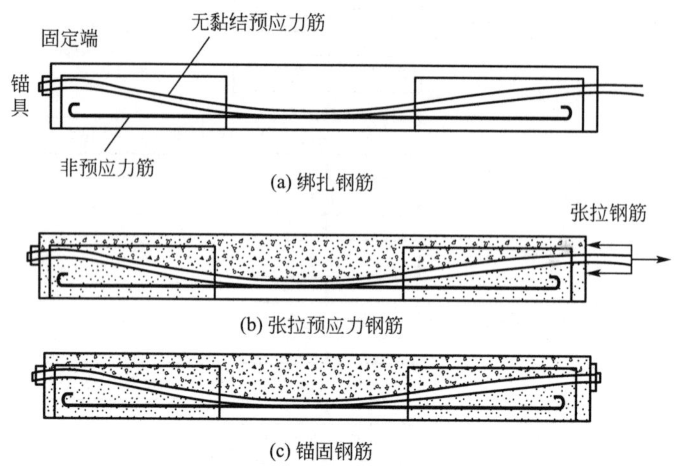

图 6.19　后张法无黏结预应力主要工序示意图

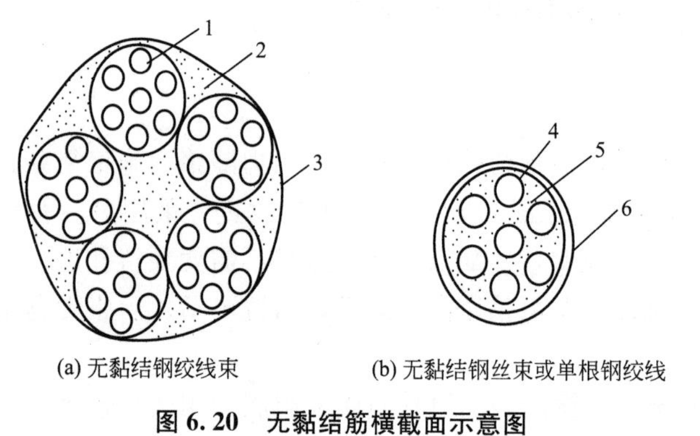

图 6.20　无黏结筋横截面示意图

1—钢绞线；2—沥青涂料；3—塑料布外包层；

4—钢丝；5—油脂涂料

图 6.21　无黏结预应力筋

6.2　预应力混凝土的计算与构造

6.2.1　预应力损失

按照某一控制应力值张拉的预应力钢筋，其初始张拉应力会因各种原因而降低，这种预应力降低的现象称为预应力损失，用 σ_l 表示。预应力的损失会降低预应力的效果，降低构件的抗裂度和刚度，故设计和施工中应设法降低预应力损失。预应力混凝土中的预应力损失值见表 6－1。

表 6-1 预应力的损失

引起损失的因素		符号	先张法构件	后张法构件
张拉端锚具变形和预应力筋内缩		σ_{l1}	按规范规定计算	按规范规定计算
预应力筋的摩擦	与孔道壁之间的摩擦	σ_{l2}	—	按规范规定计算
	张拉端锚口摩擦		按实测值或厂家提供的数据确定	
	在转向装置处的摩擦		按实际情况确定	
混凝土加热养护时，受张拉的钢筋与承受拉力的设备之间的温差		σ_{l3}	$2\Delta t$	—
预应力的应力松弛		σ_{l4}	按规范规定计算	
混凝土的收缩和徐变		σ_{l5}	按规范规定计算	
用螺旋式预应力筋做配筋的环形构件，当直径不大于 3m 时，由于混凝土的局部挤压		σ_{l6}	—	30

注：1. 表中 Δt 为混凝土加热养护时，受张拉的预应力筋与承受拉力的设备之间的温差(℃)。

2. 当 $\sigma_{con}/f_{ptk}\leqslant 0.5$ 时，预应力筋的应力松弛损失值可取为零。

1. 张拉端锚具变形和钢筋内缩引起的预应力损失 σ_{l1}

当直线预应力钢筋张拉到 σ_{con} 后，锚固在台座或构件上时，由于锚具、垫板与构件之间的缝隙被挤紧，钢筋和楔块在锚具内滑移，使得被拉紧的钢筋内缩 a 所引起的预应力损失值 σ_{l1}(N/mm^2)，按下式计算：

$$\sigma_{l1}=\frac{a}{l}E_s \tag{6-1}$$

式中 a——张拉端锚具变形和钢筋内缩值(mm)，按表 6-2 取用；

l——张拉端至锚固端之间的距离(mm)；

E_s——预应力钢筋的弹性模量(N/mm^2)。

表 6-2 锚具变形和钢筋内缩值 a

锚具类别		a
支撑式锚具(钢丝束墩头锚具等)	螺帽缝隙	1
夹片锚具	有顶压时	5
	无顶压时	6～8

注：1. 表中的锚具变形和钢筋内缩值也可根据实测数值确定。

2. 其他类型的锚具变形和钢筋内缩值应根据实测数据确定。

块体拼成的结构，其预应力损失应计算块体间填缝的预压变形。当采用混凝土或砂浆为填缝材料时，每条填缝的预压变形值可取为 1mm。锚具损失只考虑张拉端，因为锚固端在张拉过程中已被挤紧，故不考虑其所引起的应力损失。减少 σ_{l1} 损失的措施有以下几种。

(1) 选择锚具变形小或使用预应力钢筋内缩小的锚具、夹具，并尽量少用垫板，因为每增加一块垫板，a 值就增加 1mm。

(2) 增加台座长度。因 σ_{l1} 值与台座长度成反比，采用先张法生产的构件，当台座长度在 100m 以上时，σ_{l1} 可忽略不计。后张法构件曲线预应力筋或折线预应力筋由于锚具变形和预应力筋内缩引起的预应力损失值 σ_{l1}，应根据曲线预应力筋或折线预应力筋与孔道壁之间反向摩擦影响长度 l_f 范围内的预应力筋变形值等于锚具变形和预应力筋内缩值的条件确定。反向摩擦系数、反向摩擦影响长度及常用束形的后张预应力筋在反向摩擦影响长度范围内的预应力损失值 σ_{l1} 可按《规范》附录计算，这里不再详述。

2. 预应力钢筋和孔道壁之间的摩擦引起的预应力损失 σ_{l2}(图 6.22)

采用后张法张拉直线预应力钢筋时，由于预应力钢筋的表面形状、孔道成型质量情况、预应力钢筋的焊接外形质量情况、预应力钢筋与孔道接触程度(孔道的尺寸、预应力钢筋与孔道壁之间的间隙大小、预应力钢筋在孔道中的偏心距数值)等原因，使钢筋在张拉过程中与孔壁接触而产生摩擦阻力。这种摩擦阻力距离预应力张拉端越远，影响越大，使构件各截面上的实际预应力有所减少，称为摩擦损失，以 σ_{l2} 表示。σ_{l2} 可按下述方法计算：

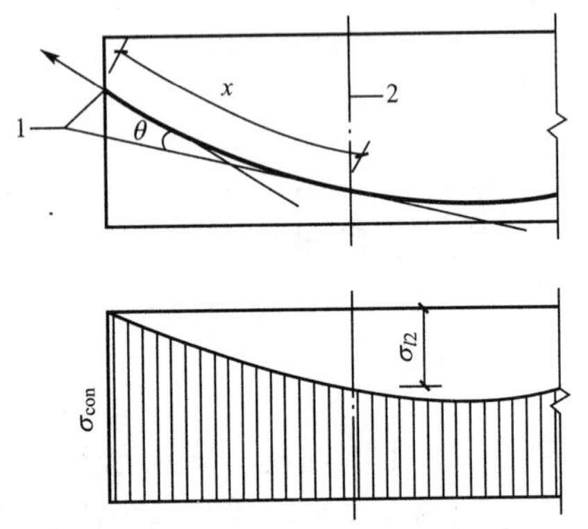

图 6.22　预应力摩擦损失计算

1—张拉端；2—计算截面

$$\sigma_{l2}=\sigma_{con}\left(1-\frac{1}{e^{\kappa x+\mu\theta}}\right) \tag{6-2}$$

当 $\kappa x+\mu\theta\leqslant 0.3$ 时，σ_{l2} 可按下列近似公式计算：

$$\sigma_{l2}=(\kappa x+\mu\theta)\sigma_{con} \tag{6-3}$$

式中　x——从张拉端至计算截面的孔道长度，也可近似取该段孔道在纵轴上的投影长度(m)；

θ——从张拉端计算截面曲线孔道部分切线的夹角(rad)。

κ——考虑孔道每米长度局部偏差的摩擦系数，按表 6-3 采用。

μ——预应力钢筋与孔道道壁之间的摩擦系数，按表 6-3 采用。

表 6-3　摩　擦　系　数

孔道成型方式	κ	μ	
		钢绞线、钢丝束	预应力螺纹钢筋
预埋金属波纹管	0.0015	0.25	0.50
预埋塑料波纹管	0.0015	0.15	—
预埋钢管	0.0010	0.30	—
抽芯成型	0.0014	0.55	0.60
无黏结预应力	0.0040	0.09	—

摩擦阻力由下述两个原因引起，先分别计算，然后相加计算。

(1) 张拉曲线钢筋时，由预应力钢筋和孔道壁之间的法向正压力引起的摩擦阻力。

(2) 预留孔道因施工中某些原因发生凹凸，偏离设计位置，张拉钢筋时，预应力钢筋和孔道壁之间将产生法向正压力而引起的摩擦阻力。

减少σ_{l2}损失的措施有以下几种：①对于较长的构件可在两端进行张拉，则计算中孔道长度可按构件的一半长度计算，但这个措施将引起σ_{l1}增加，应用时需加以注意；②采用超张拉，减少松弛损失与摩擦损失。

3. 受张拉的钢筋与受拉力的设备之间的温差引起的预应力损失σ_{l3}

为了缩短先张法构件的生产周期，浇灌混凝土后常采用蒸汽养护的办法加速混凝土的硬结。升温时，钢筋受热自由膨胀，产生了预应力损失。设混凝土加热养护时，受张拉的预应力钢筋与承受拉力的设备(台座)之间的温差为Δt(℃)，钢筋的线膨胀系数为$\alpha=0.00001/℃$，则σ_{l3}可按下式计算：

$$\sigma_{l3}=\varepsilon_s E_s=\frac{\Delta l}{l}E_s=\frac{\alpha l\Delta t}{l}E_s=\alpha E_s\Delta t$$

$$=0.00001\times 2.0\times 10^5\times\Delta t=2\Delta t(\mathrm{N/mm^2}) \tag{6-4}$$

减少σ_{l3}损失的措施有以下几种。

(1) 用两次升温养护。先在常温下养护，待混凝土强度达到一定强度等级，如C7.5～C10时，再逐渐升温到规定的养护温度，这时可认为钢筋与混凝土已结成整体，能够一起胀缩而不引起应力损失。

(2) 钢模上张拉预应力钢筋。由于预应力钢筋是锚固在钢模上的，升温时两者温度相同，可以不考虑此项损失。

4. 预应力钢筋应力松弛引起的预应力损失σ_{l4}

钢筋在高应力作用下，其塑性变形具有随时间而增长的性质，在钢筋长度保持不变的条件下，钢筋的应力会随时间的增长而逐渐降低，这种现象称为钢筋的应力松弛。另外，在钢筋应力保持不变的条件下，其应变会随时间的增长而逐渐增大，这种现象称为钢筋的徐变。钢筋的松弛和徐变均将引起预应力的钢筋中的应力损失，这种损失统称为钢筋应力松弛损失σ_{l4}。《混凝土结构设计规范》(GB 50010—2010)根据试验结果作以下规定。

(1) 对预应力钢丝、钢绞线规定。

① 普通松弛：

$$\sigma_{l4}=0.4\left(\frac{\sigma_{con}}{f_{ptk}}-0.5\right)\sigma_{con} \tag{6-5}$$

② 低松弛：

当$\sigma_{con}\leqslant 0.7f_{ptk}$时：

$$\sigma_{l4}=0.125\left(\frac{\sigma_{con}}{f_{ptk}}-0.5\right)\sigma_{con} \tag{6-6}$$

当$0.7f_{ptk}<\sigma_{con}\leqslant 0.8f_{ptk}$时：

$$\sigma_{l4}=0.2\left(\frac{\sigma_{con}}{f_{ptk}}-0.575\right)\sigma_{con} \tag{6-7}$$

(2) 对中强度预应力钢丝规定。

$$\sigma_{l4}=0.08\sigma_{con} \tag{6-8}$$

(3) 对预应力螺纹钢筋规定。

$$\sigma_{l4}=0.03\sigma_{con} \tag{6-9}$$

试验表明，钢筋应力松弛与下列因素有关。

(1) 应力松弛与时间有关，开始阶段发展较快，第一小时松弛损失可达全部松弛损失的50%左右，24h后达80%左右，以后发展缓慢。

(2) 应力松弛损失与钢材品种有关。热处理钢筋的应力松弛值比钢丝、钢绞线的小。

(3) 张拉控制应力值高，应力松弛大，反之，则小。

减少σ_{l4}损失的措施是进行超张拉，这里所指的超张拉有两种形式：①从应力零开始直接张拉到$1.03\sigma_{con}$；②从应力零开始直接张拉至$1.05\sigma_{con}$，持荷2min之后，卸载σ_{con}。

5. 混凝土收缩、徐变的预应力损失σ_{l5}

混凝土在一般温度条件下结硬时会发生体积收缩，而在预应力作用下，沿压力方向混凝土发生徐变。两者均使构件的长度缩短，预应力钢筋也随之内缩，造成预应力损失。收缩与徐变虽是两种性质完全不同的现象，但它们的影响因素、变化规律较为相似，故《混凝土结构设计规范》(GB 50010—2010)将这两项预应力损失合在一起考虑，此处不再详解。减少σ_{l5}的措施有如下几项。

(1) 采用高标号水泥，减少水泥用量，降低水灰比，采用干硬性混凝土。

(2) 采用级配较好的骨料，加强振捣，提高混凝土的密实性。

(3) 加强养护，以减少混凝土的收缩。

6. 混凝土的局部挤压引起的预应力损失σ_{l6}

采用螺旋式预应力钢筋作配筋的环形构件(电杆、水池、油罐、压力管道等)，由于预应力钢筋对混凝土的挤压，使环形构件的直径有所减小，预应力钢筋中的拉应力就会降低，从而引起预应力钢筋的应力损失σ_{l6}。

σ_{l6}的大小与环形构件的直径d成反比。直径越小，损失越大，故《混凝土结构设计规范》规定：当$d \leqslant 3\text{m}$时，$\sigma_{l6}=30\text{N/mm}^2$；$d>3\text{m}$时，$\sigma_{l6}=0$。

6.2.2 预应力损失值的组合

1. 预应力损失的特点

(1) 有的在先张法构件中产生，有的在后张法构件中产生，有的在先、后张法构件中均产生。

(2) 有的是单独产生，有的是和别的预应力损失同时产生。

(3) 前述各公式是分别计算，未考虑相互关系。

2. 预应力损失值的组合

为了便于分析和计算，设计时可将预应力损失分为两批：①混凝土预压完成前出现的损失，称第一批损失σ_{lI}；②混凝土预压完成后出现的损失，称第二批损失σ_{lII}，见表6-4。

表6-4 各阶段的预应力损失组合

预应力的损失组合	先张法构件	后张法构件
混凝土预压前(第一批)损失	$\sigma_{l1}+\sigma_{l2}+\sigma_{l3}+\sigma_{l4}$	$\sigma_{l1}+\sigma_{l2}$
混凝土预压后(第二批)损失	σ_{l5}	$\sigma_{l4}+\sigma_{l5}+\sigma_{l6}$

3. 预应力总损失的下限值

考虑到预应力损失的计算值与实际值可能存在一定差异，为确保预应力构件的抗裂性，《混凝土结构设计规范》(GB 50010—2010)规定，当计算求得的预应力总损失 $\sigma_l = \sigma_{l\mathrm{I}} + \sigma_{l\mathrm{II}}$ 小于下列数值时，应按下列数据取用。

先张法构件：100N/mm^2；

后张法构件：80N/mm^2。

6.2.3 预应力混凝土构件的设计计算

预应力混凝土结构构件，除应根据设计状况进行承载力计算及正常使用极限状态验算外，还应对施工阶段进行验算。预应力混凝土结构设计应计入预应力作用效应；对超静定结构，相应的次弯矩、次剪力及次轴力应参与组合计算。对承载能力极限状态，当预应力作用效应对结构有利时，预应力作用分项系数应取 1.0，不利时应取 1.2；对正常使用极限状态，预应力作用分项系数应取 1.0。

预应力混凝土构件受力状况，包括若干个具有代表性的受力过程，它们与施加预应力是采用先张法还是采用后张法有着密切的关系，其计算较为烦琐，在此不一一论述。本部分以施工阶段和正常使用阶段的预应力混凝土轴心受拉构件为例进行简单分析。在后面的分析中，分别以 σ_{pe}、σ_s、σ_{pc} 表示各阶段预应力钢筋、非预应力钢筋及混凝土的应力。

1. 施工阶段受力分析

1) 先张法(图 6.23)

(1) 张拉预应力钢筋阶段。在固定的台座上穿好预应力钢筋，其截面面积为 A_p，用张拉设备张拉预应力钢筋直至达到张拉控制应力 σ_{con}，预应力钢筋所受到的总拉力 $N_p = \sigma_{con} A_p$，此时该拉力由台座承担。

(2) 预应力钢筋锚固、混凝土浇筑完毕，并进行养护阶段。由于锚具变形和预应力钢筋内缩、预应力钢筋的部分松弛和混凝土养护时引起的温差等原因，使得预应力钢筋产生了第一批预应力损失 $\sigma_{l\mathrm{I}}$，此时预应力钢筋的有效拉应力为 $(\sigma_{con} - \sigma_{l\mathrm{I}})$，预应力钢筋的合力为：

$$N_{p\mathrm{I}} = (\sigma_{con} - \sigma_{l\mathrm{I}}) A_p \quad (6-10)$$

$$\sigma_{pc} = 0 \quad (6-11)$$

$$\sigma_s = 0 \quad (6-12)$$

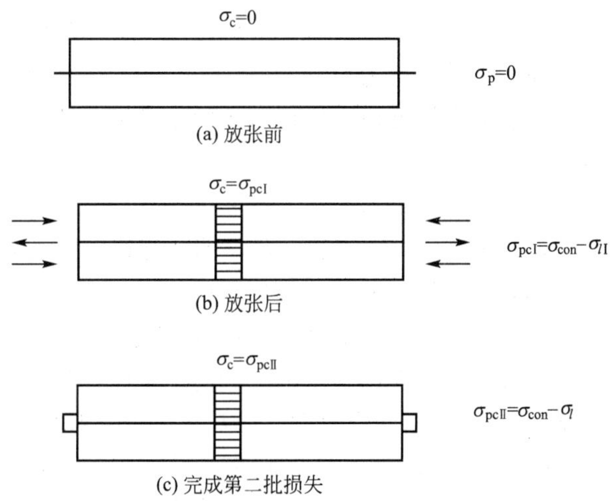

图 6.23 先张法施工阶段受力分析

(3) 放张预压阶段。放松预应力钢筋后，预应力钢筋发生弹性回缩而缩短，由于预应力钢筋与混凝土之间存在黏结力，所以预应力钢筋的回缩量与混凝土受预压的弹性压缩量相等，由变形协调条件可得，混凝土受到的预压应力为 $\sigma_{pc\mathrm{I}}$，非预应力钢筋受到的预压应力为 $\alpha_{Ec}\sigma_{pc\mathrm{I}}$，预应力钢筋的应力减少了 $\alpha_{Ec}\sigma_{pc\mathrm{I}}$，即：

$$\sigma_{pe\mathrm{I}}=\sigma_{con}-\sigma_{l\mathrm{I}}-\alpha_{Ep}\sigma_{pc\mathrm{I}} \tag{6-13}$$

此时，预应力构件处于自平衡状态，由内力平衡条件可知，预应力钢筋所受的拉力等于混凝土和非预应力钢筋所受的压力，即：$\sigma_{pe\mathrm{I}}A_p=\sigma_{pc\mathrm{I}}A_c+\alpha_{Es}\sigma_{pc\mathrm{I}}A_s$，从而有：

$$\sigma_{pc\mathrm{I}}=\frac{(\sigma_{con}-\sigma_{l\mathrm{I}})A_p}{(A_c+\alpha_{Es}A_s+\alpha_{Ep}A_p)}=\frac{N_{p\mathrm{I}}}{A_0} \tag{6-14}$$

式中　$N_{p\mathrm{I}}=(\sigma_{con}-\sigma_{l\mathrm{I}})A_p$——预应力钢筋在完成第一批损失后的合力；

A_0——换算截面面积，为混凝土截面面积与非预应力钢筋和预应力钢筋换算成混凝土的截面面积之和，$A_0=A_c+\alpha_{Es}A_s+\alpha_{Ep}A_p$；

α_{Es}、α_{Ep}——非预应力钢筋、预应力钢筋的弹性模量与混凝土弹性模量的比值。

(4) 完成第二批应力损失阶段。构件在预应力 $\sigma_{pc\mathrm{I}}$ 的作用下，混凝土发生收缩和徐变，预应力钢筋继续松弛，构件进一步缩短，完成第二批应力损失 $\sigma_{l\mathrm{II}}$。此时混凝土的应力由 $\sigma_{pc\mathrm{I}}$ 减少为 $\sigma_{pc\mathrm{II}}$，非预应力钢筋的预压应力由 $\alpha_{Es}\sigma_{pc\mathrm{I}}$ 减少为 $\alpha_{Es}\sigma_{pc\mathrm{II}}+\sigma_{l5}$，预应力钢筋中的应力由 $\sigma_{pe\mathrm{I}}$ 减少了

$$\begin{aligned}\sigma_{pe\mathrm{II}}&=\sigma_{pe\mathrm{I}}-\alpha_{Ep}\sigma_{pc\mathrm{I}}-\sigma_{l\mathrm{II}}\\(\alpha_{Ep}\sigma_{pc\mathrm{II}}-\alpha_{Ep}\sigma_{pc\mathrm{I}})+\sigma_{l\mathrm{II}}&=\sigma_{con}-\sigma_{l\mathrm{I}}-\sigma_{l\mathrm{II}}-\alpha_{Ep}\sigma_{pc\mathrm{II}}\\&=\sigma_{con}-\sigma_{l}-\alpha_{Ep}\sigma_{pc\mathrm{II}}\end{aligned} \tag{6-15}$$

式中　$\sigma_l=\sigma_{l\mathrm{I}}+\sigma_{l\mathrm{II}}$——全部预应力损失。根据构件截面的内力平衡条件

$\sigma_{pe\mathrm{II}}A_p=\sigma_{pc\mathrm{II}}A_c+(\alpha_{Es}\sigma_{pc\mathrm{II}}+\sigma_{l5})A_s$，可得：

$$\sigma_{pc\mathrm{II}}=\frac{(\sigma_{con}-\sigma_l)A_p-\sigma_{l5}A_s}{(A_c+\alpha_{Es}A+\alpha_{Ep}A_p)}=\frac{N_{p\mathrm{II}}}{A_0} \tag{6-16}$$

式中　$N_{p\mathrm{II}}=(\sigma_{con}-\sigma_l)A_p-\sigma_{l5}A_s$——预应力钢筋完成全部预应力损失后，预应力钢筋和非预应力钢筋的合力。

熟悉并掌握预应力构件各个阶段截面的应力情况非常重要，对于不同阶段，要用相应的公式计算。

2) 后张法(图 6.24)

(1) 张拉预应力钢筋之前，即从浇筑混凝土开始至穿预应力钢筋后，构件不受任何外力作用，所以构件截面不存在任何应力。

(2) 张拉钢筋并锚固。张拉预应力钢筋，此时，混凝土受到与张拉力反向的压力作用，并发生了弹性压缩变形。同时，在张拉过程中预应力钢筋与孔壁之间的摩擦引起预应力损失 σ_{l2}，锚固预应力钢筋后，锚具的变形和预应力钢筋的回缩引起预应力损失 σ_{l1}，从而完成了第一批损失 $\sigma_{l\mathrm{I}}$。此时，混凝土受到的压应力为 $\sigma_{pc\mathrm{I}}$，非预应力钢筋所受到的压应力为 $\alpha_{Es}\sigma_{pc\mathrm{I}}$。预应力钢筋的有效拉应力为 $\sigma_{pe\mathrm{I}}$：$\sigma_{pe\mathrm{I}}=\sigma_{con}-\sigma_{l\mathrm{I}}$。由构件截面的内力平衡条件 $\sigma_{pe\mathrm{I}}A_p=\sigma_{pc\mathrm{I}}A_c+\alpha_{Es}\sigma_{pc\mathrm{I}}A_s$ 可得：

$$\sigma_{pc\mathrm{I}}=\frac{(\sigma_{con}-\sigma_{l\mathrm{I}})A_p}{A_c+\alpha_{Es}A_s}=\frac{N_{p\mathrm{I}}}{A_n} \tag{6-17}$$

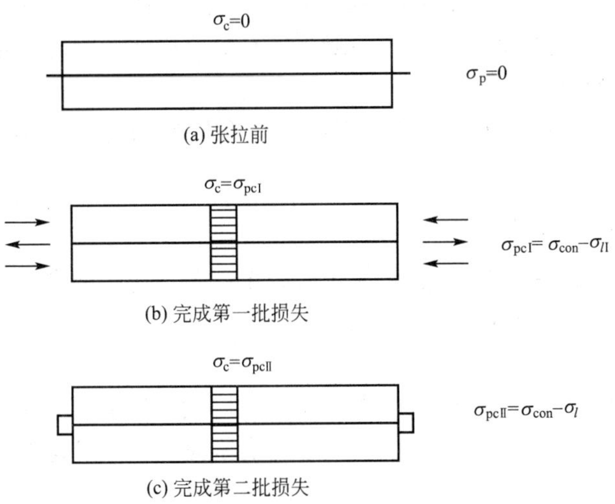

(a) 张拉前

(b) 完成第一批损失

(c) 完成第二批损失

图 6.24 后张法施工阶段应力分析

式中 N_{pI}——完成第一批预应力损失后，预应力钢筋的合力；

A_n——构件的净截面面积，即扣除孔道后混凝土的截面面积与非预应力钢筋换算成混凝土的截面面积之和。

(3) 第二批预应力损失。在预应力张拉全部完成之后，构件中混凝土受到预压应力的作用而发生了收缩和徐变、预应力钢筋松弛以及预应力钢筋对孔壁混凝土的挤压，从而完成了第二批预应力损失，此时混凝土的应力由 σ_{pcI} 减少为 σ_{pcII}，非预应力钢筋的预压应力由 $\alpha_{Es}\sigma_{pcI}$ 减少为 $\alpha_{Es}\sigma_{pcII}+\sigma_{l5}$，预应力钢筋的有效应力 σ_{peII} 为：

$$\begin{aligned}\sigma_{peII}&=\sigma_{peI}-\sigma_{lII}\\&=\sigma_{con}-\sigma_{lI}-\sigma_{lII}\\&=\sigma_{con}-\sigma_l\end{aligned} \tag{6-18}$$

由力的平衡条件 $\sigma_{peII}A_p=\sigma_{peII}A_c+(\alpha_{Es}\sigma_{pcII}+\sigma_{l5})A_s$ 可得：

$$\sigma_{pcII}=\frac{(\sigma_{con}-\sigma_l)A_p-\sigma_{l5}A_s}{A_c+\alpha_{Es}A_s}=\frac{N_{pII}}{A_n} \tag{6-19}$$

式中 $N_{pII}=(\sigma_{con}-\sigma_l)A_p-\sigma_{l5}A_s$——预应力钢筋完成全部预应力损失后预应力钢筋和非预应力钢筋的合力。

3) 先张法与后张法的比较

(1) 计算预应力混凝土轴心受拉构件截面混凝土的有效预压应力 σ_{pcI}、σ_{pcII} 时，计算时所用构件截面面积为：先张法用换算截面面积 A_0，后张法用构件的净截面面积 A_n。

(2) 在先张法预应力混凝土轴心受拉构件中，存在着放松预应力钢筋后由混凝土弹性压缩变形而引起的预应力损失；在后张法预应力混凝土轴心受拉构件中，混凝土的弹性压缩变形是在预应力钢筋张拉过程中发生的，因此没有相应的预应力损失。所以，相同条件的预应力混凝土轴心受拉构件，当预应力钢筋的张拉控制应力相等时，先张法预应力钢筋中的有效预应力比后张法的小，相应建立的混凝土预压应力也就比后张法的小，具体的数量差别取决于混凝土弹性压缩变形的大小。

(3) 在施工阶段中，当考虑到所有的预应力损失后，计算混凝土的预压应力 σ_{pcII} 的公式，先张法与后张法从形式上来讲大致相同，主要区别在于公式中的分母分别为 A_0 和 A_n。由于 $A_0>A_n$，因此先张法预应力混凝土轴心受拉构件的混凝土预压应力小于后张法预应力混凝土轴心受拉构件。

以上结论可推广应用于计算预应力混凝土受弯构件的混凝土预应力，只需将 $N_{pⅠ}$、$N_{pⅡ}$ 改为偏心压力。

2. 正常使用阶段受力分析

预应力混凝土轴心受拉构件在正常使用荷载作用下，其整个受力特征点可划分为消压极限状态、抗裂极限状态和带裂缝工作状态。

1）消压极限状态

对构件施加的轴心拉力 N_0 在该构件截面上产生的拉应力 $\sigma_{c0}=N_0/A_0$ 刚好与混凝土的预压应力 $\sigma_{pcⅡ}$ 相等，即 $|\sigma_{c0}|=|\sigma_{pcⅡ}|$，称 N_0 为消压轴力。对于先张法预应力混凝土轴心受拉构件，预应力钢筋的应力 N_0 为：$\sigma_{p0}=\sigma_{con}-\sigma_l+\alpha_{Ep}A_p$。对于后张法预应力混凝土轴心受拉构件，预应力钢筋的应力 σ_{p0} 为：$\sigma_{p0}=\sigma_{con}-\sigma_l+\alpha_{Ep}A_p$。预应力混凝土轴心受拉构件的消压状态，相当于普通混凝土轴心受拉构件承受荷载的初始状态，混凝土不参与受拉，轴心拉力 N_0 由预应力钢筋和非预应力钢筋承受，则：$N_0=\sigma_{p0}A_p-\sigma_sA_s$。

先张法预应力混凝土轴心受拉构件的消压轴力 N_0 为：

$$N_0=(\sigma_{con}-\sigma_l)A_p-\sigma_{l5}A_s=\sigma_{pcⅡ}A_0 \tag{6-20}$$

后张法预应力混凝土轴心受拉构件的消压轴力 N_0 为：

$$N_0=(\sigma_{con}-\sigma_l+\alpha_{Ep}\sigma_{pcⅡ})A_p-\sigma_{l5}A_s=\sigma_{pcⅡ}(A_n+\alpha_{Ep}A_p)=\sigma_{pcⅡ}A_0 \tag{6-21}$$

一先张法轴心受拉预应力构件，截面尺寸为 $b\times h=120\text{mm}\times200\text{mm}$，预应力钢筋截面面积 $A_p=804\text{mm}^2$，强度设计值 $f_{py}=580\text{MPa}$，弹性模量 $E_s=1.8\times10^5\text{MPa}$，无非预应力筋，混凝土为C40级($f_{tk}=2.40\text{MPa}$，$E_c=3.25\times10^4\text{MPa}$)，完成第一批预应力损失并放松预应力钢筋后，预应力钢筋的应力为 $\sigma_{lⅠ}=510\text{MPa}$，然后又发生第二批预应力损失 $\sigma_{lⅡ}=130\text{MPa}$。试求：

(1) 完成第二批预应力损失后，预应力钢筋的应力和混凝土的应力。

(2) 加荷至混凝土应力为零时的轴力。

【解】 问题(1)解答如下：

① 截面几何特征：$\alpha_{Ep}=\dfrac{E_s}{E_c}=\dfrac{1.8\times10^5}{3.25\times10^4}=5.54$

$$A_c=120\times200-804=23196(\text{mm}^2)$$

$$A_0=A_c+\alpha_{Ep}A_p=23196+5.54\times804=27650(\text{mm}^2)$$

② 完成第二批预应力损失后混凝土所受的预压应力。

根据截面平衡条件： $\sigma_{pcⅠ}A_c=\sigma_{peⅠ}A_p$

$$\sigma_{pcⅠ}=\frac{\sigma_{peⅠ}A_p}{A_c}=\frac{510\times804}{23196}=17.68(\text{MPa})$$

由 $\sigma_{pe\mathrm{I}}=\sigma_{con}-\sigma_{l\mathrm{I}}-\alpha_{Ep}\sigma_{pc\mathrm{I}}$ 得：

$$510=\sigma_{con}-\sigma_{l\mathrm{I}}-5.54\times17.68$$

则 $\sigma_{con}-\sigma_{l\mathrm{I}}=608\mathrm{MPa}$

混凝土的应力为：$\sigma_{pc\mathrm{II}}=\dfrac{(\sigma_{con}-\sigma_l)A_p}{A_c+\alpha_{Ep}\cdot A_p}=\dfrac{(\sigma_{con}-\sigma_{l\mathrm{I}}-\sigma_{l\mathrm{II}})A_p}{A_c+\alpha_{Ep}\cdot A_p}=\dfrac{(608-130)\times804}{27650}=13.90$ (MPa)

③ 完成第二批预应力损失后预应力钢筋的应力。

预应力钢筋的应力为：$\sigma_{pe\mathrm{II}}=\sigma_{con}-\sigma_{l\mathrm{I}}-\sigma_{l\mathrm{II}}-\alpha_{Ep}\sigma_{pc\mathrm{II}}=608-130-5.54\times13.90=401(\mathrm{MPa})$

问题(2)解答如下：

加荷至混凝土应力为零时的轴力即为消压轴力 N_0。由式(6-20)得

$$N_0=\sigma_{pc\mathrm{II}}\cdot A_0=13.9\times27650\mathrm{N}=384335\mathrm{N}=384.335\mathrm{kN}$$

2) 开裂极限状态

在消压轴力的基础上，继续施加足够的轴心拉力使得构件中混凝土的拉应力达到其抗拉强度 f_{tk}，混凝土处于受拉即将开裂但尚未开裂的极限状态，称该轴心拉力为开裂轴力 N_{cr}。此时构件所承受的轴心拉力为：

$$N_{cr}=N_0+f_{tk}A_c+\alpha_{es}f_{tk}A_s+\alpha_{Ep}f_{tk}A_p=N_0+(A_c+\alpha_{Es}A_s+\alpha_{Ep}A_p)f_{tk}=(\sigma_{pc\mathrm{II}}+f_{tk})A_0 \tag{6-22}$$

3) 带裂缝工作阶段

当构件所承受的轴心拉力 N 大于开裂轴 N_{cr}后，构件受拉开裂，并出现多道大致垂直于构件轴线的裂缝，裂缝所在截面处的混凝土退出工作，不参与受拉。预应力钢筋的拉应力 σ_p和非预应力钢筋的拉应力 σ_s分别为：

$$\sigma_p=\sigma_{p0}+\frac{(N-N_0)}{A_p+A_s} \tag{6-23}$$

$$\sigma_s=\sigma_{s0}+\frac{(N-N_0)}{A_p+A_s} \tag{6-24}$$

无论是先张法还是后张法，消压轴力 N_0、N_{cr}开裂轴力的计算公式具有对应相同的形式。要使预应力混凝土轴拉构件开裂，需要施加比普通混凝土构件更大的轴心拉力，显然在同等荷载水平下，预应力构件具有较高的抗裂能力。

3. 预应力混凝土轴心受拉构件计算

根据以上各阶段的受力分析，为保证预应力混凝土轴心受拉构件各项使用性能，在使用阶段应进行承载力计算、抗裂度验算或裂缝宽度计算；在施工阶段应进行混凝土承载力计算(先张法构件放松预应力钢筋时或后张法构件张拉预应力钢筋时)，对于后张法构件端部锚固区应进行局部受压承载力验算。

6.2.4 预应力混凝土结构构件的构造要求

1. 截面形式和尺寸

预应力混凝土构件的截面形式应根据构件的受力特点进行合理选择，如图 6.25 所示。

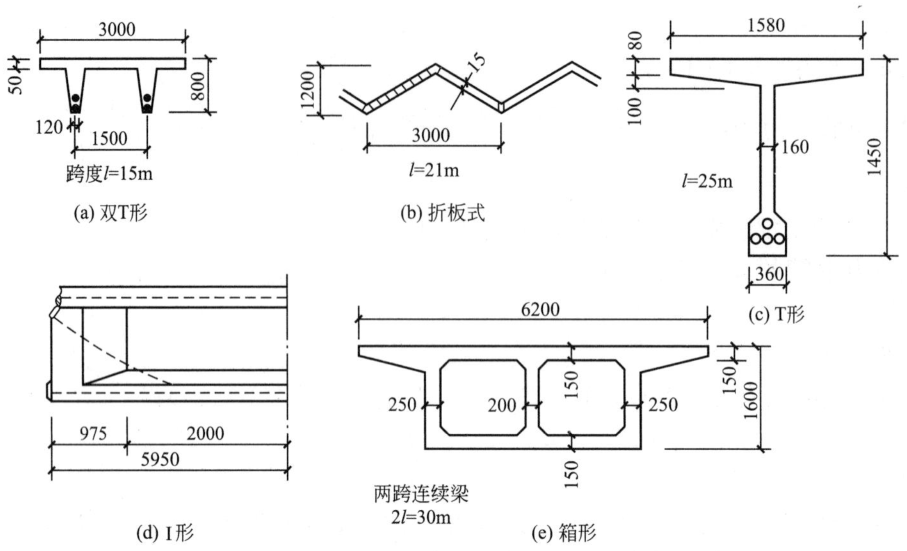

图 6.25　预应力混凝土构件的截面形式

矩形截面外形简单、模板最省。但核心区域小、自重大，受拉区混凝土对抗弯不起作用，截面有效性差。一般适用于实心板和一些短跨先张预应力混凝土梁。I形截面核心区域大，预应力筋布置的有效范围大，截面材料利用较为有效，自重较小。但应注意腹板应保证一定的厚度，以使构件具有足够的受剪承载力，便于混凝土的浇筑。箱形截面和I形截面具有同样的截面性质，并可抵抗较大的扭转作用，常用于跨度较大的公路桥梁。

预应力混凝土受弯构件的挠度变形控制容易满足，因此跨高比可取得较大。但跨高比过大，则反拱和挠度会对预加外力的作用位置以及温度波动比较敏感，对结构的振动影响也更为显著。一般预应力混凝土受弯构件的跨高比可比钢筋混凝土构件增大30%。

2. 纵向非预应力钢筋

(1) 对部分预应力混凝土，当通过配置一定的预应力钢筋 A_p 已能使构件满足抗裂或裂缝控制要求时，根据承载力计算所需的其余受拉钢筋可以采用非预应力钢筋 A_s。

(2) 非预应力钢筋可保证构件具有一定的延性。

(3) 在后张法构件未施加预应力前进行吊装时，非预应力钢筋的配置也很重要。

(4) 为对裂缝分布和开展宽度起到一定的控制作用，非预应力钢筋宜采用HRB335级和HRB400级钢筋。

(5) 对于施工阶段预拉区(施加预应力时形成的拉应力区)容许出现裂缝的构件，应在预拉区配置非预应力钢筋 A'_s，防止裂缝开展过大，但这种裂缝在使用阶段可闭合。

(6) 对施工阶段预拉区不允许出现裂缝的构件，预拉区纵向钢筋的配筋率$[(A'_s+A'_p)/A]$不应小于0.2%，但对后张法不应计入 A'_p。

(7) 对施工阶段允许出现裂缝，而在预拉区不配置预应力钢筋的构件，当 $\sigma_{ct}=2f'_{tk}$ 时，预拉区纵向钢筋的配筋率(A'_s/A)不应小于0.4%，当 $f'_{tk}<\sigma_{ct}<2f'_{tk}$时，在0.2%和

0.4%之间按直线内插取用。

(8) 预拉区的非预应力纵向钢筋宜配置带肋钢筋，其直径不宜大于 14mm，并应沿构件预拉区的外边缘均匀配置，如图 6.26 所示。

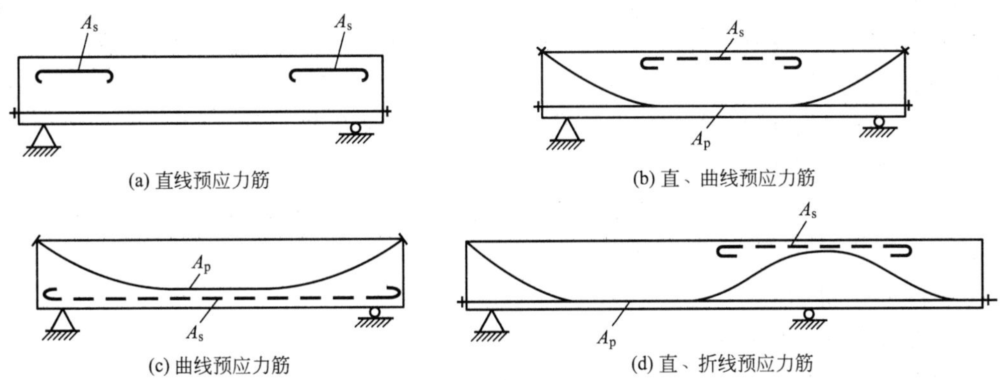

图 6.26　非预应力的布置

3. 先张法构件的要求

1) 预应力钢筋(丝)的净间距

预应力钢筋、钢丝的净间距应根据便于浇灌混凝土、保证钢筋(丝)与混凝土的黏结锚固，以及施加预应力(夹具及张拉设备的尺寸)等要求来确定。当预应力钢筋为钢筋时，其净距不宜小于钢筋公称直径的 2.5 倍及混凝土粗骨料最大粒径的 1.25 倍；当预应力钢筋为钢丝时，其净距不宜小于 15mm。

2) 混凝土保护层厚度

为保证钢筋与混凝土的黏结强度，防止放松预应力钢筋时出现纵向劈裂裂缝，必须有一定的混凝土保护层厚度。当采用钢筋作预应力筋时，其保护层厚度要求同钢筋混凝土构件；当预应力钢筋为光面钢丝时，其保护层厚度不应小于 15mm。

3) 钢筋、钢丝的锚固

先张法预应力混凝土构件应保证钢筋(丝)与混凝土之间有可靠的黏结力，宜采用变形钢筋、刻痕钢丝、螺旋肋钢丝、钢绞线等。

4) 端部附加钢筋

为防止放松预应力钢筋时构件端部出现纵向裂缝，对预应力钢筋端部周围的混凝土应设置附加钢筋。①当采用单根预应力钢筋，其端部宜设置长度不小于 150mm 的螺旋筋。当钢筋直径 $d \leqslant 16$mm 时，也可利用支座垫板上的插筋，但插筋根数不应少于 4 根，其度不宜小于 120mm。②当采用多根预应力钢筋时，在构件端部 10 倍且不小于 100mm 范围内，预应力钢筋直径范围内，应设置 3～5 片与预应力钢筋垂直的钢筋网。③采用钢丝配筋的预应力薄板，在端部 100mm 范围内，应适当加密横向钢筋。

4. 后张法构件的要求

1) 预留孔道的构造要求

预留孔道的布置应考虑到张拉设备的尺寸、锚具尺寸及构件端部混凝土局部受压承载力的要求等因素。

(1) 孔道直径应比预应力钢筋束外径、钢筋对焊接接头处外径及锥形螺杆锚具的套筒等外径大 6～15mm，以便于穿入预应力钢筋，并保证孔道灌浆质量。

(2) 孔道间的净距不应小于 50mm；孔道至构件边缘的净距不应小于 30mm，且不宜小于孔道的半径。

(3) 构件两端及跨中应设置灌浆孔或排气孔，孔距不宜大于 12m。孔道灌浆所用的水泥砂浆强度等级不应低于 M20，水灰比宜为 0.4～0.45。为减少收缩，宜掺入 0.01%水泥用量的铝粉。凡需要起拱的构件，预留孔道宜随构件同时起拱。

2) 曲线预应力钢筋的曲率半径

曲线预应力钢丝束、钢绞线束的曲率半径不宜小于 4m。对折线配筋的构件，在预应力钢筋弯折处的曲率半径可适当减小。

3) 端部钢筋布置

(1) 为防止施加预应力时，构件端部产生沿截面中部的纵向水平裂缝，宜将一部分预应力钢筋在靠近支座区段弯起，并使预应力钢筋尽可能沿构件端部均匀布置。

(2) 如预应力钢筋在构件端部不能均匀布置，而需集中布置在端部截面下部时，应在构件端部 0.2 倍截面高度范围内设置竖向附加焊接钢筋网等构造钢筋。

(3) 预应力钢筋锚具及张拉设备的支承处，应采用预埋钢垫板，并设置上述附加钢筋网和附加钢筋。当构件端部有局部凹进时，为防止端部转折处产生裂缝，应增设折线构造钢筋。

本章小结

在结构承受外荷载之前，预先对其在外荷载作用下的受拉区施加压应力，以改善结构使用性能的这种结构形式称为预应力结构。

(1) 施加预应力的方法：①先张法；②后张法。

(2) 施加预应力的设备：①锚具与夹具；②机具设备：a. 张拉设备；b. 制孔器；c. 灌孔水泥浆及压浆机。

(3) 混凝土需满足下列要求：①快硬、早强；②强度高；③收缩、徐变小。

(4) 钢材需满足下列要求：①强度高；②具有一定的塑性；③良好的加工性能；④与混凝土之间能较好地黏结。

(5) 预应力损失值。

① 预应力直线钢筋由于锚具变形和钢筋内缩引起的预应力损失。

② 预应力钢筋与孔道壁之间的摩擦引起的预应力损失。

③ 混凝土加热养护时受张拉的预应力钢筋与承受拉力的设备之间的温差引起的预应力损失。

④ 预应力钢筋应力松弛引起的预应力损失。

⑤ 混凝土收缩、徐变的预应力损失。

⑥ 用螺旋式预应力钢筋作配筋的环形构件，由于混凝土的局部挤压引起的预应力损失。

(6) 对预应力混凝土构件不仅要进行使用阶段和施工阶段验算，而且还要满足《混凝土结构设计规范》(GB 50010—2010)规定的各种构造措施。

习题

1. 简答题

(1) 什么是无黏结预应力混凝土?

(2) 什么是张拉控制应力? 如何取值?

(3) 预应力损失值是如何组合的?

(4) 预应力筋超张拉时，有哪两种形式?

(5) 预应力混凝土构件主要的构造措施有哪些?

(6) 对于先张拉预应力混凝土来说，为什么混凝土需要达到一定强度后才能放松钢筋?

(7) 预应力轴心受拉构件，在施工阶段计算预加应力产生的混凝土法向应力时，为什么先张法构件用 A_0，而后张法用 A_n? 为什么荷载作用阶段时都采用 A_0? 先张法和后张法的 A_0、A_n如何计算?

2. 计算题

某 24m 预应力混凝土屋架下弦杆的计算。屋架下弦杆如图 6.27 所示，设计参数见表 6-5。试对该下弦杆进行使用阶段的承载力计算和抗裂验算，施工阶段验算及端部受压承载力计算。

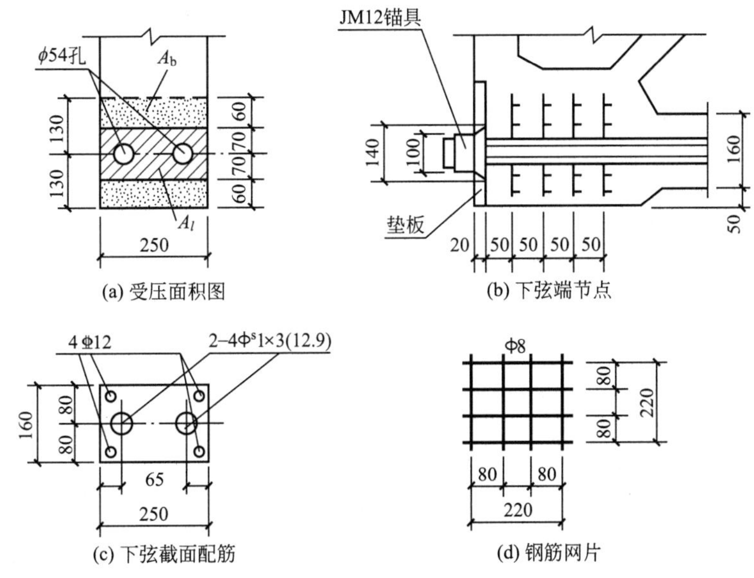

图 6.27 屋架下弦杆

表 6－5 设计参数

材料	混凝土	预应力钢筋	非预应力钢筋
品种和强度等级	C50	钢绞线	HRB400
截面/mm	250×160 孔道 2Φ54	4Φ^{s}1×3(d=12.9)	4Φ12 A_s=452mm^2
材料强度/(N/mm^2)	f_{ck}=32.4，f_c=23.1 f_t=1.89，f_{tk}=2.64	f_{py}=1220 f_{ptk}=1720	f_y=360
弹性模量/(N/mm^2)	3.45×10^4	1.95×10^5	2.0×10^5
张拉工艺	后张法，一端张拉，采用 JM－12 型锚具，孔道为充压橡皮管轴芯成型		
张拉控制应力/(N/mm^2)	σ_{con}=0.75×f_{ptk}=0.75×1720=1290		
张拉时混凝土强度/(N/mm^2)	f'_{cu}=50，f'_{ck}=32.4，f'_{tk}=2.64		
下弦杆件内力/kN	永久荷载标准值产生的轴向拉力 N_{Gk}=420 可变荷载标准值产生的轴向拉力 N_{Qk}=180 永久荷载分项系数 γ_G=1.2 可变荷载分项系数 γ_Q=1.4		
裂缝控制等级	二级		
结构重要性系数	使用阶段 γ_0=1.1		

第7章

剖面图与断面图

教学目标

(1) 了解工程图样的视图表示方法，了解剖面图、断面图的概念，理解剖面图、断面图的形成原理。

(2) 掌握各种剖面图、断面图的使用及画法；掌握剖面图与断面图的区别，了解建筑图样中简化画法。

教学要求

知识要点	能力要求	相关知识	权重
基本视图	能根据形体绘制正确的视图	建筑识图与构造	20%
能够根据形体投影图正确绘制出剖面	剖面图基本知识	建筑识图与构造	20%
能根据形体的投影图正确地绘制出断面	断面图的基本知识	建筑识图与构造	20%
有较强的识读剖面图与断面图的能力	剖面图、断面图的基本知识	建筑识图与构造	30%
会识读建筑形体的简化画法	简化画法	建筑识图与构造	10%

章节导读

在建筑工程图中，形体的可见轮廓线用粗实线表示，不可见轮廓线用虚线表示。当建筑形体内部构造和形状比较复杂时，如采用一般视图进行表达，在投影图中会有很多虚线与实线重叠，难以分清。这样，不能清晰地表达形体，建筑材料的性质也无法表达清楚，也不利于标注尺寸和识读，为了解决形体内部的表达问题，制图标准中用剖面图来表示。

7.1 剖　面　图

7.1.1 剖面图的概念

假想用一个特殊的平面(剖切面)将物体剖开，然后移去观察者和剖切面之间的部分，把原来形体内部不可见的部分变为可见，用正投影的方法把留下来的形体进行投影所得到的正投影图，称为剖面图。

如图 7.1(a)所示为一独立基础的轴测图，独立基础内槽的投影在正面投影中看不到，为虚线[图 7.1(b)]，这样图面表达不清楚，给读图带来困难。为了清楚地表示图中的内槽，用一假想的、通过基础前后对称面的平面将基础剖开［图 7.1(c)］，把观察者和假想平面之间的部分移开，如图 7.1(c)所示的内部基槽可见，用正投影的方法向 V 面进行投影，这样得到的正视图就是剖面图。这时杯形基础的内部形状表达得非常清楚，如图 7.1(d)所示。

7.1.2 剖面图的画图步骤

1. *确定剖切平面的位置和数量*

在对形体进行剖切作剖面图时，首先要确定剖切平面的位置，剖切平面的位置应使形体在剖切后投影的图形能准确、清晰、完整地反映所要表达形体的真实形状。因此，在选择剖切平面的位置时应注意以下方面的问题。

(1) 剖切平面应平行于投影面，使断面在投影图中反映真实性状，如图 7.1(b)所示。

(2) 剖切平面应过形体的对称面，或过孔、洞、槽的对称线或中心线，或过有代表性的位置，如图 7.1(b)所示。

有时一个剖面图并不能很好地、完整地表达形体，这时就需要几个剖面图。剖面图的数量与形体本身的复杂程度有关，形体越复杂，需要的剖面图越多，简单的形体，一个或两个剖面图就够了，有些形体甚至不需要画剖面图，只要投影图就够了，在实际作图时需要具体问题具体对待。

2. *确定投影方向*

确定投影方向以后，画出剩余形体的投影。

(1) 由于剖切平面是假想的，其物体并没有被真的切去，因此当构件的一个视图画成剖面图后，其他看到的部分仍应完整地画出，不受剖面图的影响。并且，除剖面图外，其他视图仍应画出它的全部投影。

(2) 为了区分形体中被剖切平面剖到的部分和未被剖到的部分，《房屋建筑制图统一标准》(GB/T 50001—2010)规定，在形体剖面图中被剖切平面剖到的轮廓线用粗实线绘制，未被剖切平面剖到、但沿投射方向可以看到的部分，用中实线绘制。

(3) 各剖面图应按正投影法绘制。

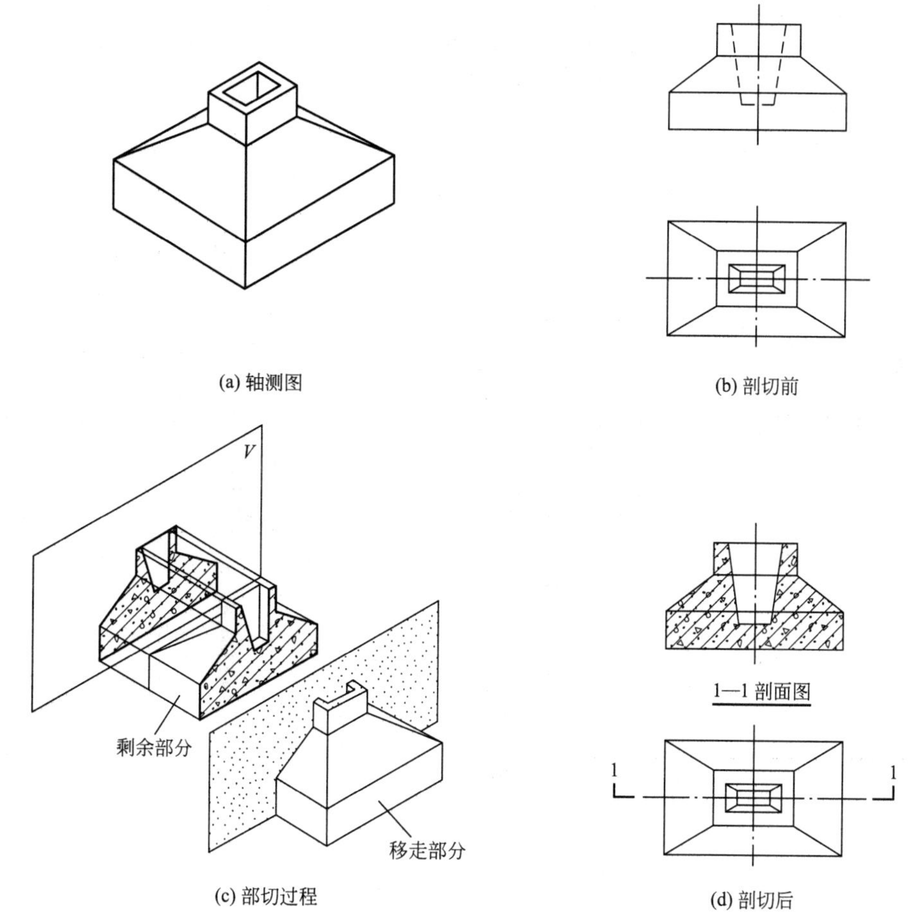

(a) 轴测图　(b) 剖切前　(c) 部切过程　(d) 剖切后

图 7.1　独立基础

3. 在断面内画材料的图例

形体被剖切后，形体的断面反映了其所采用的材料，因此，在剖面图中，应在断面上画出相应的材料图例。表 7-1 是《房屋建筑制图统一标准》(GB/T 50001—2010)规定的部分建筑材料图例，画图时应按国家标准执行。

表 7-1　建筑材料图例

序号	名称	图例	备注
1	自然土壤		包括各种自然植被

续表

序号	名称	图例	备注
2	夯实土壤	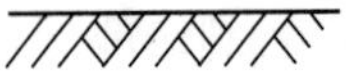	
3	砂、灰土	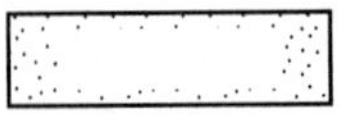	靠近轮廓线较密的点
4	砂砾土、碎砖三合土	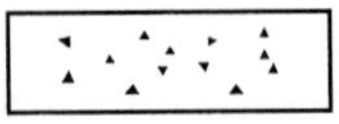	
5	石材	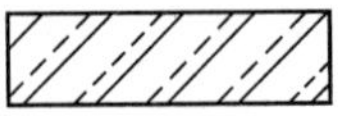	
6	毛石		
7	普通砖	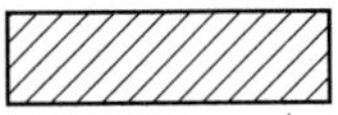	包括实心砖、多孔砖、砌块等砌体。断面较窄不易绘出图例时，可涂红，并在图纸备注中加注说明，画出该材料图例
8	耐火砖	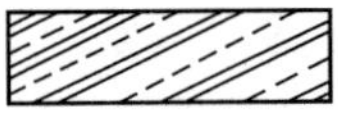	包括耐酸砖等砌体
9	空心砖	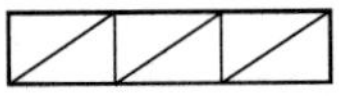	指非承重砖砌体
10	饰面砖	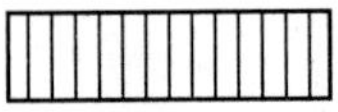	包括铺地砖、马赛克、陶瓷锦砖、人造大理石等
11	焦渣、矿渣	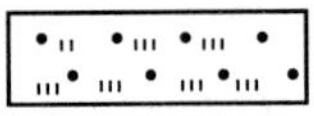	包括与水泥、石灰等混合而成的材料
12	混凝土	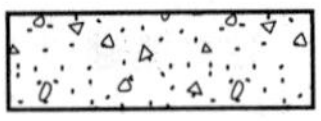	(1) 本图例指能承重的混凝土 (2) 包括各种强度等级、骨料、添加剂的混凝土 (3) 在剖面图上画出钢筋时，不画图例线 (4) 断面图形小，不易画出图例线时，可涂黑
13	钢筋混凝土		
14	多孔材料	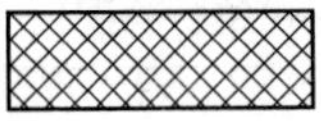	包括水泥珍珠岩、沥青珍珠岩、泡沫混凝土、非承重加气混凝土、软木、蛭石制品等
15	纤维材料	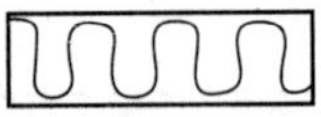	包括矿棉、岩棉、玻璃棉、麻丝、木丝板、纤维板等

续表

序号	名称	图例	备注
16	泡沫塑料材料	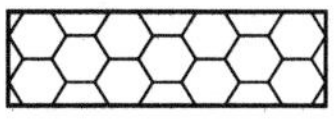	包括聚苯乙烯、聚乙烯、聚氨酯等多孔聚合物类材料
17	木材	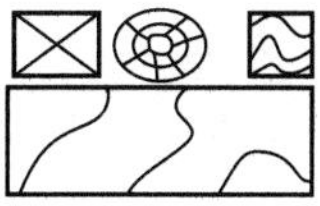	(1) 上图为横断面，上左图为垫木、木砖或木龙骨 (2) 下图为纵断面
18	胶合板	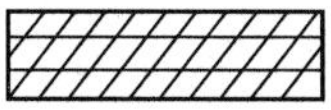	应注明为 x 层胶合板
19	石膏板	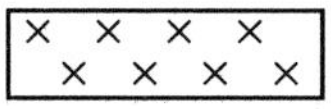	包括圆孔、方孔石膏板、防水石膏板、钙硅板、防火板等
20	金属	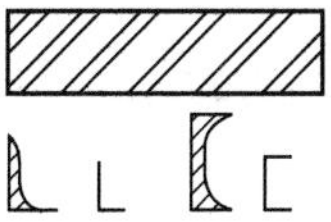	(1) 包括各种金属 (2) 图形小时，可涂黑
21	网状材料		(1) 包括金属、塑料网状材料 (2) 应注明具体材料名称
22	液体	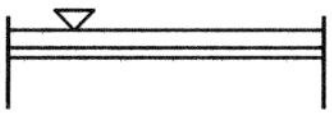	应注明具体液体名称
23	玻璃	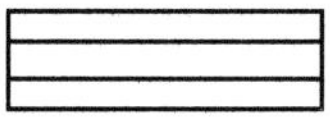	包括平板玻璃、磨砂玻璃、夹丝玻璃、钢化玻璃、中空玻璃、夹层玻璃、镀膜玻璃等
24	橡胶	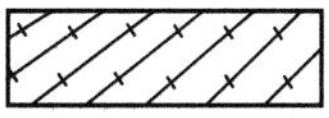	
25	塑料	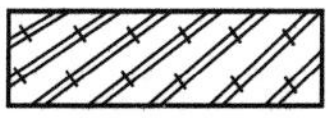	包括各种软、硬塑料及有机玻璃等
26	防水材料	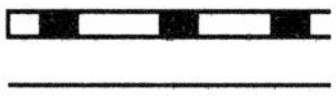	构造层次多或比例大时，采用上面图例
27	粉刷		本图例采用较稀的点

注：序号 1、2、5、7、8、13、14、16、17、18 图例中的斜线，短斜线，交叉斜线等一律为 45°。

(1) 在画砖、钢筋混凝土、金属等的图例符号时，应画成与水平线成 45°的细实线，并且，同一物体在各个剖面图中的剖面线方向、间距应相同。

(2) 当建筑材料不明时，可用等间距的 45°斜线表示。

4. 画剖切符号

因为剖面图本身不能清楚地反映剖切平面的位置，并且剖切平面位置和投影方向不同，所得到的投影图也不同。所以，必须在其他投影图上标出剖切平面的位置和投影方向，需要用剖切符号来表示。《房屋建筑制图统一标准》(GB/T 50001—2010)规定剖切符号由剖切位置线、剖视方向线和编号组成。

1) 剖切位置线

剖切位置线表示剖切平面的位置。用两段长度为 6～10mm 的粗实线表示(其延长线为剖切平面的积聚投影)。

2) 剖视方向线

剖视方向线是用 4～6mm 的粗实线表示，剖视方向线与剖切位置线垂直相交，剖视方向线表示了投影方向，如画在剖切位置线的右边表示向右进行投影。

3) 编号

剖切符号的编号采用阿拉伯数字从小到大连续编写，按剖切顺序由左至右、由下至上连续编排，并注写在剖视方向线的端部。

(1) 绘制剖面图时，剖切位置线不应与图面上的其他图线相接触。

(2) 当剖切位置线需要转折时，应在转角的外侧加注与该符号相同的编号，剖切符号具体画法如图 7.2 所示。

(3) 建(构)筑物剖面图的剖切符号应注在±0.000 标高的平面图或首层平面图上。

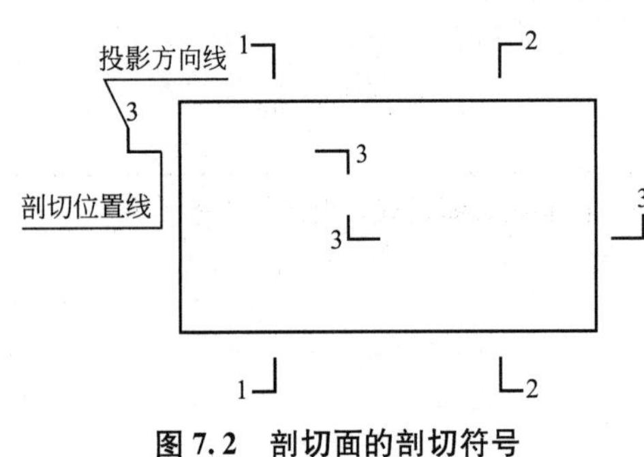

图 7.2　剖切面的剖切符号

5. 剖面图的名称标注

在剖面图的下方应标注剖面图的名称，如“×—×剖面图”，并在图名的正下方画一条粗实线，长度以图名所占长度为准，如图 7.1(d)所示。

7.1.3　剖面图的分类

在画剖面图时，根据形体内部和外部结构不同，剖切平面的位置、数量、剖切方法也不同。一般情况下剖面图分为全剖面图、半剖面图、阶梯剖面图、局部剖面图、展开剖面图。

1. 全剖面图

假想用单一平面将形体全部剖开后所得到的投影图，称为全剖面图。它多用于在某个方向上视图形状不对称或外形虽对称，但形状却较简单的物体，如应用案例 7.1 所示。

将图 7.3 所示台阶的左侧立面图改画成剖面图。

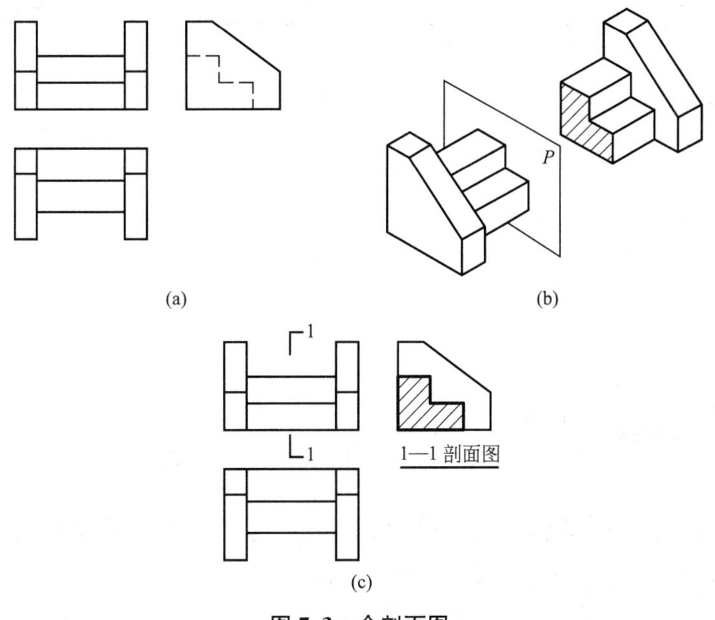

图 7.3　全剖面图

【解】 如图 7.3(a)和图 7.3(b)所示台阶的投影图和直观图，可以看出台阶外形简单，左侧立面图不对称，并且出现虚线，为了更好地表达形体的特征，把其左侧立面图改为全剖面图。

作图步骤如下：

(1) 如图 7.3(b)所示，选一个假想的侧平面 P，确定其位置，把 P 与观察者之间的部分拿走。

(2) 根据投影规律，作出台阶剩余部分的投影。

(3) 在断面内画出材料的图例。

(4) 在正立面图中标注剖切符号。

(5) 在左侧立面图下标注剖面图的名称。

2. 半剖面图

当形体左右对称或前后对称，而外形比较复杂时，常把投影图一半画成正投影图，一半画成剖面图，这样组合的投影图称为半剖面图。这样作图可以同时表达形体的外形和内部结构，并且可以节省投影图的数量，如图 7.4 所示。

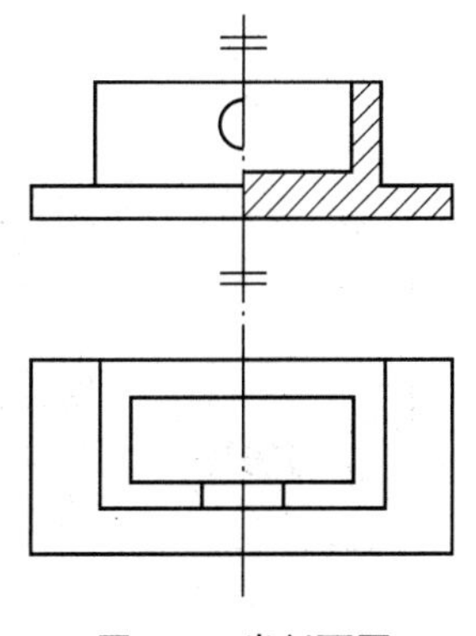

图 7.4　半剖面图

(1) 在半剖面图中，半个投影图与半个剖面图之间应以中心线——单点长画线为界，不应画成粗实线。

(2) 半剖面图可以不画剖切符号。

(3) 半个剖面图一般应画在水平对称轴线的下侧或竖直对称轴线的右侧。

3. 阶梯剖面图

当形体内部结构层次较多，用一个剖切平面不能将形体内部结构全部表达出来时，可以用几个互相平行的平面剖切形体，这几个互相平行的平面可以是一个剖切面转折成几个互相平行的平面，这样得到的剖面图称为阶梯剖面图，如图 7.5(a)所示。

(1) 因为剖切平面是假想的，所以剖切平面的转折处不画分界线，如图 7.5(b)所示。

(2) 阶梯剖面图的剖切位置，除了在两端标注外，还应在两平面的转折处画出剖切符号，如图 7.5(a)所示。

(3) 阶梯剖面图的几个剖切平面应平行于某个基本投影面。

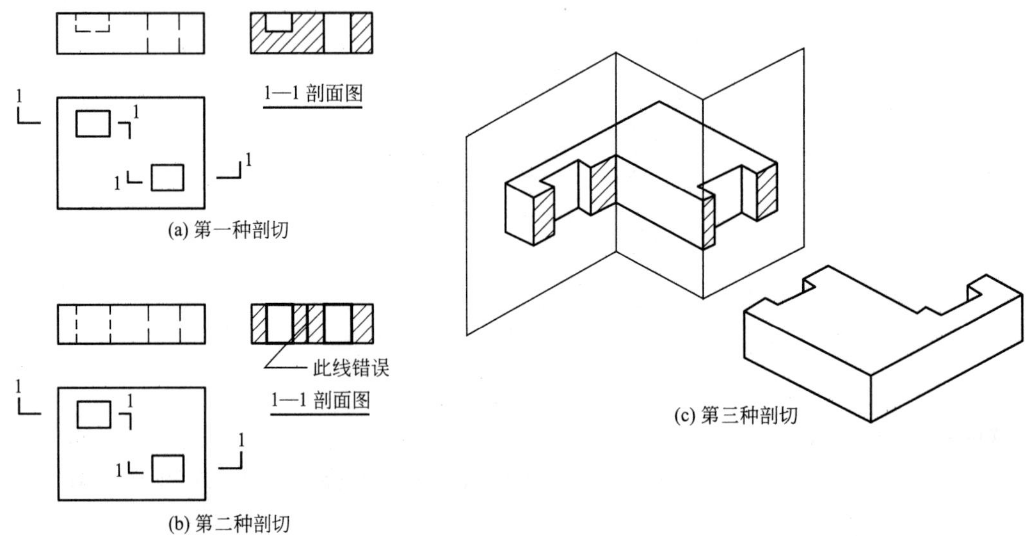

图 7.5　阶梯剖面图

4. 局部剖面图

当只需要表达形体某局部的内部构造时，可用剖切平面局部地剖开形体，只作该部分的剖面图，称为局部剖面图。如图 7.6 所示为独立基础的局部剖面图。

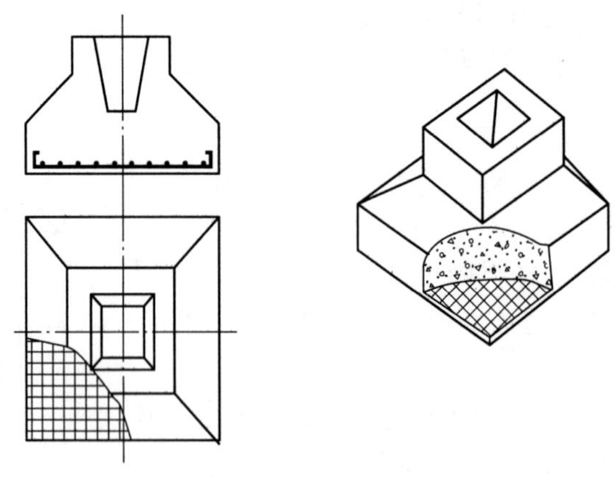

图 7.6　局部剖面图

(1) 在工程图样中，正面投影中主要是表达钢筋的配置情况，所以图中未画钢筋混凝土图例。

(2) 作局部剖面图时，剖切平面的位置与范围应根据形体需要而定，剖面图与原投影图用波浪线分开，波浪线表示形体断裂痕迹的投影，因此波浪线应画在形体的实体部分。波浪线既不能超出轮廓线，也不能与图形中其他图线重合。

(3) 局部剖面图画在形体的视图内，所以通常无须标注。

在建筑工程和装饰工程中，常使用分层剖切的剖面图来表达屋面、楼面、地面、墙面等的构造和所用材料。分层剖切的剖面图是用几个互相平行的剖切平面分别将物体局部剖开，把几个局部剖面图重叠画在一个投影图上。如图 7.7 所示的为楼面各层所用材料及构造做法。

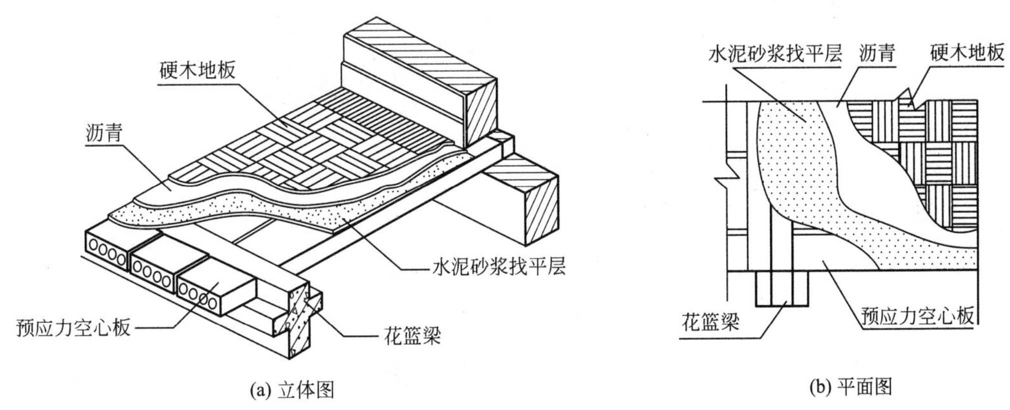

图 7.7　分层剖切的剖面图

(1) 分层剖切一般不标注剖切符号。

(2) 在画分层剖面图时，应按层次以波浪线将各层分开。

(3) 波浪线不应与任何图形重合。

5. *展开剖面图*

用两个相交的剖切平面剖切形体，剖切后将剖切平面后的形体绕交线旋转到与基本投影面平行的位置后再投影，所得到的投影图称为展开剖面图，应在图名后注写“展开”字样，如图 7.8 所示。

(1) 剖切平面的交线垂直于某一投影面。

(2) 画图时，应先旋转后作投影图。

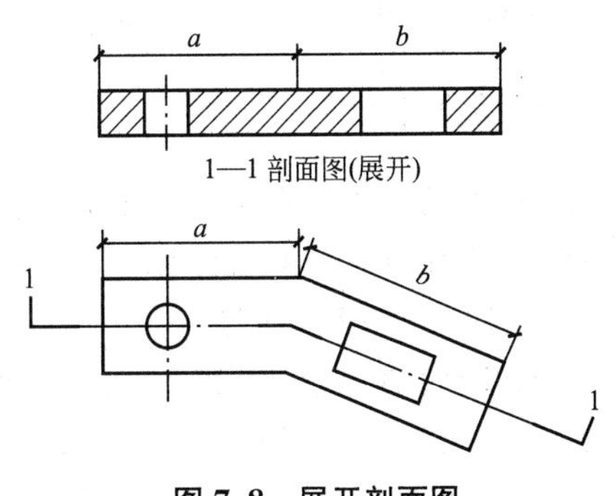

图 7.8　展开剖面图

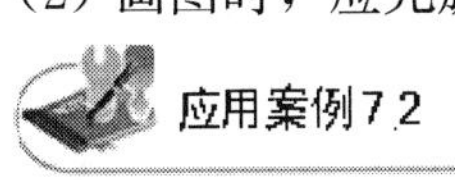

如图 7.9 所示的是剖面图在建筑工程中的实际应用。其中平面图是一个全剖面图，用来表示房屋的平面布置；1—1 剖面图也是一个全剖面图，其剖切平面为侧平面，并且过门和后墙的窗洞口。

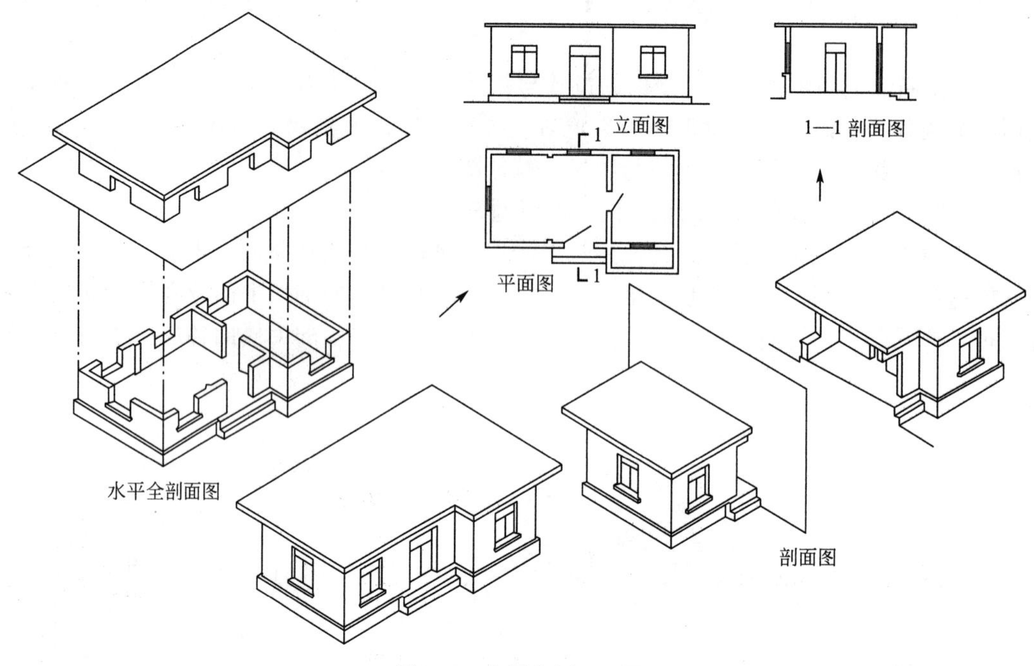

图 7.9　应用案例 7.2 图

7.2　断　面　图

7.2.1　断面图的基本概念

断面图是用假想的剖切平面将形体断开，移开剖切平面与观察者之间的部分，用正投影的方法，仅画出形体与剖切平面接触部分的平面图形，而剖切后按投影方向可能见到形体的其他部分的投影不画，并在图形内画上相应的材料图例的投影图，如图 7.10 所示。

7.2.2　断面图的标注

(1) 用剖切位置线表示剖切平面的位置，用长度为 6～10mm 的粗实线绘制。

(2) 在剖切位置线的一侧标注剖切符号的编号，按顺序连续编排，编号所在的一侧应为该断面剖切后的投影方向。

(3) 在断面图下方标注断面图的名称，如"×—×"，并在图名下画一粗实线，长度以图名所占长度为准，如图 7.10(b)所示。

7.2.3　断面图与剖面图的区别与联系

断面图与剖面图的对比，如图 7.11 所示。

(1) 在画法上，断面图只画出形体被剖开后断面的投影，而剖面图除了要画出断面的投影，还要画出形体被剖开后剩余部分全部的投影。

(2) 断面图是断面的投影，剖面图是形体被剖开后体的投影。

(3) 剖切符号不同。剖面图用剖切位置线、剖视方向线和编号来表示，断面图则只画

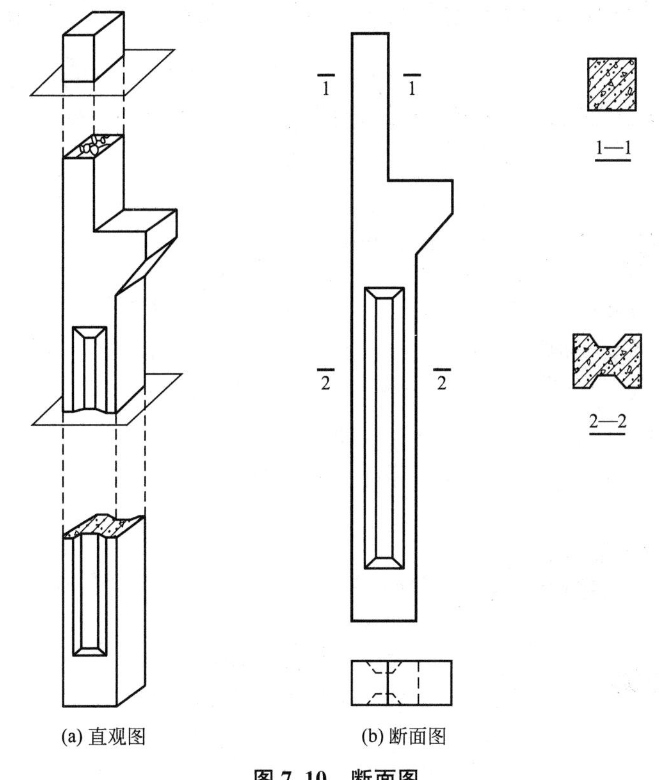

(a) 直观图　　(b) 断面图

图 7.10　断面图

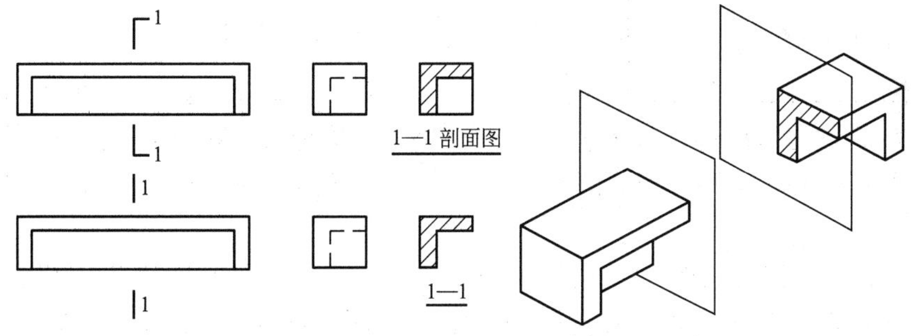

图 7.11　剖面图与断面图的对比

剖切位置线与编号，用编号的注写位置来代表剖视方向。

(4) 剖面图的剖切平面可以转折，断面图的剖切平面不能转折。

(5) 剖面图是为了表达形体的内部形状和结构，断面图常用来表达形体中某一个局部的断面形状。

(6) 剖面图中包含断面图，断面图是剖面图的一部分。

(7) 在形体剖面图和断面图中，被剖切平面剖到的轮廓线都用粗实线绘制。

(8) 剖面图或断面图，如与被剖图样不在同一张图内，应在剖切位置线的另一侧注明其所在图纸的编号，也可在图上集中说明，如图 7.12 所示。

7.2.4 断面图的分类

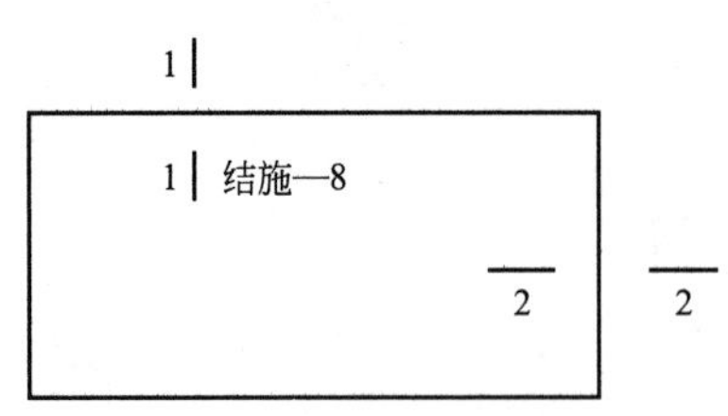

图 7.12 剖面图与断面图与被剖图样不在同一张图内的表示

根据断面图所在的位置不同，断面图分为移出断面图、中断断面图和重合断面图 3 种形式。

1. 移出断面图

把断面图画在形体投影图的轮廓线之外的断面图称为移出断面图，如图 7.10 所示。

(1) 断面图应尽可能地放在投影图的附近，以便于识图。

(2) 断面图也可以适当地放大比例，以便于标注尺寸和清晰地表达内部结构。

(3) 在实际施工图中，如梁、基础等都用移出断面图表达其形状和内部结构。

2. 中断断面图

把断面图直接画在视图中断处的断面图称为中断断面图，如图 7.13 所示。

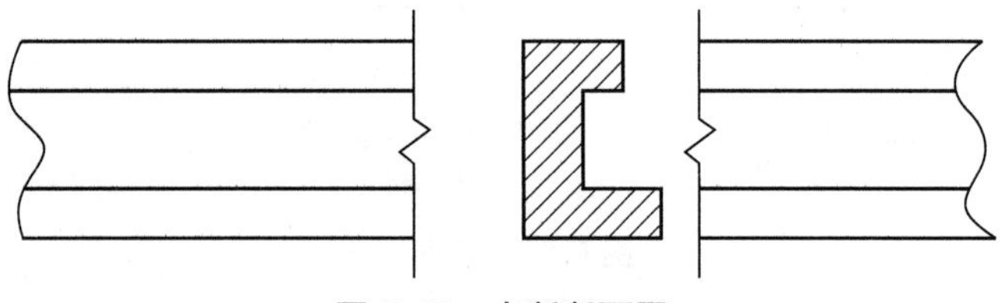

图 7.13 中断断面图

(1) 断面轮廓线用粗实线表示。

(2) 中断断面图不需要标注。

(3) 中断断面图适用于表达较长并且只有单一断面的杆件及型钢。

3. 重合断面图

把断面图直接画在投影图轮廓线之内，使断面图与投影图重合在一起的断面图称为重合断面图，如图 7.14 所示。

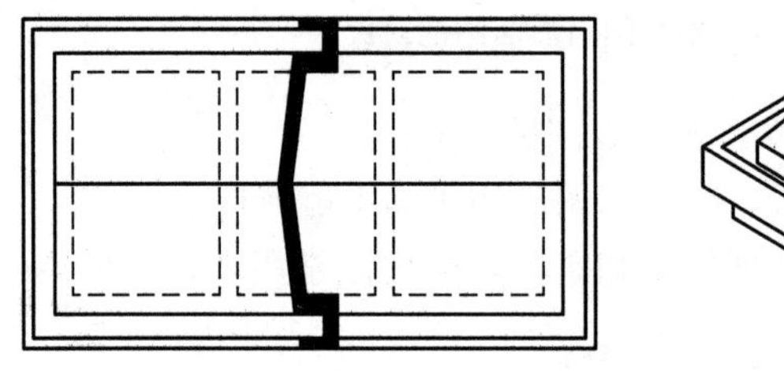

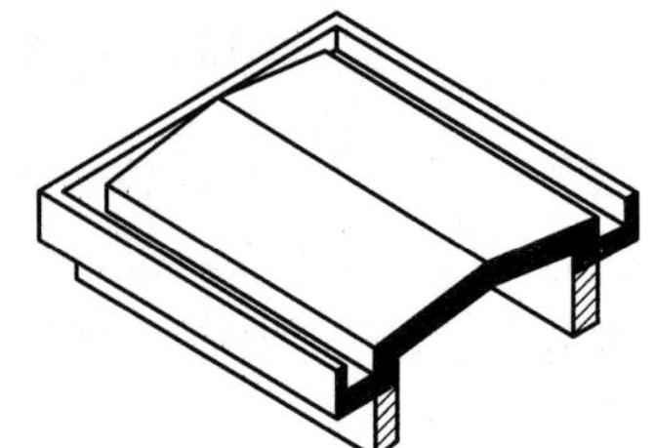

图 7.14 重合断面图

(1) 重合断面图的比例必须和原投影图的比例一致。

(2) 重合断面图不需要标注。

(3) 断面图的轮廓线可能闭合，如图 7.15 所示；

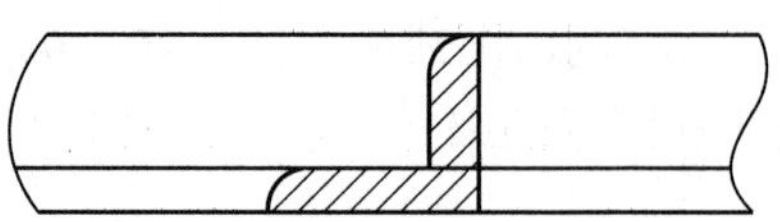

图 7.15 轮廓线闭合的重合断面图

也可能不闭合，如图 7.16 所示。当断面图不闭合时，应在断面图的轮廓线之内沿着轮廓线边缘加画 45°细实线。

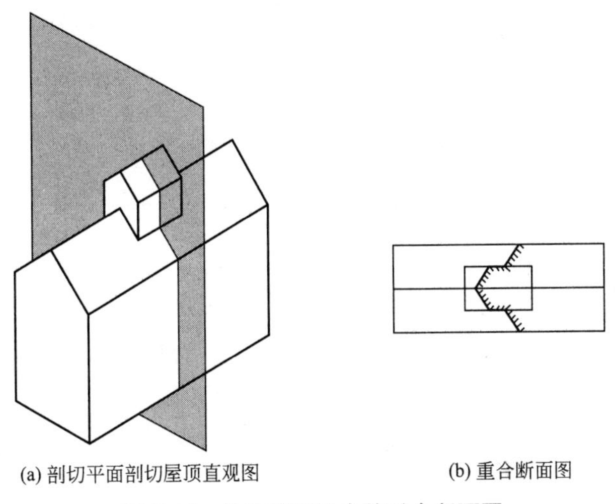

(a) 剖切平面剖切屋顶直观图　　(b) 重合断面图

图 7.16　轮廓线不闭合的重合断面图

7.3 简　化　画　法

为了读图和绘图方便，制图标准规定了以下在工程图样中常用的简化画法。

7.3.1　对称简化画法

构配件的视图有一条对称线，可只画该视图的一半；视图有两条对称线，可只画该视图的 1/4，并画出对称符号，如图 7.17 所示。对称符号用两段长度约为 6～10mm，间距 2～3mm 的平行线表示，对称线垂直平分于两对平行线，两端超出平行线宜为 2～3mm，用细实线绘制，图形也可稍超出其对称线，此时可不画对称符号，如图 7.18 所示。

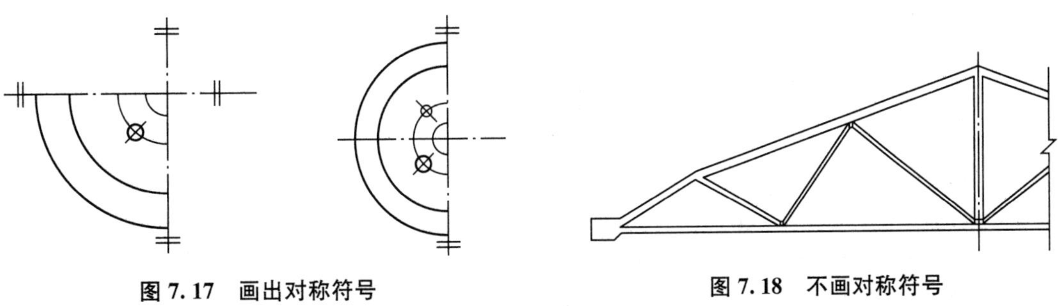

图 7.17　画出对称符号　　**图 7.18　不画对称符号**

7.3.2　相同要素画法

当构配件内有多个完全相同而连续排列的构造要素时，可仅在两端或适当位置画出其完整形状，其余部分以中心线或中心线交点表示，如图 7.19 所示。

7.3.3 折断画法

较长的构件，如沿长度方向的形状相同或按一定规律变化，可断开，省略绘制，断开处应以折断线表示，如图 7.20 所示。

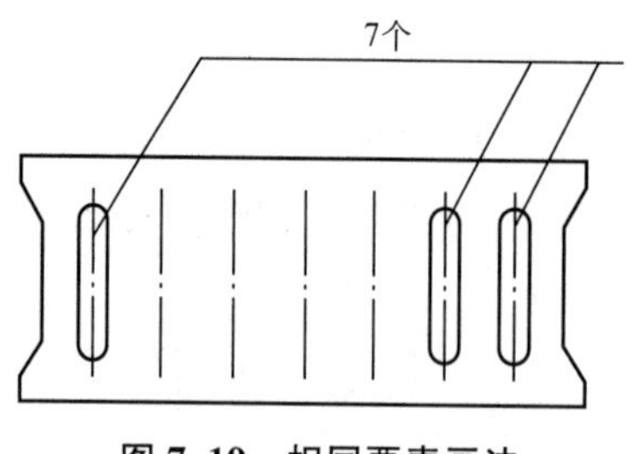

图 7.19 相同要素画法

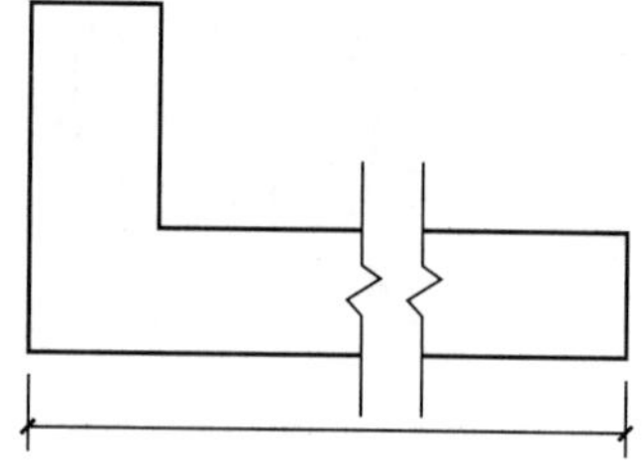

图 7.20 折断画法

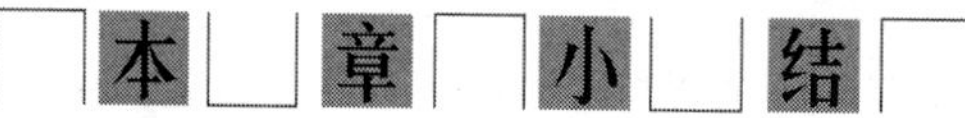

本章小结

本章是从投影知识到建筑工程制图、识图的一个过渡，是绘制和识读施工图的基础，学好本章对以后学习建筑施工图非常重要。在建筑工程施工图中，为了能具体、全面、准确、简单地表达建筑形体的形状和大小，在工程制图中，常采用多种表达形式。

剖面图与断面图是工程制图中表达建筑形体内部形状的主要表达方式。剖面图是主要用来表达建筑物或建筑构件内部形状的主要手段，断面图是建筑杆件形状的主要表达形式。剖面图有全剖面图、半剖面图、阶梯剖面图、局部剖面图、展开剖面图，断面图有移出断面、中断断面、重合断面。剖面图或断面图都应在被剖切的断面上画出构件的材料图例。

在制图标准中规定，当出现对称图形、相同要素、较长杆件等时，可采用一些简化画法，如对称简化画法、相同要素画法、折断画法等，以提高制图效率，使图面清晰简明。

在识读施工图时，首先要分析施工图采用的方法，针对不同的表达方法，采取不同的识读方法。在阅读施工图中的剖面图和断面图时，应先分析剖切平面的位置、剖切方向，然后再阅读剖面图或断面图。

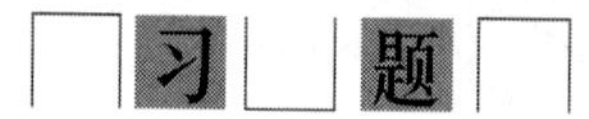

习题

简答题

(1) 剖面图是怎样形成的？为什么要作形体的剖面图？

(2) 剖面图的种类有哪些？分别适用于哪些形体？怎样进行标注？

(3) 断面图是怎样形成的？在什么情况下作形体的断面图？

(4) 断面图的种类有哪些？分别适用于哪些形体？怎样进行标注？

(5) 剖面图与断面图有哪些区别与联系？

(6) 工程图样中常用哪些简化画法？

第 8 章

建筑工程图识读基础知识

教学目标

（1）了解一般民用建筑的组成和各部分的作用，以及建筑工程施工图的组成。

（2）掌握建筑工程施工图的图示特点、建筑工程施工图的常用比例，以及识读房屋施工图的要点。

（3）掌握建筑工程施工图中常用的符号、图例等，为识读和绘制建筑工程施工图打下基础。

教学要求

知识要点	能力要求	相关知识	权重
了解一般民用建筑的基本组成	房屋的组成及各部分的作用	钢筋与混凝土共同工作的机理	20%
掌握建筑工程施工图的组成	建施、结施、设施及各部分包括的图样	建筑行业相关知识、建筑工业化、建筑制图	25%
掌握建筑工程施工图的图示特点	图示特点、识读要点	建筑使用功能、建筑材料	25%
掌握建筑工程施工图中的常用符号	标高、定位轴线、详图索引符号、图例	建筑结构使用功能、力学性能、抗震能力的差异	30%

章节导读

一般民用建筑的组成分为基础、柱、梁、内外墙、楼板、屋面板和屋面，以及门、窗、楼梯、地面、走道、台阶、花池、散水、勒脚、屋檐、雨篷等细部构造。

请思考：如果把一个建筑比作是人类的躯体，那么建筑各部分相当于人体的什么部分呢?

8.1 一般民用建筑的组成及作用

建筑物按其使用功能和使用对象的不同分为很多种，但一般可分为民用和工业用两大类。一般民用建筑的组成分为主要部分和附属部分。主要部分包括基础、柱、梁、内外墙、楼板、屋面板和屋面；附属部分包括门、窗、楼梯、地面、走道、台阶、花池、散水、勒脚、屋檐、雨篷等细部构造，如图 8.1 所示。

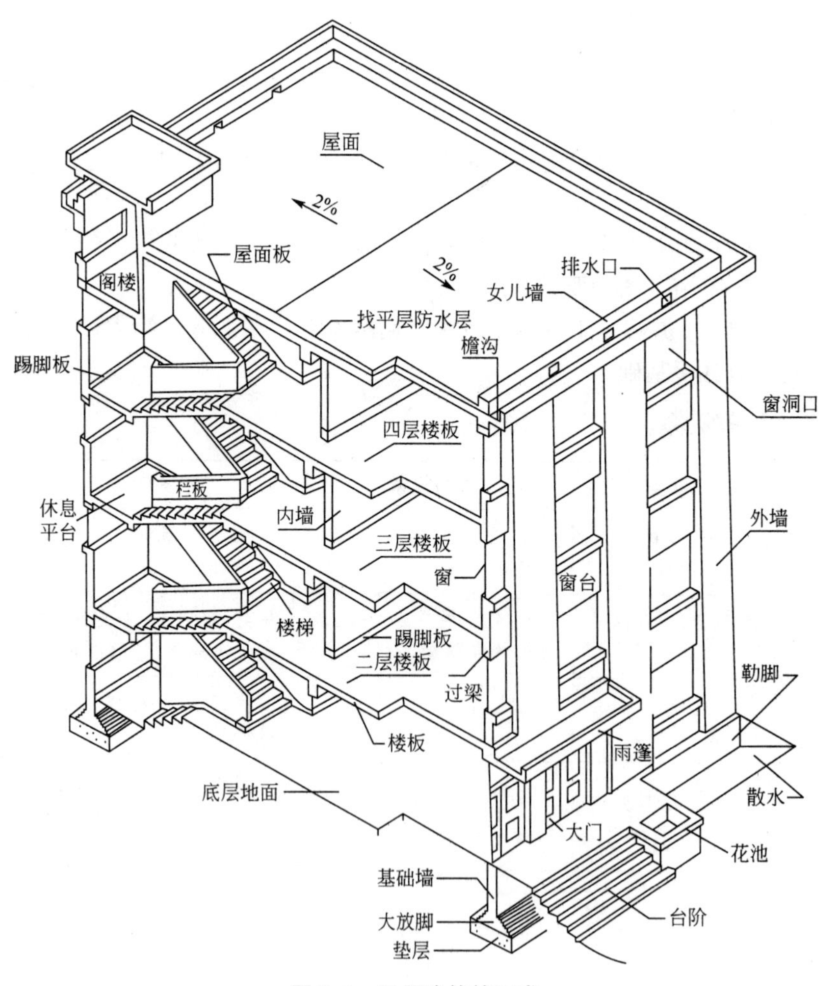

图 8.1 民用建筑的组成

1. 基础

基础位于墙或柱的下部，作用是承受上部荷载(重量)，并将荷载传递给地基(地球)。

2. 柱、墙

柱、墙的作用是承受梁或板传来的荷载，并将荷载传递给基础，它是房屋的竖向传力构件。墙还起围成房屋空间和内部水平分隔的作用。墙按受力情况分为承重墙和非承重墙(也称隔墙)，按位置分为内墙和外墙，按方向分为纵墙和横墙。

3. 梁

梁的作用是承受板传来的荷载，并将荷载传递给柱或墙，它是房屋的水平传力构件。

4. 楼板和屋面板

楼板和屋面板是划分房屋内部空间的水平构件，同时又承受板上荷载作用，并把荷载传递给梁。

5. 门、窗

门的主要功能是交通出入和分隔房间，窗的主要功能是通风和采光，同时还具有分隔和围护的作用。

6. 楼梯

楼梯是各楼层之间的垂直交通设施，用于上下楼层之间和高差较大时的交通联系。

7. 其他建筑配件

其他建筑配件包括地面、走道、台阶、花池、散水、勒脚、屋檐、雨篷。

章节导读中如果把一个建筑比作是人类的躯体，那么基础相当于人体的双脚，柱、墙、梁类似于人类躯体的骨架，墙、楼板和屋面板相当于皮肤和分隔各腔室的膜，而附属部分的门、窗、楼梯、地面、走道、台阶、花池、散水、勒脚、屋檐、雨篷相当于人体的各个器官，它们共同组成一个建筑，从而实现建筑的功能。

8.2 建筑工程施工图的分类和编排顺序

8.2.1 建筑工程施工图的概念

建造房屋要经过两个基本过程：设计和施工。设计时需要把想象中的建筑物用图形表示出来，这种图形统称为建筑工程施工图。建筑工程施工图是用来反映房屋的功能组合、房屋内外貌和设计意图的图样；为施工服务的图样称为房屋施工图，简称施工图。一套施工图，是由建筑、结构、水、暖、电及预算等工种共同配合，经过正常的设计程序编制而成，是进行施工的依据。正确识读施工图是正确反映和实施设计意图的第一步，也是进行施工及工程管理的前提和必要条件。

8.2.2 施工图的分类和编排顺序

建筑工程施工图由于专业分工不同，根据其内容和作用可分为建筑施工图、结构施工图和设备施工图。

(1) 建筑施工图(简称建施)。它一般包括首页图、总平面图、建筑平面图、建筑立面图、建筑剖面图和建筑详图。

(2) 结构施工图(简称结施)。它一般包括基础图、结构平面布置图和各构件的结构详图，以及结构构造详图。

(3) 设备施工图(简称设施)。它一般包括给水排水、采暖通风、电器照明设备的布置、安装要求，其中有平面布置图、系统图和详图。

一套建筑工程施工图按图样目录、总说明、总平面、建筑、结构、水、暖、电等施工图顺序编排。各工种图样的编排，一般是全局性图样在前，表明局部的图样在后；先施工的在前，后施工的在后；重要图样在前，次要图样在后。为了图样的保存和查阅，必须对每张图样进行编号。房屋施工图按照建筑施工图、结构施工图、设备施工图分别分类进行编号。如在建筑施工图中分别编出“建施 1”“建施 2”等。

8.3 施工图的图示特点及识读方法

8.3.1 建筑工程施工图的图示特点

(1) 施工图中的各图样是采用正投影法绘制的。某些工程构造，当用正投影法绘制不易表达时，则可用镜像投影法绘制，但在图名后应注写“镜像”二字。

(2) 施工图应按比例进行绘制。由于建筑物的体形较大，房屋施工图一般采用缩小的比例绘制。但是房屋内部各部分构造情况，在小比例的平、立、剖面图中有的不可能表示清楚，因此对局部节点就要用较大比例将其内部构造详细绘制出来。因此。绘图所用比例，应根据图样的用途与被绘对象的复杂程度，从表 8－1 中选用，并优先选用表中的常用比例。

表 8－1 绘图所用比例

常用比例	1∶1、1∶2、1∶5、1∶10、1∶20、1∶30、1∶50、1∶100、1∶200、1∶500、1∶1000、1∶2000
可用比例	1∶3、1∶4、1∶6、1∶15、1∶25、1∶40、1∶60、1∶80、1∶150、1∶250、1∶300、1∶400、1∶600、1∶5000、1∶10000、1∶20000、1∶50000、1∶100000、1∶200000

一般情况下，一个图样应选用一种比例。但根据专业制图的需要，同一个图样也可选用两种比例。

(3) 由于建筑物的构配件、建筑材料等种类较多，为作图简便起见，国家标准规定了一系列的图例符号来代表建筑构配件、卫生设备、建筑材料等，所以施工图上会出现大量的图例和符号，必须熟记才能正确阅读和绘制建筑工程施工图。

8.3.2 整套图纸的识读方法

1. 读图应具备的基本知识

施工图是根据投影原理绘制的，用图样表明房屋建筑的设计及构造做法。因此，要看懂施工图的内容，必须具备一定的基本知识。

(1) 掌握作投影图的原理和建筑形体的各种表示方法。

(2) 熟悉房屋建筑的基本构造。

(3) 熟悉施工图中常用的图例、符号、线型、尺寸和比例的意义。

2. 读图的方法和步骤

看图的方法一般是：从外向里看，从大到小看，从粗到细看，图样与说明对照看，建筑与结构对照看。先粗看一遍，了解工程的概貌，而后再细读。读图的一般步骤是：先看目录，了解总体情况，图样总共有多少张；然后按图样目录对照各类图纸是否齐全，再细读图样内容。

8.4 建筑工程施工图中常用的符号

8.4.1 标高

建筑工程中，各细致装饰部位的上下表面标注高度的方法称为标高。如室内地面、楼面、顶棚、窗台、门窗上沿、窗帘盒的下皮、台阶上表面、墙裙上皮、门廊下皮、檐口下皮、女儿墙顶面等部位的高度注法。

1. 标高符号

(1) 标高符号应以等腰直角三角形表示，用细实线绘制，形式如图 8.2 所示。

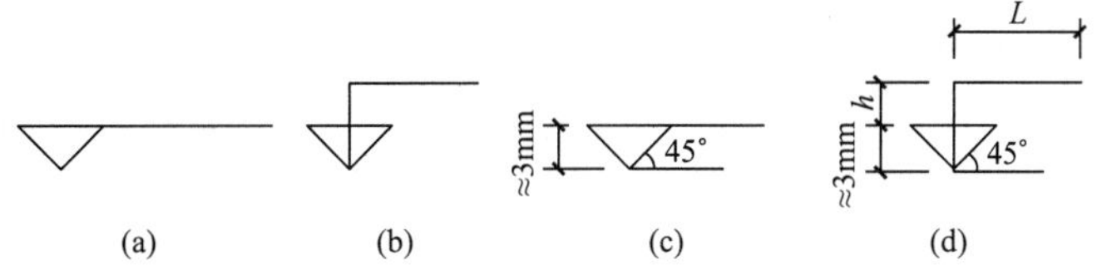

图 8.2 标高符号(一)

L—取适当长度注写标高数字；h—根据需要取适当高度

(2) 总平面图室外地坪标高符号，宜用涂黑的三角形表示，如图 8.3 所示。

(3) 标高符号的尖端应指至被注高度的位置。尖端一般应向下，也可向上。标高数字应注写在标高符号的上侧或下侧，如图 8.4 所示。

(4) 在图样的同一位置需表示几个不同标高时，标高数字可按图 8.5 的形式注写。

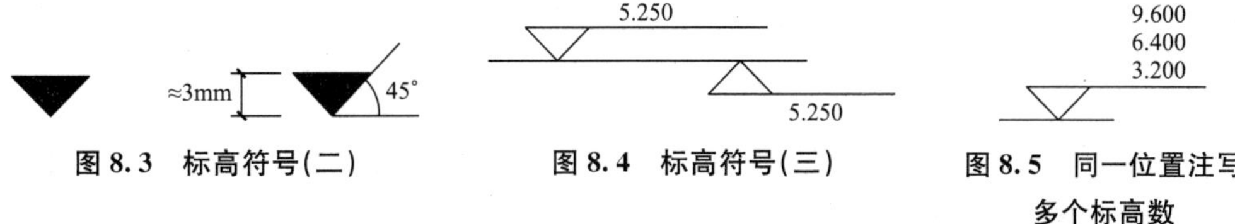

图 8.3 标高符号(二)　　**图 8.4 标高符号(三)**　　**图 8.5 同一位置注写多个标高数**

2. 标高单位

标高单位均以米(m)计，注写到小数点后第三位。总平面图上注写到小数点后第二位。

3. 标高的分类

建筑图上的标高，多数是以建筑首层地面作为零点，这种标高，称为相对标高。高于建筑首层地面的高度均为正数，低于首层地面的高度均为负数，并在数字前面注写“—”，正数字前面不加“+”。相对标高又可分为建筑标高和结构标高，装饰完工后的表面高度，称为建筑标高；结构梁、板上下表面的高度，称为结构标高。装饰工程虽然都是表面工程，但是它也占据一定的厚度，分清装饰表面与结构表面位置，是非常必要的，以防把数据读错。

8.4.2 定位轴线

房屋的主要承重构件(墙、柱、梁等)，均用定位轴线确定基准位置。定位轴线应用细单点长画线绘制，并进行编号，以备设计或施工放线使用。

1. 定位轴线的编号顺序

制图标准规定，平面图定位轴线的编号，宜标注在下方与左方。横向编号应用阿拉伯数字从左至右顺序编写，竖向编号应用大写拉丁字母，从下至上编写。编号应注写在轴线端部的圆内，圆应用细实线绘制，直径为 8～10mm，如图 8.6 所示。拉丁字母的 I、O、Z 不得用作轴线编号。如字母数量不够使用，可增加双字母或单字母加数字注脚，如 AA、BA…YA，或 A1、B1…Y1。

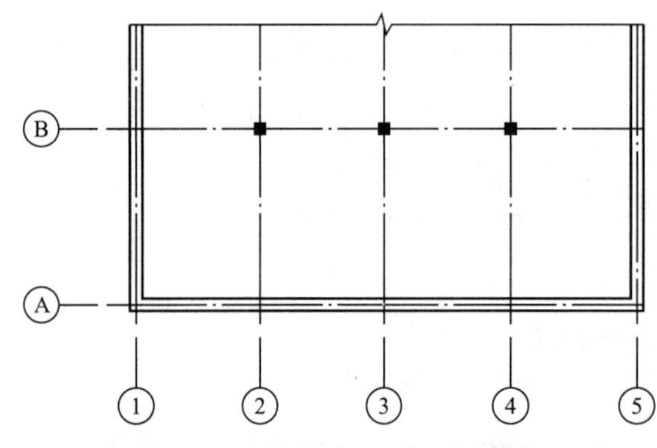

图 8.6　平面图定位轴线的编号顺序

2. 附加定位轴线的编号

附加定位轴线的编号是在两条轴线之间，遇到较小局部变化时的一种特殊表示方法。附加定位轴线的编号，应以分数形式表示，并按下列规定编写。

(1) 两根轴线间的附加轴线，应以分母表示前一轴线的编号，分子表示附加轴线的编号，编号宜用阿拉数字顺序书写。例如：1/2 表示横向 2 轴线后的第一条附加定位轴线，3/C 表示纵向 C 轴线后的第三条附加定位轴线。

(2) 若在 1 号轴线或 A 号轴线之前的附加轴线时，分母应以 01 或 0A 表示。例如：1/01 表示横向 1 轴线前的第一条附加定位轴线，3/0A 表示纵向 A 轴线前的第三条附加定位轴线。

3. 一个详图适用于几根定位轴线的表示方法

一个详图适用于几根定位轴线时，应同时注明各有关轴线的编号，如图 8.7 所示。

4. 通用详图中的定位轴线表示方法

应只画圆，不注写轴线编号。

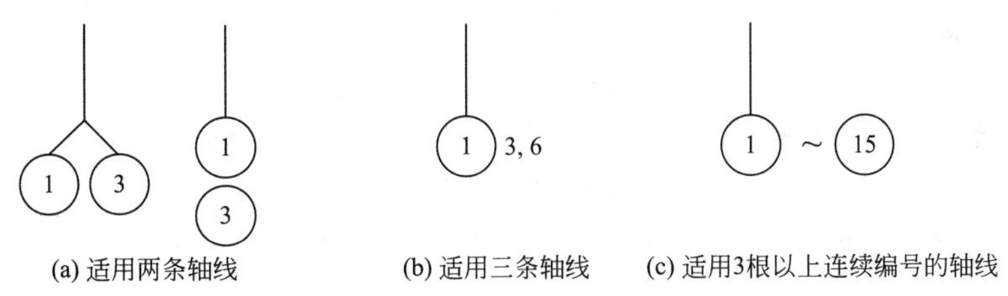

(a) 适用两条轴线 (b) 适用三条轴线 (c) 适用3根以上连续编号的轴线

图 8.7 一个详图适用于几根定位轴线的表示方法

8.4.3 索引符号与详图符号

1. 索引符号

对于图样中需要另画详图表示的局部或构件，为了读图方便，应在图中的相应位置以索引符号标出。索引符号是由直径为 8～10mm 的圆和水平直径组成，圆及水平直径均应以细实线绘制。当索引的详图与被索引的图在同一张图样内时，在上半圆中用阿拉伯数字注出该详图的编号，在下半圆中间画一段水平细实线，如图 8.8(a)所示；当索引的详图与被索引的图不在同一张图样内时，在下半圆中用阿拉伯数字注出该详图所在图纸的编号，如图 8.8(b)所示；当索引的详图采用标准图集时，在圆的水平直径的延长线上加注标准图册的编号，如图 8.8(c)所示。

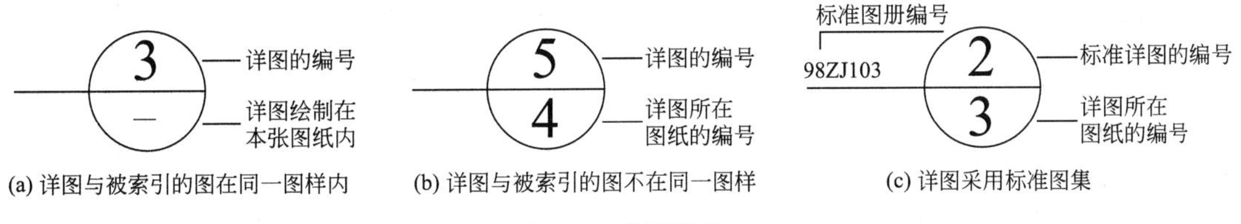

(a) 详图与被索引的图在同一图样内 (b) 详图与被索引的图不在同一图样 (c) 详图采用标准图集

图 8.8 索引符号

索引的详图是局部剖视详图时，索引符号在引出线的一侧加画一剖切位置线，引出线在剖切位置的哪一侧，表示该剖面向哪个方向作的剖视，如图 8.9 所示。

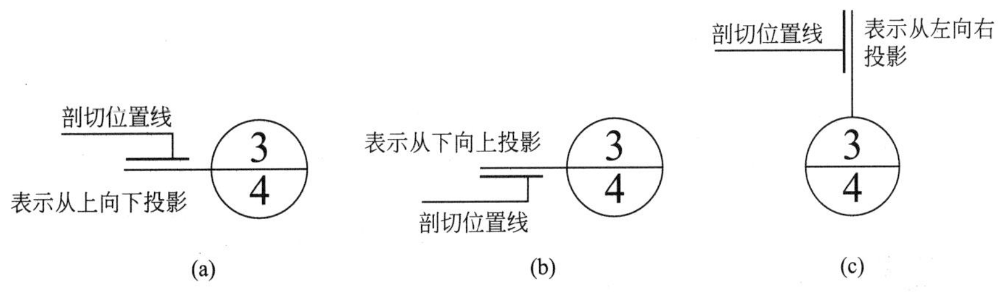

(a) (b) (c)

图 8.9 用于索引剖面详图的索引符号

零件、钢筋、杆件、设备等的编号直径宜以 5～6mm 的细实线圆表示，同一图样应保持一致，其编号应用阿拉伯数字按顺序编写，如图 8.10 所示。

5

图 8.10　零件、钢筋等的编号

2. 详图符号

详图符号应根据详图位置或剖面详图位置来命名，采用同一个名称进行表示。详图符号的圆应以直径为 14mm 粗实线绘制。图 8.11(a)的意义是详图与被索引的图样在同一张图样内；图 8.11(b)的意义是详图与被索引的图样不在同一张图样内。

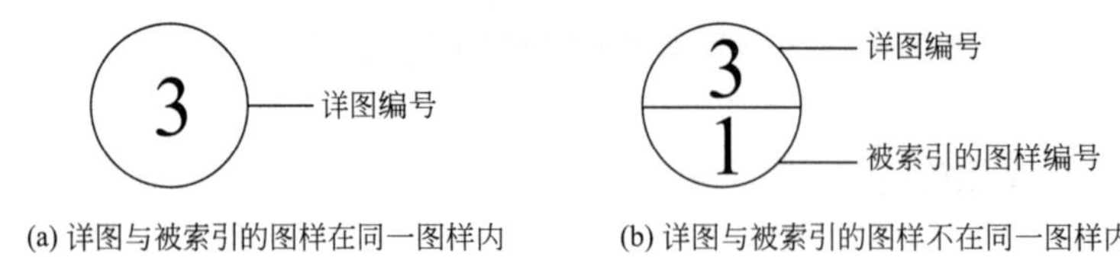

(a) 详图与被索引的图样在同一图样内　　(b) 详图与被索引的图样不在同一图样内

图 8.11　详图符号

8.4.4　引出线

(1) 引出线应以细实线绘制，宜采用水平方向的直线或与水平方向成 30°、45°、60°、90°的直线，或经上述角度再折为水平线。文字说明宜写在水平线的上方，也可注写在水平线的端部，如图 8.12 所示。

(2) 同时引出几个相同部分的引出线，宜互相平行，也可画成集中于一点的放射线，如图 8.13 所示。

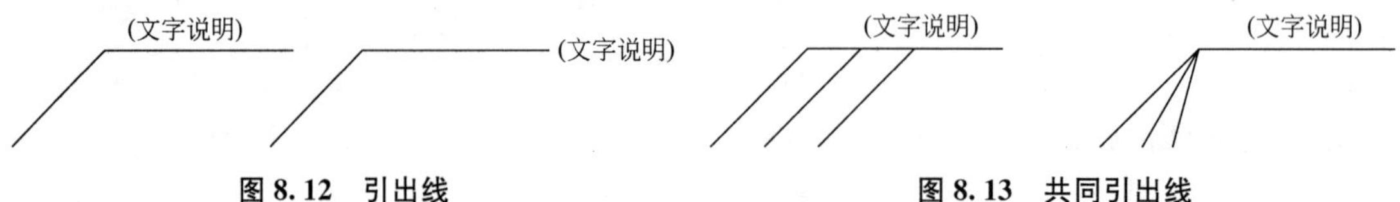

图 8.12　引出线　　图 8.13　共同引出线

(3) 多层构造或多层管道共用引出线，应通过被引出的各层，并应圆点示意对应各层次。文字说明注写在水平线的上方，或注写在水平线的端部，说明的顺序应由上至下，并应与被说明的层次相互一致，如图 8.14(a)所示。如层次为横向排序，则由上至下的说明应与由左至右的层次相互一致，如图 8.14(b)所示。

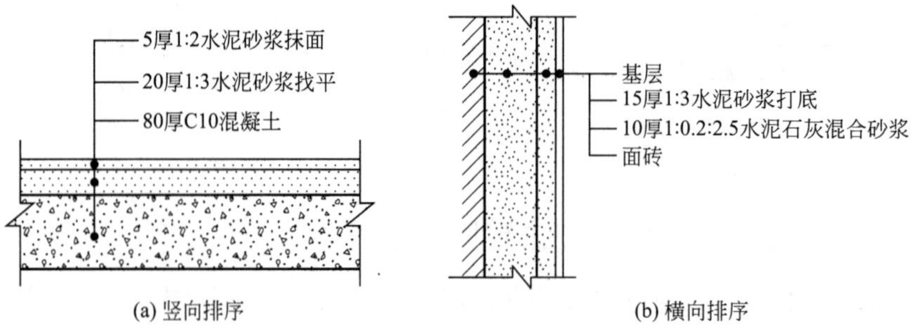

(a) 竖向排序　　(b) 横向排序

图 8.14　多层共用引出线

8.4.5 其他符号

1. 指北针和风玫瑰

在总平面图、首层建筑平面图旁边画出指北针，用来表示朝向。图 8.15(a)是指北针。指北针用 24mm 直径画圆，内部过圆心并对称画一瘦长形箭头，箭头尾宽取直径 1/8，即 3mm，指针头部应注“北”或“N”字。圆用细实线绘制，箭头涂黑。玫瑰是简称，全名是风向频率玫瑰图。表明各风向的频率，频率最高，表示该风向的吹风次数最多。它根据某地区多年平均统计的各个方向(一般为 16 个或 32 个方位)吹风次数的百分率值按一定比例绘制，图中长短不同的实线表示该地区常年的风向频率，连接 16 个端点，形成封闭折线图形。玫瑰图上所表示的风的吹向，是吹向中心的。中心圈内的数值为全年的静风频率，玫瑰图中各圆圈的间隔频率为 5%。

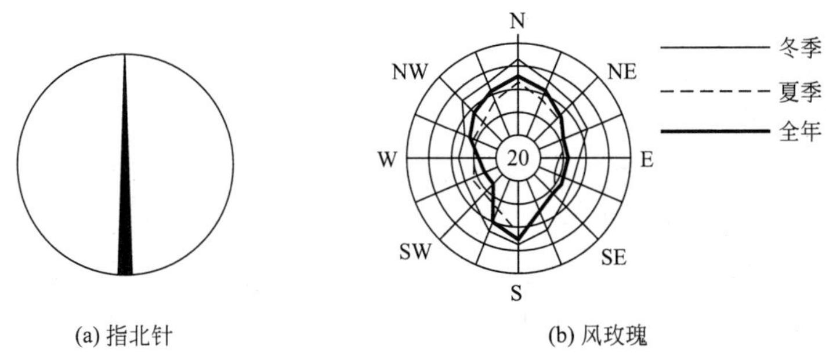

(a) 指北针　　(b) 风玫瑰

图 8.15　指北针和风玫瑰

2. 连接符号

应以折断线表示需连接的部位。两部位相距过远时，折断线两端靠图样一侧应标注大写拉丁字母表示连接编号。两个被连接的图样应用相同的字母编号，如图 8.16 所示。

3. 对称符号

对构配件的图形为对称图形，绘图时可只画对称图形的一半，并画出对称符号。对称符号由对称线和两对平行线组成。对称线用细单点长画线绘制，如图 8.17 所示。符号中平行线用细实线绘制，其长度宜为 6～10mm，每对的间距宜为 2～3mm，对称线垂直平分于两对平行线，两端超出平行线宜为 2～3mm。

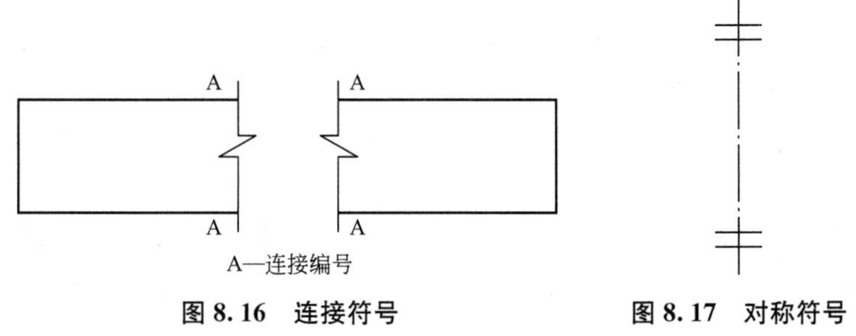

图 8.16　连接符号　　**图 8.17　对称符号**

8.5 常用建筑名词和术语

(1) 开间：一间房屋的面宽，即两条横向轴线间的距离。

(2) 进深：一间房屋的深度，即两条纵向轴线间的距离。

(3) 层高：楼房本层地面到相应的上一层地面的竖向尺寸。

(4) 建筑物：范围广泛，一般多指房屋。

(5) 构筑物：一般指附属的建筑设施，如烟囱、水塔、筒仓等。

(6) 埋置深度：指室外设计地面到基础底面的距离。

(7) 地物：地面上的建筑物、构筑物、河流、森林、道路、桥梁等。

(8) 地貌：地面上自然起伏的情况。

(9) 地形：地球表面上地物和地貌的总称。

(10) 地坪：多指室外自然地面。

(11) 竖向设计：根据地形地貌和建设要求，拟定各建设项目的标高、定位及相互关系的设计，如建筑物、构筑物、道路、地坪、地下管线、渠道等标高和定位。

(12) 中心线：对称形的物体一般都要画中心线，它与轴线都用细单点画线表示。

(13) 居住面积系数：指居住面积占建筑面积的百分数，比值永远小于1。

(14) 使用面积系数：指房间净面积占建筑面积的百分数，比值永远小于1。

(15) 红线：规划部门批给建设单位的占地面积，一般用红笔圈在图样上，具有法律效力。

本章小结

本章阐述的内容是正确理解和绘制建筑工程图的必要基础知识。

(1) 房屋一般由基础、墙和柱、楼地面、楼梯、门窗和屋顶六大部分组成。

(2) 建筑工程施工图一般包括图样目录和设计总说明、建筑施工图、结构施工图、设备施工图等内容。

(3) 一套建筑工程施工图按图样目录、总说明、总平面、建筑、结构、水、暖、电等施工图顺序编排。各工种图样的编排，一般是全局性图样在前，表明局部的图样在后；先施工的在前，后施工的在后；重要图样在前，次要图样在后。为了图样的保存和查阅，必须对每张图样进行编号。

(4) 房屋中的承重墙或柱都有定位轴线，不同位置的墙有不同的编号，定位轴线是施工时定位放线和查阅图纸的依据。

(5) 标高是尺寸注写的一种形式。读图时要弄清是绝对标高还是相对标高，它的零点基准设在何处。

(6) 索引符号和详图符号，要熟悉它的编号规定，弄清圆圈中上下数字所代表的内容，以便读图时能很快将图样联系起来。

简答题

(1) 一般民用建筑是由几大部分组成？它们的作用分别是什么？

(2) 建筑工程的整套图中，建筑施工图的图样有哪些？结构施工图的图样有哪些？

(3) 建筑工程施工图常用哪几种比例？搜集几份施工图做一番观察。比例的大小是什么含义？1∶100 和 1∶200 哪个比例大？

(4) 建筑工程施工图编排的顺序怎样？各专业图样编排的原则是什么？

(5) 什么是定位轴线、附加定位轴线？平面定位轴线如何标注？

(6) 索引符号和详图符号的意义是什么？

第9章

结构施工图识读

教学目标

(1) 掌握结构施工图的作用及图示内容。

(2) 掌握钢筋混凝土结构的基本知识，钢筋的分类及作用，掌握结构平面图的作用和图示内容。

(3) 掌握钢筋混凝土构件详图的作用、图示方法、图示内容和读图，掌握钢筋混凝土构件配筋图的图示内容和读图。

(4) 了解基础图的内容，掌握条形基础图和独立基础图的图示方法、图示内容和读图。

教学要求

知识要点	能力要求	相关知识	权重
结构施工图的作用；结构设计说明、结构平面图、结构详图；常用构件的代号；结构施工图常用比例	了解结构施工图的作用；掌握结构施工图组成；掌握常用构件的代号	11G101－1图集	10％
钢筋的种类、级别、代号；钢筋的作用、分类；钢筋的弯钩，钢筋的保护层；配筋图、钢筋编号；钢筋详图，构件详图	能够识读钢筋混凝土构件详图	11G101－1图集	10％
基础施工图的作用；基础平面图的形成；基础施工图的图示方法；基础平面图的尺寸标注；基础详图的形成、图示方法	能够识读基础施工图	11G101－3图集	20％
楼层结构平面图的形成和作用；楼层结构平面图的图示方法；楼层结构平面图的识读	能够识读楼层结构平面图	11G101－1图集	30％
梁和柱平法施工图的制图规则；平法制图与传统图示方法的区别	能够识读钢筋混凝土构件的平面整体表示法绘制的施工图	11G101－1图集	30％

章节导读

前面介绍了建筑施工图，知道建筑施工图只表达了建筑的外形、大小、功能、内部布置、内外装修和细部结构的构造做法。而建筑物的各承重构件如基础、柱、梁、板等结构构件的布置和连接情况并没有表达出来。因此，在进行建筑设计时除了画出建筑施工图外，还要进行结构设计，画出结构施工图。本章将介绍结构施工图的内容和用途，重点讲解常用构件的代号，钢筋的作用和分类，以及基础结构图、各楼层结构平面图、构件详图的识读。

9.1 结构施工图概述

9.1.1 结构施工图简介

结构施工图的重点是表达承重构件的布置和形状。按材料不同建筑结构可分为：砖混结构、钢筋混凝土结构、钢结构和木结构等，其中最主要和应用最普遍的是钢筋混凝土结构和砖混结构。钢筋混凝土结构，除能承受拉力外，与钢结构、木结构相比，其防腐、防蚀、防火的性能好，且经济耐久，便于养护。

在房屋建筑结构中，结构的作用是承受重力和传递荷载，一般情况下，外力作用在楼板上，由楼板将荷载传递给墙或梁，由梁传给柱或墙，再由柱或墙传递给基础，最后由基础传递给地基。

9.1.2 结构施工图的用途

结构施工图是根据建筑要求，经过结构选型和构件布置并进行力学计算，确定每个承重构件(基础、承重墙、柱、梁、板、屋架、屋面板等)的布置、形状、大小、数量、类型、材料以及内部构造等，把这些承重构件的位置、大小、形状、连接方式绘制成图样，用来指导施工，这样的图样称为结构施工图，简称“结施”。

结构施工图是施工定位，施工放样，基槽开挖，支模板，绑扎钢筋，设置预埋件，浇筑混凝土，安装梁、柱、板等构件，编制预算，备料和施工进度计划的重要依据。

结构施工图必须和建筑施工图密切配合，它们之间不能产生矛盾。

9.1.3 结构施工图的组成

1. 结构设计说明

结构设计说明是带有全局性的说明，包括新建建筑的结构类型、耐久年限、地震设防烈度、防火要求、地基状况，钢筋混凝土各种构件、砖砌体、施工缝等部分选用材料类型、规格、强度等级，施工注意事项，选用的标准图集，新结构与新工艺，以及特殊部位的施工顺序、方法及质量验收标准等。

根据工程的复杂程度，结构说明的内容有多有少，一般设计单位将内容详列在一张“结构设计说明”图样上，当工程比较简单时，不必单独列在一张图样上。

2. 结构平面布置图

结构平面布置图是表达结构构件总体平面布置的图样，包括基础平面图（工业建筑还包括设备基础布置图)；楼层结构平面布置图(工业建筑还包括柱网、吊车梁、柱间支撑、连系梁布置图等)；屋顶结构平面布置图(工业建筑还包括屋面板、天沟板、屋架、天窗架及支撑布置等)。

3. 构件详图

构件详图是局部性的图纸，用来表达构件的形状、大小、所用材料的强度等级和制作安装等。

基础断面详图应尽可能与基础平面图布置在同一张图样上，以便对照施工，读图方便。

9.1.4 常用结构构件代号

房屋结构中的承重构件往往种类多、数量多，而且布置复杂，为了图面清晰，把不同的构件表达清楚，也为了便于施工，在结构施工图中，结构构件的位置用其代号表示，每个构件都应有个代号。《建筑结构制图标准》(GB/T 50105—2010)中规定这些代号用构件名称汉语拼音的第一个大写字母表示。要识读结构施工图，必须熟悉各类构件代号，常用构件代号见表9-1。

表9-1 常用构件代号

序号	名称	代号	序号	名称	代号	序号	名称	代号
1	板	B	19	圈梁	QL	37	承台	CT
2	屋面板	WB	20	过梁	GL	38	设备基础	SJ
3	空心板	KB	21	连系梁	LL	39	桩	ZH
4	槽形板	CB	22	基础梁	JL	40	挡土墙	DQ
5	折板	ZB	23	楼梯梁	TL	41	地沟	DG
6	密肋板	MB	24	框架梁	KL	42	柱间支撑	ZC
7	楼梯板	TB	25	框支梁	KZL	43	垂直支撑	CC
8	盖板或沟盖板	GB	26	屋面框架梁	WKL	44	水平支撑	SC
9	挡雨板或檐口板	YB	27	檩条	LT	45	梯	T
10	吊车安全走道板	DB	28	屋架	WJ	46	雨篷	YP
11	墙板	QB	29	托架	TJ	47	阳台	YT
12	天沟板	TGB	30	天窗架	CJ	48	梁垫	LD
13	梁	L	31	框架	KJ	49	预埋件	M
14	屋面梁	WL	32	刚架	GJ	50	天窗端壁	TD
15	吊车梁	DL	33	支架	ZJ	51	钢筋网	W
16	单轨吊车梁	DDL	34	柱	Z	52	钢筋骨架	G
17	轨道连接	DGL	35	框架柱	KZ	53	基础	J
18	车挡	CD	36	构造柱	GZ	54	暗柱	AZ

注：1. 预制混凝土构件、现浇混凝土构件、刚构件和木构件，一般可直接采用本表中的构件代号。在绘图中当需要区别上述构件的材料种类时，可在构件代号前加注材料代号，并在图纸中加以说明。

2. 预应力混凝土构件的代号，应在构件代号前加注“Y”，如Y-DL表示预应力混凝土吊车梁。

9.1.5 结构施工图图线的选用

《建筑结构制图标准》(GB/T 50105—2010)中规定建筑结构制图图线的按表9-2选用。

表9-2 建筑结构制图图线的选用

名称		线型	线宽	一般用途
实线	粗	━━━━	b	螺栓、钢筋线、结构平面图中的单线结构构件线、钢木支撑及系杆线、图名下横线、剖切线
	中粗	────	$0.7b$	结构平面图及详图中剖到或可见的墙身轮廓线、基础轮廓线及钢、木结构轮廓线、钢筋线
	中	────	$0.5b$	结构平面图及详图中剖到或可见的墙身轮廓线、基础轮廓线，可见的钢筋混凝土构件轮廓线、钢筋线
	细	────	$0.25b$	标注引出线、标高符号线、索引符号线、尺寸线
虚线	粗	- - - - -	b	不可见的钢筋线、螺栓线，结构平面图中不可见的单线结构构件线及钢、木支撑线
	中粗	- - - - -	$0.7b$	结构平面图中不可见的构件、墙身轮廓线及不可见的钢、木结构构件线，不可见的钢筋线
	中	- - - - -	$0.5b$	结构平面图中不可见的构件、墙身轮廓线及不可见的钢、木结构构件线，不可见的钢筋线
	细	- - - - -	$0.25b$	基础平面图中管沟轮廓线、不可见的钢筋混凝土构件轮廓线
单点长画线	粗	━ · ━	b	柱间支撑、垂直支撑、设备基础轴线图中的中心线
	细	─ · ─	$0.25b$	定位轴线、对称线、中心线、垂线
双点长画线	粗	━ ·· ━	b	预应力钢绞线
	细	─ ·· ─	$0.25b$	原结构轮廓线
折断线		─╲╱─	$0.25b$	断开界线
波浪线		～～～	$0.25b$	断开界线

注：在同一张图纸中，相同比例的各图样，应选用相同的线宽组。

9.1.6 结构施工图比例

结构施工图比例的选用见表 9-3。

表 9-3 结构施工图比例的选用

图名	常用比例	可用比例
结构平面图、基础平面图	1∶50，1∶100，1∶150	1∶60，1∶200
圈梁平面图、总图、中管沟、地下设施等	1∶200，1∶500	1∶300
详图	1∶10，1∶20，1∶50	1∶5，1∶25，1∶30

注：当构件的纵、横向断面尺寸相差悬殊时，可在同一详图中的纵、横向选用不同比例绘制。轴线尺寸与构件尺寸也可用不同比例绘制。

9.1.7 钢筋混凝土知识简介

混凝土是由水、水泥、砂、石子 4 种材料按一定的配和比拌和并经一定时间的硬化而成的建筑材料。硬化后其性能和石头相似，也称为人造石。混凝土具有体积大、自重大、导热系数大、耐久性长、耐水、耐火、耐腐蚀、造价低廉、可塑性好、抗压强度大等特点，可制成不同形状的建筑构件，是目前建筑材料中使用最广泛的建筑材料。混凝土抗压能力强，抗拉能力弱，当其作为受拉构件时，在受拉区域会出现裂缝，导致构件断裂，如图 9.1(a)所示。为了解决这个问题，充分利用混凝土的抗压能力，在混凝土的受拉区域配置一定数量的钢筋，使钢筋承受拉力，混凝土承受压力，共同发挥作用，这就是钢筋混凝土，如图 9.1(b)所示。根据混凝土的抗压强度，混凝土的强度等级分为 C15、C20、C25、C30、C35、C40、C45、C50、C55、C60、C65、C70、C75、C80 共 14 个等级，数字越大，表示混凝土抗压强度越高。在结构施工中，主要承重构件常用普通混凝土，标号为 C20、C25、C30，次要构件和垫层混凝土可选用低标号混凝土，标号为 C7.5、C10、C15，特殊构件中采用高标号混凝土。

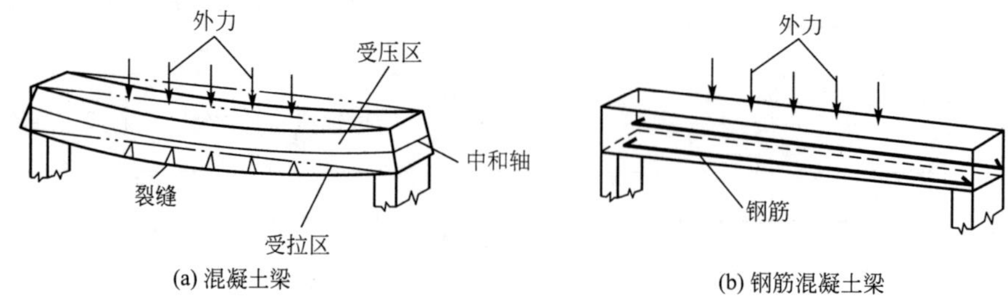

(a) 混凝土梁　　(b) 钢筋混凝土梁

图 9.1 混凝土梁与钢筋混凝土梁受力对比图

钢筋混凝土的制作有现浇和预制两种：①在工程现场构件所在位置直接浇筑而成的，称为现浇钢筋混凝土构件；②在施工现场以外的工厂预先制作好，然后运输到施工现场吊装而成的，称为预制钢筋混凝土构件。

1. 钢筋的作用与分类

配置在钢筋混凝土构件中的钢筋，按其所起的作用可分为以下几类。

(1) 受力筋。受力筋是承受拉力或压力的钢筋，在梁、板、柱等各种钢筋混凝土构件中都有配置，钢筋的直径和根数根据构件受力大小而计算。受力筋按形状分为直筋和弯筋，按所承受的力分为正筋(拉力)和负筋(压力)。

(2) 架立筋。架力筋一般只在梁中使用，与受力筋、箍筋一起形成钢筋骨架，用以固定箍筋位置。

(3) 箍筋。箍筋一般多用于梁和柱内，用以固定受力筋位置，并承受剪力，一般沿构件的横向和纵向每隔一定的距离均匀布置。

(4) 分布筋。分布筋一般用于板内，与受力筋垂直，用以固定受力筋的位置，与受力筋一起构成钢筋网，使力均匀地传递给受力筋，并抵抗热胀冷缩所引起的温度变形。

(5) 构造筋。构造筋是因构件在构造上的要求或施工安装需要而配置的钢筋。在支座处板的顶部所加的构造筋，属于前者；两端的吊环则属于后者。

钢筋的图示方法：在结构施工图中，为了标注钢筋的位置、形状、数量，《建筑结构制图标准》(GB/T 50105—2010)中规定了普通钢筋的一般表示方法，见表9-4。

表9-4　普通钢筋的一般表示方法

序号	名　称	图　例	说　明
1	钢筋横断面		—
2	无弯钩的钢筋端部	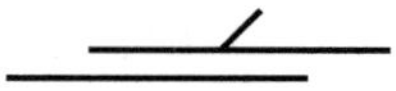	上图表示长、短钢筋投影重叠时，可在短钢筋的端部画45°短画线
3	带半圆形弯钩的钢筋端部		—
4	带直钩的钢筋端部		—
5	带丝扣的钢筋端部		—
6	无弯钩的钢筋搭接		—
7	带半圆弯钩的钢筋搭接		—
8	带直钩的钢筋搭接		—
9	花篮螺纹钢筋接头	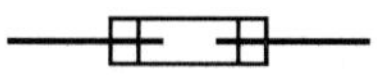	—
10	机械连接的钢筋	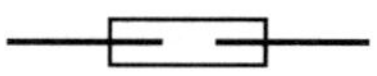	用文字说明机械连接的方式(冷挤压或锥螺纹)

各种钢筋的形式如图 9.2 所示。

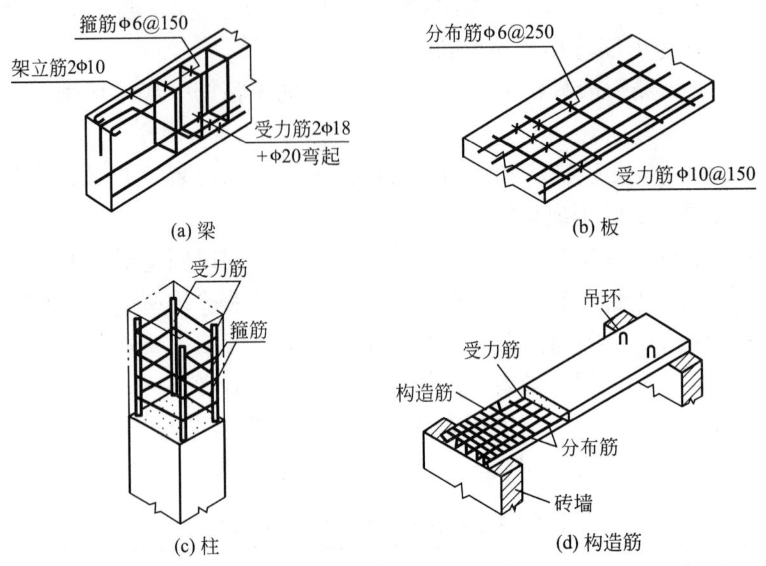

图 9.2　钢筋的分类

为了保护钢筋，防锈蚀、防火和防腐蚀，加强钢筋与混凝土的凝结力，所以规定钢筋混凝土构件的钢筋不允许外露。在钢筋的外边缘与构件表面之间应留有一定厚度的混凝土，这层混凝土称为保护层，保护层的厚度因构件不同而不同，《混凝土结构设计规范》(GB 50010—2010)规定梁、柱的保护层最小厚度为 25mm，板和墙的最小保护层厚度为 15mm，基础中的保护层厚度不小于 40mm。

为了使钢筋和混凝土具有良好的凝结力，绑扎骨架中的钢筋，应在光圆钢筋两端做成半圆弯钩或直弯钩；带纹钢筋与混凝土的凝结力强，两端可不做弯钩。箍筋两端在交接处也要做出弯钩。弯钩的常见形式和画法如图 9.3 所示，图中 d 为钢筋的直径。

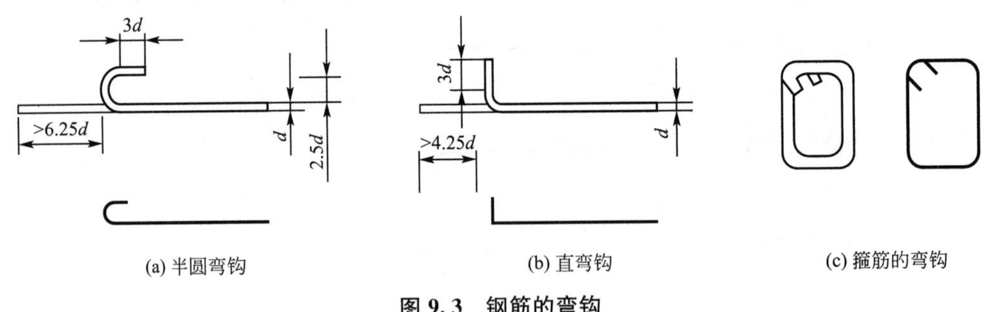

图 9.3　钢筋的弯钩

2. 常用钢筋的符号和分类

热轧钢筋是建筑工程中用量最大的钢筋，主要用于钢筋混凝土和预应力混凝土配筋。钢筋有光圆钢筋和带肋钢筋之分，热轧光圆钢筋的牌号为 HPB300；常用带肋钢筋的牌号有 HRB335、HRB400 和 RRB400 几种。其强度、代号、规格范围见表 9－5。对于预应力构件中常用的钢绞线、钢丝等可查阅有关的资料，此处不再细述。

表 9 - 5　普通钢筋的强度、代号及规格

种类		符号	d/mm	f_{yk}/(N/mm²)
热轧钢筋	HPB300	Φ	6～22	300
	HRB335	Φ	6～50	335
	HRB400	Φ	6～50	400
	HRB500	Φ^{R}	6～50	400

注：f_{yk}为普通钢筋、预应力钢筋强度标准值。

3. 钢筋的画法

《建筑结构制图标准》(GB/T 50105—2010)中规定了钢筋的画法，见表 9 - 6。

表 9 - 6　钢筋的画法

序号	说明	图例
1	在结构楼板中配置双层钢筋时，底层钢筋的弯钩方向向上或向左，顶层钢筋的弯钩方向则向下或向右	(底层)　(顶层)
2	钢筋混凝土墙体配置双向钢筋时，在配筋立面图中，远面的钢筋向上或向左，而近面的钢筋向下或向右(JM 近面；YM 远面)	JM　YM
3	若在断面图中不能表达清楚的钢筋布置，应该在断面图外增加钢筋大样图(如钢筋混凝土墙、楼梯等)	
4	图中所表示的箍筋、环筋等若布置复杂时，可加画钢筋大样及说明	或
5	每组相同的钢筋、箍筋或环筋，可用一根粗实线表示，同时用一两端带斜短画线的横穿细线，表示其余钢筋及起止范围	

9.1.8　结构施工图的识读

识读结构施工图也是一个由浅入深、由粗到细的渐进过程。在识读结构施工图前，必

须先识读建筑施工图，由此，建立起立体感，并且在识读结构施工图期间，先看文字说明后看图样；按图样顺序先粗略地翻看一遍，再详细地看每一张图样。此外，在识读结构施工图期间，还应反复核对结构与建筑对同一部位的表示，这样才能准确地理解结构图中所表示的内容。虽然每个人的侧重点不同，但应避免“只见树木不见森林”，要学会纵览全局，这样才能使自己不断进步。

9.2 基础结构平面图

9.2.1 基本知识

基础就是建筑物地面± 0.000(除地下室)以下承受建筑物全部荷载的构件。基础以下的部分称为地基，基础把建筑物上部的全部荷载均匀地传给地基。基础的组成如图 9.4 所示。基坑是为基础施工开挖的土坑；基底是基础的底面；基坑边线是进行基础开挖前测量放线的基线；垫层是把基础传来的荷载均匀地传给地基的结合层；大放脚是把上部荷载散传给垫层的基础扩大部分，目的是使地基上单位面积所承受的压力减小；基础墙为± 0.000 以下的墙；防潮层是为了防止地下水对墙体的侵蚀，在地面稍低(约−0.060m)处设置的一层能防水的建筑材料；从室外设计地面到基础底面的高度称为基础的埋置深度。

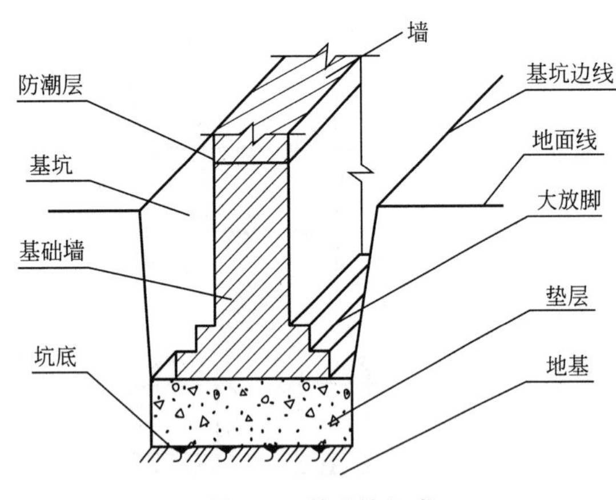

图 9.4　基础的组成

基础的形式很多，通常有条形基础、独立基础、筏形基础、箱形基础等，如图 9.5 所示。条形基础一般用于砖混结构中，独立基础、筏形基础和箱形基础一般用于钢筋混凝土结构中。基础按材料不同可分为砖石基础、混凝土基础、毛石基础、钢筋混凝土基础。

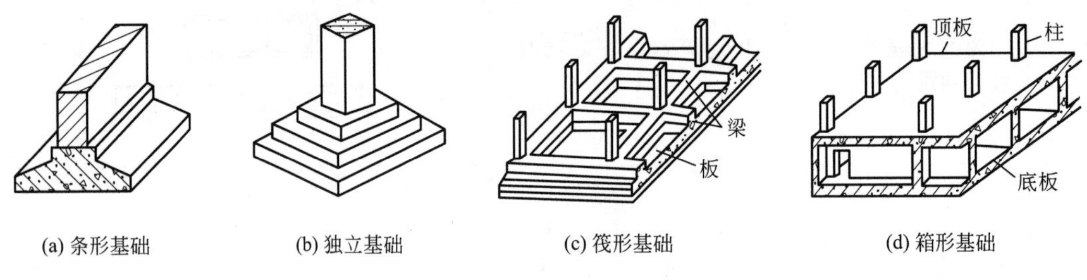

(a) 条形基础　(b) 独立基础　(c) 筏形基础　(d) 箱形基础

图 9.5　基础的形式

9.2.2 基础结构平面图的组成

基础结构平面图主要表示基础、地沟等的平面布置和做法。一般由基础平面图和基础详图组成。

9.2.3 基础平面图的形成和作用

基础平面图是假想用一个水平剖切平面，沿房屋底层室内地面把整栋房屋剖切开，移去剖切平面以上的房屋和基础回填土后，向下做正投影所得到的水平投影图。基础平面图主要表示基础的平面布置以及墙、柱与轴线的关系，为施工放线、开挖基槽(或基坑)和砌筑基础提供依据。

9.2.4 基础平面图的主要内容

(1) 筏板基础平面布置图如图 9.6 所示，独立基础平面布置图如图 9.7 所示。基础平面图一般包括以下几个方面的内容。

① 图名、比例、定位轴线位置及编号。基础平面图与建筑施工图的比例、轴线位置、编号要保持一致。

② 基础墙、柱、基础底面的大小、形状以及与轴线的关系；基础、基础梁及其编号、柱号。

③ ±0.000 以下的预留孔洞的位置、尺寸、标高。

④ 有不同断面图时要有剖切位置线和编号。

⑤ 轴线编号、尺寸标注。

⑥ 附注说明：基础埋置在地基中的位置，基底处理措施，地基的承载能力，对施工的有关要求。

(2) 基础平面图的图示方法。

① 基础平面图中的比例、定位轴线的编号、轴线尺寸与建筑平面图保持一致。

② 在基础平面图中，用粗实线画出剖切到的基础墙、柱等的轮廓线，用细实线画出投影可见的基础底边线，其他细部如大放脚、垫层的轮廓线均省略不画。

③ 基础平面图中，凡基础的宽度、墙的厚度、大放脚的形式、基础底面标高、基础底尺寸不同时，要在不同处标出断面符号，表示详图的剖切位置和编号。

④ 基础平面图的外部尺寸一般只注两道，即开间、进深等轴线间的尺寸和首尾轴线间的总尺寸。

⑤ 在基础平面图中用虚线表示地沟或孔洞的位置，并注明大小及洞底标高。

9.2.5 基础平面图的识读

(1) 了解图名、比例。

(2) 结合建筑平面图，了解基础平面图的定位轴线，了解基础与定位轴线间的平面布置、相互关系及轴线间的尺寸。明确墙体与轴线的关系，是对称轴线还是偏轴线；若是偏轴线，要注意哪边宽，哪边窄，尺寸多大。

(3) 了解基础、墙、垫层、基础梁等的平面布置、形状尺寸等。

(4) 了解剖切编号、位置，了解基础的种类、基础的平面尺寸。

(5) 通过文字说明，了解基础的用料、施工注意事项等内容。

(6) 与其他图纸相配合，了解各构件之间的尺寸、关系，了解洞口的尺寸、形状及洞口上方的过梁情况。

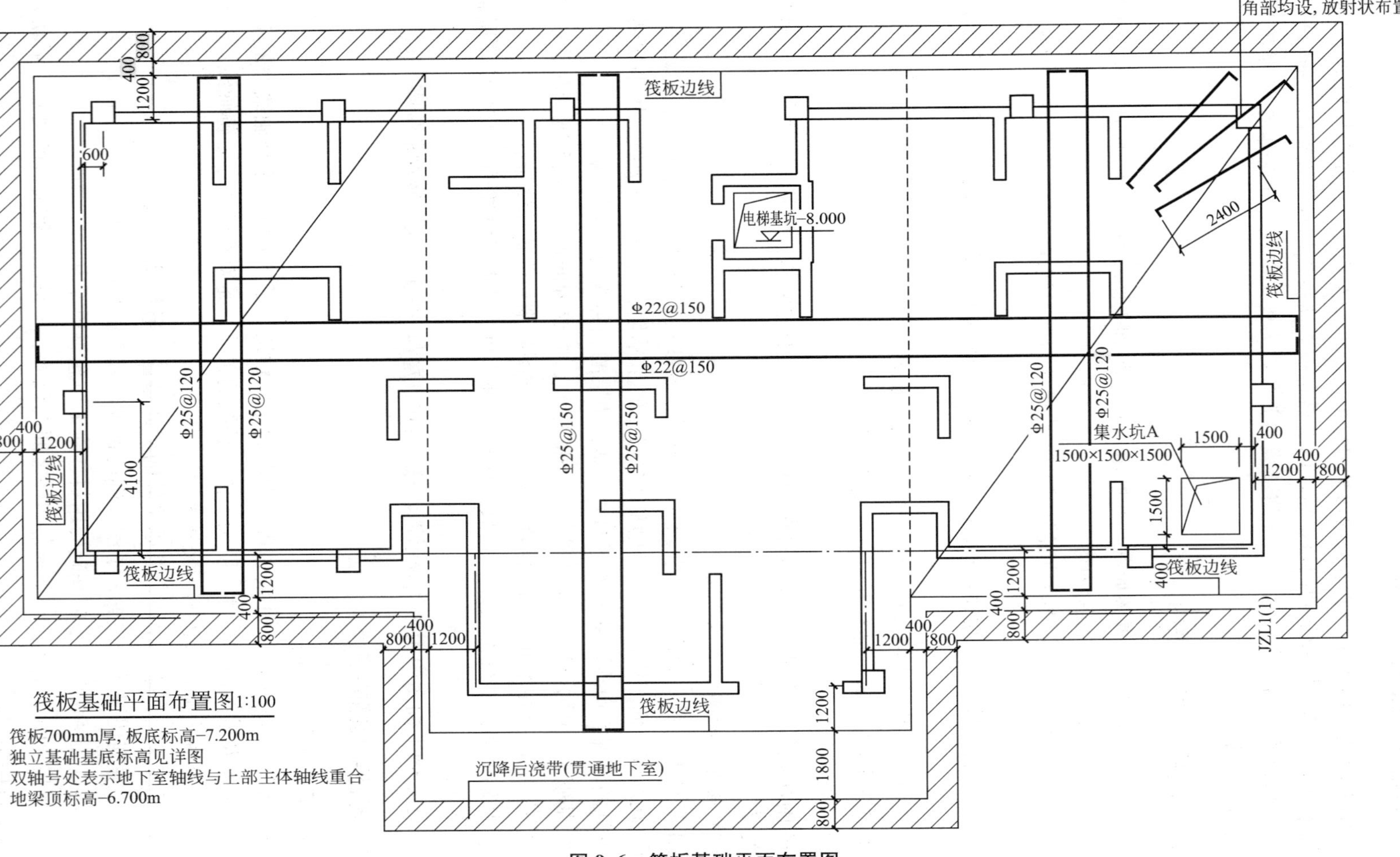

图 9.6　筏板基础平面布置图

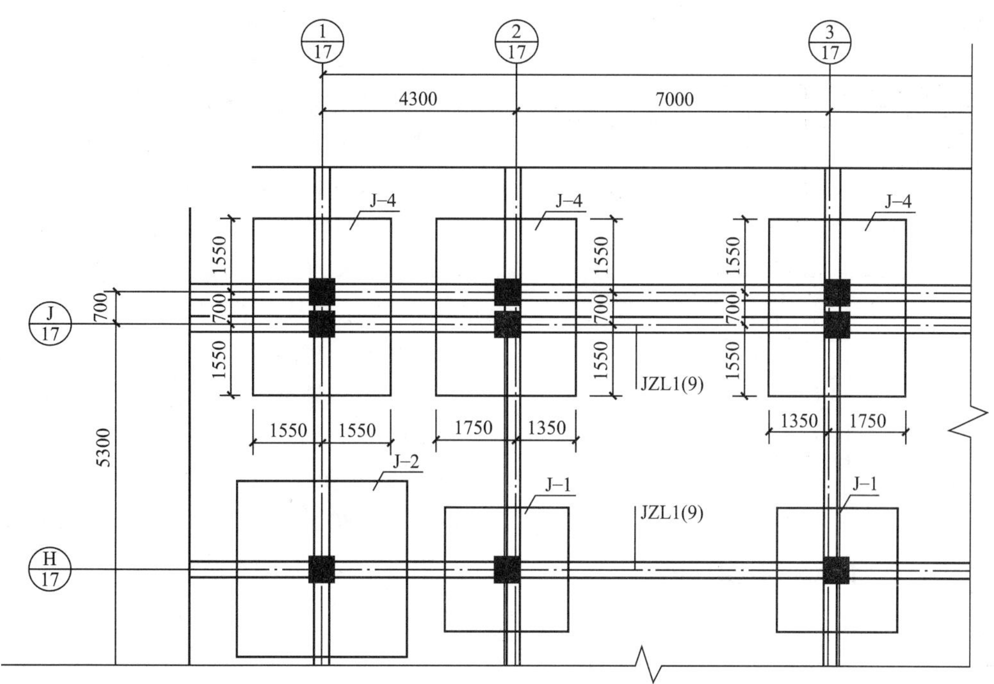

图 9.7　独立基础平面布置图

9.2.6　基础详图

基础平面图只表明基础的平面布置，而基础的各部分的具体构造的形状、尺寸没有表达出来，于是需要画出详图表达基础的形状、尺寸、材料和构造，这就是基础详图。

1. 基础详图的形成

基础详图实质是基础断面图的放大图。在基础某一处用一个假想的侧平面或正平面，沿垂直于轴线的方向把基础剖切开所得到的断面图称为基础详图，如图 9.8 所示。基础详图以移出断面图表达方法绘制。基础的断面形状、尺寸与它所承受的荷载和地基所承受的荷载有关，同一个建筑，因为不同地方所承受的荷载不同，就要有不同的基础，不同的基础都要画出它们的断面图。

2. 基础详图的主要内容

(1) 图名、比例。基础断面图一般用较大的比例(1 ∶ 20)绘制，以便详细表示出基础断面的形状、尺寸以及与轴线的关系。如图 9.8 所示垫层厚度为 300mm，轴线居中。

(2) 基础断面图中的轴线及编号，表明轴线与基础各部位的相对位置，标注出基础墙、大放脚、基础圈梁与轴线的关系。

(3) 基础断面的形状、材料、大小、配筋，从下至上分别为垫层、基础、基础圈梁、墙体。

(4) 在基础断面图中要标明防潮层的位置和做法，有时用钢筋混凝土圈梁做防潮层，有时也采用防水砂浆做防潮层。图 9.8 中是钢筋混凝土圈梁做防潮层。圈梁的尺寸是 240mm×240mm，4 根直径为 12mm 的纵向钢筋，直径为 6mm，间距为 250mm 的箍筋布置。

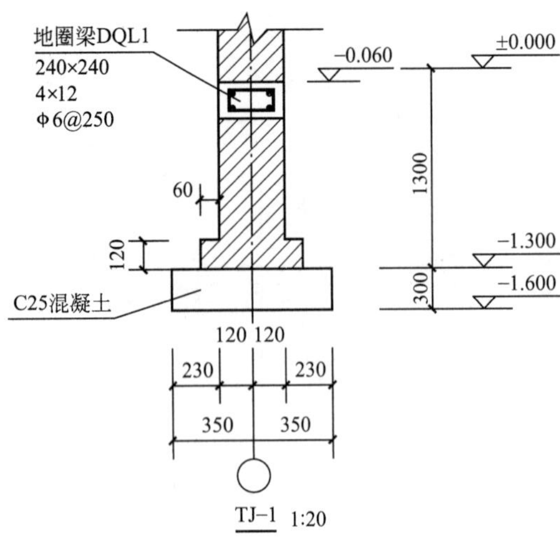

图 9.8 条形基础详图

(5) 基础断面的详细尺寸和室内外地面、基础底标高。基础详图的尺寸用来表示基础底的宽度及与轴线的关系，也反映基础的深度和大放脚的尺寸。

(6) 标明施工要求及说明。包括防潮层的做法及孔洞穿基础墙的要求等。如图 9.9所示，从图中可以看出，该基础是独立基础，底面尺寸是 1800mm×1800mm 的正方形，垫层的两侧宽为 100mm，厚度为 100mm，垫层为 C10 素混凝土垫层，受力筋为直径 12mm 的一级钢筋，间距为 170mm，柱子配筋为 4 根直径为 16mm 的一级钢筋，并且插入基础底部。

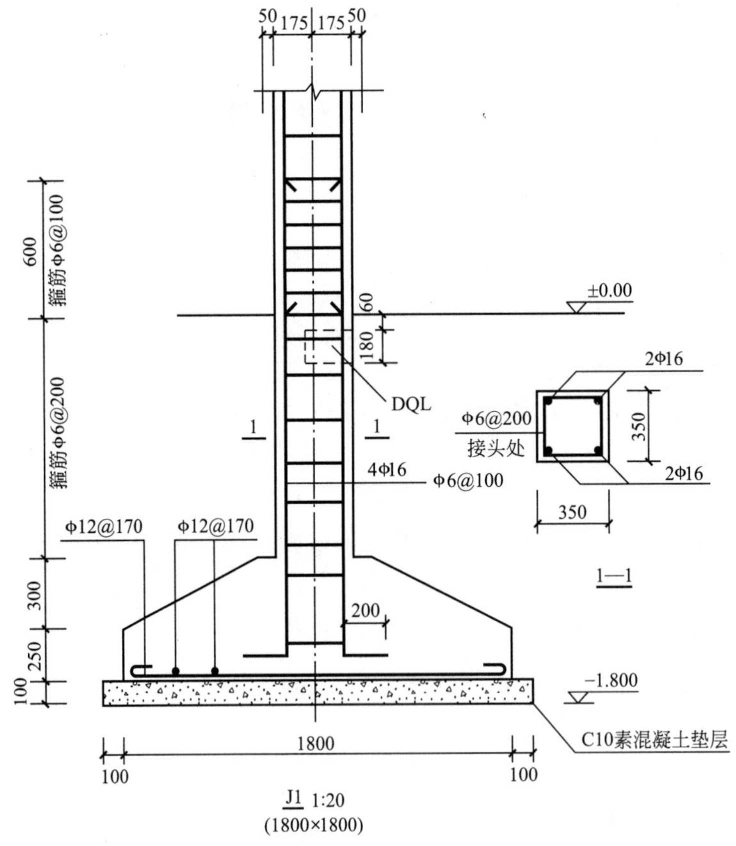

图 9.9 基础详图

绘图时为了节约图幅和时间，有时将两个或两个以上类似的图形用一个图来表示。读图时要注意带括号的图名对应带括号的数字，不带括号的图名对应不带括号的数字。若某处有没带括号的数字，则这个数字对每个图都适用。

9.3 楼层、屋面结构平面图

前面介绍过的结构平面图包括基础平面图、楼层结构平面图、屋面结构平面图。基础平面图已经介绍过，因为楼层结构平面图与屋面结构平面图的表达方法完全相同，这里以楼层结构平面图为例说明楼层结构平面图与屋面结构平面图的阅读方法。楼层和屋面一般采用钢筋混凝土结构，钢筋混凝土结构按照施工方法一般分为预制装配式和现浇整体式两类。

9.3.1 楼层结构平面图

用一个假想的水平剖切平面，从各层楼板层中间水平剖切楼板层，得到的水平剖面图，称为楼层结构平面图。楼层结构平面图用来表示各层梁、板、柱、墙、过梁和圈梁等的平面布置情况，现浇楼板、梁的构造与配筋情况，以及构件之间的结构关系。结构平面图为施工中安装梁、板、柱等各种构件提供依据，同时也为现浇构件支模板、绑扎钢筋、浇筑混凝土提供依据。

1. 预制装配式楼层结构平面图

预制装配式楼层结构由许多预制构件组成，然后在施工现场安装就位，组成楼盖。这种楼盖的优点是施工速度快，节省劳动力和建筑材料，并且造价低，便于机械化生产和机械化施工。其缺点是整体性不如现浇楼盖好。这种结构的施工图主要表示支撑楼盖的墙、梁、柱等的结构构件的位置，标注时直接标注在结构平面图中，如图 9.10 所示。

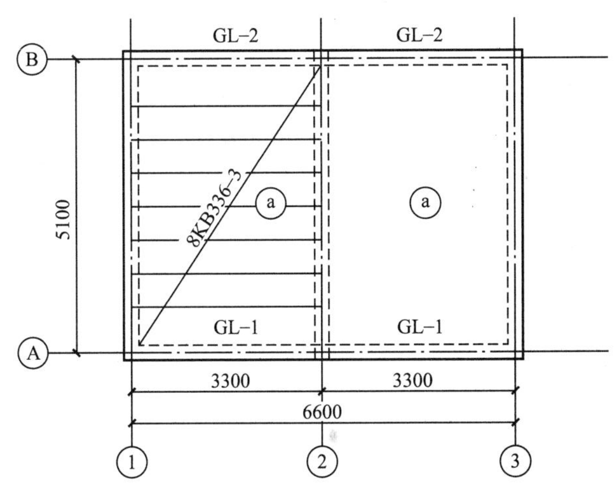

图 9.10 预制装配式楼层结构平面图

(1) 图名、比例。结构平面图的比例要与建筑平面图的比例保持一致，便于读图。

(2) 轴线。结构平面图的轴线布置与建筑平面图一致，并标注出与建筑平面图一致的编号和轴线间尺寸、总尺寸，便于确定梁、板等构件的安装位置。

(3) 墙、柱。楼层结构平面图是用正投影法得到的，因为楼板压着墙，所以被压的墙身的轮廓线画成虚线。

(4) 梁、梁垫。在结构平面图中，梁、梁垫是用粗单点长画线表示或粗虚线表示，并标上梁的代号和编号，如图 9.10 所示。

(5) 预制楼板。对于预制楼板，用粗实线表示楼层平面轮廓，用细实线表示预制板的铺设，在每一个开间，按实际投影分块画出楼板，并注写数量及型号。或者在每一个开间，画一条对角线，并沿着对角线方向注明预制板数量及型号。对于预制板的铺设方式相同的单元，可用相同的编号如甲、乙或 A、B 等表示，而不一一画出每个单元楼板的布置，如图 9.10 所示。楼梯间一般都是现浇板，其结构布置在结构平面图中不表示，而是用双对角线表示楼梯间，这部分内容在楼梯详图中表示，并在结构平面图中用文字标明。当楼层结构平面图完全对称时，可以只画一半，中间用对称符号表示。预制楼板多采用标准图集，因此在楼层结构平面图中应标明楼板的数量、代号、跨度、宽度和荷载等级，如图 9.11 所示。

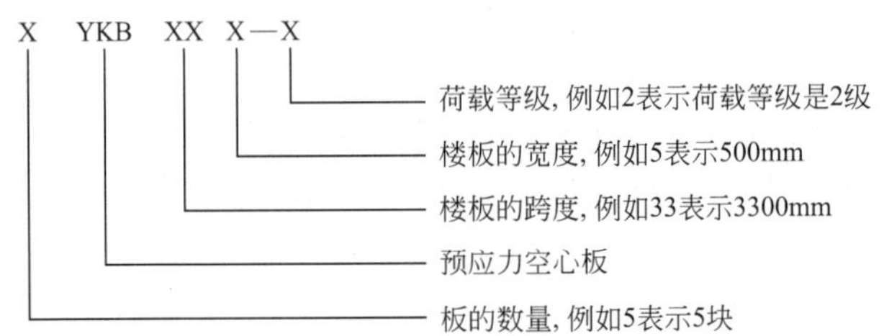

图 9.11 板的标注方法

例如，2YKB3661 表示 2 块预应力空心板，板的跨度为 3600mm，板的宽度为 600mm，荷载等级为 1 级。

(6) 过梁。在门窗洞口上为了支撑洞口上墙体的重量，并把它传递给两旁的墙体，在洞口上面沿墙设置一道梁，称为过梁。在结构施工图中要标出过梁的代号，如图 9.10 中的 GL-1 和 GL-2 所示。

(7) 圈梁。为提高建筑物的抗风、抗震、抗温度变化和整体稳定性的能力，防止地基的不均匀沉降，常在基础的顶面、门窗洞口顶部等部位设置连续而封闭的水平梁，称为圈梁。在基础顶面的称为基础圈梁，此时它也充当了防潮层；设在门窗洞口顶部的代替过梁。在结构平面图中要标出圈梁的代号。

2. 现浇整体式楼层结构平面图

现浇整体式楼盖由板、主梁、次梁构成，经过绑扎钢筋，支模板，将三者整体现浇在一起，如图 9.12 所示。整体式楼盖的优点是整体性好，抗震性好，适应性强；缺点是模板用量大，现场浇灌工作量大，工期较长，造价较高。

整体式楼盖结构平面图(图 9.13)的内容如下。

(1) 用重合断面法表达楼盖的形状、厚度和梁的布置情况。

(2) 钢筋的布置情况、形状及编号。钢筋弯钩向上、向左为底部配筋，弯钩向右、向下为顶部钢筋。例如，①号钢筋ф10@150 表示直径为 10mm 的一级钢筋，间隔 150mm 均匀布置为底部配筋。③号、④号钢筋ф10@200 表示直径为 10mm 的一级钢筋，间隔 200mm 均匀布置为顶部配筋，如图 9.13(b)剖面图所示位置。为了突出钢筋的位置和规格，钢筋用粗实线表示。

(3) 与建筑平面图相一致的轴线编号、轴线间的尺寸和总尺寸。

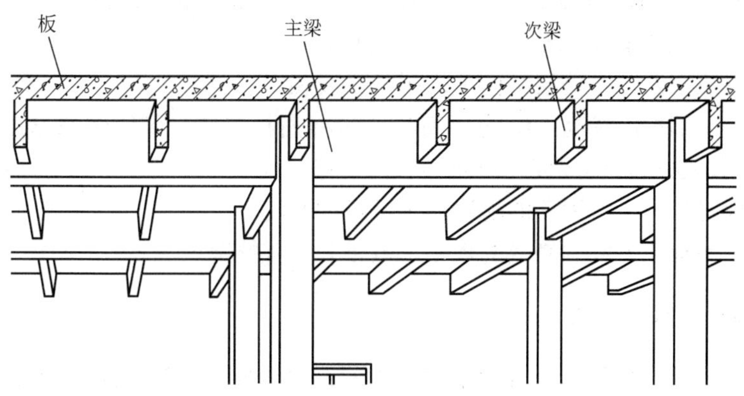

图 9.12 整体式钢筋混凝土楼盖

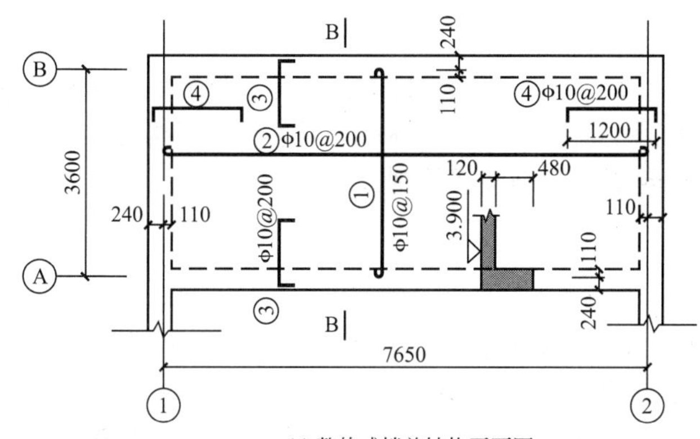

(a) 整体式楼盖结构平面图

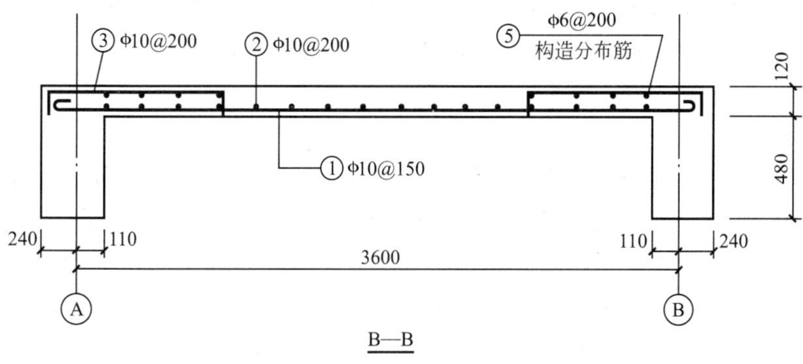

(b) 整体式楼盖结构剖面图

图 9.13 整体式楼盖结构平面图及剖面图

9.3.2 楼层结构平面图的识读

楼层结构平面图的阅读要求有以下几个方面。

(1) 了解图名与比例。楼层结构平面图与建筑平面图、基础平面图的比例要一致。

(2) 了解结构的类型，了解主要构件的平面位置与标高，并与建筑平面图结合，了解各构件的位置和标高的对应情况。因为设计时，结构的布置必须满足建筑上使用功能的要求，所以结构布置图与建筑施工图存在对应的关系，比如，墙上有洞口时就设有过梁，对于非砖混结构，建筑上有墙的部位墙下就设有梁。

(3) 对应建筑平面图与楼层结构平面图的轴线相对照。

(4) 了解各个部位的标高，结构标高与建筑标高相对应，了解装修厚度(建筑标高减去结构标高，再减去楼板的厚度，就是楼板的装修厚度)。

(5) 若是现浇板，了解钢筋的配置情况及板的厚度。

(6) 若是预制板，了解预制板的规格、数量和布置情况。

9.3.3 钢筋混凝土构件详图

钢筋混凝土构件是由混凝土和钢筋两种材料浇筑而成，钢筋混凝土构件详图是加工制作钢筋、浇筑混凝土的依据，一般包括模板图、配筋图、预埋件详图、钢筋表、文字说明。

1. 模板图

模板图表示构件的外表形状、大小、预埋件的位置等。外形比较简单的构件一般不单独绘制模板图，只需在配筋图中把构件的尺寸标注清楚就行，当构件比较复杂或有预埋件时才画模板图，模板图的外轮廓线用细实线绘制。

2. 配筋图

1) 图示内容和方法

配筋图包括立面图和断面图，主要表示构件内部的钢筋配置情况，它详尽地表达出所配置钢筋的级别、直径、形状、尺寸、数量及摆放位置。画图时，把混凝土构件看成是透明体，构件的外轮廓线用细实线，在立面图上用粗实线表示钢筋，在断面图中用黑圆点表示钢筋的断面，用粗实线表示箍筋。配筋图是钢筋下料、绑扎的重要依据。在一个构件中，各种钢筋都用符号表示其种类，并注明钢筋的根数、直径、级别等，如图 9.14所示。

2) 钢筋编号

构件中所配置来的钢筋一般规格、级别、尺寸、大小都不相同，为了有所区别，用不同的编号来表示。编号应用阿拉伯数字按顺序编写并将数字写在圆圈内，圆圈用直径为5～6mm 的细实线绘制，并用引出线指向被编号的钢筋。同时，在引出线的水平线段上，标注出所指钢筋的根数、级别、直径。对于箍筋，可以不标注根数，在等间距符号@后边标出间距大小，具体表示方法如下。

3. 钢筋表

在钢筋混凝土构件详图中，除绘制模板图、配筋图外，还需要配有一个钢筋用量表，用于预算和工程备料，见表 9－7。

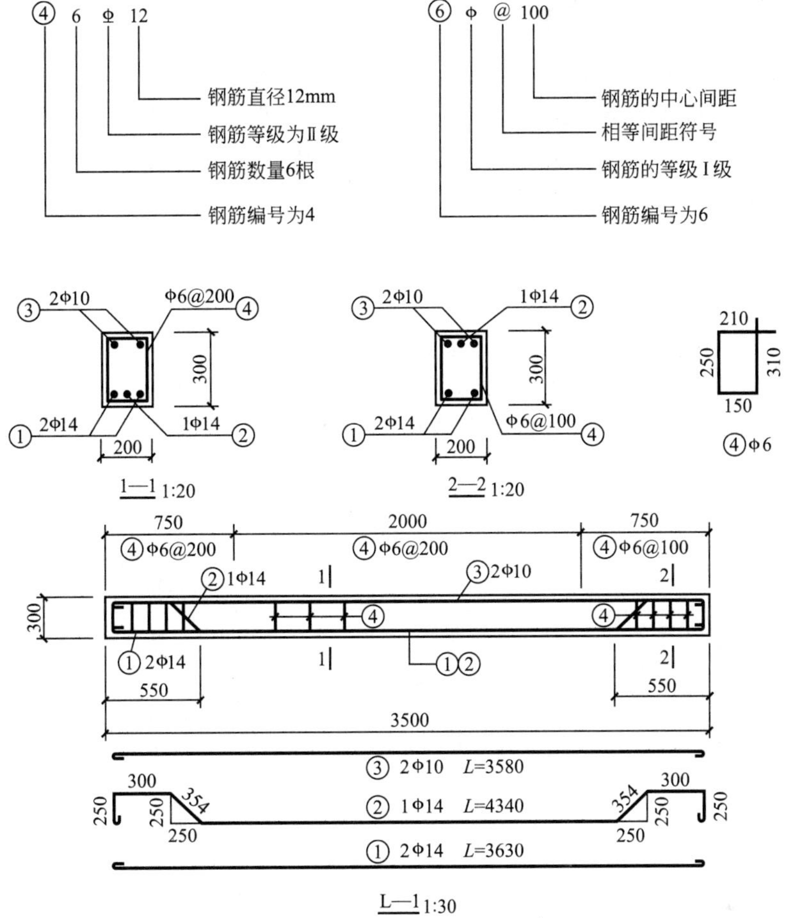

图 9.14 钢筋混凝土梁详图

表 9-7 钢筋用量表

钢筋编号	直径/mm	简图	长度/mm	根数	总长/m	总重/kg	备注
1	14		3630	2	7.26	7.41	
2	14		4340	1	4.34	4.45	
3	10		3580	2	7.1	4.31	
4	6		920	18	1.65	2.60	

注：在表中需标明钢筋编号、直径、钢筋简图、钢筋长度、根数、总长度、总重量等。

9.3.4 梁平法施工图的表示方法

梁平法施工图是用平面注写方式或截面注写方式来表达的梁平面布置图。梁平面布置图应分别按梁的不同结构层(标准层)，将全部梁和相关联的墙、板一起采用适当的比例绘制。梁平法施工图中，注明各结构层的顶面标高及相应的结构层号。对于轴线未居中的梁，应标注其偏心定位尺寸(贴柱边的梁可不注)。

1. 平面注写方式

平面注写方式是在梁平面布置图上，分别在不同编号的梁中各选一根梁，在其上注写截面尺寸和配筋具体数值的方式来表达梁平法施工图。

平面注写包括集中标注与原位标注，集中标注表达梁的通用数值，原位标注表达梁的特殊数值。当集中标注中的某项数值不适合梁的某部位时，则将该项数值原位标注，如图 9.15所示。

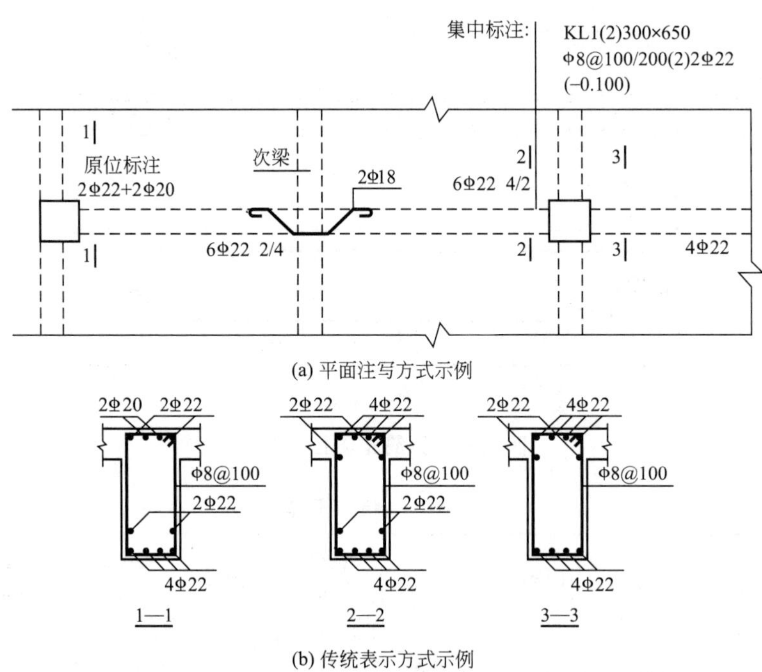

图 9.15 注写方式示例

图 9.15(b)为平面注写方式示例，图 9.15(b)为 3 个梁截面，是采用传统表示方法绘制的，用于对比按平面注写方式表达的同样内容。应说明的是，实际采用平面注写方式表达时，不需绘制截面配筋图和图 9.15(a)中的相应断面剖切符号。在图 9.15(a)中，中粗虚线表示梁和墙的不可见轮廓线。集中标注中 KL1(2)300×650 表明该梁为楼层框架梁，序号为 1，两跨，梁的截面尺寸为 300mm×650mm；Φ8@100/200(2)2Φ22 表明梁箍筋为 HPB300 钢筋，直径为 8mm，加密区间距为 100mm，非加密区间距为 200mm，均为两肢箍，梁上部的贯通筋为 2Φ22；(－0.100)表示梁顶面相对于楼面标高的高差，该项为选注值。有高差时，须将其写入括号内，无高差时不注。1—1 断面处，梁上部筋 2Φ22＋2Φ

20 表明该处配有两根直径为 22mm 的 HRB335 钢筋和两根直径为 20mm 的 HRB335 钢筋，梁下部注写的 6Φ22 2/4，表明该处配有 6 根直径为 22mm 的 HRB335 钢筋，且双排布置，上面 2 根，下面 4 根；2—2 断面处，梁的下部钢筋没有变化，梁上部筋为 6Φ22 4/2，表明该处配有 6 根直径为 22mm 的 HRB335 钢筋，且双排布置，上面 4 根，下面 2 根；3—3 断面处，梁上部筋没有变化，梁下部筋为 4Φ22，单排布置 4 根 HRB335 钢筋，直径 22mm。另外，主、次梁交接处配有吊筋 2Φ18，吊筋的构造如图 9.16 所示，b 表示次梁梁宽。当主梁梁高不大于 800mm 时，弯起角取 45°；当梁高大于 800mm 时，则取 60°。

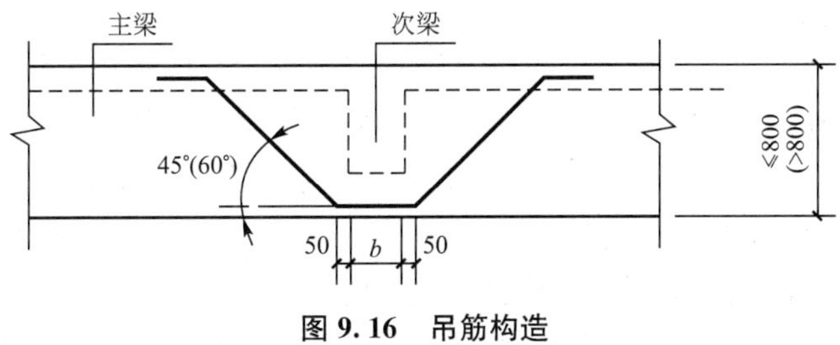

图 9.16　吊筋构造

由此可见，在平面注写方式中，梁集中标注的内容有：梁编号、梁截面尺寸(断面宽×断面高用 $b×h$ 表示)、梁箍筋、梁上部通长筋或架立筋配置、梁侧面纵向构造钢筋或受扭钢筋配置，此 5 项为必注值，梁顶面标高差值为选注值。

2. 截面注写方式

截面注写方式是在分标准层绘制的平面布置图上，分别在不同编号的梁中各选择一根梁用剖面号引出的配筋图，并在其上注写截面尺寸和配筋具体数值的方式表达梁平法施工图。截面注写方式既可以单独使用，也可与平面注写方式结合使用，如图 9.17 所示。

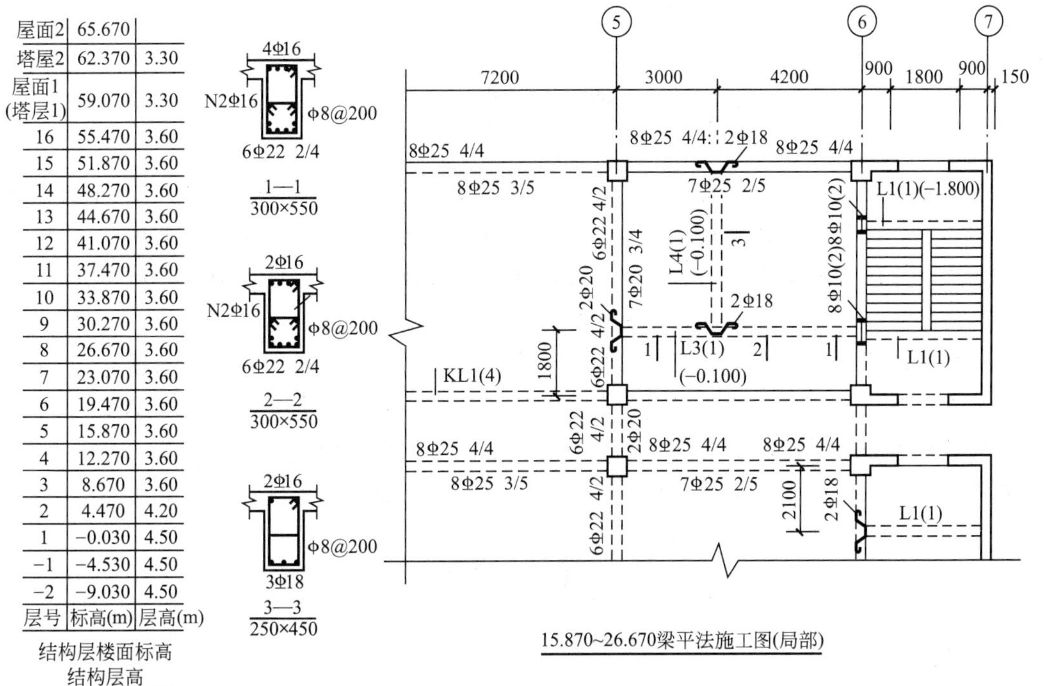

图 9.17　梁平法施工图

9.3.5 平法制图与传统图示方法的区别

平法制图与传统图示方法相比较，有如下区别。

(1) 框架图中的梁，施工图中只绘制梁平面图，不绘制梁中配置钢筋的立面图(梁不画断面图)。

(2) 传统框架图中不仅有梁平面图，同时也绘制梁中配置钢筋的立面图及其断面图；但是平法制图中的钢筋配置省略不画这些图，而是去查阅《混凝土结构施工图平面整体表示方法制图规则和构造详图》。

(3) 传统的混凝土结构施工图，可以直接从其绘制的详图中读取钢筋配置尺寸，而平法制图则需要查找相应的详图——《混凝土结构施工图平面整体表示方法制图规则和构造详图》中的详图，而且，钢筋的配置尺寸和大小尺寸，均以“相关尺寸”(跨度、锚固长度、钢筋直径等)为变量函数来表达，而不是具体数字，借此来实现其标准图的通用性。概括地说，平法制图简化了混凝土结构施工图的内容。

(4) 平法制图中的突出特点表现在梁的集中标注和原位标注上。“集中标注”是从梁平面图的梁处引铅垂线至图的上方，注写梁的编号、跨数、挑梁类型、截面尺寸、箍筋直径、箍筋间距、箍筋支数、通常筋的直径和根数、梁侧面纵向构造钢筋或受扭钢筋的直径和根数等。如果“集中标注”中有通长筋时，则“原位标注”中的负筋数包含通长筋的数。

(5) 原位标注概括地说分为两种：①标注在柱子附近处，且在梁上方，是承受负弯矩的箍筋直径和根数，其钢筋布置在梁的上部；②标注在梁中间且下方的钢筋，是承受正弯矩的，其钢筋布置在梁的下部。

(6) 在传统的混凝土结构施工图中，计算斜截面的抗剪强度时，在梁中配置 45°或 60°的弯起钢筋。而在平法制图中，梁不配置这种弯起钢筋，其斜截面的抗剪强度由加密的箍筋来承受。

本章小结

结构施工图是表达建筑物的结构形式及构件布置等的图样，是建筑结构施工的依据。结构施工图一般包括基础平面图、楼层结构平面图、构件详图等。基础平面图、结构平面图都是从整体上反映承重构件的平面布置情况，是结构施工图的基本图样。构件详图表达了构件的形状、尺寸、配筋及与其他构件的关系。

基础施工图是用来反映建筑物的基础形式、基础构件布置及构件详图的图样。在识读基础施工图时，应重点了解基础的形式、布置位置、基础地面宽度、基础埋置深度等。

楼层结构平面图中，主要反映了墙、柱、梁、板等构件的型号、布置位置、现浇及预制装配情况。构件详图主要反映构件的形状、尺寸、配筋、预埋件设置等情况。

简答题

(1) 简述结构施工图的组成及其主要作用。

(2) 常用构件的代号及其名称有哪些?

(3) 钢筋的种类、级别代号有哪些?

(4) 常用钢筋的图例及画法有哪些?

(5) 基础平面图包括哪些内容? 有何用途?

(6) 楼层结构平面图包括哪些内容? 有何作用?

(7) 混凝土结构施工图平面整体表示方法的主要特点是什么? 它与传统的图示方法有什么区别?

第10章

钢筋混凝土梁板结构施工图识读实例

教学目标

(1) 掌握平法施工图规则。

(2) 掌握并熟练识读梁板结构平法施工图。

(3) 掌握并熟练识读楼梯结构平法施工图。

教学要求

知识要点	能力要求	相关知识	权重
梁板结构	能识读有梁板	平法图集 11G101-1	80%
楼梯结构	楼梯平法施工图	平法图集 11G101-2	20%

章节导读

钢筋混凝土梁板结构是由梁和板组成的。钢筋混凝土梁板结构，如楼盖、屋盖、阳台、雨篷和楼梯等，在建筑中应用十分广泛。在特种结构中水池的顶板和底板、烟囱的板式基础也都是梁板结构。钢筋混凝土楼盖是建筑结构的主要组成部分，对于6～12层的框架结构，楼盖用钢量占全部结构用钢量的50%左右；对于混合结构，其用钢量主要在楼盖中。因此，钢筋混凝土梁板结构的合理性以及计算和构造的正确性，对建筑的安全使用有着非常重要的意义。

10.1 钢筋混凝土楼(屋)盖结构施工图

钢筋混凝土楼(屋)盖施工图一般包括楼层结构平面图、屋盖结构平面图和钢筋混凝土构件详图。楼层结构平面图是假想用一个紧贴楼面的水平面剖切后所得的水平投影图，主要用于表示每层楼(屋)面中的梁、板、柱、墙等承重构件的平面布置情况，现浇板还应反映出板的配筋情况，预制板则应反映出板的类型、排列、数量等。

10.1.1 楼盖结构识图概述

1. 楼层结构平面图的特点

(1) 轴线网及轴线间距尺寸与建筑平面图相一致。

(2) 标注墙、柱、梁的轮廓线以及编号、定位尺寸等内容。可见墙体轮廓线用中实线，楼板下面不可见墙体轮廓线用中虚线；剖切到的钢筋混凝土柱可涂黑表示，并分别标注代号Z1、Z2等；由于钢筋混凝土梁被板压盖，一般用中虚线表示其轮廓，也可在其中心位置用一道粗实线表示，并在旁侧标注梁的构件代号。

(3) 钢筋混凝土楼板的轮廓线用细实线表示，板内钢筋用粗实线表示。

(4) 楼层的标高为结构标高，即建筑标高减去构件装饰面层后的标高。

(5) 门窗过梁可用虚线表示其轮廓线或用粗点画线表示其中心位置，同时旁侧标注其代号。圈梁可在楼层结构平面图中相应位置涂黑或单独绘制小比例单线平面示意图，其断面形状、大小和配筋通过断面图表示。

(6) 楼层结构平面图的常用比例为1∶100、1∶200或1∶50。

(7) 当各层楼面结构布置情况相同时，只需用一个楼层结构平面图表示，但应注明合用各层的层数。

(8) 在预制楼板中，预制板的数量、代号和编号以及板的铺设方向、板缝的调整和钢筋配置情况等均通过结构平面图反映。

2. 楼层结构平面图中钢筋的表示方法

(1) 现浇板的配筋图一般直接画在结构平面布置图上，必要时加画断面图。

(2) 钢筋在结构平面图上的表达方式为：底层钢筋弯钩应向上或向左，若为无弯钩钢筋，则端部以45°短画线符号向上或向左表示；顶层钢筋则弯钩向下或向右。

(3) 相同直径和间距的钢筋，可以用粗实线画出其中一根来表示，其余部分可不再表示。

(4) 钢筋的直径、根数与间距采用标注直径和相邻钢筋中心距的方法标注，如Φ 8@150，并注写在平面配筋图中相应钢筋的上侧或左侧。对编号相同而设置方向或位置不同的钢筋，当钢筋间距相一致时，可只标注一处，其他钢筋只在其上注写钢筋编号即可。

(5) 钢筋混凝土现浇板的配筋图包括平面图和断面图。通常板的配筋用平面图表示即可，必要时可加画断面图。断面图反映板的配筋形式、钢筋位置、板厚及其他细部尺寸。

3. 识读楼层结构平面图

识读钢筋混凝土楼(屋)盖施工图时，先看结构平面布置图，再看构件详图；先看轴线网和轴线尺寸，再看各构件墙、梁、柱等与轴线的关系；先看构件截面形式、尺寸和标高，再看楼(屋)面板的布置和配筋。

1) 单向板肋形楼盖结构施工图

某现浇钢筋混凝土单向板肋形楼盖结构平面图，板、次梁和主梁的配筋图实例。

图 10.1 所示为结构平面布置图，主梁三跨沿横向布置，跨度为 6m；次梁五跨沿纵向布置，跨度为 6m；单向板有九跨，每跨跨度为 2m。楼盖四周支承在砌体墙上，中间主梁支承在钢筋混凝土柱上。楼盖为对称结构平面。

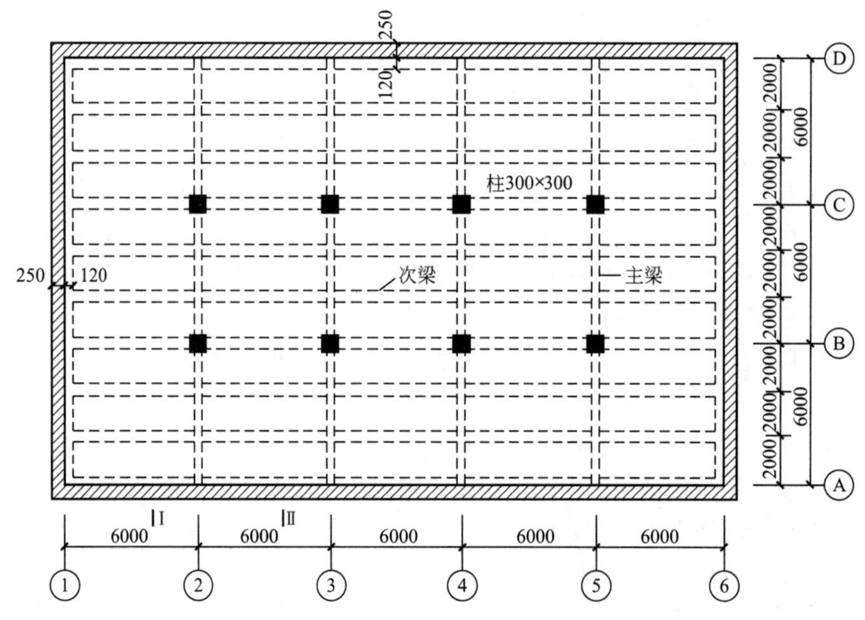

图 10.1 单向板结构平面布置图

图 10.2 所示为单向板配筋图，由于结构对称，故取出板面的 1/4 进行配筋。板内钢筋均为 HPB300 级钢筋。板底受力钢筋有①号、②号、③号、④号 4 种规格钢筋，分别位于不同板块内。①～②、⑤～⑥轴线间受力钢筋间距均为 180mm，其中边跨为①号钢筋(直径 10mm)，中间跨为③号钢筋(直径 8mm)；②～⑤轴线间受力钢筋间距为 200mm，其中边跨为②号钢筋(直径 10mm)，中间跨为④号钢筋(直径 8mm)。

板面受力钢筋有⑤号、⑥号两种规格钢筋，沿次梁长度方向设置，均为扣筋形式。①～②、⑤～⑥轴线间为⑤号扣筋，直径 8mm，间距为 180mm；②～⑤轴线间为⑥号扣筋，直径 8mm，间距 200mm。扣筋伸出次梁两侧边的长度均为 450mm。

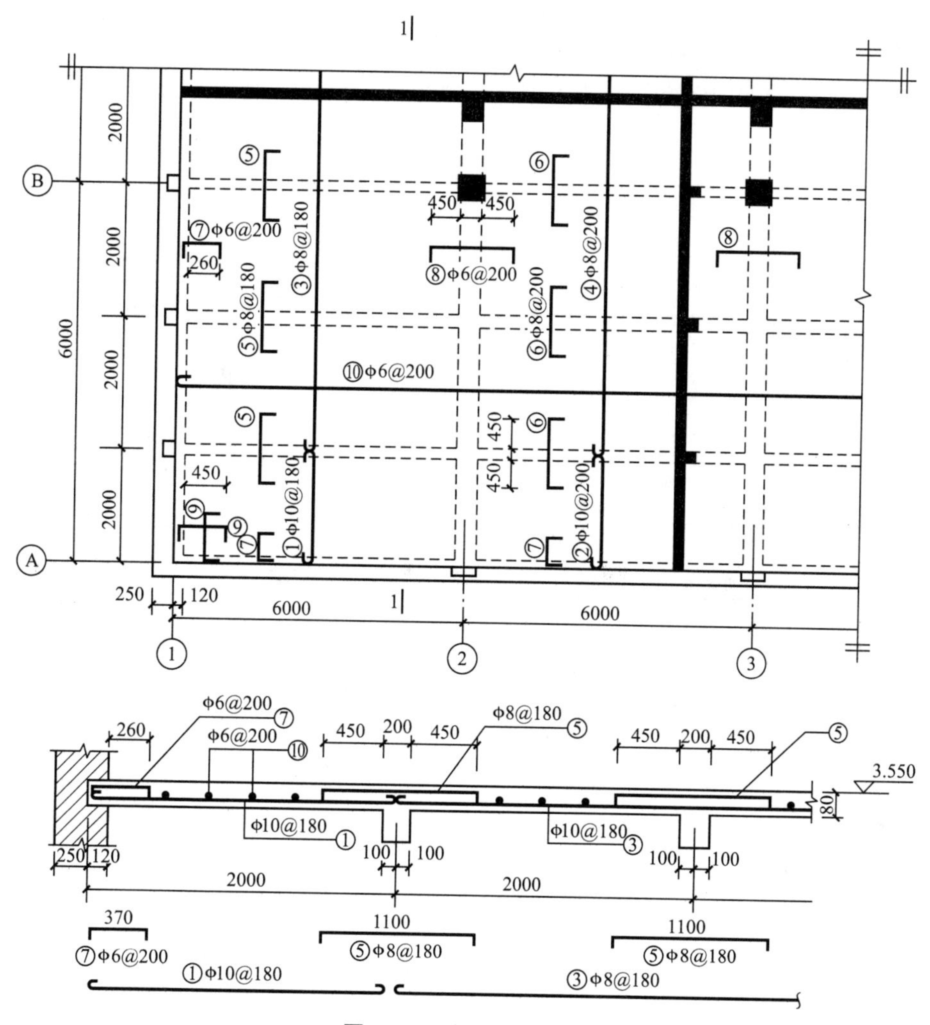

图 10.2 单向板配筋图

板中分布钢筋为⑩号钢筋，沿板内纵向均匀布置，直径 6mm 间距为 200mm，从墙边开始设置，板中梁宽范围内不设分布钢筋。

板中设有周边嵌入墙内的板面构造钢筋、垂直于主梁的板面构造钢筋。周边嵌入墙内的板面构造钢筋为⑦号扣筋，直径 6mm、间距 200mm，钢筋伸出墙边长度 260mm；板角部分双向设置⑨号扣筋，直径 6mm、间距 200mm，伸出墙边长度为 450mm。垂直于主梁的板面构造钢筋为⑧号扣筋，直径 6mm、间距 200mm，伸出主梁两侧边的长度均为 450mm。

从 1—1 断面图中，反映出受力钢筋与分布钢筋之间的相互关系(受力钢筋位于外侧)，同时反映出板面受力钢筋的布置方式(扣筋)。

图 10.3 所示为次梁配筋详图。①～②轴线间梁下部配有①、②号两种规格钢筋，①号筋 2Φ18 为直钢筋，②号筋 1Φ16 为弯起钢筋，位于梁底中部；②～⑤轴线间梁下部配有④号、⑤号两种规格钢筋，④号筋 2Φ14 为直钢筋，⑤号筋 1Φ16 为弯起钢筋，位于

梁底中部；轴线②处梁上部配有③号、②号和⑤号 3 种规格钢筋，③号筋 2Φ18 为直钢筋，在距离轴线②左右各 2050mm 处截断；②号筋为从左跨弯来的钢筋，⑤号筋为从右跨弯来的钢筋，分别在距离轴线②左右各 1600mm 处截断；在①～②轴线间梁的上部加设⑦号 2 根直径 10mm 的 HPB300 级架立钢筋，左侧伸入支座，右端与③号钢筋搭接；其余不再赘述。

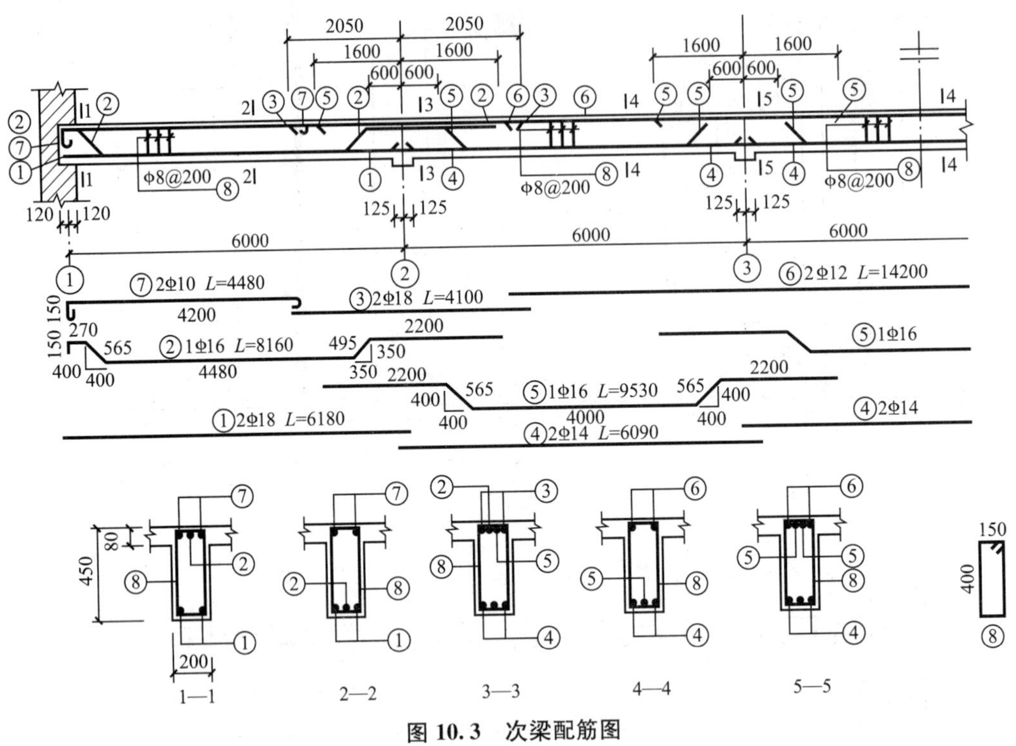

图 10.3　次梁配筋图

图 10.4 所示为主梁配筋详图。在主梁上与次梁相交处，分别设置了 2 根直径 18mm 的⑩号附加吊筋；在主梁与柱相交处，增设了 1 根直径 25mm 的⑨号鸭筋；沿梁高每侧设有⑥号 2Φ10 纵向构造钢筋。其余配筋叙述略。

2）钢筋混凝土双向板配筋图

图 10.5 所示为一现浇钢筋混凝土板(代号 XB1)的配筋详图，混凝土等级为 C20，这是一种板底钢筋和板面钢筋分别配置，不设弯起钢筋的配筋方式，称为板的分离式配筋。它通常适用于板厚 $h \leqslant 120$mm 的情况。

(1) 先看板底钢筋：①～②区格为双向板(通常板区格长边与短边之比小于等于 2 时称为双向板)，故底板配有两个方向的受力筋，即在该区格①号钢筋按Φ 8@150 布置，②号按Φ 6@150 布置。②～③区格为单向板(通常板区格长边与短边之比大于 2 时称为单向板)，板底沿短向为受力筋，即③号钢筋按Φ 6@150 布置；沿长向为分布钢筋，按Φ 6@250 布置。

(2) 再看板面钢筋：沿各区格板边均为⑤号筋，按Φ 8@200 布置，角区为⑦号筋，按双向Φ 8@200 布置；②轴线支座板面钢筋为⑥号，按Φ 8@150 布置。另外，可以看出该板均采用 HPB300 级钢筋，板厚为 100mm，板底标高为 3.170m。

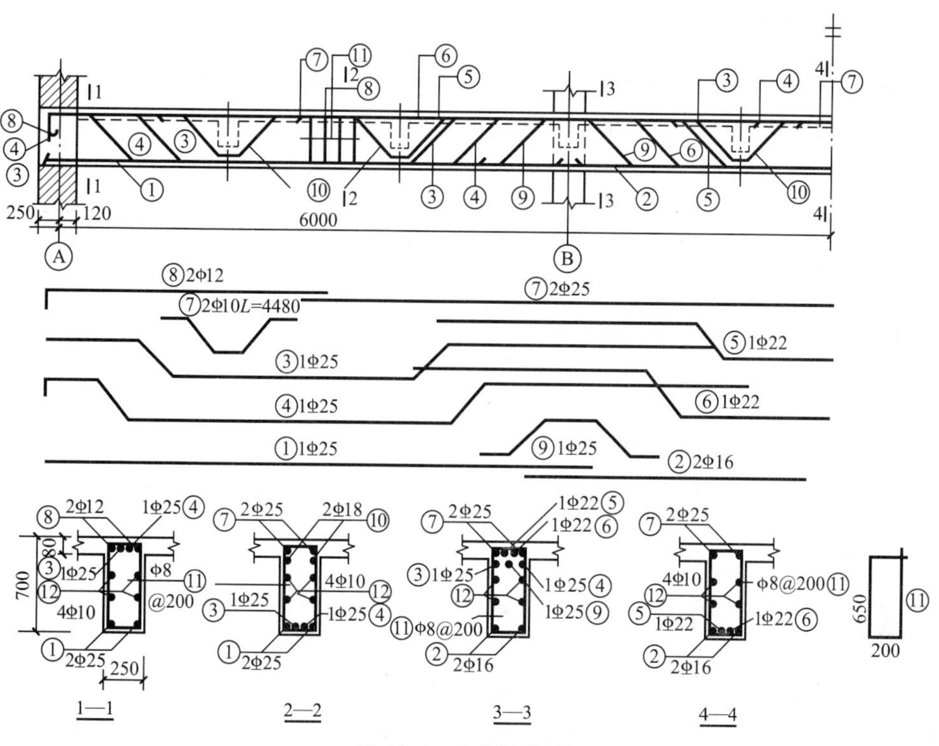

图 10.4 主梁配筋图

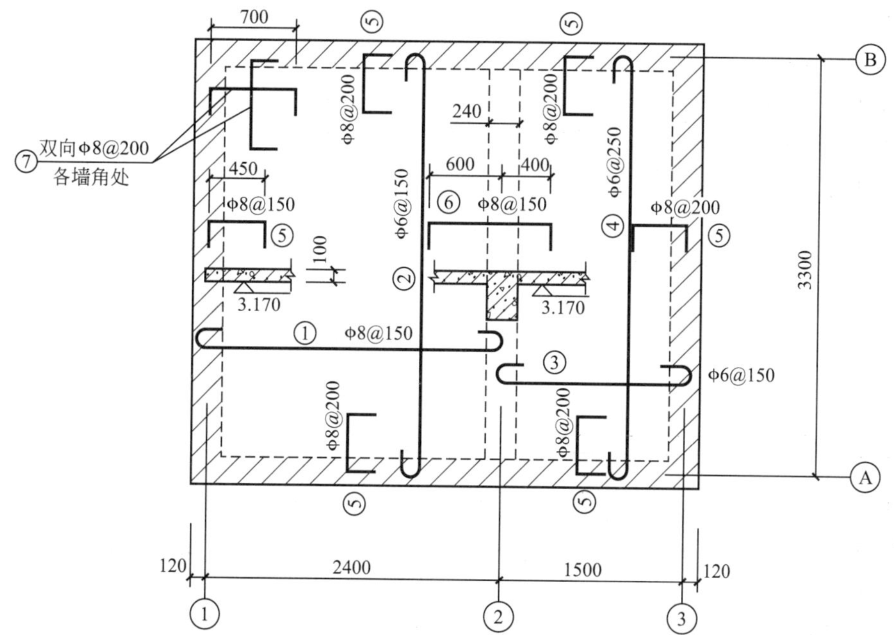

图 10.5 XB1 板分离式配筋图

10.1.2 有梁楼盖平法施工图识读

"混凝土结构施工图平面整体表示方法"简称平法，所谓"平法"的表达方式，就是将结构构件的尺寸和配筋，按照平面整体表示法的制图规则，直接表示在各类构件的结构平面布置图上，再与标准构造详图相配合，即构成一套完整的结构施工图。平面整体表示法施工图主要绘制梁、柱、板、剪力墙的构造配筋图。本部分主要以《混凝土结构施工图平面整体表示方法制图规则和构造详图》(11G101－1)(现浇混凝土框架、剪力墙、梁、板)为依据对有梁楼盖板平法施工图进行讲解。

有梁楼盖板指以梁为支座的楼面与屋面板。

1. 有梁楼盖板平法施工图表达方式

有梁楼盖板平法施工图，是在楼面板和屋面板布置图上，采用平面注写的表达方式。板平面注写主要包括：板块集中标注和板支座原位标注。

为方便设计表达和施工识图，规定结构平面的坐标方向如下。

(1) 当两向轴网正交布置时，图面从左至右为 X 向，从下至上为 Y 向。

(2) 当轴网转折时，局部坐标方向顺轴网转折角做相应转折。

(3) 当轴网向心布置时，切向为 X 向，径向为 Y 向。

此外，对于平面布置比较复杂的区域，如轴网转折交界区域、向心布置的核心区域等，其平面坐标方向应由设计者另行规定并在图上明确表示。

2. 板块集中标注

板块集中标注的内容为：板块编号、板厚、贯通纵筋，以及当板面标高不同时的标高高差。对于普通楼面，两向均以一跨为一板块；对于密肋楼盖，两向主梁(框架梁)均以一跨为一板块(非主梁密肋不计)。所有板块应逐一编号，相同编号的板块可择其一做集中标注，其他仅注写置于圆圈内的板编号，以及当板面标高不同时的标高高差。板块编号按表 10－1的规定。

表 10－1 板 块 编 号

板类型	代号	序号
楼面板	LB	××
屋面板	WB	××
悬挑板	XB	××

板厚注写为 h—×××(为垂直于板面的厚度)；当悬挑板的端部改变截面厚度时，用斜线分隔根部与端部的高度值，注写为 h—×××/×××；当设计已在图注中统一注明板厚时，此项可不注。

贯通纵筋按板块的下部和上部分别注写(当板块上部不设贯通纵筋时则不注)，并以 B 代表下部，以 T 代表上部，B&T 代表下部与上部；X 向贯通纵筋以 X 打头，Y 向贯通纵筋以 Y 打头，两向贯通纵筋配置相同时则以 X&Y 打头。当为单向板时，分布筋可不必注写，而在图中统一注明。当在某些板内(例如在悬挑板 XB 下部)配置有构造钢筋时，则 X 向以 Xc、Y 向以 Yc 打头注写。当 Y 向采用放射配筋时(切向为 X 向，径向为 Y 向)，设计者应注明配筋间距的定位尺寸。当贯通筋采用两种规格钢筋“隔一布一”方式时，表达为Φ XX/YY@XXX，表示直径为 XX 的钢筋和直径为 YY 的钢筋二者之间间距为×××，直径 XX 的钢筋的间距为×××的 2 倍，直径 YY 的钢筋的间距为×××的 2 倍。板面标高高差指相对于结构层楼面标高的高差，应将其注写在括号内，且有高差则注，无高差不注。

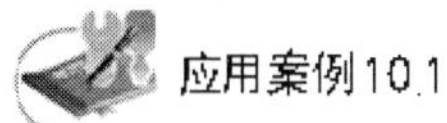
应用案例10.1

(1) 设有一楼面板块注写为：LB5　h＝110

B：XΦ12@120；YΦ10@110

表示 5 号楼面板，板厚 110mm，板下部配置的贯通纵筋 X 向为Φ12@120；Y 向为Φ10@10；板上部未配置贯通纵筋。

(2) 设有一延伸悬挑板注写为：XB2　h＝150/100

B：Xc&YcΦ8@200

表示 2 号悬挑板，板根部厚 150mm，端部厚 100mm，板下部配置构造钢筋双向均为Φ8@200(上部受力钢筋见板支座原位标注)。

同一编号板块的类型、板厚和贯通纵筋均应相同，但板面标高、跨度、平面形状以及板支座上部非贯通纵筋可以不同，如同一编号板块的平面形状可为矩形、多边形及其他形状等。施工预算时，应根据其实际平面形状，分别计算各板块的混凝土与钢材用量。

设计与施工应注意：单向或双向连续板的中间支座上部同向贯通纵筋，不应在支座位置连接或分别锚固。当相邻两跨的板上部贯通纵筋配置相同，且跨中部位有足够空间连接时，可在两跨任意一跨的跨中连接部位连接；当相邻两跨的上部贯通纵筋配置不同时，应将配置较大者越过其标注的跨数终点或起点伸至相邻跨的跨中连接区域连接。

设计应注意板中间支座两侧上部贯通纵筋的协调配置，施工及预算应按具体设计和相应标准构造要求实施。等跨与不等跨板上部贯通纵筋的连接有特殊要求时，其连接部位及方式应由设计者注明。

3. 板支座原位标注

板支座原位标注的内容为：板支座上部非贯通纵筋和悬挑板上部受力钢筋。

板支座原位标注的钢筋，应在配置相同跨的第一跨表达(当在梁悬挑部位单独配置时则在原位标注)。在配置相同跨的第一跨(或梁悬挑部位)，垂直于板支座(梁或墙)绘制一段适宜长度的中粗实线(当该筋通长设置在悬挑板或短跨板上部时，实线段应画至对边或贯通短跨)，以该线段代表支座上部非贯通纵筋，并在线段上方注写钢筋编号(如①、②等)、配筋值、横向连续布置的跨数(注写在括号内，当为一跨时可不注)，以及是否横向布置到梁的悬挑端。例如：(××)为横向布置的跨数，(××A)为横向布置的跨数及一端的悬挑梁部位，(××B)为横向布置的跨数及两端的悬挑梁部位。

板支座上部非贯通筋自支座中线向跨内的伸出长度，注写在线段的下方位置。

当中间支座上部非贯通纵筋向支座两侧对称伸出时，可仅在支座一侧线段下方标注伸出长度，另一侧不注，如图 10.6(a)所示。

当向支座两侧非对称伸出时，应分别在支座两侧线段下方注写伸出长度，如图 10.6(b)所示。对线段画至对边贯通全跨或贯通全悬挑长度的上部通长纵筋，贯通全跨或伸出至全悬挑一侧的长度值不注，只注明非贯通筋另一侧的伸出长度值，如图 10.6(c)所示。

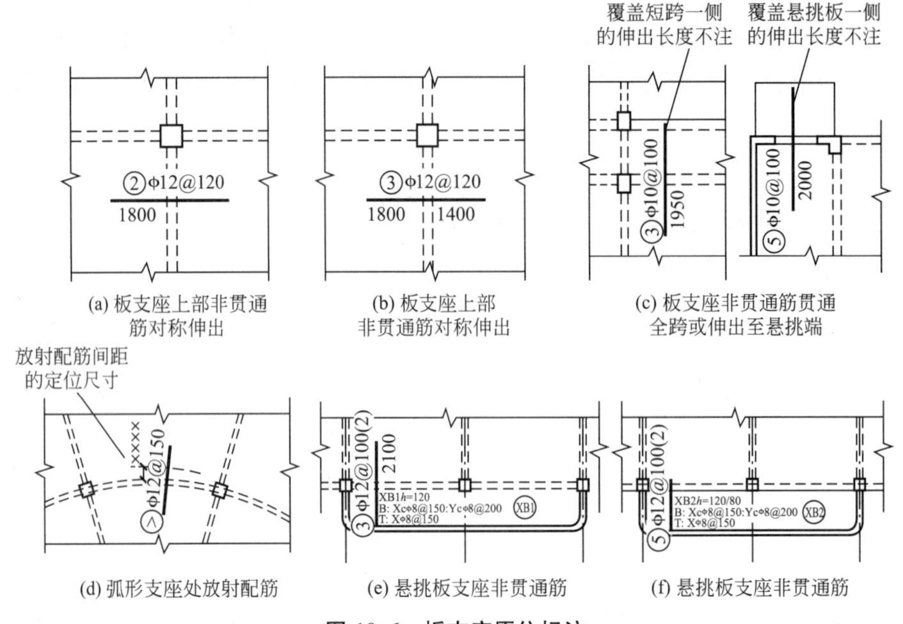

(a) 板支座上部非贯通筋对称伸出
(b) 板支座上部非贯通筋对称伸出
(c) 板支座非贯通筋贯通全跨或伸出至悬挑端
(d) 弧形支座处放射配筋
(e) 悬挑板支座非贯通筋
(f) 悬挑板支座非贯通筋

图 10.6　板支座原位标注

当板支座为弧形，支座上部非贯通纵筋呈放射状分布时，设计者应注明配筋间距的度量位置并加注“放射分布”四个字，必要时应补绘平面配筋图，如图 10.6(d)所示。

悬挑板的注写方式如图 10.6(e)、(f)所示。当悬挑板端部厚度不小于 150mm 时，设计者应指定板端部封边构造方式，当采用 U 形钢筋封边时，尚应指定 U 形钢筋的规格、直径。

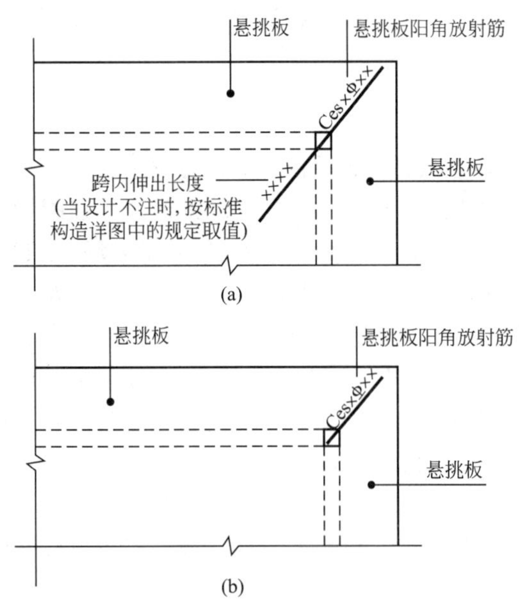

图 10.7　悬挑板阳角放射筋(Ces)引注图示

此外，悬挑板的悬挑阳角上部放射钢筋的表示方法如图 10.7 所示。

在板平面布置图中，不同部位的板支座上部非贯通纵筋及悬挑板上部受力钢筋，可仅在一个部位注写，对其他相同者则仅需在代表钢筋的线段上注写编号及横向连续布置的跨数(当为一跨时可不注)即可。

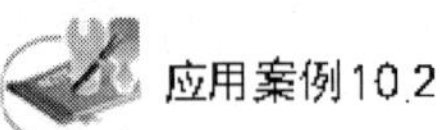

应用案例10.2

在板平面布置图某部位，横跨支承梁绘制的对称线段上注有⑦Φ 12@100(5A)和 1500，表示支座上部⑦号非贯通纵筋为 Φ 12@100，从该跨起沿支承梁连续布置 5 跨加梁一端的悬挑端，该筋自支座中线向两侧跨内的伸出长度均为 500mm。在同一板平面布置图的另一部位横跨梁支座绘制的对称线段上注有⑦(2)者，是表示该筋同⑦号纵筋，沿支承梁连续布置2跨，且无梁悬挑端布置。此外，与板支座上部非贯通纵筋垂直且绑扎在一起的构造钢筋或分布钢筋，应由设计者在图中注明。当板的上部已配置有贯通纵筋，但需增配板支座上部非贯通纵筋时，应结合已配置的同向贯通纵筋的直径与间距采取“隔一布一”的方式配置。“隔一布一”方式为非贯通纵筋的标注间距与贯通纵筋相同，两者组合后的实际间距为各自标注间距的1/2。当设定贯通纵筋为纵筋总截面面积的50％时，两种钢筋应取相同直径；当设定贯通纵筋大于或小于总截面面积的50％时，两种钢筋则取不同直径。

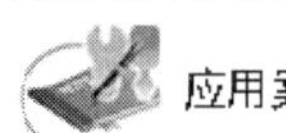
应用案例10.3

板上部已配置贯通纵筋Φ12@250，该跨同向配置的上部支座非贯通纵筋为⑤Φ12@250，表示在该支座上部设置的纵筋实际为Φ12@125，其中1/2为贯通纵筋，1/2为⑤号非贯通纵筋(伸出长度值略)。施工时应注意：当支座一侧设置了上部贯通纵筋(在板集中标注中以T打头)，而在支座另一侧仅设置了上部非贯通纵筋时，如果支座两侧设置的纵筋直径、间距相同，应将二者连通，避免各自在支座上部分别锚固。除板平法施工图示例如图10.8所示。

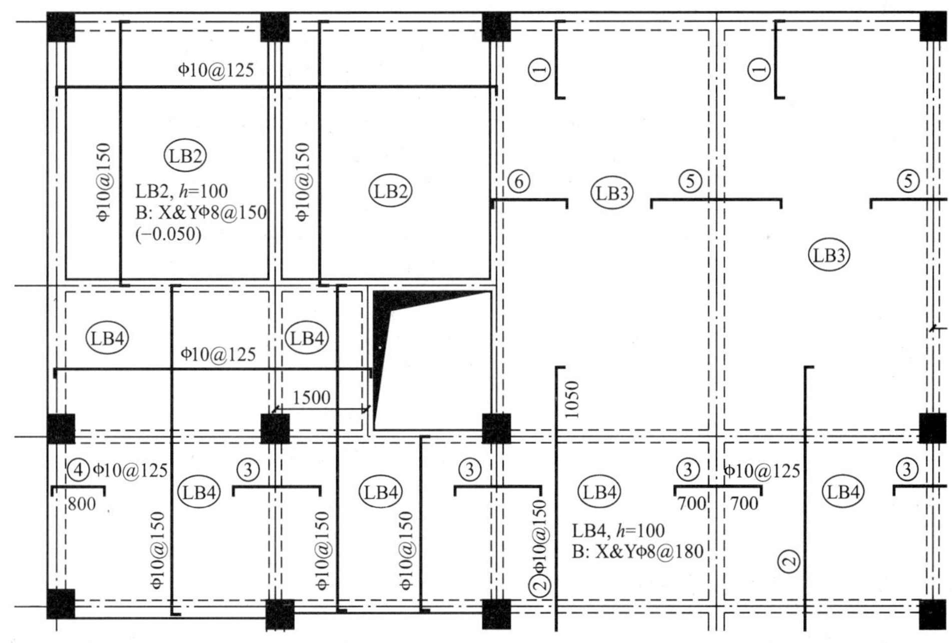

图10.8 板平法施工图示例

10.2 板式楼梯平法识图

10.2.1 楼梯类型

11G101－2图集楼梯包含11种类型，见表10－2。

表 10－2　楼梯类型

楼板代号	适用范围		特征	示意图所在图集位置
	抗震构造措施	适用结构		
AT	无	框架、剪力墙、砌体结构	AT 型梯板全部由踏步段构成	11G101－2 P11
BT			BT 型梯板由低端平板和踏步段构成	
CT	无	框架、剪力墙、砌体结构	CT 型梯板由踏步段和高端平板构成	11G101－2 P12
DT			DT 型梯板由低端平板、踏步板和高端平板构成	
ET	无	框架、剪力墙、砌体结构	ET 型梯板由低端平板、中位平板和高端踏步段构成	11G101－2 P13
FT			FT 型梯板由层间平板、踏步段和楼层平板构成	
GT	无	框架结构	GT 型梯板由层间平板、踏步段和楼层平板构成	11G101－2 P14
HT		框架、剪力墙、砌体结构	HT 型梯板由层间平板和踏步段构成	
ATa	有	框架结构	ATa 型为带滑动支座的板式楼梯，梯板全部由踏步段构成	11G101－2 P15
ATb			ATb 型为带滑动支座的板式楼梯，梯板全部由踏步段构成	
ATc			ATc 型梯板全部由踏步段构成，其支承方式为梯板两端均支承在梯梁上	

10.2.2　板式楼梯平面标注方式

板式楼梯平面标注方式是指在楼梯平面布置图上标注截面尺寸和配筋具体数值的方式来表达楼梯施工图，包括集中标注和外围标注两部分。

1）楼梯集中标注

楼梯集中标注的内容有五项，具体规定如下。

(1) 梯板类型代号与序号，如 AT××。

(2) 梯板厚度，标注 h=×××。当为带平板的梯板且梯段板厚度和平板厚度不同时，可在梯段板厚度后面括号内以字母 P 打头标注平板厚度。例如：h=100(P120)，100 表示梯段板厚度，120 表示梯板平板段的厚度。

(3) 踏步段总高度和踏步级数之间以“/”分隔。

(4) 梯板支座上部纵筋与下部纵筋之间以“;”分隔。

(5) 梯板分布筋以 F 打头标注分布钢筋具体值。

下面以 AT 型楼梯举例介绍平面图中梯板类型及配筋的完整标注，如图 10.9 所示。

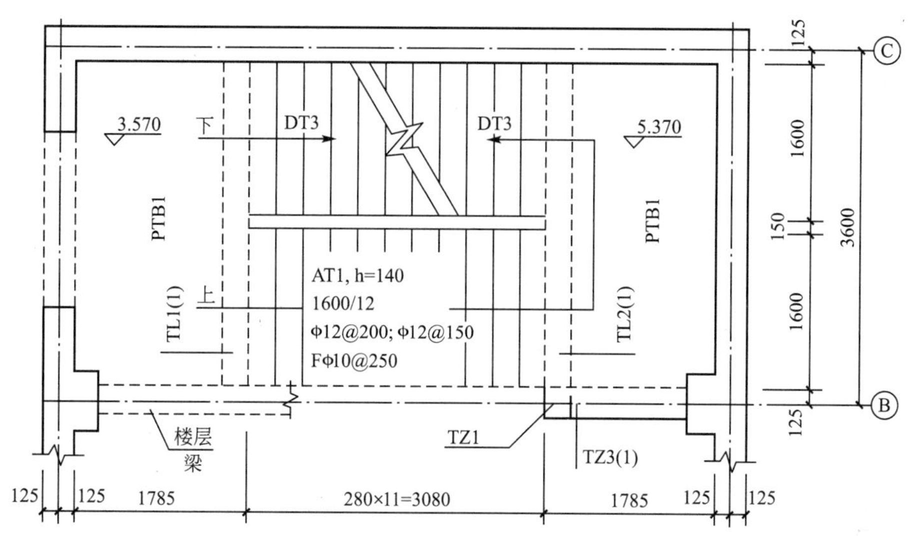

图 10.9 楼梯平面标注示意图

图 10.9 中梯板类型及配筋的标注表达的内容如下。ATl，h=140 表示梯板类型及编号，梯板板厚。1600/12 表示踏步段总高度/踏步级数。Φ 12@200；Φ 12@150 表示上部纵筋；下部纵筋。FΦ 10@250 表示梯板分布筋。

2) 楼梯外围标注

楼梯外围标注的内容包括楼梯间的平面尺寸、楼层结构标高、层间结构标高、楼梯的上下方向、梯板的平面几何尺寸、平台板配筋、梯梁及梯柱配筋等。

10.2.3 楼梯的剖面标注方式

(1) 剖面标注方式是指在楼梯平法施工图中绘制楼梯平面布置图和楼梯剖面图，标注方式分平面标注、剖面标注两部分。

(2) 楼梯平面布置图标注内容包括楼梯间的平面尺寸、楼层结构标高、层间结构标高、楼梯的上下方向、梯板的平面几何尺寸、梯板类型及编号、平台板配筋、梯梁及梯柱配筋等。

(3) 楼梯剖面图标注内容包括梯板集中标注、梯梁梯柱编号、梯板水平及竖向尺寸、楼层结构标高、层间结构标高等。

楼梯的剖面标注示意图如图 10.10 所示。

10.2.4 楼梯列表标注方式

(1) 列表标注方式是指用列表方式标注梯板截面尺寸和配筋具体数值的方式来表达楼梯施工图。

(2) 列表标注方式的具体要求同剖面标注方式，仅将剖面标注方式中的梯板配筋标注项改为列表标注项即可。梯板列表格式见表 10-3。

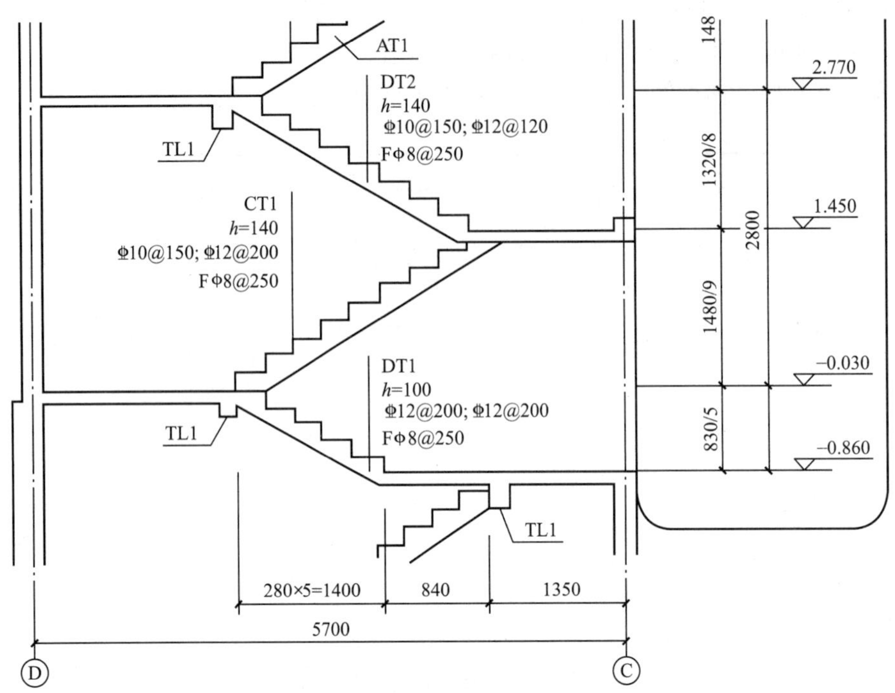

图 10.10　楼梯的剖面标注示例图

表 10-3　梯板几何尺寸和配筋表

楼板编号	踏步段总高度/踏步级数	板厚 h	上部纵向钢筋	上部纵向钢筋	分布筋

本章小结

(1) 钢筋混凝土楼(屋)盖施工图一般包括楼层结构平面图、屋盖结构平面图和钢筋混凝土构件详图。

(2) 识读钢筋混凝土楼(屋)盖施工图时，先看结构平面布置图，再看构件详图；先看轴线网和轴线尺寸，再看各构件墙、梁、柱等与轴线的关系；先看构件截面形式、尺寸和标高，再看楼(屋)面板的布置和配筋。

(3)“混凝土结构施工图平面整体表示方法”简称平法，所谓“平法”的表达方式，是将结构构件的尺寸和配筋，按照平面整体表示法的制图规则，直接表示在各类构件的结构平面布置图上，再与标准构造详图相配合，即构成一套完整的结构施工图。

(4) 板式楼梯平面标注方式是指在楼梯平面布置图上用标注截面尺寸和配筋具体数值的方式来表达楼梯施工图，包括集中标注和外围标注两部分。

(5) 注重和现行的规范和图集配合学习。

习 题

简答题

(1) 何谓“平法”? 它有哪些优点?

(2) 钢筋混凝土楼(屋)盖施工图分哪几部分?

(3) 如何识读钢筋混凝土楼(屋)盖施工图?

(4) 板式楼梯踏步总高度和踏步级数如何计算?

(5) 板式楼梯“平法”识图有何技巧?

参 考 文 献

[1] 何益斌. 建筑结构[M]. 北京：中国建筑工业出版社，2005.

[2] 丁天庭. 建筑结构[M]. 北京：高等教育出版社，2003.

[3] 周佳新. 建筑结构识图[M]. 北京：化学工业出版社，2011.

[4] 中华人民共和国国家标准. 工程结构可靠性设计统一标准(GB 50153—2008)[S]. 北京：中国建筑工业出版社，2008.

[5] 中华人民共和国国家标准. 建筑结构可靠度设计统一标准(GB 50068—2001)[S]. 北京：中国建筑工业出版社，2001.

[6] 中华人民共和国国家标准. 建筑结构荷载规范(GB 50009—2012)[S]. 北京：中国建筑工业出版社，2012.

[7] 中华人民共和国国家标准. 混凝土结构设计规范(GB 50010—2010)[S]. 北京：中国建筑工业出版社，2010.

[8] 中华人民共和国国家标准. 砌体结构设计规范(GB 50003—2011)[S]. 北京：中国建筑工业出版社，2011.

[9] 中华人民共和国国家标准. 建筑地基基础设计规范(GB 50007—2011)[S]. 北京：中国建筑工业出版社，2011.

[10] 姜庆远. 怎样看懂土建施工图[M]. 北京：机械工业出版社，2003.

[11] 杨为邦，唐明怡. 土木工程制图[M]. 北京：中国水利水电出版社，2005.

[12] 张岩. 建筑制图与识图[M]. 济南：山东科学技术出版社，2004.

[13] 中国建筑标准设计研究院. 混凝土结构施工图平面整体表示方法制图规则和构造详图(11G101)[S]. 北京：中国计划出版社，2011.

[14] 上官子昌. 11G101图集应用——平法钢筋算量[M]. 北京：中国建筑工业出版社，2012.

[15] 汪霖祥. 钢筋混凝土结构与砌体结构[M]. 北京：机械工业出版社，2008.

[16] 宗兰. 建筑结构[M]. 北京：机械工业出版社，2006.

[17] 胡兴福. 建筑结构[M]. 北京：高等教育出版社，2005.

[18] 徐锡权，李达. 钢结构[M]. 北京：冶金出版社，2010.

[19] 方建邦. 建筑结构[M]. 北京：中国建筑工业出版社，2010.

[20] 伊爱焦，张玉敏. 建筑结构[M]. 大连：大连理工大学出版社，2011.

[21] 张延年. 建筑结构抗震[M]. 北京：机械工业出版社，2011.

[22] 贾瑞晨，甄精莲，项林. 建筑结构[M]. 北京：中国建材工业出版社，2012.

[23] 施岚清. 注册结构工程师专业考试应试指南[M]. 北京：中国建筑工业出版社，2012.

北京大学出版社高职高专土建系列规划教材

序号	书名	书号	编著者	定价	出版时间	印次	配套情况
		基础课程					
1	工程建设法律与制度	978-7-301-14158-8	唐茂华	26.00	2008.8	6	ppt/pdf
2	建设法规及相关知识	978-7-301-22748-0	唐茂华等	34.00	2013.9	2	ppt/pdf
3	建设工程法规(第2版)	978-7-301-24493-7	皇甫婧琪	40.00	2014.8	3	ppt/pdf/素材
4	建筑工程法规实务(第2版)	978-7-301-19321-1	杨陈慧等	43.00	2011.8	6	ppt/pdf
5	建筑法规	978-7-301-19371-6	董伟等	39.00	2011.9	6	ppt/pdf
6	建设工程法规	978-7-301-20912-7	王先恕	32.00	2012.7	4	ppt/ pdf
7	AutoCAD 建筑制图教程(第2版)	978-7-301-21095-6	郭 慧	38.00	2013.3	20	ppt/pdf/素材
8	AutoCAD 建筑绘图教程(第2版)	978-7-301-24540-8	唐英敏等	44.00	2014.7	6	ppt/pdf
9	建筑 CAD 项目教程(2010版)	978-7-301-20979-0	郭 慧	38.00	2012.9	3	pdf/素材
10	建筑工程专业英语(第二版)	978-7-301-26597-0	吴承霞	26.00	2016.2	12	ppt/pdf
11	建筑工程专业英语	978-7-301-20003-2	韩薇等	24.00	2012.2	2	ppt/ pdf
12	★建筑工程应用文写作(第2版)	978-7-301-24480-7	赵立等	50.00	2014.8	5	ppt/pdf
13	建筑识图与构造(第2版)	978-7-301-23774-8	郑贵超	40.00	2014. 2	17	ppt/pdf/答案
14	☆建筑构造(第二版)	978-7-301-24680-5	肖 芳	42.00	2016.1	5	ppt/ pdf
15	房屋建筑构造	978-7-301-19883-4	李少红	26.00	2012.1	4	ppt/pdf
16	建筑识图	978-7-301-21893-8	邓志勇等	35.00	2013.1	2	ppt/ pdf
17	建筑识图与房屋构造	978-7-301-22860-9	贠禄等	54.00	2013.9	2	ppt/pdf /答案
18	建筑工程识图实训教程	978-7-301-26057-9	孙 伟	32.00	2015.11	1	ppt/ pdf
19	建筑构造与设计	978-7-301-23506-5	陈玉萍	38.00	2014.1	1	ppt/pdf /答案
20	房屋建筑构造	978-7-301-23588-1	李元玲等	45.00	2014.1	2	ppt/pdf
21	房屋建筑构造习题集	978-7-301-26005-0	李元玲	26.00	2015.8	1	pdf
22	建筑构造与施工图识读	978-7-301-24470-8	南学平	52.00	2014.8	2	ppt/pdf/答案
23	建筑工程制图与识图(第2版)	978-7-301-24408-1	白丽红	29.00	2014.7	14	ppt/pdf
24	建筑制图习题集(第2版)	978-7-301-24571-2	白丽红	25.00	2014.8	12	pdf
25	建筑制图(第2版)	978-7-301-21146-5	高丽荣	32.00	2013.3	11	ppt/pdf
26	建筑制图习题集(第2版)	978-7-301-21288-2	高丽荣	28.00	2013.2	12	pdf
27	建筑工程制图(第2版)(附习题册)	978-7-301-21120-5	肖明和	48.00	2012.8	6	ppt/pdf
28	建筑制图与识图(第2版)	978-7-301-24386-2	曹雪梅	38.00	2015.8	6	ppt/pdf
29	建筑制图与识图习题册	978-7-301-18652-7	曹雪梅等	30.00	2011.4	4	pdf
30	建筑制图与识图	978-7-301-20070-4	李元玲	28.00	2012.2	9	ppt/pdf
31	建筑制图与识图习题集	978-7-301-20425-2	李元玲	24.00	2012.3	6	ppt/pdf
32	新编建筑工程制图	978-7-301-21140-3	方筱松	30.00	2012.8	2	ppt/ pdf
33	新编建筑工程制图习题集	978-7-301-16834-9	方筱松	22.00	2012.8	2	pdf
34	☆建筑工程概论	978-7-301-25934-4	申淑荣等	40.00	2015.8	1	ppt
35	建筑结构与识图	978-7-301-26935-0	相秉志	37.00	2016.3	1	pdf
		建筑施工类					
1	建筑工程测量	978-7-301-16727-4	赵景利	30.00	2010.2	13	ppt/pdf /答案
2	建筑工程测量(第2版)	978-7-301-22002-3	张敬伟	37.00	2013.2	14	ppt/pdf /答案
3	建筑工程测量实验与实训指导(第2版)	978-7-301-23166-1	张敬伟	27.00	2013.9	9	pdf/答案
4	建筑工程测量	978-7-301-19992-3	潘益民	38.00	2012.2	3	ppt/ pdf
5	建筑工程测量	978-7-301-13578-5	王金玲等	26.00	2008.5	4	pdf
6	建筑工程测量实训(第2版)	978-7-301-24833-1	杨凤华	34.00	2015.3	6	pdf/答案
7	建筑工程测量(含实验指导手册)	978-7-301-19364-8	石 东等	43.00	2011.10	4	ppt/pdf/答案
8	建筑工程测量	978-7-301-22485-4	景 铎等	34.00	2013.6	1	ppt/pdf
9	建筑施工技术(第2版)	978-7-301-25788-3	陈雄辉	48.00	2015.7	6	ppt/pdf
10	建筑施工技术	978-7-301-12336-2	朱永祥等	38.00	2008.8	10	ppt/pdf
11	建筑施工技术	978-7-301-16726-7	叶 雯等	44.00	2010.8	6	ppt/pdf /素材
12	建筑施工技术	978-7-301-19499-7	董伟等	42.00	2011.9	3	ppt/pdf
13	建筑施工技术	978-7-301-19997-8	苏小梅	38.00	2012.1	3	ppt/pdf
14	建筑工程施工技术(第2版)	978-7-301-21093-2	钟汉华等	48.00	2013.1	15	ppt/pdf
15	数字测图技术	978-7-301-22656-8	赵 红	36.00	2013.6	1	ppt/pdf
16	数字测图技术实训指导	978-7-301-22679-7	赵 红	27.00	2013.6	1	ppt/pdf

序号	书名	书号	编著者	定价	出版时间	印次	配套情况
17	基础工程施工	978-7-301-20917-2	董伟等	35.00	2012.7	3	ppt/pdf
18	建筑施工技术实训(第 2 版)	978-7-301-24368-8	周晓龙	30.00	2014.7	8	pdf
19	建筑力学(第 2 版)	978-7-301-21695-8	石立安	46.00	2013.1	12	ppt/pdf
20	★土木工程实用力学(第 2 版)	978-7-301-24681-8	马景善	47.00	2015.7	5	pdf/ppt/答案
21	土木工程力学	978-7-301-16864-6	吴明军	38.00	2010.4	3	ppt/pdf
22	PKPM 软件的应用(第 2 版)	978-7-301-22625-4	王　娜等	34.00	2013.6	7	pdf
23	建筑结构(第 2 版)(上册)	978-7-301-21106-9	徐锡权	41.00	2013.4	5	ppt/pdf/答案
24	建筑结构(第 2 版)(下册)	978-7-301-22584-4	徐锡权	42.00	2013.6	5	ppt/pdf/答案
25	建筑结构	978-7-301-19171-2	唐春平等	41.00	2011.8	5	ppt/pdf
26	建筑结构基础	978-7-301-21125-0	王中发	36.00	2012.8	2	ppt/pdf
27	建筑结构原理及应用	978-7-301-18732-6	史美东	45.00	2012.8	2	ppt/pdf
28	建筑力学与结构(第 2 版)	978-7-301-22148-8	吴承霞等	49.00	2016.1	18	ppt/pdf/答案
29	建筑力学与结构(少学时版)	978-7-301-21730-6	吴承霞	34.00	2013.2	5	ppt/pdf/答案
30	建筑力学与结构	978-7-301-20988-2	陈水广	32.00	2012.8	1	pdf/ppt
31	建筑力学与结构	978-7-301-23348-1	杨丽君等	44.00	2014.1	1	ppt/pdf
32	建筑结构与施工图	978-7-301-22188-4	朱希文等	35.00	2013.3	2	ppt/pdf
33	生态建筑材料	978-7-301-19588-2	陈剑峰等	38.00	2011.10	2	ppt/pdf
34	建筑材料(第 2 版)	978-7-301-24633-7	林祖宏	35.00	2014.8	1	ppt/pdf
35	建筑材料与检测(第 2 版)	978-7-301-25347-2	梅　杨等	33.00	2015.2	10	ppt/pdf/答案
36	建筑材料检测试验指导	978-7-301-16729-8	王美芬等	18.00	2010.10	7	pdf
37	建筑材料与检测	978-7-301-19261-0	王　辉	35.00	2011.8	6	ppt/pdf
38	建筑材料与检测试验指导	978-7-301-20045-2	王　辉	20.00	2012.2	3	ppt/pdf
39	建筑材料选择与应用	978-7-301-21948-5	申淑荣等	39.00	2013.3	3	ppt/pdf
40	建筑材料检测实训	978-7-301-22317-8	申淑荣等	24.00	2013.4	2	pdf
41	建筑材料	978-7-301-24208-7	任晓菲	40.00	2014.7	1	ppt/pdf /答案
42	建设工程监理概论(第 2 版)	978-7-301-20854-0	徐锡权等	43.00	2012.8	12	ppt/pdf /答案
43	★建设工程监理(第 2 版)	978-7-301-24490-6	斯　庆	35.00	2015.1	9	ppt/pdf /答案
44	建设工程监理概论	978-7-301-15518-9	曾庆军等	24.00	2009.9	8	ppt/pdf
45	工程建设监理案例分析教程	978-7-301-18984-9	刘志麟等	38.00	2011.8	2	ppt/pdf
46	地基与基础(第 2 版)	978-7-301-23304-7	肖明和等	42.00	2013.11	9	ppt/pdf/答案
47	地基与基础	978-7-301-16130-2	孙平平等	26.00	2010.10	4	ppt/pdf
48	地基与基础实训	978-7-301-23174-6	肖明和等	25.00	2013.10	1	ppt/pdf
49	土力学与地基基础	978-7-301-23675-8	叶火炎等	35.00	2014.1	1	ppt/pdf
50	土力学与基础工程	978-7-301-23590-4	宁培淋等	32.00	2014.1	1	ppt/pdf
51	建筑工程质量事故分析(第 2 版)	978-7-301-22467-0	郑文新	32.00	2013.9	8	ppt/pdf
52	建筑工程施工组织设计	978-7-301-18512-4	李源清	26.00	2011.2	9	ppt/pdf
53	建筑工程施工组织实训	978-7-301-18961-0	李源清	40.00	2011.6	4	ppt/pdf
54	建筑施工组织与进度控制	978-7-301-21223-3	张廷瑞	36.00	2012.9	4	ppt/pdf
55	建筑施工组织项目式教程	978-7-301-19901-5	杨红玉	44.00	2012.1	2	ppt/pdf/答案
56	钢筋混凝土工程施工与组织	978-7-301-19587-1	高　雁	32.00	2012.5	2	ppt/pdf
57	钢筋混凝土工程施工与组织实训指导	978-7-301-21208-0	高　雁	20.00	2012.9	1	ppt
58	建筑材料检测试验指导	978-7-301-24782-2	陈东佐等	20.00	2014.9	1	ppt
59	★建筑节能工程与施工	978-7-301-24274-2	吴明军等	35.00	2015.5	2	ppt/pdf
60	建筑施工工艺	978-7-301-24687-0	李源清等	49.50	2015.1	1	pdf/ppt/答案
61	土力学与地基基础	978-7-301-25525-4	陈东佐	45.00	2015.2	1	ppt/ pdf/答案
			工 程 管 理 类				
1	建筑工程经济(第 2 版)	978-7-301-22736-7	张宁宁等	30.00	2013.7	21	ppt/pdf/答案
2	★建筑工程经济(第 2 版)	978-7-301-24492-0	胡六星等	41.00	2014.9	5	ppt/pdf/答案
3	建筑工程经济	978-7-301-24346-6	刘晓丽等	38.00	2014.7	2	ppt/pdf/答案
4	施工企业会计(第 2 版)	978-7-301-24434-0	辛艳红等	36.00	2014.7	8	ppt/pdf/答案
5	建筑工程项目管理	978-7-301-12335-5	范红岩等	30.00	2008.2	15	ppt/pdf
6	建设工程项目管理(第 2 版)	978-7-301-24683-2	王　辉	36.00	2014.9	7	ppt/pdf/答案
7	建设工程项目管理	978-7-301-19335-8	冯松山等	38.00	2011.9	4	pdf/ppt
8	★建设工程招投标与合同管理(第 3 版)	978-7-301-24483-8	宋春岩	40.00	2014.9	24	ppt/pdf/ 答 案 /试题/教案

序号	书名	书号	编著者	定价	出版时间	印次	配套情况
9	建筑工程招投标与合同管理	978-7-301-16802-8	程超胜	30.00	2012.9	3	pdf/ppt
10	工程招投标与合同管理实务	978-7-301-19035-2	杨甲奇等	49.00	2011.8	4	ppt/pdf/答案
11	工程招投标与合同管理实务	978-7-301-19290-0	郑文新等	43.00	2011.8	2	ppt/pdf
12	建设工程招投标与合同管理实务	978-7-301-20404-7	杨云会等	42.00	2012.4	2	ppt/pdf/答案
13	工程招投标与合同管理	978-7-301-17455-5	文新平	37.00	2012.9	1	ppt/pdf
14	工程项目招投标与合同管理(第 2 版)	978-7-301-24554-5	李洪军等	42.00	2014.8	11	ppt/pdf/答案
15	工程项目招投标与合同管理(第 2 版)	978-7-301-22462-5	周艳冬	35.00	2013.7	11	ppt/pdf
16	建筑工程商务标编制实训	978-7-301-20804-5	钟振宇	35.00	2012.7	1	ppt
17	建筑工程安全管理(第 2 版)	978-7-301-25480-6	宋　健等	42.00	2015.8	6	ppt/pdf
18	建筑工程质量与安全管理	978-7-301-16070-1	周连起	35.00	2010.8	8	ppt/pdf/答案
19	施工项目质量与安全管理	978-7-301-21275-2	钟汉华	45.00	2012.10	2	ppt/pdf/答案
20	工程造价控制(第 2 版)	978-7-301-24594-1	斯　庆	32.00	2014.8	13	ppt/pdf/答案
21	工程造价管理	978-7-301-20655-3	徐锡权等	33.00	2012.7	5	ppt/pdf
22	工程造价控制与管理	978-7-301-19366-2	胡新萍等	30.00	2011.11	4	ppt/pdf
23	建筑工程造价管理	978-7-301-20360-6	柴　琦等	27.00	2012.3	4	ppt/pdf
24	建筑工程造价管理	978-7-301-15517-2	李茂英等	24.00	2009.9	10	pdf
25	工程造价案例分析	978-7-301-22985-9	甄　凤	30.00	2013.8	2	pdf/ppt
26	建设工程造价控制与管理	978-7-301-24273-5	胡芳珍等	38.00	2014.6	1	ppt/pdf/答案
27	建筑工程造价	978-7-301-21892-1	孙咏梅	40.00	2013.2	5	ppt/pdf
28	★建筑工程计量与计价(第 3 版)	978-7-301-25344-1	肖明和等	65.00	2015.7	14	pdf/ppt
29	建筑工程计量与计价	978-7-301-26570-3	杨建林等	46.00	2016.1	1	pdf/ppt
30	★建筑工程计量与计价实训(第 3 版)	978-7-301-25345-8	肖明和等	29.00	2015.7	12	pdf
31	建筑工程计量与计价综合实训	978-7-301-23568-3	龚小兰	28.00	2014.1	2	pdf
32	建筑工程估价	978-7-301-22802-9	张　英	43.00	2013.8	1	ppt/pdf
33	建筑工程计量与计价——透过案例学造价(第 2 版)	978-7-301-23852-3	张　强	59.00	2014.4	12	ppt/pdf
34	安装工程计量与计价(第 3 版)	978-7-301-24539-2	冯　钢等	54.00	2014.8	24	pdf/ppt
35	安装工程计量与计价综合实训	978-7-301-23294-1	成春燕	49.00	2013.10	3	pdf/素材
36	建筑安装工程计量与计价	978-7-301-26004-3	景巧玲等	56.00	2016.1	1	pdf/ppt
37	建筑安装工程计量与计价实训(第 2 版)	978-7-301-25683-1	景巧玲等	36.00	2015.7	5	pdf
38	建筑水电安装工程计量与计价(第二版)	978-7-301-26329-7	陈连姝	51.00	2016.1	4	ppt
39	建筑与装饰工程工程量清单(第 2 版)	978-7-301-25753-1	翟丽旻等	36.00	2015.5	5	ppt
40	建筑工程清单编制	978-7-301-19387-7	叶晓容	24.00	2011.8	2	ppt/pdf
41	建设项目评估	978-7-301-20068-1	高志云等	32.00	2012.2	3	ppt/pdf
42	钢筋工程清单编制	978-7-301-20114-5	贾莲英	36.00	2012.2	2	ppt/pdf
43	混凝土工程清单编制	978-7-301-20384-2	顾　娟	28.00	2012.5	1	ppt/pdf
44	建筑装饰工程预算(第 2 版)	978-7-301-25801-9	范菊雨	44.00	2015.7	3	pdf/ppt
45	建设工程安全监理	978-7-301-20802-1	沈万岳	28.00	2012.7	1	pdf/ppt
46	建筑工程安全技术与管理实务	978-7-301-21187-8	沈万岳	48.00	2012.9	3	pdf/ppt
47	建筑工程资料管理	978-7-301-17456-2	孙　刚等	36.00	2012.9	6	pdf/ppt
48	建筑施工组织与管理(第 2 版)	978-7-301-22149-5	翟丽旻等	43.00	2013.4	13	ppt/pdf/答案
49	建设工程合同管理	978-7-301-22612-4	刘庭江	46.00	2013.6	1	ppt/pdf/答案
50	★工程造价概论	978-7-301-24696-2	周艳冬	31.00	2015.1	2	ppt/pdf/答案
建筑设计类							
1	中外建筑史(第 2 版)	978-7-301-23779-3	袁新华等	38.00	2014.2	16	ppt/pdf
2	建筑室内空间历程	978-7-301-19338-9	张伟孝	53.00	2011.8	1	pdf
3	建筑装饰 CAD 项目教程	978-7-301-20950-9	郭　慧	35.00	2013.1	2	ppt/素材
4	室内设计基础	978-7-301-15613-1	李书青	32.00	2009.8	3	ppt/pdf
5	☆建筑装饰构造(第二版)	978-7-301-26572-7	赵志文等	39.50	2016.1	8	ppt/pdf/答案
6	建筑装饰材料(第 2 版)	978-7-301-22356-7	焦　涛等	34.00	2013.5	5	ppt/pdf
7	★建筑装饰施工技术(第 2 版)	978-7-301-24482-1	王　军	37.00	2014.7	10	ppt/pdf
8	设计构成	978-7-301-15504-2	戴碧锋	30.00	2009.8	3	ppt/pdf
9	基础色彩	978-7-301-16072-5	张　军	42.00	2010.4	2	pdf
10	设计色彩	978-7-301-21211-0	龙黎黎	46.00	2012.9	1	ppt
11	设计素描	978-7-301-22391-8	司马金桃	29.00	2013.4	2	ppt
12	建筑素描表现与创意	978-7-301-15541-7	于修国	25.00	2009.8	3	Pdf

序号	书名	书号	编著者	定价	出版时间	印次	配套情况
13	3ds Max 效果图制作	978-7-301-22870-8	刘　晗等	45.00	2013.7	1	ppt
14	3ds max 室内设计表现方法	978-7-301-17762-4	徐海军	32.00	2010.9	1	pdf
15	Photoshop 效果图后期制作	978-7-301-16073-2	脱忠伟等	52.00	2011.1	4	素材/pdf
16	建筑表现技法	978-7-301-19216-0	张　峰	32.00	2011.8	2	ppt/pdf
17	建筑速写	978-7-301-20441-2	张　峰	30.00	2012.4	1	pdf
18	建筑装饰设计	978-7-301-20022-3	杨丽君	36.00	2012.2	1	ppt/素材
19	装饰施工读图与识图	978-7-301-19991-6	杨丽君	33.00	2012.5	1	ppt
20	建筑装饰工程计量与计价	978-7-301-20055-1	李茂英	42.00	2012.2	4	ppt/pdf
21	3ds Max & V-Ray 建筑设计表现案例教程	978-7-301-25093-8	郑恩峰	40.00	2014.12	1	ppt/pdf
		规划园林类					
1	城市规划原理与设计	978-7-301-21505-0	谭婧婧等	35.00	2013.1	3	ppt/pdf
2	居住区景观设计	978-7-301-20587-7	张群成	47.00	2012.5	2	ppt
3	居住区规划设计	978-7-301-21031-4	张　燕	48.00	2012.8	3	ppt
4	园林植物识别与应用	978-7-301-17485-2	潘利等	34.00	2012.9	1	ppt
5	园林工程施工组织管理	978-7-301-22364-2	潘利等	35.00	2013.4	1	ppt/pdf
6	园林景观计算机辅助设计	978-7-301-24500-2	于化强等	48.00	2014.8	1	ppt/pdf
7	建筑・园林・装饰设计初步	978-7-301-24575-0	王金贵	38.00	2014.10	1	ppt/pdf
		房地产类					
1	房地产开发与经营(第 2 版)	978-7-301-23084-8	张建中等	33.00	2013.9	9	ppt/pdf/答案
2	房地产估价(第 2 版)	978-7-301-22945-3	张　勇等	35.00	2013.9	5	ppt/pdf/答案
3	房地产估价理论与实务	978-7-301-19327-3	褚菁晶	35.00	2011.8	3	ppt/pdf/答案
4	物业管理理论与实务	978-7-301-19354-9	裴艳慧	52.00	2011.9	2	ppt/pdf
5	房地产测绘	978-7-301-22747-3	唐春平	29.00	2013.7	1	ppt/pdf
6	房地产营销与策划	978-7-301-18731-9	应佐萍	42.00	2012.8	2	ppt/pdf
7	房地产投资分析与实务	978-7-301-24832-4	高志云	35.00	2014.9	1	ppt/pdf
		市政与路桥类					
1	市政工程计量与计价(第 2 版)	978-7-301-20564-8	郭良娟等	42.00	2012.8	9	pdf/ppt
2	市政工程计价	978-7-301-22117-4	彭以舟等	39.00	2013.3	2	ppt/pdf
3	市政桥梁工程	978-7-301-16688-8	刘　江等	42.00	2010.8	3	ppt/pdf/素材
4	桥梁施工与维护	978-7-301-23834-9	梁　斌	50.00	2014.2	2	ppt/pdf
5	市政工程材料	978-7-301-22452-6	郑晓国	37.00	2013.5	1	ppt/pdf
6	道桥工程材料	978-7-301-21170-0	刘水林等	43.00	2012.9	1	ppt/pdf
7	路基路面工程	978-7-301-19299-3	偶昌宝等	34.00	2011.8	1	ppt/pdf/素材
8	道路工程技术	978-7-301-19363-1	刘　雨等	33.00	2011.12	1	ppt/pdf
9	☆市政管道工程施工	978-7-301-26629-8	雷彩虹	45.00	2016.2	1	ppt/pdf
10	城市道路设计与施工	978-7-301-21947-8	吴颖峰	39.00	2013.1	1	ppt/pdf
11	建筑给排水工程技术	978-7-301-25224-6	刘　芳等	46.00	2014.12	1	ppt/pdf
12	建筑给水排水工程	978-7-301-20047-6	叶巧云	38.00	2012.2	1	ppt/pdf
13	市政工程测量(含技能训练手册)	978-7-301-20474-0	刘宗波等	41.00	2012.5	1	ppt/pdf
14	市政工程施工图案例图集	978-7-301-24824-9	陈忆琳等	45.00	2015.2	1	pdf
15	公路工程任务承揽与合同管理	978-7-301-21133-5	邱　兰等	30.00	2012.9	1	ppt/pdf/答案
16	★工程地质与土力学(第 2 版)	978-7-301-24479-1	杨仲元	41.00	2014.7	1	ppt/pdf
17	数字测图技术应用教程	978-7-301-20334-7	刘宗波	36.00	2012.8	1	ppt
18	水泵与水泵站技术	978-7-301-22510-3	刘振华	40.00	2013.5	1	ppt/pdf
19	道路工程测量(含技能训练手册)	978-7-301-21967-6	田树涛等	45.00	2013.2	1	ppt/pdf
20	铁路轨道施工与维护	978-7-301-23524-9	梁　斌	36.00	2014.1	2	ppt/pdf
21	铁路轨道构造	978-7-301-23153-1	梁　斌	32.00	2013.10	2	ppt/pdf
22	道路工程识图与 CAD	978-7-301-26210-8	王容玲等	35.00	2016.1	1	ppt/pdf
		建筑设备类					
1	建筑设备基础知识与识图(第 2 版)	978-7-301-24586-6	靳慧征等	47.00	2014.8	18	ppt/pdf/答案
2	建筑设备识图与施工工艺(第 2 版) (新规范)	978-7-301-25254-3	周业梅	44.00	2015.12	5	ppt/pdf
3	建筑施工机械	978-7-301-19365-5	吴志强	30.00	2011.10	6	pdf/ppt
4	智能建筑环境设备自动化	978-7-301-21090-1	余志强	40.00	2012.8	2	pdf/ppt
5	流体力学及泵与风机	978-7-301-25279-6	王　宁等	35.00	2015.1	1	pdf/ppt/答案

★为"十二五"职业教育国家规划教材；☆为互联网+创新规划教材。

如您需要更多教学资源如电子课件、电子样章、习题答案等，请登录北京大学出版社第六事业部官网 www.pup6.cn 搜索下载。

如您需要浏览更多专业教材，请扫下面的二维码，关注北京大学出版社第六事业部官方微信（微信号：pup6book），随时查询专业教材、浏览教材目录、内容简介等信息，并可在线申请纸质样书用于教学。

感谢您使用我们的教材，欢迎您随时与我们联系，我们将及时做好全方位的服务。联系方式：010-62750667，yangxinglu@126.com，pup_6@163.com，lihu80@163.com，欢迎来电来信。客户服务 QQ 号：1292552107，欢迎随时咨询。